“十三五”应用型人才培养工程规划教材

工程力学 I

主　编　王晓军　石怀荣
副主编　丁建波　楼力律　刘志军
参　编　余　辉　杨　超　曹　霞　吕　明
　　　　　谢占山　赵　静　何　华

机械工业出版社

本书分为《工程力学Ⅰ》《工程力学Ⅱ》两册。《工程力学Ⅰ》讲述静力学基础和构件的静力学设计两部分内容。其中，静力学基础共3章，主要包括刚体静力学的基本概念和物体的受力分析，力系的简化，力系的平衡；构件的静力学设计共8章，包括材料力学概述与材料的力学性能，杆件的内力分析，杆件横截面上的应力分析，应力状态分析，构件的强度设计，杆件的变形分析及刚度设计，压杆稳定及提高构件强度、刚度和稳定性的措施，简单超静定问题。《工程力学Ⅱ》讲述工程动力学内容，共6章，包括点的运动学和刚体的基本运动，点的合成运动，刚体的平面运动，刚体动力学，动静法，动载荷与交变应力。平面图形的几何性质、常用材料的力学性能和型钢表作为附录列于书后，并在书的最后给出了习题参考答案。

本书针对应用型本科院校机械类、土木类专业的学生编写，也可作为高职高专、自学考试和成人教育的教材，并可供有关科研和工程技术人员参考。

图书在版编目（CIP）数据

工程力学Ⅰ/王晓军，石怀荣主编. —北京：机械工业出版社，2015.8
"十三五"应用型人才培养工程规划教材
ISBN 978-7-111-50659-1

Ⅰ.①工… Ⅱ.①王… ②石… Ⅲ.①工程力学-高等学校-教材
Ⅳ.①TB12

中国版本图书馆CIP数据核字（2015）第189309号

机械工业出版社（北京市百万庄大街22号 邮政编码100037）
策划编辑：姜 凤 责任编辑：姜 凤
责任校对：闫玥红 封面设计：张 静
责任印制：李 洋
北京华正印刷有限公司印刷
2015年9月第1版第1次印刷
184mm×260mm·15.75印张·388千字
标准书号：ISBN 978-7-111-50659-1
定价：29.00元

前　言

工程力学是一门理论性较强、与工程技术联系极为密切的技术基础学科，其定理、定律和结论广泛应用于各行各业的工程技术中。由于新型技术和新兴高技术企业的发展，其生产一线需要大量的本科层次、复合型技术技能型人才。为适应这样的社会需求，教育部也在引导地方院校转型为应用技术型院校，这些院校教学科研工作将全面转轨。本书是为该层次院校编写的工程力学教材。

在对国内地方本科院校基础力学（理论力学、材料力学、工程力学）教学现状的调研和分析的过程中，编者体会到目前各院校面临的人才培养模式改革、学时重新分配的问题，既是必须面对的严峻现实，也是教学内容和教学方法改革极好的机遇。为发挥基础力学在工科教学中的作用，结合多个同类院校的教学改革和实践的经验，本着实用、够用的原则，编者对原理论力学、材料力学的基本内容做了体系上的调整，并对内容进行了适当的取舍，简化理论推导的同时加强分析方法的陈述。本书分为两册:《工程力学Ⅰ》和《工程力学Ⅱ》，分为静力学基础、构件的静力学设计和工程动力学三篇，覆盖了理论力学和材料力学的基本部分。

本书强调受力分析在工程构件设计中的重要作用，在阐述刚体模型的受力分析计算方法后，即开展工程构件的强度、刚度和稳定性的分析，目的是使读者能够将静力分析方法合理地应用于工程构件的分析中。

在静力学基础中，改变传统的公理体系，将静力学公理、原理按需要放在相关内容中陈述。在构件静力学设计中，突出内力分析、应力分析、变形、强度和刚度以及稳定性的分析，避免同一分析方法在不同问题中多次重复，能利于读者确定问题的所属范畴，明确解决问题的方法和途径。在工程动力学中，简要介绍了对质点和刚体的基本运动进行分析的常用方法，重点介绍点的合成运动以及刚体的平面运动。然后按照受力分析、运动分析以及力与运动的关系介绍了动力学普遍定理的原理及应用，并介绍了动静法以及动载荷与交变应力的基本内容。特别注意与物理课程力学部分形成区别，突出普遍原理在刚体动力学中的应用，减少重复，提高起点。

本书在基本理论、基本概念的阐述上力求简洁易懂，所选例题多有相应的工程背景。插图尽量形象生动，贴近工程实际，便于读者理解。

参加本书编写的人员有常州工学院的王晓军、刘志军、余辉、曹霞，河海大学的楼力律，江苏理工学院的杨超，蚌埠学院的石怀荣、吕明、赵静、何华，南通航运职业技术学院的丁建波，安徽科技学院的谢占山，他们均在应用型高校长期从事力学教学工作，具有十分丰富的教学经验。其中，王晓军、石怀荣任主编，丁建波、楼力律、刘志军任副主编，王海东、卓娜两位同学精心绘制了本书的插图。本书在编写过程中，得到了相关学院教师的大力支持，他们提出了许多有益的意见。在此向所有贡献者一并致谢。

本书承蒙北京航空航天大学蒋持平教授悉心审阅，谨在此表示衷心的感谢。

编者希望本书能满足应用技术型层面师生的需求，但限于编者的水平和能力，书中难免存在疏漏和欠妥之处，恳请广大读者批评指正。

编　者

目 录

绪　论

力学既是一门基础科学，又是一门应用科学。力学所阐明的规律带有普遍性，是工程技术的理论基础，同时也在广泛的应用中得到发展。较之侧重于研究自然现象和规律的基础力学，工程力学更加侧重于将力学成果应用于工程实际。

有许多古老的建筑历经各种自然灾害保留至今，人们对其进行分析和研究，发现这些建筑在设计、制造和施工中都合理地利用了力学的原理。例如建于1056年的山西应县木塔（见图0-1a），以及迄今800余年倾而不倒的比萨斜塔。古代的设计师在设计建筑时采用了能够有效抵抗自身载荷和地震载荷的筒体结构，筒体结构在现代的高大建筑中也是必然采用的设计方案，如吉隆坡的双子大厦等。有“世界桥梁鼻祖”美誉的赵州桥采用石料制造，它利用首创的“敞肩拱”，使得桥拱的轴线与恒载压力线甚为接近，石料是一种不抗拉而抗压性能好的材料，这样的设计大大提高了赵州桥的承载能力和稳定性（见图0-1b）。位于山西省浑源县的悬空寺（见图0-1c），迄今已有1500年的历史，它利用类似于今天的膨胀螺栓的结构，使得寺庙凌空凸起在万丈悬崖上，成为誉贯中华、名扬海外的奇观。这里只谈到这些建筑物中符合力学原理的一小部分知识，但从中不难看出，力学对工程技术的指导作用。

a)　　　b)　　　c)

图　0-1

社会在不断地发展与进步，人们也对生活提出了越来越高的要求。建筑物不断增高，桥梁的跨度不断增大，交通需要更加快捷，生活需要更加舒适。新的要求会产生很多新的问题，这些都需要通过科学技术的不断发展与创新来解决。实际上，近代出现的汽车、铁路、船舶、自动化生产线、武器等，都是在力学知识不断积累和完善的基础之上逐渐发展起来的。在这个过程中，不乏惨痛的经历。建于1940年的美国华盛顿州塔科马悬索桥，建造设计风速是60m/s，但却在时速19m/s的风中毁于一旦。对这场事故中桥梁产生振动的原因的研究，人们总结出新的理论，可以对后续工程进行更科学的设计指导。20 世纪出现的诸多高新技术，如高大建筑、高速公路、大型水利工程、精密仪器、机器人以及高速列车等都是在不断发展的工程力学的指导下得以实现并不断发展完善的。因此，我国著名力学家钱学森先生说：“力学走过了从工程设计的辅助手段到中心手段，不是唱配角而是唱主角了。”

1. 工程力学的研究内容

工程力学是人类在认识自然、改造自然的过程中，对客观自然规律的认识不断积累，通过应用完善而逐渐发展起来的一门学科，主要研究物体的机械运动以及构件的承载能力。**机械运动**是指物体在空间的位置、形状随时间而发生的变化，这些变化包括移动、转动、流动和变形。工程结构、设备和机械都是由构件组成的，构件在工作中要能够承受载荷并安全生产，就需要构件具有一定的强度（不发生损坏）、刚度（不发生过度的变形）和稳定性（保持原有的平衡状态）。工程力学通过研究物体的受力，分析物体在力作用下的变形和破坏规律，为工程构件的合理设计提供必要的理论基础和科学的计算方法，以确保工程构件安全和经济。

工程力学是力学与现代科学技术交叉的一门力学分支，涉及众多的力学学科分支，且更强调力学的综合应用和工程应用。本书所讨论的是工程力学的基本部分，主要包括静力学基础、构件的静力学设计、工程动力学三篇。

静力学基础研究物体在外力作用下的平衡问题，包括对工程物体进行受力分析，通过简化找出平衡物体上作用力的规律。

构件的静力学设计主要研究材料的力学性能以及构件在力作用下强度、刚度和稳定性的计算理论，为构件的设计、制造、安装等提供理论依据和计算方法。

工程动力学主要研究物体的运动规律，建立物体运动与受力的关系，并为研究动载荷作用下构件的承载能力提供分析和计算方法。

2. 工程力学的力学模型

工程力学研究的对象，是根据所研究问题的本质和研究对象的本质，舍弃非本质的次要因素，将实际物体抽象而得到的理想模型。通常采用的基本模型为**质点**、**刚体**以及**理想弹性体**。若所研究的问题与物体的形状、姿态无关，则可以把物体视为具有质量但形状大小可以忽略不计的**质点**。由若干质点组成的系统称为**质点系**。若所研究的问题与物体的形状和姿态有关，但其变形与所研究的问题无关，则可以把物体视为**刚体**。刚体是其上任意两点间的距离保持不变的质点系。在物体的平衡问题的分析中，常用的理想模型为质点和刚体；在物体的内力分析中，也常利用刚体模型，通过平衡方程进行求解，而在研究其变形和失效时，则将变形固体抽象为理想弹性体。以刚体和刚体系统为研究对象的力学分支称为理论力学或一般力学，以变形体为研究对象的力学分支称为固体力学，固体力学包括材料力学、结构力学、弹性力学、塑性力学等。本书涵盖了理论力学和材料力学的基本部分。

3. 工程力学的研究方法

工程力学的研究方法可以分为理论分析、实验研究、数值计算。理论分析首先建立力学模型，依据已有的前提条件，利用合适的计算方法推出新的结论，提供新的方法；实验研究是探索自然规律、发现新的理论的重要途径，同时能验证理论和方法的正确性和可靠性；数值计算为解决工程问题提供了强大的工具，计算机技术的发展，大大拓展了力学在工程中的应用。本书介绍的力学原理，是成熟的、经典性的结果，本书着眼于这些原理的合理应用。

第Ⅰ篇　静力学基础

静力学研究物体在外力作用下的平衡问题，包括对工程物体进行受力分析，通过简化找出作用在平衡物体上力的本质。

静力学中的**平衡是指物体在惯性参考系中处于静止或匀速直线平移状态**。对工程中大多数问题，可以把固连在地球表面的参考系作为惯性系来研究物体相对于地球的平衡问题。

力是物体之间相互的机械作用，力能使物体的机械运动状态发生变化，这种作用效应称为力的**外效应**（运动效应），力也能使物体产生变形，这种作用效应称为**内效应**（变形效应）。在静力学中，常用的理想模型为质点和刚体，因此只研究力的运动效应即力的外效应。

力对物体的作用效应，决定于力的大小、方位和作用点的位置，**即力的三要素**。三个要素中任何一个要素发生变化，力对物体的作用效应就发生变化，可以用定位矢量 $\boldsymbol{F}$ 表示力的三要素：矢量的模表示力的大小，矢量的方向表示力的方向，矢量的矢端表示力的作用点。力的国际制单位是 N（牛［顿］）或 kN（千牛［顿］）。对于刚体，力可以沿着作用线滑移而不改变力的作用效果，此为**力的可传性原理**。因而，对于刚体而言，力的三要素为力的大小、方位和作用线的位置。

按作用位置，力可分为**分布力**和**集中力**。

1）分布力：连续分布在构件上的力。常用载荷集度来量度其大小，单位是 N/m^2，若分布力分布于杆件的轴线，则其单位为 N/m。例如坝体（见图Ⅰ-1a）受到的水的压力可以简化为线性分布载荷（见图Ⅰ-1b）、建筑物（见图Ⅰ-1c）受到的风的作用力可简化为均布载荷（见图Ⅰ-1d）。

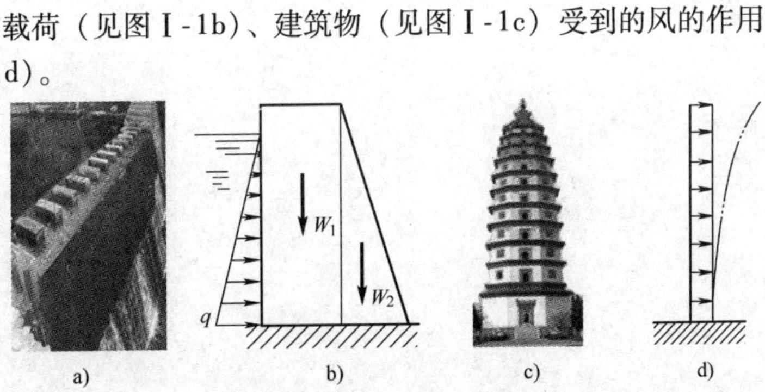

a)　　b)　　c)　　d)

图　Ⅰ-1

2）集中力：作用面积远小于构件的尺寸的力，可视为该力作用在一个几何点上，单位是 N，例如桥式起重机的大梁（见图Ⅰ-2a），起吊重量可简化为集中力 $\boldsymbol{F}_{\mathrm{P}}$，而大梁的自重，可以简化为均布载荷（见图Ⅰ-2b）。

图 I-2

静力学基础着重研究三个方面的内容：

1）物体的受力分析，即将所研究的构件从周围物体中分离出来，作为隔离体，分析其上所受到的所有的力，包括载荷以及由于载荷作用而产生的约束力；

2）力系的简化，即在不改变力的作用效果的情况下，用简单的力系代替复杂的力系，以便于后期分析和研究工作的开展；

3）物体在力系作用下的平衡条件，即研究物体处于平衡状态时其上的力系应满足的条件，根据平衡条件可以求解作用于物体上的未知力，如由于载荷作用引起的约束力。

第1章
刚体静力学的基本概念和物体的受力分析

本章介绍刚体静力学等效力系的概念和力系等效的基本方法；介绍工程中常见的约束形式，以及对物体进行受力分析的方法。

1.1 刚体静力学的基本概念

1.1.1 刚体静力学的力学模型

在工程分析中，要根据所研究的问题对实际物体进行简化，建立力学模型。刚体静力学的力学模型包括质点和刚体。例如，图1-1a所示系统中绳索的拉力，与物体的尺寸无关，因而物体可以抽象为质点。若此物体受图1-1b的平行力系的作用时，绳索的拉力与物体的尺寸有关，因而物体要抽象为刚体。又如乒乓球，若将它放置在地面上研究它的受力，则它可抽象为质点，而若研究它在空间转动的运动特性时，则应抽象为刚体，图1-1c所示的是乒乓球的几种运动形式。

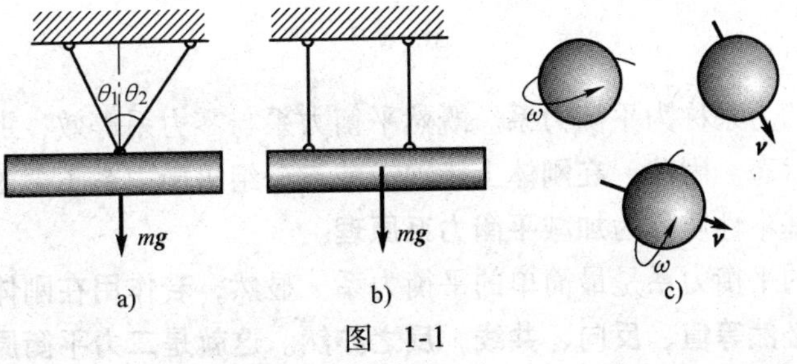

图 1-1

1.1.2 合力、分力以及等效力系的概念

作用在物体上的一组力，称为**力系**，可以用记号（$\boldsymbol{F}_1$，$\boldsymbol{F}_2$，…，$\boldsymbol{F}_n$）表示。若物体上不作用任何力，称为**零力系**。在同一刚体上作用效果相同的力系称为**等效力系**。例如对图1-2所示的同一物体，当其处于平衡状态时，图1-2a中桌面的支撑力$\boldsymbol{F}_1$、$\boldsymbol{F}_2$与图1-2b中绳索的拉力$\boldsymbol{F}_3$、$\boldsymbol{F}_4$以及图1-2c中绳索的拉力$\boldsymbol{F}$作用效果相同，都能使物块处于静止状态，

它们是等效力系。

如果一个力系与一个力等效，则这个力称为该力系的**合力**，构成这个力系的各力称为合力的**分力**。如图 1-2c 中绳索的拉力 $\boldsymbol{F}$，与图 1-2b 中两个绳索拉力 $\boldsymbol{F}_3$ 和 $\boldsymbol{F}_4$ 等效，是其合力，两个绳索的力 $\boldsymbol{F}_3$ 和 $\boldsymbol{F}_4$ 是合力 $\boldsymbol{F}$ 的分力。用力系的合力代替该力系的过程称为**力的合成**，用分力代替合力的过程称为**力的分解**。

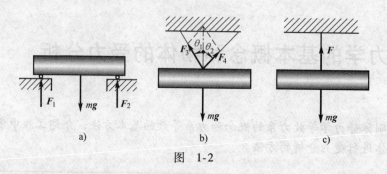

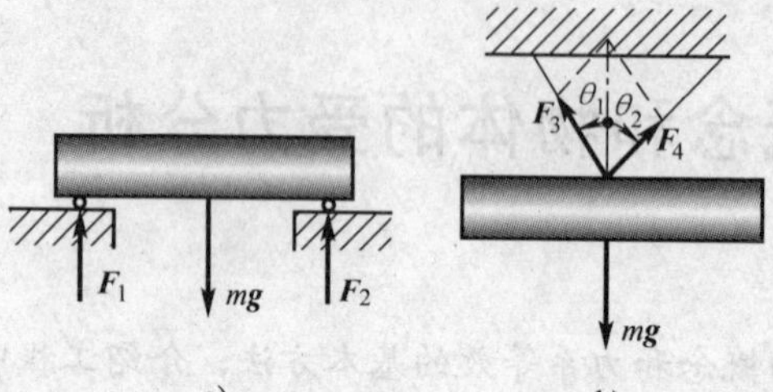

图 1-2

1.1.3 力系等效的基本原理 平衡力系

力的平行四边形法则给出了最基本力系的简化（合成）规则：**作用于物体上同一点的两个力，可以合成为一个合力。合力与原来两个力共作用点，其大小和方向由这两个力构成的平行四边形的对角线确定**（见图 1-3a）。如果同一点上作用多个力，可以通过多次运用力的平行四边形法则来简化这个力系，得到该力系的合力（见图 1-3b）。**力可以按照平行四边形法则合成，亦可按照平行四边形法则分解**，力的分解是力的合成的逆运算。

图 1-3

与零力系等效的力系称为**平衡力系**。既然平衡力系与零力系等效，那么平衡力系不会改变刚体原有的运动状态。因此，**在刚体上增加或减去一组平衡力系不会改变原力系对刚体的作用**。力系的这一基本性质称为**加减平衡力系原理**。

由两个力组成的平衡力系是最简单的平衡力系。显然，**若作用在刚体上的两个力组成平衡力系，这两个力必然等值、反向、共线，反之亦然。这就是二力平衡原理。**

刚体上作用着三个相互平衡的力 $\boldsymbol{F}_1$、$\boldsymbol{F}_2$ 和 $\boldsymbol{F}_3$，若

1）其中力 $\boldsymbol{F}_1$ 和 $\boldsymbol{F}_2$ 的作用线有交点，如图 1-4a 所示，则根据平行四边形法则，力 $\boldsymbol{F}_1$ 和 $\boldsymbol{F}_2$ 与其合力 $\boldsymbol{F}_R$ 等效，这样 $\boldsymbol{F}_3$ 就与 $\boldsymbol{F}_R$ 相互平衡。根据二力平衡原理容易知道，$\boldsymbol{F}_3$ 与 $\boldsymbol{F}_R$ 等值、反向、共线（见图 1-4b）。

2）若三个力的作用线相互平行，则三个力必然共面（见图 1-4c）。

由此可以得到**三力平衡定理：作用于刚体上的三个力若为平衡力系，则这三个力的作用**

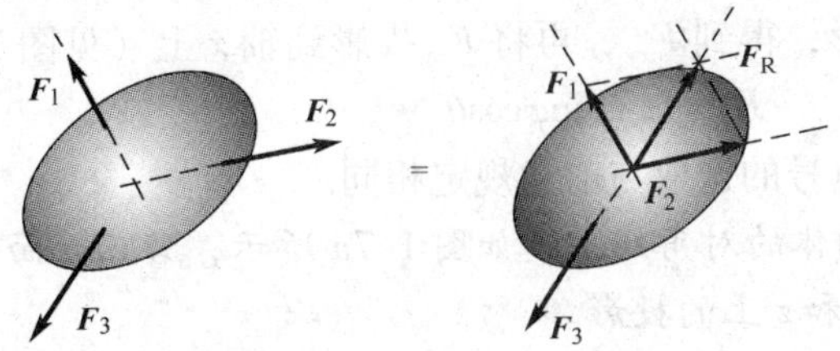

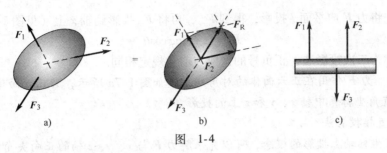

图 1-4

线共面，或汇交于一点，或彼此互相平行。

刚体静力学关于力的合成与分解以及力系简化的方法和结果可以直接应用解决工程实际问题。引入惯性力概念后，动力学的问题在形式上可以化为静力学问题求解。工程实际中，若构件的加速度不大，可以用静力分析处理非匀速运动的构件。在加速度比较大而动力分析又十分复杂的情况下，可以在简单的静力分析基础上乘以动荷因数来近似代替动力分析。

1.2　力的投影与分解　合力投影定理

1.2.1　力在平面上的投影

设有力 $\boldsymbol{F}$ 和平面 I，由力 $\boldsymbol{F}$ 的始端 A 和末端 B 分别向平面 I 作垂线，得到垂足 A' 和 B'，$A'B'$ 称为**力 $\boldsymbol{F}$ 在平面 I 上的投影**，其大小记为 F_{xy}，如图 1-5 所示。

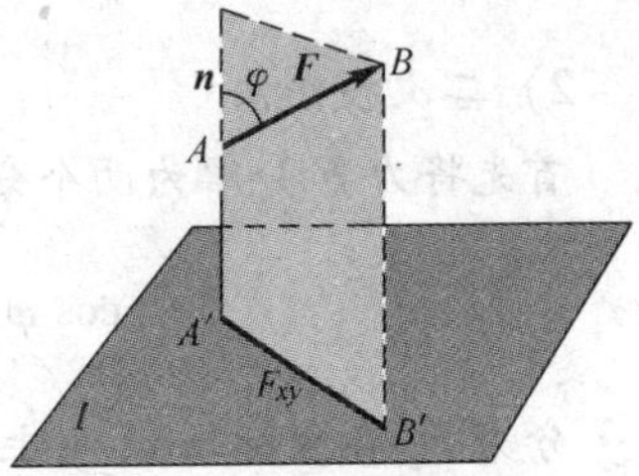

图　1-5

若力 $\boldsymbol{F}$ 与平面法线的夹角为 φ，则投影的大小 F_{xy} 为

$$F_{xy} = F\sin\varphi \tag{1-1}$$

1.2.2　力在轴上的投影

如图 1-6a 所示，设有力 $\boldsymbol{F}$ 和平面 I，轴 x 位于平面 I 上。由力 $\boldsymbol{F}$ 的始端和末端分别向轴 x 作垂线，得到垂足 a 和 b，线段 ab 冠以正负号表示为**力 $\boldsymbol{F}$ 在轴 x 上的投影**，记为 F_x。过力 $\boldsymbol{F}$ 的始端 A 作轴 x 的平行线 AD，直线 AD 与力 $\boldsymbol{F}$ 的夹角为 α，则力 $\boldsymbol{F}$ 在轴 x 上的投影为

$$F_x = \pm F\cos\alpha \tag{1-2}$$

式中，当由 a 至 b 的指向与轴的正方向一致，取正号，反之取负号。这种方法称为**直接投影法**。

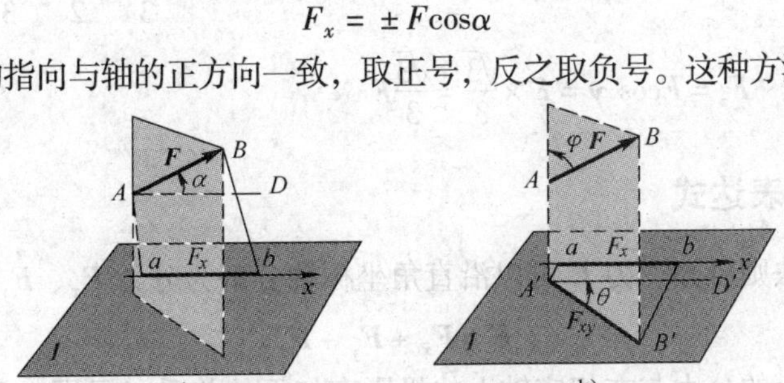

图　1-6

也可以先将力 $\boldsymbol{F}$ 向平面 I 投影，得到 F_{xy}，再将 F_{xy} 投影到轴 x 上（见图 1-6b），得到

$$F_x = \pm F\sin\varphi\cos\theta \tag{1-3}$$

这种方法又称为**二次投影法**，正负号的选取与前述规定相同。

例题 1-1 力 $\boldsymbol{F}$ 作用在正六面体的对角线上，如图 1-7a 所示，若正六面体的边长为 a，写出力 $\boldsymbol{F}$ 在直角坐标系中轴 x、y 和 z 上的投影。

解：1）直接投影法

根据力在坐标轴上投影的概念，可以先求解力 $\boldsymbol{F}$ 与 x、y、z 轴的正向夹角 α、β、γ，再利用直接投影法求解 $\boldsymbol{F}$ 在 x、y 和 z 轴上的投影。设正六面体的边长为 a，有

$$\cos\alpha = \frac{a}{\sqrt{3}a} = \frac{\sqrt{3}}{3},\quad \cos\beta = -\frac{\sqrt{3}}{3},\quad \cos\gamma = \frac{\sqrt{3}}{3}$$

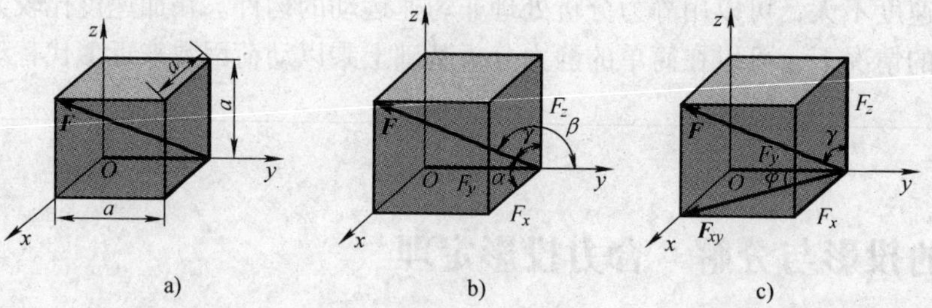

图 1-7

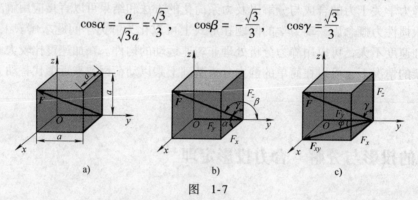

则力 $\boldsymbol{F}$ 在三个坐标轴 x、y、z 上的投影可分别表示为

$$F_x = F\cos\alpha = \frac{\sqrt{3}F}{3},\quad F_y = F\cos\beta = -\frac{\sqrt{3}F}{3},\quad F_z = F\cos\gamma = \frac{\sqrt{3}F}{3}$$

2）二次投影法

首先将力 $\boldsymbol{F}$ 分解为两个分力 $\boldsymbol{F}_z$ 和 $\boldsymbol{F}_{xy}$，如图 1-7c 所示。根据几何关系有

$$\cos\varphi = \frac{\sqrt{2}}{2},\quad \cos\gamma = \frac{\sqrt{3}}{3},\quad \sin\gamma = \frac{\sqrt{2}a}{\sqrt{3}a} = \frac{\sqrt{6}}{3}$$

分力 $\boldsymbol{F}_z$ 在坐标轴 x、y 上的投影为 0，在 z 轴上的投影为 $F_z = F\cos\gamma$。最后分力 $\boldsymbol{F}_{xy}$ 的大小 $F_{xy} = F\sin\gamma$，其在轴 z 上的投影为 0。进一步将分力 $\boldsymbol{F}_{xy}$ 向轴 x、y 进行投影，可得到

$$F_x = F_{xy}\sin\varphi = F\sin\gamma\sin\varphi = F\times\frac{\sqrt{6}}{3}\times\frac{\sqrt{2}}{2} = \frac{\sqrt{3}}{3}F$$

$$F_y = -F_{xy}\cos\varphi = -F\sin\gamma\cos\varphi = -F\times\frac{\sqrt{6}}{3}\times\frac{\sqrt{2}}{2} = \frac{\sqrt{3}}{3}F$$

$$F_z = F\cos\gamma = F\times\frac{\sqrt{3}}{3} = \frac{\sqrt{3}}{3}F$$

1.2.3 力的解析表达式

由平行四边形法则可知，力 $\boldsymbol{F}$ 可以沿直角坐标轴分解为分力 $\boldsymbol{F}_x$、$\boldsymbol{F}_y$ 和 $\boldsymbol{F}_z$，因此有

$$\boldsymbol{F} = \boldsymbol{F}_x + \boldsymbol{F}_y + \boldsymbol{F}_z$$

该力在直角坐标轴上的分力与在相应轴上的投影有如下的关系（见图 1-7）：

$$\boldsymbol{F}_x = F_x\boldsymbol{i},\ \boldsymbol{F}_y = F_y\boldsymbol{j},\ \boldsymbol{F}_z = F_z\boldsymbol{k} \tag{1-4}$$

式中，$\boldsymbol{i}$、$\boldsymbol{j}$、$\boldsymbol{k}$ 分别为坐标轴 x、y、z 的单位矢量。则力可以表示成为解析表达式：

$$\boldsymbol{F}=F_x\boldsymbol{i}+F_y\boldsymbol{j}+F_z\boldsymbol{k} \tag{1-5}$$

1.2.4　合力投影定理

设作用于同一个点 O 的力系（作用于同一点的力系称为**汇交力系**）的合力为 $\boldsymbol{F}_{\mathrm{R}}$（见图 1-8）。过汇交点 O 建立直角坐标系 $Oxyz$，力系中的每一个力 $\boldsymbol{F}_i$ 以及合力 $\boldsymbol{F}_{\mathrm{R}}$ 都可以表达为其解析表达式，即

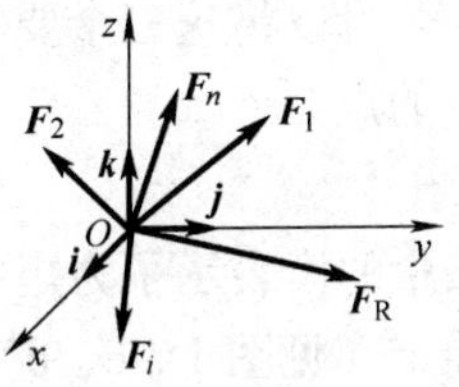

图　1-8

$$\boldsymbol{F}_i=F_{ix}\boldsymbol{i}+F_{iy}\boldsymbol{j}+F_{iz}\boldsymbol{k}\qquad(i=1,\ 2,\ \cdots,\ n) \tag{a}$$

$$\boldsymbol{F}_{\mathrm{R}}=F_{\mathrm{R}x}\boldsymbol{i}+F_{\mathrm{R}y}\boldsymbol{j}+F_{\mathrm{R}z}\boldsymbol{k} \tag{b}$$

将式（a）的 n 个方程相加，并与式（b）比较，可以得到

$$F_{\mathrm{R}x}=\sum F_x,\qquad F_{\mathrm{R}y}=\sum F_y,\qquad F_{\mathrm{R}z}=\sum F_z \tag{1-6}$$

上式表明：**合力在某轴上的投影，等于各分力在同一轴上投影的代数和，这就是合力投影定理**。若已知各分力在相应轴上的投影，合力的大小与方向可以由式（1-7）、式（1-8）确定：

合力的大小为

$$F_{\mathrm{R}}=\sqrt{(\sum F_x)^2+(\sum F_y)^2+(\sum F_z)^2} \tag{1-7}$$

方向余弦为

$$\cos(\boldsymbol{F}_{\mathrm{R}},\boldsymbol{i})=\frac{\sum F_x}{F_{\mathrm{R}}},\quad \cos(\boldsymbol{F}_{\mathrm{R}},\boldsymbol{j})=\frac{\sum F_y}{F_{R}},\quad \cos(\boldsymbol{F}_{\mathrm{R}},\boldsymbol{k})=\frac{\sum F_z}{F_{\mathrm{R}}} \tag{1-8}$$

1.3　力矩

力能够使物体移动，也能使物体转动。**力矩**用以量度力的转动效应。力使物体绕某点转动的作用，称为**力对点之矩**（例如图 1-9a 扳手拧紧螺钉），力使物体绕某轴转动的作用，（如图 1-9b 门的转动）称为**力对轴之矩**。

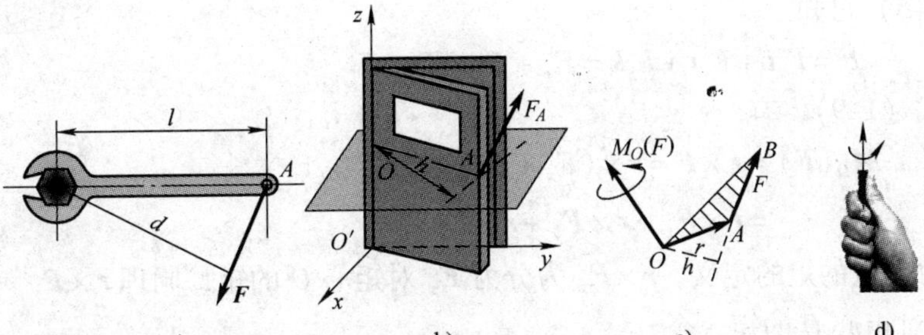

a)　　b)　　c)　　d)

图　1-9

1.3.1　力对点之矩

如图 1-9c 所示，力 $\boldsymbol{F}$ 作用在刚体上的 A 点，点 O 到 A 点的径矢为 $\boldsymbol{r}$。可以证明，力使

刚体绕点 O（称之为**矩心**）转动的效应取决于三个要素：

1）转动的强度（它取决于力的大小及力到点的距离）；

2）力使物体转动的方位（力 $\boldsymbol{F}$ 的作用线和矩心 O 组成的平面在空间的方位，可以用这个平面的法线表示该平面的方位）；

3）转向。

可以将这三个要素用一个矢量表达，利用数学中矢量的矩的概念，定义这个矢量为力对点的矩：

$$\boldsymbol{M}_O(\boldsymbol{F})=\boldsymbol{r}\times\boldsymbol{F} \tag{1-9}$$

矢量的模表示了力矩的作用强度，矢量的方位标示转轴的方位，矢量的方向由右手螺旋法则确定（见图 1-9c、d）。力矩的单位为 N · m（牛［顿］米）。

将力 $\boldsymbol{F}$ 和径矢 $\boldsymbol{r}$ 表示成解析表达式，有

$$\boldsymbol{r}=x\boldsymbol{i}+y\boldsymbol{j}+z\boldsymbol{k}$$

$$\boldsymbol{F}=F_x\boldsymbol{i}+F_y\boldsymbol{j}+F_z\boldsymbol{k}$$

利用矢量积的计算方法，可以得到

$$\boldsymbol{M}_O(\boldsymbol{F})=\boldsymbol{r}\times\boldsymbol{F}=\begin{vmatrix}\boldsymbol{i} & \boldsymbol{j} & \boldsymbol{k}\\ x & y & z\\ F_x & F_y & F_z\end{vmatrix}=(yF_z-zF_y)\boldsymbol{i}+(zF_x-xF_z)\boldsymbol{j}+(xF_y-yF_x)\boldsymbol{k} \tag{1-10}$$

容易知道，上式中 $\boldsymbol{i}$、$\boldsymbol{j}$、$\boldsymbol{k}$ 前面的系数，分别为 $\boldsymbol{M}_O(\boldsymbol{F})$ 在坐标轴 x、y、z 上的投影，即

$$\begin{aligned}M_{Ox}(\boldsymbol{F})&=yF_z-zF_y\\ M_{Oy}(\boldsymbol{F})&=zF_x-xF_z\\ M_{Oz}(\boldsymbol{F})&=xF_y-yF_x\end{aligned} \tag{1-11}$$

当力 $\boldsymbol{F}$ 的作用线与矩心 O 组成的平面在空间的方位明确易见，如图 1-10 所示时，可以用代数量表达力对点的矩：

$$M_O(\boldsymbol{F})=\pm Fh=\pm 2A_{\triangle OAB} \tag{1-12}$$

这是平面力对点的矩，约定力使物体绕矩心逆时针转向为正，顺时针转向为负。

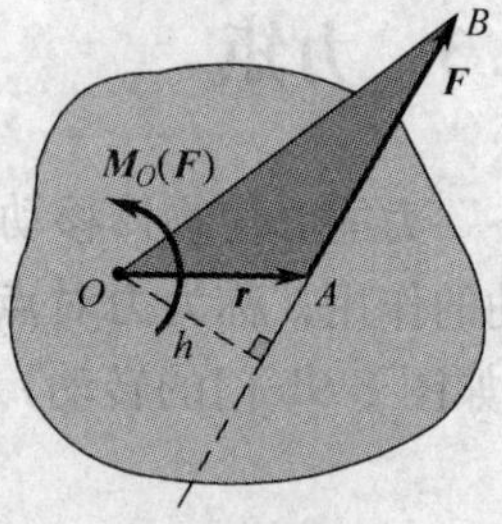

图 1-10

由式（1-5）可知

$$\boldsymbol{F}=F_x\boldsymbol{i}+F_y\boldsymbol{j}+F_z\boldsymbol{k}=\boldsymbol{F}_x+\boldsymbol{F}_y+\boldsymbol{F}_z$$

将上式代入式（1-9），有

$$\begin{aligned}\boldsymbol{M}_O(\boldsymbol{F})&=\boldsymbol{r}\times\boldsymbol{F}=\boldsymbol{r}\times(\boldsymbol{F}_x+\boldsymbol{F}_y+\boldsymbol{F}_z)\\&=\boldsymbol{r}\times\boldsymbol{F}_x+\boldsymbol{r}\times\boldsymbol{F}_y+\boldsymbol{r}\times\boldsymbol{F}_z\end{aligned} \tag{1-13}$$

式中，按照力对点的矩的定义，$\boldsymbol{r}\times\boldsymbol{F}_x$ 为分力 $\boldsymbol{F}_x$ 对矩心 O 的矩，同理 $\boldsymbol{r}\times\boldsymbol{F}_y$，$\boldsymbol{r}\times\boldsymbol{F}_z$ 分别为分力 $\boldsymbol{F}_y$、$\boldsymbol{F}_z$ 对矩心 O 的矩，令

$$\boldsymbol{M}_O(\boldsymbol{F}_x)=\boldsymbol{r}\times\boldsymbol{F}_x,\quad \boldsymbol{M}_O(\boldsymbol{F}_y)=\boldsymbol{r}\times\boldsymbol{F}_y,\quad \boldsymbol{M}_O(\boldsymbol{F}_z)=\boldsymbol{r}\times\boldsymbol{F}_z$$

式（1-13）可表示为

$$\boldsymbol{M}_O(\boldsymbol{F})=\boldsymbol{M}_O(\boldsymbol{F}_x)+\boldsymbol{M}_O(\boldsymbol{F}_y)+\boldsymbol{M}_O(\boldsymbol{F}_z)$$

将上式推广到由 n 个力构成的力系，若 $\boldsymbol{F}_{\mathrm{R}}=\sum\boldsymbol{F}_i$，则可得到

$$M_O(F_R) = \sum M_O(F_i) \tag{1-14}$$

即：**力系的合力对某点的矩等于诸分力对同一点的矩之和**。这个关系式被称为**合力矩定理**，它是由 17 世纪法国数学家、力学家伐里农首先提出的。

1.3.2　力对轴之矩

考察力 $\boldsymbol{F}$ 对刚体所产生的绕轴 z 转动的效应，即力 $\boldsymbol{F}$ 对轴 z 的矩，并用 $M_z(\boldsymbol{F})$ 来表达。如图 1-11 所示，作圆盘平面垂直于 z 轴，交 z 轴于点 O，将 $\boldsymbol{F}$ 正交分解为平行于轴 z 的分力 $\boldsymbol{F}_1$ 以及垂直于轴 z 的分力 $\boldsymbol{F}_2$，由合力矩定理可得

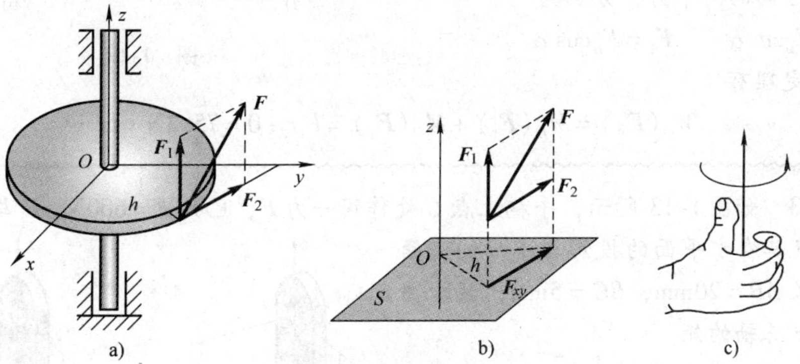

图　1-11

$$M_z(\boldsymbol{F}) = M_z(\boldsymbol{F}_1) + M_z(\boldsymbol{F}_2)$$

显然平行于轴 z 的分力 $\boldsymbol{F}_1$ 不能使圆盘产生绕 z 轴的转动，即 $M_z(\boldsymbol{F}_1)=0$，故

$$M_z(\boldsymbol{F}) = M_z(\boldsymbol{F}_2) = M_O(\boldsymbol{F}_{xy}) = \pm F_{xy}h \tag{1-15}$$

式中，F_{xy}是 $\boldsymbol{F}$ 在平面 S 内的投影的大小；h 是原点 O 到矢量 $\boldsymbol{F}_{xy}$的垂直距离。

由此定义：**力对轴之矩等于此力在垂直于该轴的平面上的投影对该轴与平面交点之矩**。力对轴的矩是代数量，按右手螺旋法则，拇指的指向与轴的正向一致为正，反之为负。

不难得出，当力与轴相交或力平行于轴时，力对轴的矩为零，即在这两种情况下，该力不能使刚体绕此轴转动。

在直角坐标系中，按照力对轴之矩的定义，并根据式（1-11），有

$$M_z(\boldsymbol{F}) = M_O(\boldsymbol{F}_{xy}) = M_O(\boldsymbol{F}_x) + M_O(\boldsymbol{F}_y) = -yF_x + xF_y$$

同理也可以得到 $M_x(F)$ 和 $M_y(F)$，可以得到

$$\begin{cases} M_x(\boldsymbol{F}) = yF_z - zF_y \\ M_y(\boldsymbol{F}) = zF_x - xF_z \\ M_z(\boldsymbol{F}) = xF_y - yF_x \end{cases} \tag{1-16}$$

比较式（1-11）和式（1-16），可以得出结论：**力对点之矩在通过该点的坐标轴上的投影等于力对该轴的矩**，称之为**力矩关系定理**。

例题 1-2　如图 1-12 所示，作用于齿轮上的啮合力 $F_n = 1\text{kN}$，齿轮的分度圆直径 $D = 160\text{mm}$，压力角 $\alpha = 20°$，求啮合力 $\boldsymbol{F}_n$ 对于轮心 O 的矩。

分析：齿轮是机械中常用的传动构件，计算力 $\boldsymbol{F}_n$ 对 O 的矩可以采用力矩的定义直接计算，也可以采用合力矩定理进行计算。

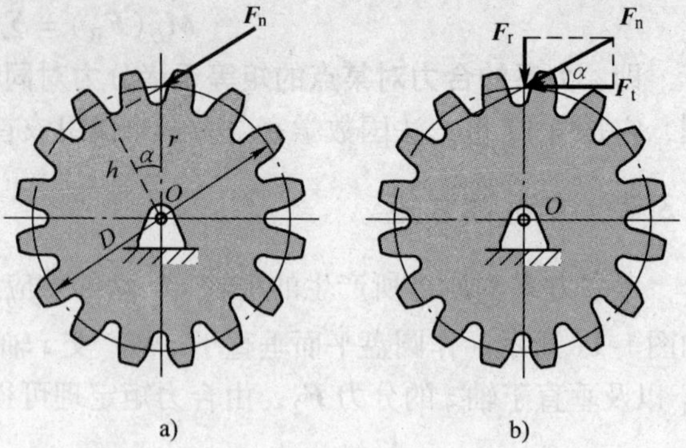

图 1-12

解：1）根据力矩定理进行计算

$$h = r\cos\alpha = \frac{D}{2}\cos\alpha$$

由此计算出：$M_O(\boldsymbol{F}_n) = F_n h = F_n \dfrac{D}{2}\cos 20° = 75.2\text{N}\cdot\text{m}$

2）根据合力矩定理进行计算

首先将力 $\boldsymbol{F}_n$ 分解为沿齿轮半径方向和圆周切线方向的两个力，分别为

$$F_r = F_n\sin\alpha, \quad F_t = F_n\cos\alpha$$

根据合力矩定理有

$$M_O(\boldsymbol{F}_n) = M_O(\boldsymbol{F}_t) + M_O(\boldsymbol{F}_r) = F_r r + 0 = 75.2\text{N}\cdot\text{m}$$

例题 1-3 如图 1-13 所示，手柄上点 C 处作用一力 $\boldsymbol{F}$，已知 $F=600\text{N}$，$\boldsymbol{F}$ 与水平面的夹角为 60°，且其在水平面的投影与 y 轴的夹角为 45°，如果 $AB=20\text{mm}$，$BC=5\text{mm}$，试求力 $\boldsymbol{F}$ 对 x，y，z 三轴的矩。

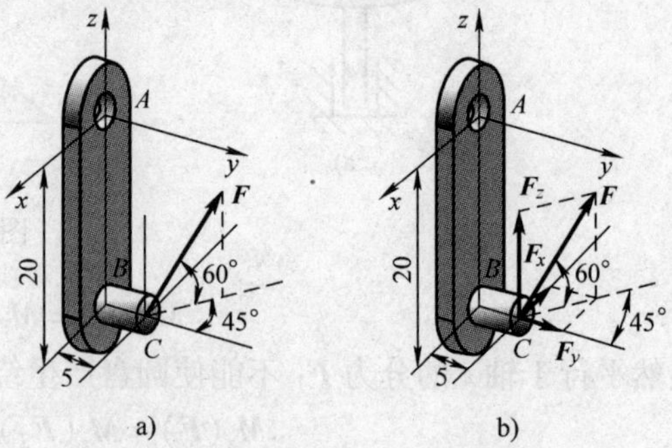

图 1-13

分析：这是一个空间作用力，可以按照式（1-16）进行求解。首先求出力 $\boldsymbol{F}$ 在空间坐标轴 x，y，z 上的投影，再求出力 $\boldsymbol{F}$ 对各坐标轴的矩。

解：1）力 $\boldsymbol{F}$ 在空间坐标轴 x，y，z 上的投影量为

$$F_x = -F\cos60°\sin45° = -600\times\frac{1}{2}\times\frac{\sqrt{2}}{2} = -212\text{N}$$

$$F_y = F\cos60°\cos45° = 600\times\frac{1}{2}\times\frac{\sqrt{2}}{2} = 212\text{N}$$

$$F_z = F\sin60° = 600\times\frac{\sqrt{3}}{2} = 520\text{N}$$

2）力 $\boldsymbol{F}$ 的作用点 C 的坐标为

$$x=0, \quad y = BC = 5\text{mm}, \quad z = AB = -20\text{mm}$$

3）计算出力 $\boldsymbol{F}$ 对各坐标轴的矩：

$$M_x(\boldsymbol{F}) = yF_z - zF_y = [0.005\times520-(-0.02)\times212]\text{N}\cdot\text{m} = 6.84\text{N}\cdot\text{m}$$

$$M_y(\boldsymbol{F}) = zF_x - xF_z = [-0.02\times(-212)-(0\times520)]\text{N}\cdot\text{m} = 4.24\text{N}\cdot\text{m}$$

$$M_z(\boldsymbol{F}) = xF_y - yF_x = [0\times212-0.005\times(-212)]\text{N}\cdot\text{m} = 1.06\text{N}\cdot\text{m}$$

本题也可以采用力对轴的矩的定义直接计算。

1.4　力偶的概念及力偶矩的计算

由两个等值、反向的平行力构成的力系，称为力偶，如图 1-14a 所示，记为（$\boldsymbol{F}$，$\boldsymbol{F}'$）。这两个力的作用线确定的平面称为力偶作用面，这两个力之间的距离 h 称为力偶臂。力偶作用于刚体只产生转动效应，这种转动效应取决于三个要素：

1）力偶的作用强度（取决于力的大小和力偶臂的大小）；

2）力偶作用面的方位；

3）力偶的转向。

将这三个要素用一个矢量来表示，该矢量的模、方位和指向分别对应着这三个要素，称这个矢量为**力偶矩**（矢），记为 $\boldsymbol{M}$，如图 1-14c 所示。力偶的单位是：N · m（牛［顿］米）或 kN · m（千牛［顿］米）。

平面问题中，力偶矩可以用代数量表达：

$$M = \pm Fh \tag{1-17}$$

正负号表示力偶的转动方向：规定逆时针转向为正；顺时针转向为负。

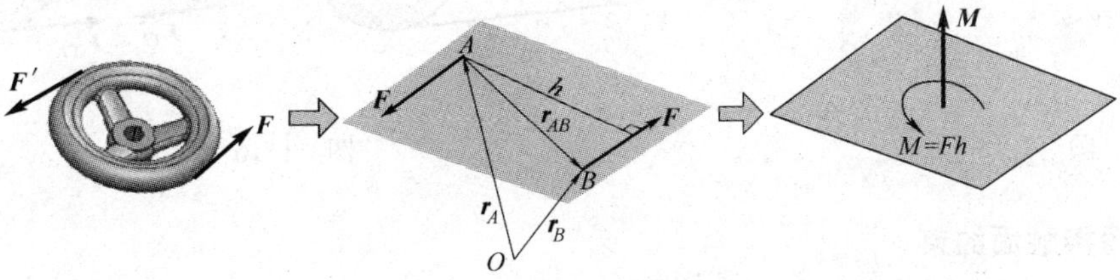

图　1-14

通过计算力偶（$\boldsymbol{F}$，$\boldsymbol{F}'$）对任一点 O 之矩不难得出这样的结论：**力偶对任意一点的矩都等于力偶矩，与矩心 O 的位置无关**（见图 1-14b，请读者自行证明）。因此两个平行平面内的**力偶等效**的条件就是**两个力偶的力偶矩**（矢）相等。由此可以得力偶的性质：

1）一个力偶不能与一个力等效，也不能与一个力构成平衡。力偶与力一样，是一个基本力学量；

2）力偶可以在其作用面内任意移转，或者移转到平行平面内，不会改变力偶的作用；

3）保持力偶的转向和力偶的大小不变，同时改变力偶中的力和力偶臂，不会改变力偶对刚体的作用。

1.5　约束与约束力

工程中的机器或者结构，总是由许多零部件组成的。这些零部件按照一定的形式相互连接。因此，它们的运动必然互相牵连、限制。也就是说，它们是运动受到限制或约束的物体，称为**被约束体**。那些限制物体某些运动的条件，称为**约束**，这些限制条件是由被约束体周围的其他物体构成的，这些周围物体称为**约束体**。约束体与被约束体接触产生作用力而限制了物体的运动，这种力称为**约束力**，或称为**约束反力**。约束力是一种被动力，它因为主动力的存在而存在。

约束力一般作用于被约束体与约束体的接触处，其方向也总是与该约束所能限制的被约束体的运动或运动趋势的方向相反，据此可确定约束力的位置及方向。工程中常见的约束有以下几种：

1. 柔索约束

由绳索、胶带、链条等形成的约束称为柔索约束。这类约束只能限制物体沿柔索伸长方向的运动，因此它对物体只有**沿柔索背离被约束物体方向的拉力**，如图 1-15、图 1-16 所示，常用符号为 $\boldsymbol{F}_T$。当柔索绕过轮子时，常假想在柔索的直线部分处截开。将与轮接触的柔索和轮子一起作为考察对象，其受力如图 1-16b 所示。

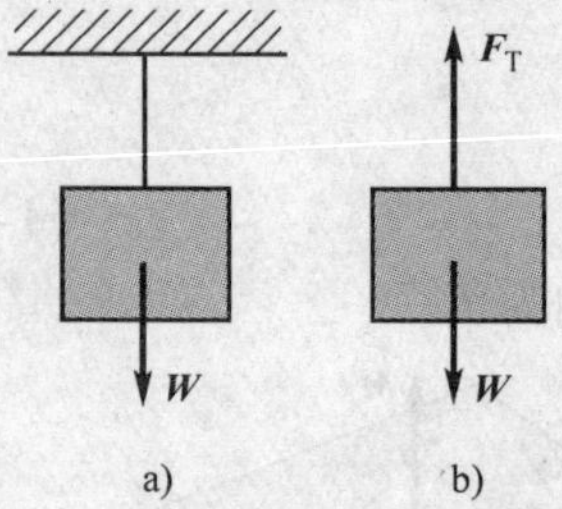

图 1-15

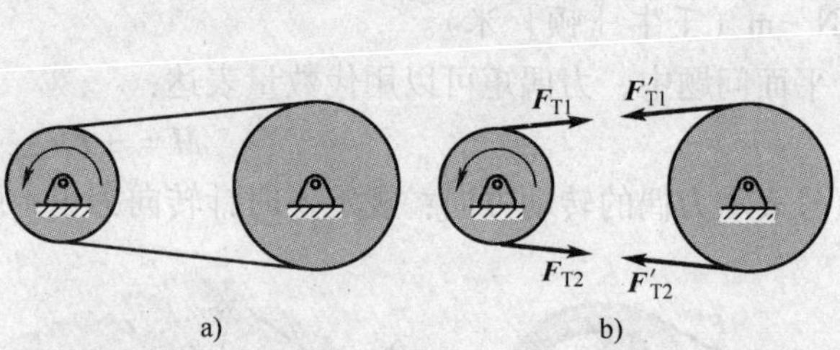

图 1-16

2. 光滑接触面约束

光滑接触面只能限制物体在接触点沿接触面的法线方向的运动，不能限制物体沿接触面切线方向的运动，故**约束力必过接触处沿两接触面公法线方向并指向被约束体，简称法向约束力**，通常用 $\boldsymbol{F}_N$ 表示。图 1-17a、b 所示分别为光滑曲面对刚体球的约束和齿轮传动机构中齿轮的约束。

当平面与点接触时，如图 1-18 所示，直杆与方槽在点 A、B、C 接触，此时可将尖点看作半径很小的圆，则三处的约束力沿接触处两接触面的公法线方向。

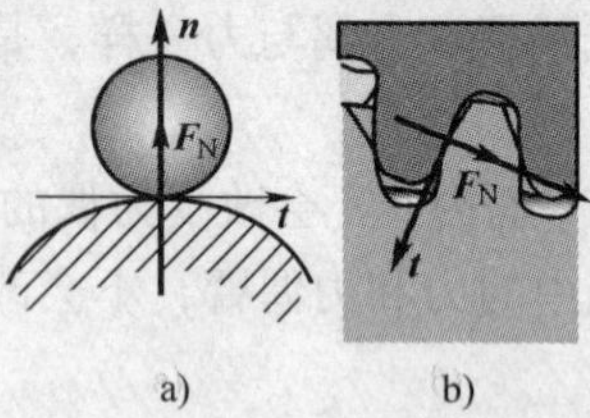

图 1-17

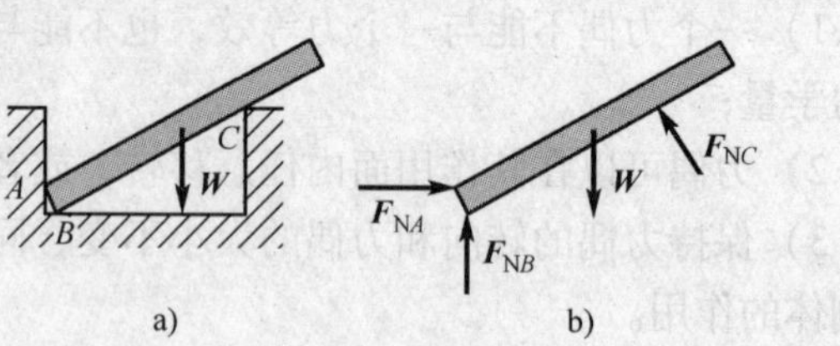

图 1-18

3. 光滑铰链约束

铰链是工程上常见的一种约束。它是在两个有着圆孔的构件之间采用短圆柱定位销所形成的连接，如图 1-19a 所示。例如门与门框、起重机的动臂与机座之间的连接等，都是常见的铰链连接。

铰链连接中构件可以绕销钉轴转动，但不能做任何垂直于销钉轴线方向的移动。当认为构件和销钉之间为光滑接触时，构件与销钉之间的约束力应通过接触点 K 沿公法线方向

（通过销钉中心），如图 1-19b 所示。由于分析计算前很难确定 K 点的确切位置，因此难以确定约束力 $\boldsymbol{F}_N$ 的方向。为此，**这种约束力通常用两个通过铰链中心的大小和方向未知的正交分力 $\boldsymbol{F}_x$、$\boldsymbol{F}_y$ 来表示**，如图 1-19c 所示，两正交分力的指向可以任意假设，最后根据计算来确定其真实的方向。

光滑铰链约束在工程上应用广泛，一般可分为几种类型。

（1）固定铰链　组成铰链的构件中，有一部分和基础固定连接，如桥梁的一端与桥墩连接时，常用这种约束，如图 1-20a 所示。图 1-20b 是这种约束的简图与约束力的形式。

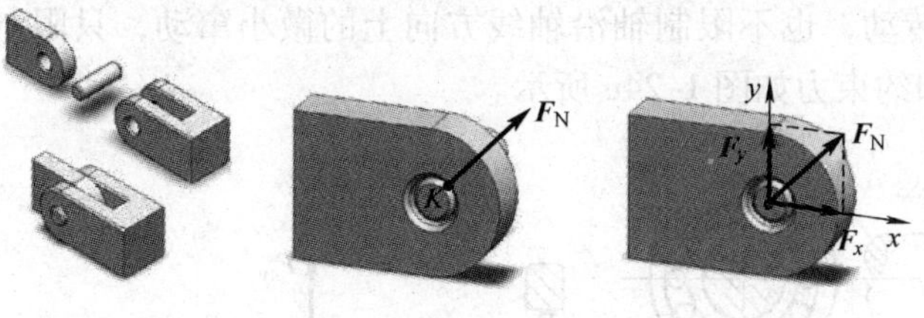

图　1-19

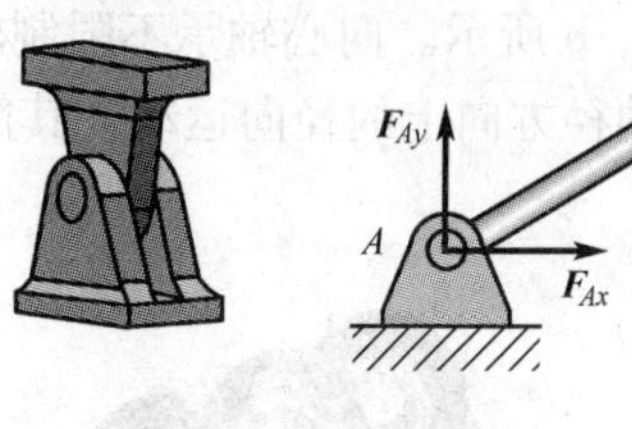

图　1-20

（2）中间铰链　用来连接两个可以相对转动但不能相对移动的构件，如曲柄连杆机构中曲柄与连杆、连杆与滑块的连接。这种约束的简图与约束力的形式如图 1-21b 所示。通常在两个构件连接处用一个小圆圈表示铰链，如图 1-21c 所示。

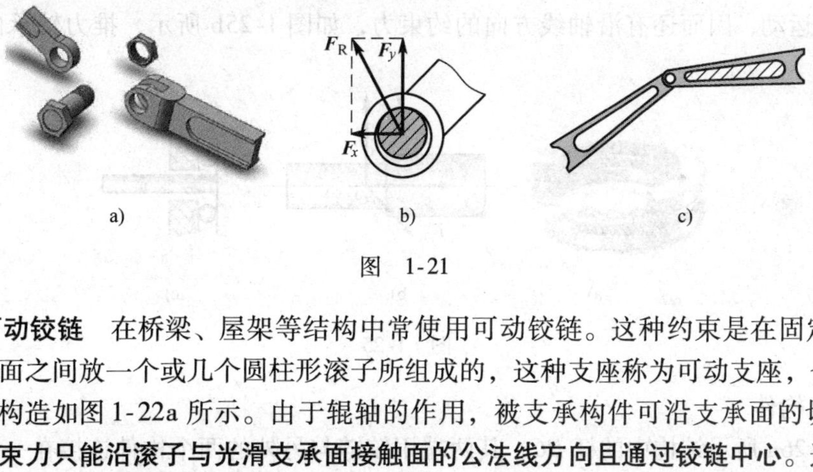

图　1-21

（3）可动铰链　在桥梁、屋架等结构中常使用可动铰链。这种约束是在固定铰链支座与光滑支承面之间放一个或几个圆柱形滚子所组成的，这种支座称为可动支座，也称为辊轴支座，它的构造如图 1-22a 所示。由于辊轴的作用，被支承构件可沿支承面的切线方向移动，**故其约束力只能沿滚子与光滑支承面接触面的公法线方向且通过铰链中心**。这种约束的简图与约束力的形式如图 1-22b 所示，亦可表示为图 1-22c、d。

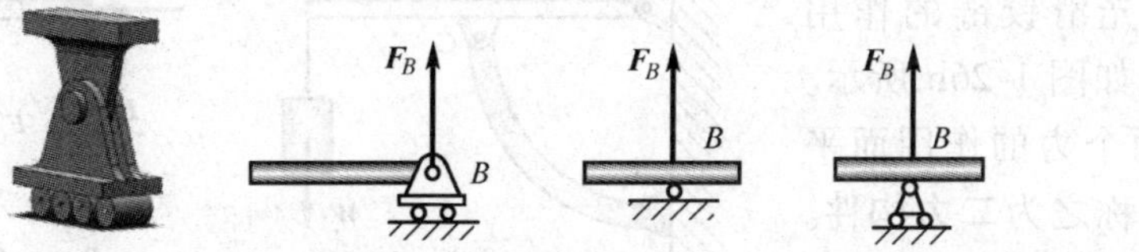

图　1-22

（4）球形铰链　球形铰链是空间类型的光滑铰链约束，如图 1-23a 所示，其一端为球头，另一端为相应的球窝，如汽车上的变速操纵杆便可视为这类约束。球形铰链的简图如图

1-23b 所示，约束力可简化为通过球心 O、大小待定的三个正交分力，这种约束的简图与约束力的形式如图 1-23b、c 所示。

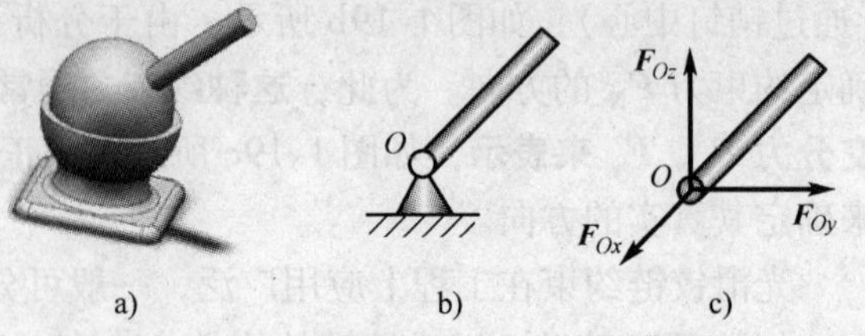

图 1-23

4. 轴承约束

轴承约束是机械系统中常见的支承形式，其约束力的分析方法与铰链约束相同。

(1) 向心轴承 常见的结构形式如图 1-24a、b 所示。向心轴承不限制轴的转动，也不限制轴沿轴线方向上的微小窜动，只限制轴沿轴径方向上的径向运动，其简图和约束力如图 1-24c 所示。

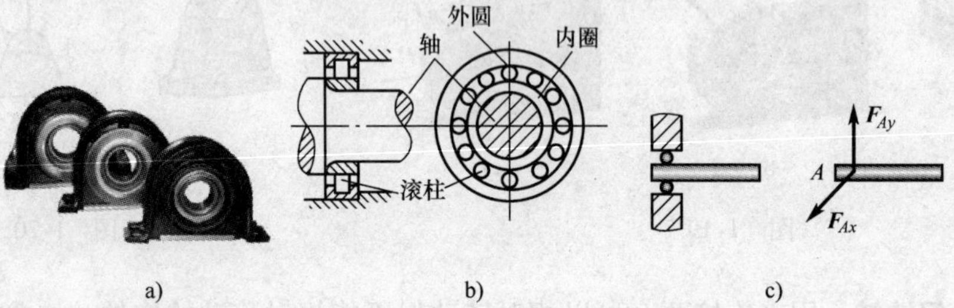

图 1-24

(2) 推力轴承 如图 1-25a 所示，除了与向心轴承一样具有径向约束力外，由于限制了轴的轴向运动，因而还有沿轴线方向的约束力，如图 1-25b 所示，推力轴承的简图如图 1-25c所示。

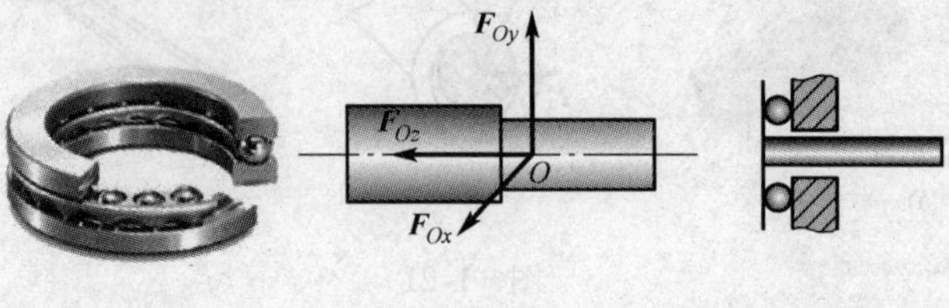

图 1-25

5. 二力构件

如图 1-26a 所示结构中的杆 BC，其两端用铰链与另外的两个构件连接在一起，在不考虑自重的情况下，它只受到 B、C 两个光滑铰链的作用力，其受力如图 1-26b 所示。对于只受两个力的作用而平衡的构件，称之为**二力构件**。二力构件限制了与其链接的物体沿两铰连接方向上的运动，相当于一个约束。二力构件并不一定是直杆，它可

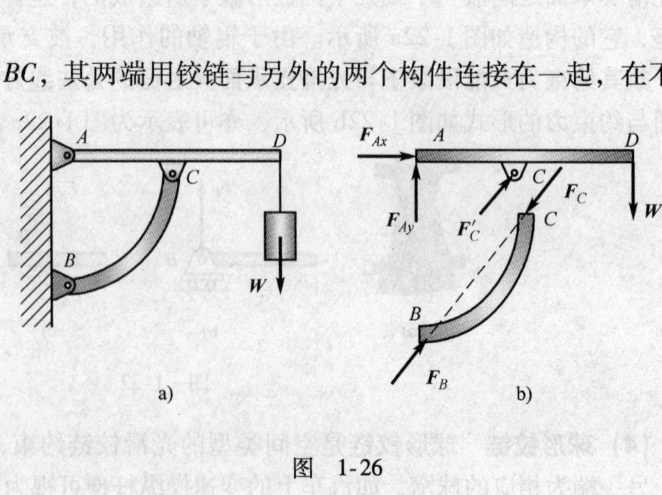

图 1-26

以是任意形状。工程上有很多构件可以简化为二力构件，如内燃机的连杆、桁架中的杆等。

6. 固定端约束

一个物体的一端完全固定在另一个物体上的这种约束叫固定端约束。例如，建筑物中的阳台、车床上车刀的固定、电线杆插入地面以及焊铆接和用螺栓联接的结构等，如图1-27a所示，这些工程实例都可表征为固定端约束。对于平面力系问题，固定端约束的简化力学模型如图 1-27b 中的左端 A 处所示，其约束力如图 1-27c 所示。特别需要注意的是，由于固定端约束限制了杆件在平面内的转动，因此在主动力作用下，固定端不仅存在限制平面内移动的约束力 $\boldsymbol{F}_x$、$\boldsymbol{F}_y$，还存在限制平面内转动的约束力偶 M。为简便起见，也常用图 1-27d 所示的固定端的简化模型。

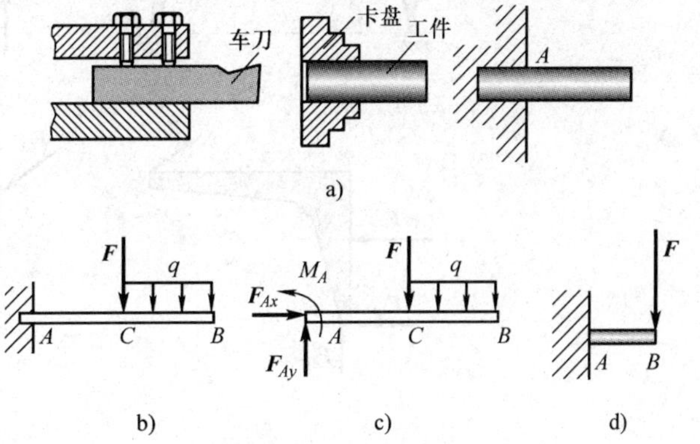

图　1-27

1.6　受力分析与受力图

工程构件在工作时一般承受多个力，其中有已知力也有未知力。为了定量地求解出未知力，首先要定性地确定构件上的作用力。所谓受力分析，就是指分析所要研究的物体（称为研究对象）作用有多少力、各力作用点和方向的情况。进行受力分析时，研究对象可以用简单线条组成的简图来表示。**在简图上除去约束，使研究对象成为自由体，添上代表约束作用的约束力，称为解除约束原理。解除约束后的自由物体称为分离体，在分离体上画出它所受的全部主动力和约束力，就称为该物体的受力图。**

如果没有特别说明，则物体的重力一般不计，并认为接触面都是光滑的。画受力图是解决力学问题的第一步骤，正确地画出受力图是分析、解决力学问题的前提。一般应按以下步骤进行。

1）选择研究对象，解除约束，画出其分离体图。

2）在分离体上画出作用在其上的所有主动力（一般为已知力）。

3）在分离体的每一约束处，根据约束的性质画出约束力。

下面举例说明受力图的作法及注意事项。

例题 1-4　绘制图 1-28a 所示结构整体和各个部件的受力图，不计结构自重。

解：1）分析部件 BC：部件 BC 为二力构件，受力图如图 1-28d 所示。

2）分析部件 AC：A 为固定铰链约束，约束力为 $\boldsymbol{F}_{Ax}$、$\boldsymbol{F}_{Ay}$，中间铰链 C 与部件 BC 上的铰链 C 是相互作用的两个部分，因此须按作用力与反作用力的关系绘制铰链 C 的约束力，如图 1-28c。

3）分析整体：对于整体来讲铰链 C 为内部结构，其相互作用力不画出；部件与整体相同位置处的约束力要保持一致。因此可以得到整体结构的受力分析图，如图 1-28b。

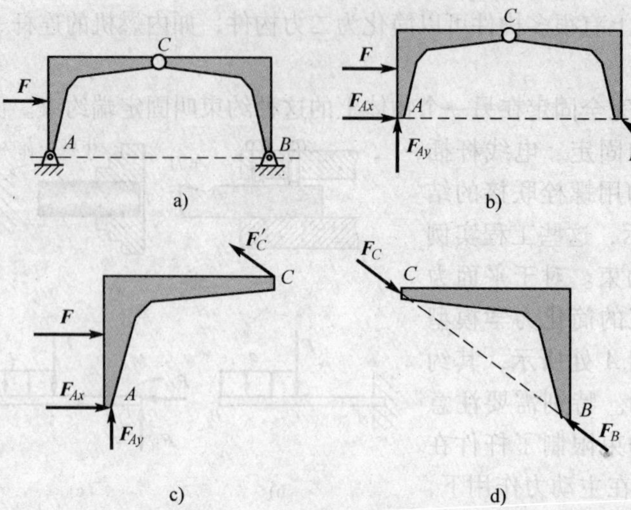

图 1-28

例题 1-5 折杆 AB 如图 1-29a 所示，不计各杆的自重，试画出杆 AB 的受力图。

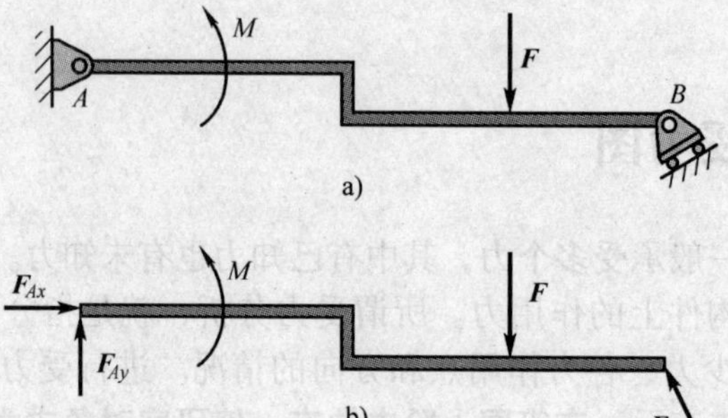

图 1-29

解：将杆件的约束去掉——**解除约束**；作图时将物体单独画出——**取分离体**；画出已知的作用力（按原作用形式和位置画）；根据约束的类型画出约束力。其中构件 B 端是可动铰链约束形式，其约束力只能在滚子与光滑支承面接触面的公法线方向且通过铰链中心，画出受力图如图 1-29b 所示。

例题 1-6 框架结构 $ABCD$ 如图 1-30a 所示，在杆 CD 的 H 位置处装有滑轮并挂重物，重物重力为 $\boldsymbol{W}$，不计各杆的自重，试作出杆 AB、杆 CD（带滑轮）的受力图。

解：先取杆 AB 为研究对象，杆 AB 上没有已知力作用。其中 A 点为固定端约束，约束力为 $\boldsymbol{F}_{Ax}$、$\boldsymbol{F}_{Ay}$和 M_A，BC 为二力构件，B 处约束力为 $\boldsymbol{F}'_{BC}$，E 处为柔索约束，同样有约束力，为 $\boldsymbol{F}'_{\mathrm{T}}$，杆 AB 的受力图如图 1-30b 所示。

再取杆 CD 与滑轮作研究对象。其中 D 处为固定铰支座，C 处、滑轮上端的约束力按作用力反作用力的原则绘制，如图 1-30c 所示。

这里，需要说明的是，一般我们不将连接在杆上的滑轮单独拆开绘制其受力分析图，这

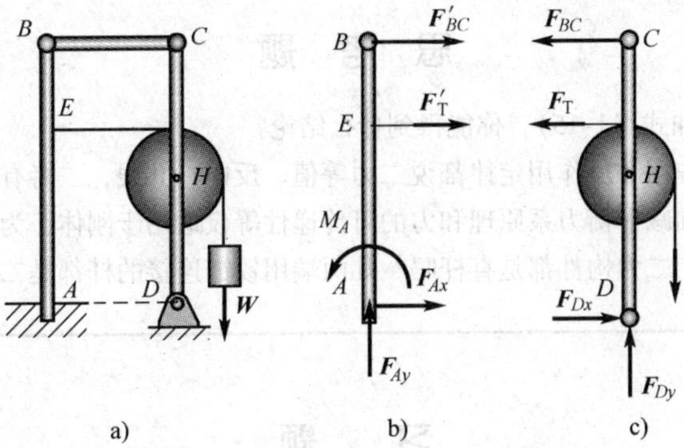

图　1-30

是因为拆开滑轮后，会暴露出可能并不需要求解的约束力。当然，如果要分析滑轮和杆件相连部位的销钉的受力，特别是在材料力学部分需要分析连接件的强度时，这时候拆开滑轮分析是必要的。

例题 1-7　图 1-31a 所示为一简易起重机支架，已知支架重量为 $\boldsymbol{W}_1$、吊重为 $\boldsymbol{W}_2$。试画出重物、吊钩、滑车与支架以及物系整体的受力图。

解：重物上作用有重量 $\boldsymbol{W}_2$ 和吊钩沿绳索的拉力 $\boldsymbol{F}_{T1}$、$\boldsymbol{F}_{T2}$，如图 1-31b 所示。吊钩受绳索约束，沿各绳上画拉力 $\boldsymbol{F}'_{T1}$、$\boldsymbol{F}'_{T2}$、$\boldsymbol{F}_{T3}$，如图 1-31c 所示。滑车上有钢梁的约束反力 $\boldsymbol{F}_{R1}$、$\boldsymbol{F}_{R2}$及吊钩绳索的拉力 $\boldsymbol{F}'_{T3}$，如图 1-31f 所示。

支架上有点 A 的约束力 $\boldsymbol{F}_{Ax}$、$\boldsymbol{F}_{Ay}$，点 B 水平的约束力 $\boldsymbol{F}_{NB}$及滑车滚轮的压力 $\boldsymbol{F}'_{R1}$、$\boldsymbol{F}'_{R2}$，支架自重 $\boldsymbol{W}_1$，如图 1-31e 所示。

整个物系作用有 $\boldsymbol{W}_1$、$\boldsymbol{W}_2$、$\boldsymbol{F}_{NB}$、$\boldsymbol{F}_{Ax}$、$\boldsymbol{F}_{Ay}$，其余为内力均不显示，如图 1-31b 所示。

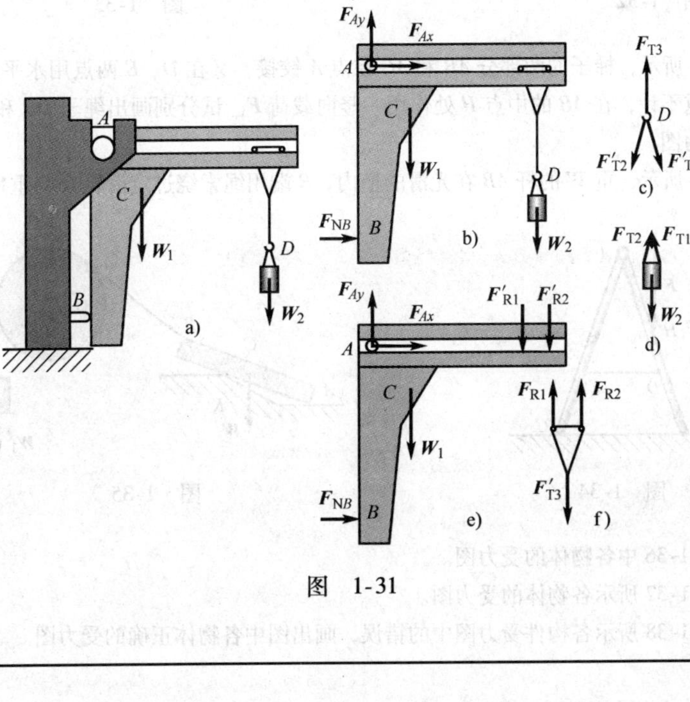

图　1-31

思 考 题

1-1 比较式（1-10）和式（1-15），你能得到什么结论？

1-2 二力平衡条件与作用和反作用定律都说二力等值、反向、共线，二者有何区别？

1-3 二力平衡原理、加减平衡力系原理和力的可传递性等仅适用于刚体，为什么？

1-4 什么叫二力构件？二力构件都是直杆吗？凡两端用铰链连接的杆都是二力构件吗？

习 题

1-1 如图 1-32 所示，水平梁 *AB* 用斜杆 *CD* 支撑，*A*，*C*，*D* 三处均为光滑铰链连接。均质梁重 $\boldsymbol{W}_1$，其上放置一重为 $\boldsymbol{W}_2$ 的电动机。不计杆 *CD* 的自重，试分别画出杆 *CD* 和梁 *AB*（包括电动机）的受力图。

1-2 试画出图 1-33 所示各物体的受力图。

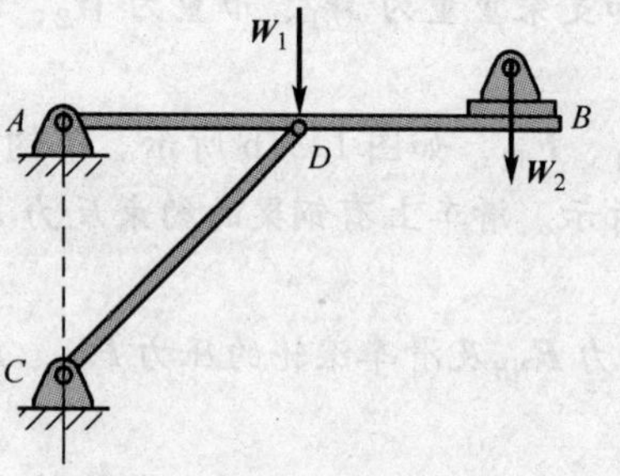

图 1-32

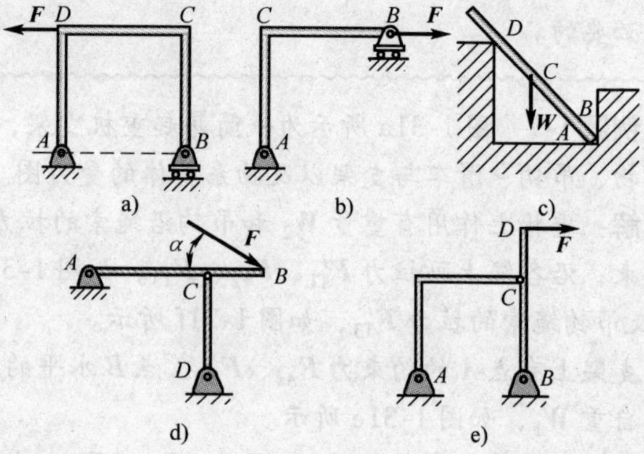

图 1-33

1-3 如图 1-34 所示，梯子的两部分 *AB* 和 *AC* 在点 *A* 铰接，又在 *D*、*E* 两点用水平绳连接。梯子放在光滑水平面上，自重不计，在 *AB* 的中点 *H* 处作用一竖向载荷 $\boldsymbol{F}$。试分别画出绳子 *DE* 和梯子 *AB*、*AC* 部分以及整个系统的受力图。

1-4 如图 1-35 所示，重 $\boldsymbol{W}$ 的杆 *AB* 在光滑的槽内，*B* 端用绳索绕过定滑轮 *O* 与重 $\boldsymbol{W}_1$ 的物体连接。试作各物体的受力图。

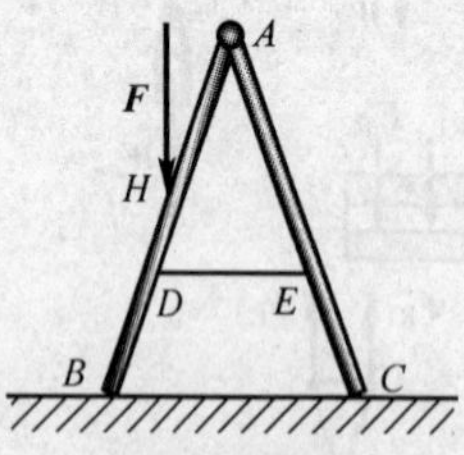

图 1-34

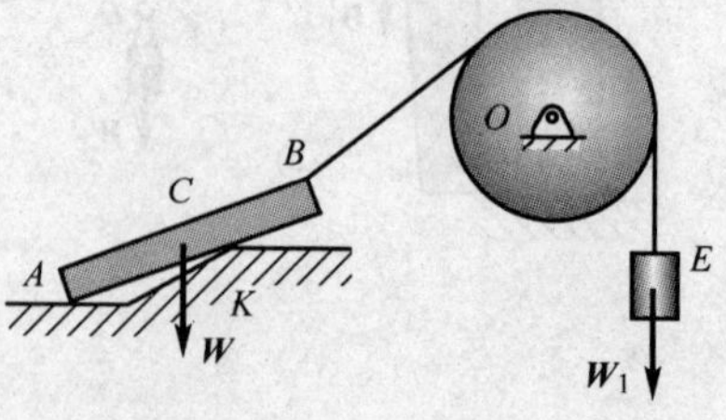

图 1-35

1-5 试画出图 1-36 中各物体的受力图。

1-6 试画出图 1-37 所示各物体的受力图。

1-7 试指出图 1-38 所示各构件受力图中的错误，画出图中各物体正确的受力图。

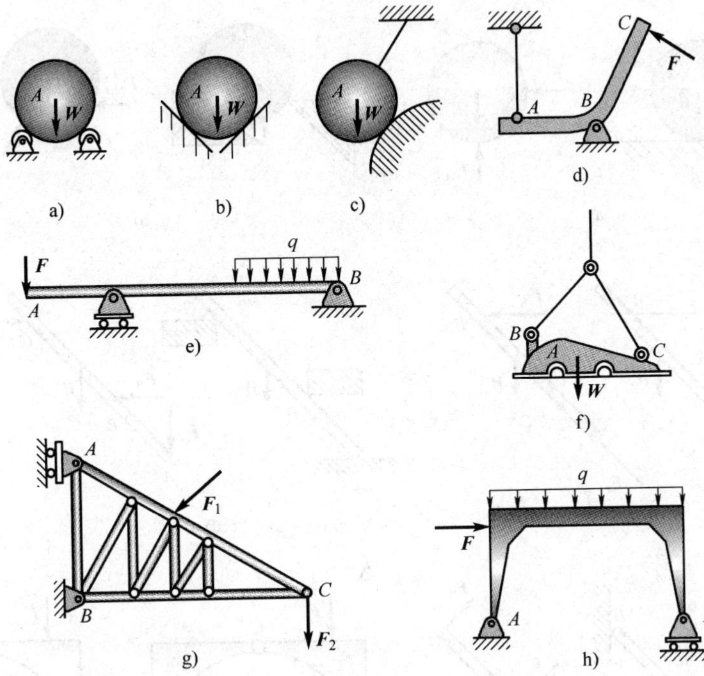
A
W
a)
A
W
b)
A
W
c)
C
F
A
B
d)
F
q
A
B
e)
B
A
C
W
f)
A
F1
B
C
F2
g)
q
F
A
B
h)

图　1-36

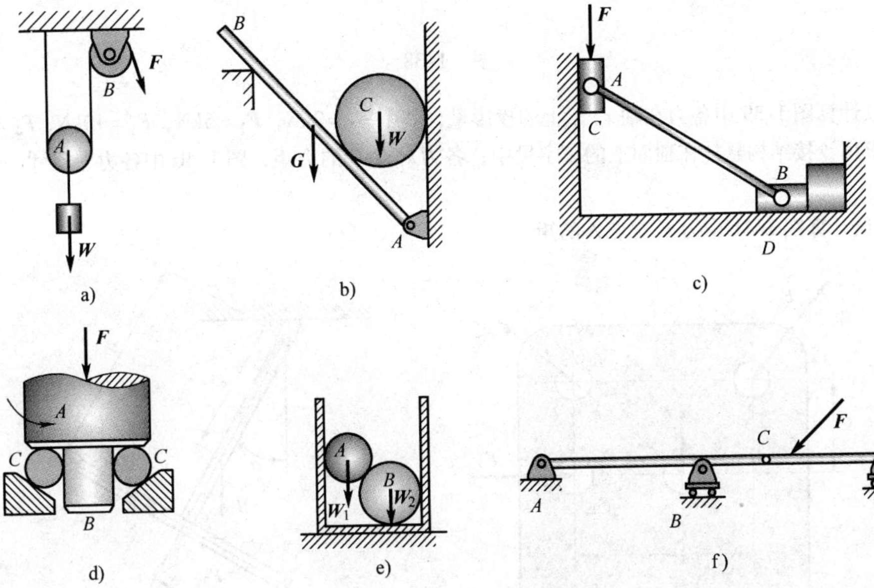
F
B
A
W
a)
B
C
W
G
A
b)
F
A
C
B
D
c)
F
A
C
C
B
d)
A
B
W1
W2
e)
F
C
A
B
D
f)

图　1-37

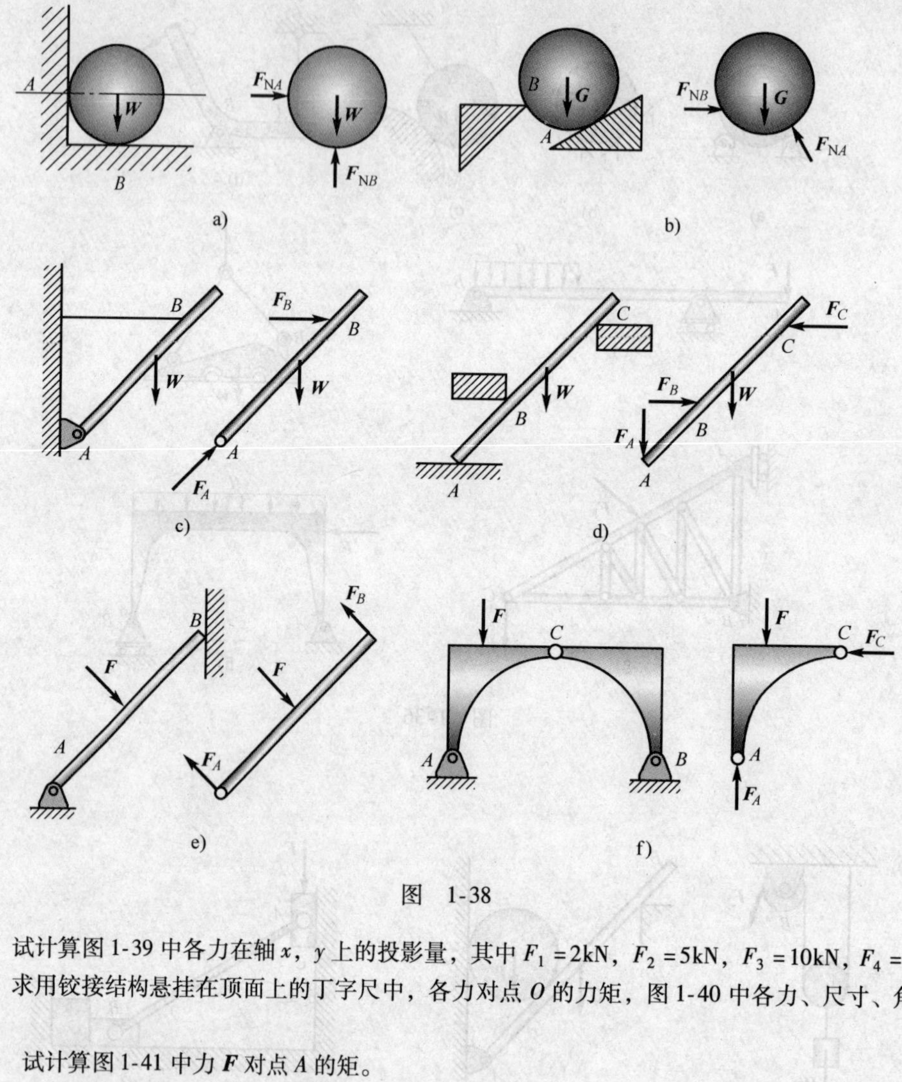

图 1-38

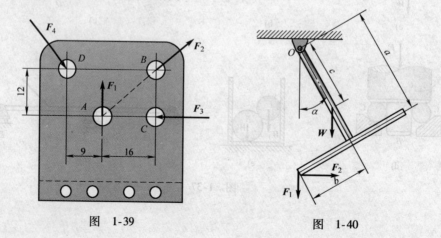

1-8 试计算图 1-39 中各力在轴 x，y 上的投影量，其中 $F_1=2\text{kN}$，$F_2=5\text{kN}$，$F_3=10\text{kN}$，$F_4=7\text{kN}$。

1-9 求用铰接结构悬挂在顶面上的丁字尺中，各力对点 O 的力矩，图 1-40 中各力、尺寸、角度均为已知。

1-10 试计算图 1-41 中力 $\boldsymbol{F}$ 对点 A 的矩。

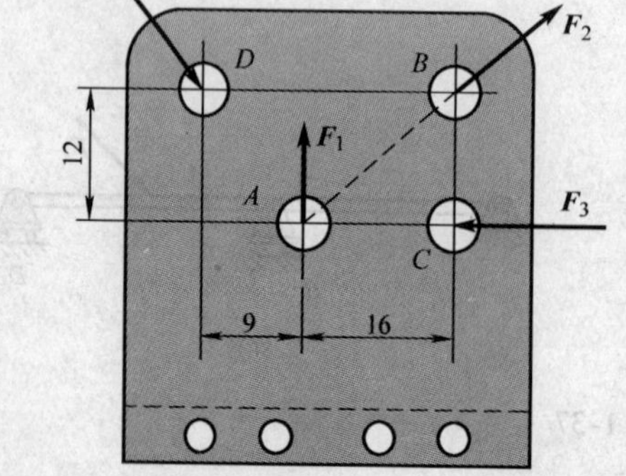

图 1-39

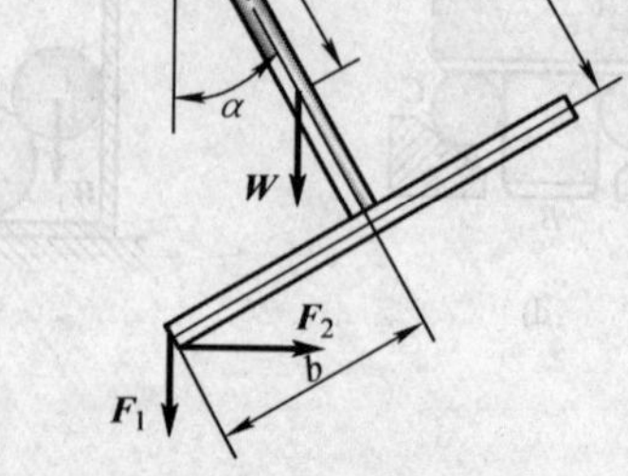

图 1-40

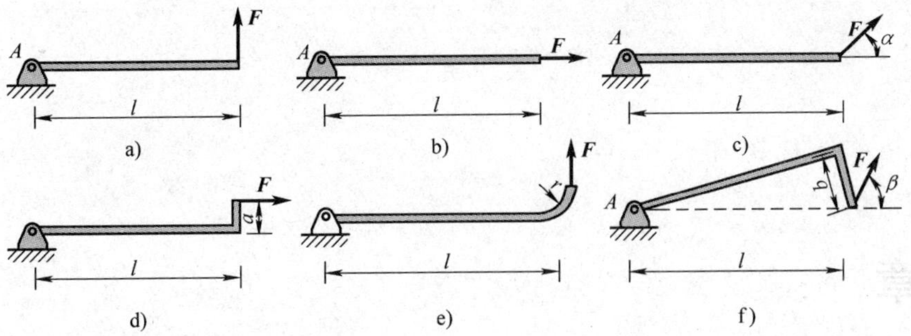

图　1-41

1-11　试计算图 1-42 中力 $\boldsymbol{F}$ 对轴 x，y，z 的矩。

1-12　如图 1-43 所示，已知在边长为 a 的正六面体上作用有 $F_1=6\text{kN}$，$F_2=2\text{kN}$，$F_3=4\text{kN}$。试计算各力在坐标轴上的投影分量。

1-13　试计算图 1-44 中力 $\boldsymbol{F}$ 对点 A，B 的矩。

1-14　摆锤的重力为 $\boldsymbol{W}$，其重心 A 到悬挂点 O 的距离为 l。试计算在图 1-45 所示的三个位置时，重力 $\boldsymbol{W}$ 对点 O 的矩。

1-15　如图 1-46 所示，已知 $\boldsymbol{F}$、R、r 和 α，求轮轴上作用的切向力 $\boldsymbol{F}$ 对轮与地面接触点 A 的力矩。

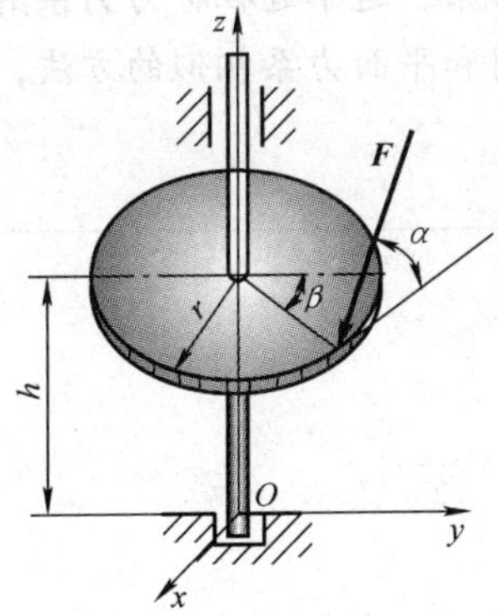

图　1-42

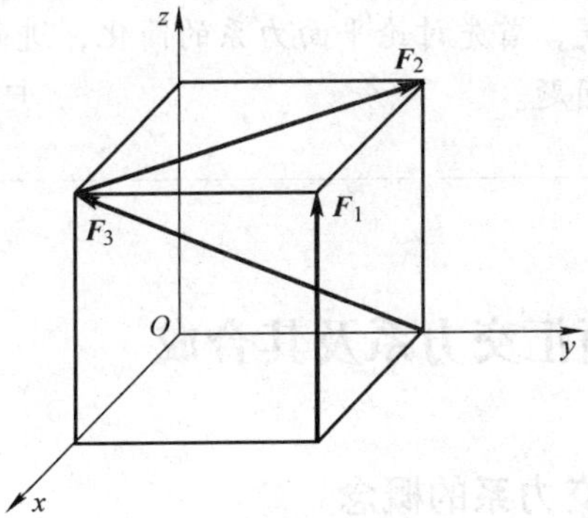

图　1-43

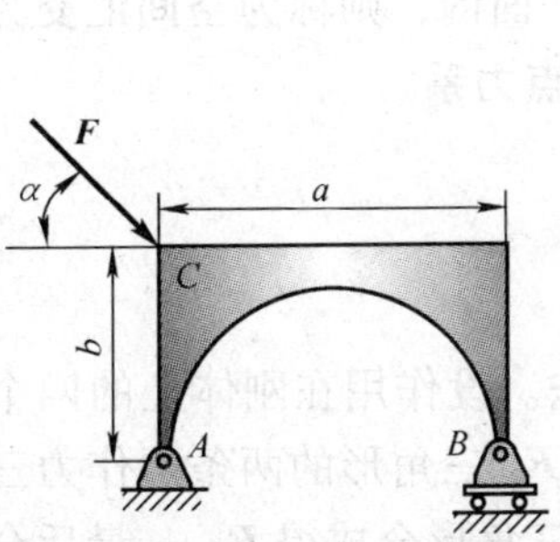

图　1-44

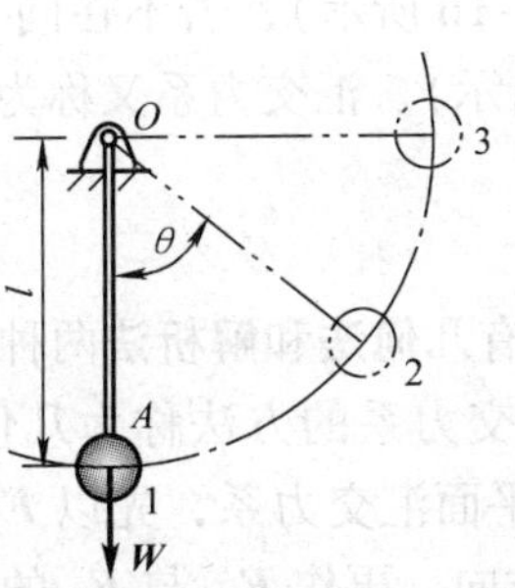

图　1-45

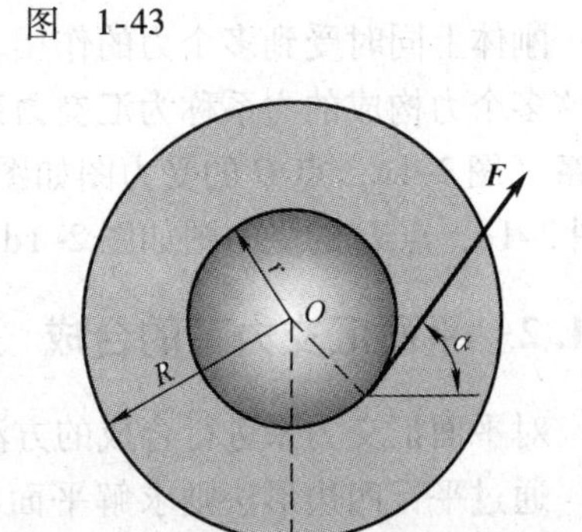

图　1-46

第 2 章
力系的简化

构件所受的力通常不止一个，当构件受多个力的作用时，这些力就组成了一个力系。若力系中所有力的作用线在同一平面内，此力系称为平面力系。若力系中所有力的作用线在不同的平面内，则为空间力系。构件在实际工程中可能会受到比较复杂的力系的作用，比如风压就属于分布不定的复杂分布力系，这些对计算分析是不利的，因此需要对其进行简化，使它们成为易于计算和分析，又符合等效关系的简单力系，这个过程称为**力系的简化**。本章从平面力系出发，首先讨论平面力系的简化，进而采用和平面力系相似的方法，简单讨论空间力系的简化问题。

2.1 平面汇交力系及其合成

2.1.1 汇交力系的概念

刚体上同时受到多个力的作用，如果这多个力的作用线或作用力的延长线汇交于一点，则这多个力构成的力系称为**汇交力系**。汇交力系的作用线若在同一平面内，则称为**平面汇交力系**（图 2-1a，点 O 的受力图如图 2-1b 所示），若不在同一平面内，则称为**空间汇交力系**（图 2-1c，点 D 的受力图如图 2-1d 所示）。汇交力系又称为**共点力系**。

2.1.2 平面汇交力系的合成

对平面汇交力系进行合成的方法有**几何法**和**解析法**两种。

通过平行四边形法则求解平面汇交力系的方法称为**几何法**。设作用在刚体上的四个力 $\boldsymbol{F}_1$、$\boldsymbol{F}_2$、$\boldsymbol{F}_3$、$\boldsymbol{F}_4$ 为一汇交于点 O 的平面汇交力系，先以 $\boldsymbol{F}_1$、$\boldsymbol{F}_2$ 三角形的两条边作力三角形求出 $\boldsymbol{F}_1$、$\boldsymbol{F}_2$ 的合力 $\boldsymbol{F}_{R1}$ 的大小与方向，再作 $\boldsymbol{F}_{R1}$ 与 $\boldsymbol{F}_3$ 的力三角形合成得 $\boldsymbol{F}_{R2}$，最后合成 $\boldsymbol{F}_{R2}$ 与 $\boldsymbol{F}_4$ 得 $\boldsymbol{F}_R$，如图 2-2b 所示。

如图 2-2c 所示，利用三角形法则把这些力平移，首尾相连，然后添加从第一个力起始位置指向最后一个力终了（箭头）位置的有向线段 $\boldsymbol{F}_R$。$\boldsymbol{F}_1$、$\boldsymbol{F}_2$、$\boldsymbol{F}_3$、$\boldsymbol{F}_4$、$\boldsymbol{F}_R$ 形成封闭的多边形，称为**力多边形**，其中封闭边的有向线段即为这四个力的合力的大小和方向。

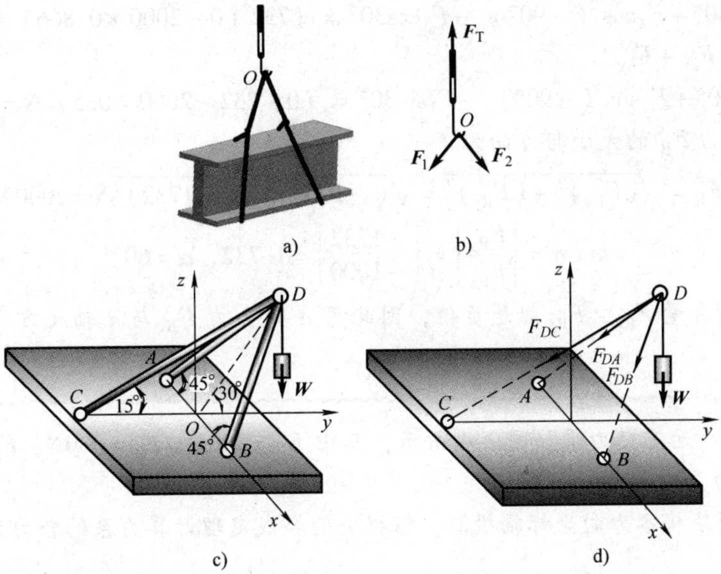

图　2-1

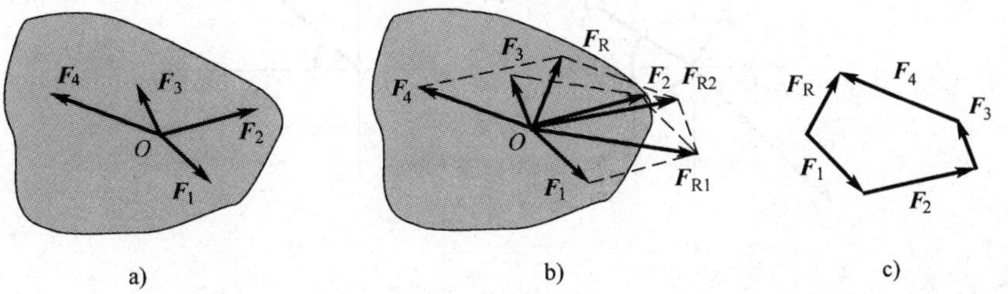

图　2-2

解析法是采用力在直角坐标轴上的投影分量来分析力系的合成及其平衡的方法。解析法利用合力投影定理（式（1-7））求解汇交力系的合力。

例题 2-1　试用解析法求图 2-3a 所示汇交力系的合力 $\boldsymbol{F}_R$。

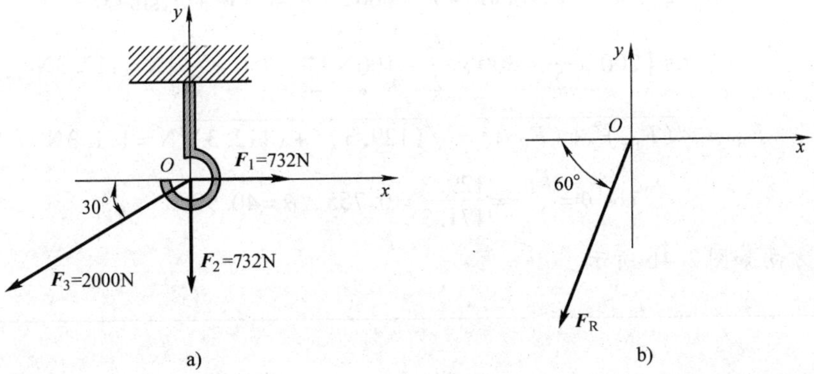

图　2-3

解：1）首先计算各力在坐标轴 x、y 上的投影分量，并计算出合力的投影分量分别为

$$F_{Rx}=F_{1x}+F_{2x}+F_{3x}$$

$$= F_1\cos0° + F_2\cos(-90°) - F_3\cos30° = (732 + 0 - 2000\times0.866)\ \text{N} = -1000\text{N}$$

$$F_{Ry} = F_{1y} + F_{2y} + F_{3y}$$

$$= F_1\sin0° + F_2\sin(-90°) - F_3\sin30° = (0 - 732 - 2000\times0.5)\ \text{N} = -1732\text{N}$$

2）计算合力 $\boldsymbol{F}_R$ 的大小与方向为

$$F_R = \sqrt{(F_{Rx})^2 + (F_{Ry})^2} = \sqrt{(-1000)^2 + (-1732)^2}\text{N} = 2000\text{N}$$

$$\tan\alpha = \left|\frac{F_{Ry}}{F_{Rx}}\right| = \left|\frac{-1732}{-1000}\right| = 1.732,\ \alpha = 60°$$

合力的投影分量 F_{Rx}，F_{Ry} 都是负值，因此角 α 为合力 $\boldsymbol{F}_R$ 与 x 轴反方向的夹角，如图 2-3b所示。

例题 2-2 平面汇交力系如图 2-4 所示，其中 $F_1 = 200\text{N}$，$F_2 = 300\text{N}$，$F_3 = 100\text{N}$，$F_4 = 250\text{N}$。试求此力系的合力。

解：用解析法将各力向坐标轴投影，根据力的合成定理计算力系的合力为

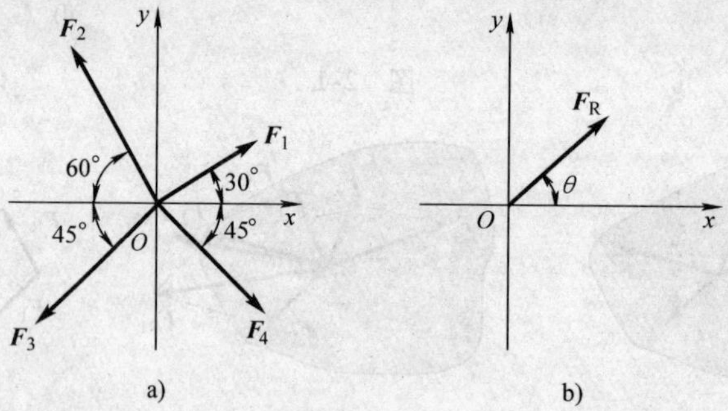

图 2-4

$$F_{Rx} = \sum F_{xi} = F_1\cos30° - F_2\cos60° - F_3\cos45° + F_4\cos45°$$

$$= \left(200\times\frac{\sqrt{3}}{2} - 300\times\frac{1}{2} - 100\times\frac{\sqrt{2}}{2} + 250\times\frac{\sqrt{2}}{2}\right)\text{N} = 129.3\text{N}$$

$$F_{Ry} = \sum F_{yi} = F_1\sin30° - F_2\sin60° - F_3\sin45° + F_4\sin45°$$

$$= \left(200\times\frac{1}{2} - 300\times\frac{\sqrt{3}}{2} - 100\times\frac{\sqrt{2}}{2} + 250\times\frac{\sqrt{2}}{2}\right)\text{N} = 112.3\text{N}$$

$$F_R = \sqrt{(F_{Rx})^2 + (F_{Ry})^2} = \sqrt{(129.3)^2 + (112.3)^2}\text{N} = 171.3\text{N}$$

$$\cos\theta = \frac{F_{Rx}}{F_R} = \frac{129.3}{171.3} = 0.755,\ \theta = 40.99°$$

合力的方向如图 2-4b 所示。

2.2 平面力偶系的合成

作用于同一刚体上同一平面内的多个力偶构成的力系称为**平面力偶系**。由于同一平面内

的力偶对刚体的作用效果只取决于力偶矩，根据力偶等效的原理，平面力偶系对刚体的作用效应可以用一个力偶来取代，即**平面力偶系合成的结果是一个合力偶**，且该合力偶的矩等于组成力偶系的各力偶矩的代数和：

$$M = M_1 + M_2 + M_3 + \cdots + M_i + \cdots + M_n = \sum_{i=1}^{n} M_i \tag{2-1}$$

例题2-3　用多头钻床在水平放置的工件上同时钻四个直径相同的孔，如图2-5所示。每个钻头的切削力偶矩 $M_1 = M_2 = M_3 = M_4 = -15\text{N}\cdot\text{m}$，求工件受到的总切削力偶矩为多大？

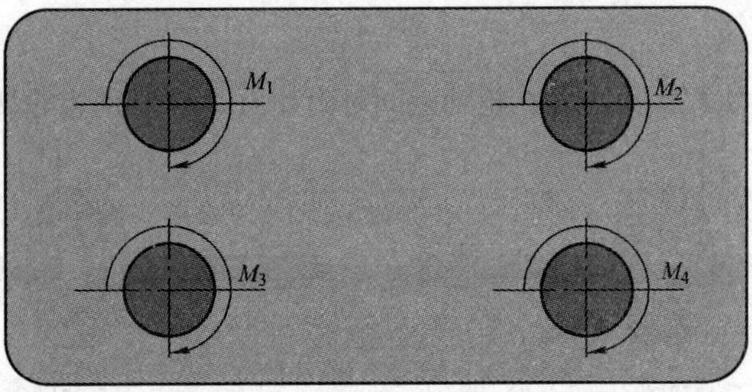

图　2-5

解：取工件为研究对象，根据式（2-1）可求出工件所受到的总切削力偶矩

$$M = \sum M_i = M_1 + M_2 + M_3 + M_4 = 4 \times (-15)\ \text{N}\cdot\text{m} = -60\text{N}\cdot\text{m}$$

负号表示总切削力偶沿顺时针转动，在机械加工中需要根据总切削力偶矩来考虑夹紧装置的结构及设计夹具。

2.3　平面一般力系的简化

2.3.1　力线平移定理

同样大小和方向的两个力，若作用线位置不同，对刚体的作用效果不一样。

如图2-6a所示，设有一力 $\boldsymbol{F}$ 作用于刚体上点 A，如何将力 $\boldsymbol{F}$ 平行移动到任一点 O 而不改变其作用效果？先在点 O 加一对平衡力 $\boldsymbol{F}'$ 与 $\boldsymbol{F}''$，力 $\boldsymbol{F}'$ 与 $\boldsymbol{F}''$ 的作用线与力 $\boldsymbol{F}$ 平行，且 $|\boldsymbol{F}| = |\boldsymbol{F}'| = |\boldsymbol{F}''|$，如图2-6b所示。根据加减平衡力系原理，加上的平衡力系并不改变对刚体的作用效应。其中，$\boldsymbol{F}$ 与 $\boldsymbol{F}''$ 等值、反向、平行，组成了一个力偶 M，如图2-6c所示。该力偶的力偶臂为 d，其力偶矩则等于力 $\boldsymbol{F}$ 对 O 点之矩。

显然图2-6所示的三种情况是完全等效的，因此有：**作用在刚体上的力，可以平行移动至刚体内任一点 O，为保持原来的作用效果，须同时增加一个附加力偶，其力偶矩等于原力对新作用点 O 的矩**：

$$M = M_O(\boldsymbol{F}) = \pm Fd \tag{2-2}$$

这就是**力线平移定理**。

如图2-7所示，圆周力 $\boldsymbol{F}$ 作用于齿轮上，为观察力的作用效应，若将力 $\boldsymbol{F}$ 平移至轴心

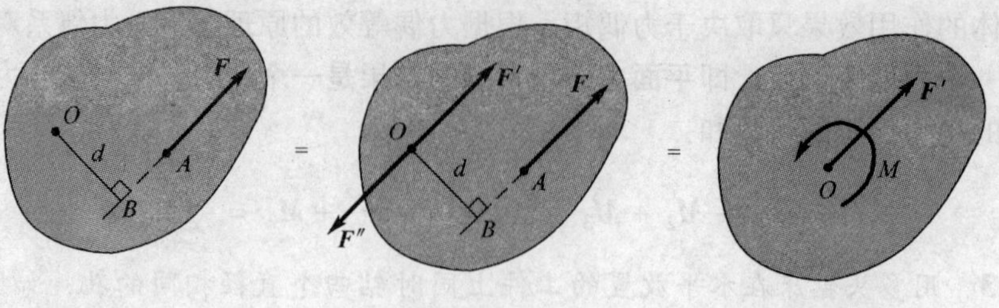

图 2-6

点 O，则应有等值的力 $\boldsymbol{F}'$作用，并在轮轴上同时附加力偶矩 M 使齿轮转动。

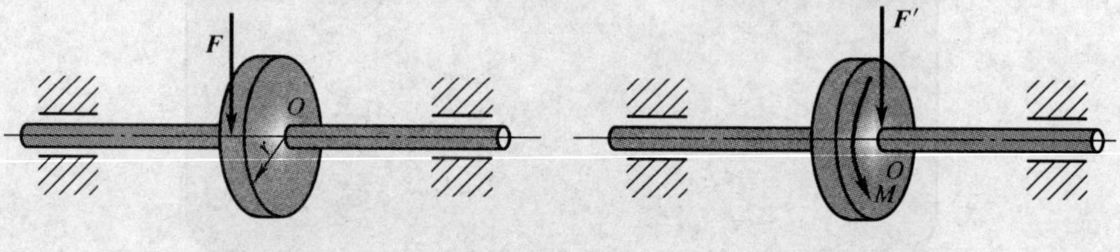

图 2-7

2.3.2 平面一般力系的简化

作用线任意分布的力系，称为**一般力系**。若该力系的各力均作用在同一平面，则称为平面一般力系，否则称为空间一般力系。对于一般力系的简化，可以应用力线平移定理，将力系中所有的力均向同一点简化。下面以平面一般力系为例，说明一般力系的简化方法与结果。

设刚体上作用有一平面任意力系 $\boldsymbol{F}_1$，$\boldsymbol{F}_2$，…，$\boldsymbol{F}_n$，在力系的作用面内任取一点 O 作为简化中心，如图 2-8a 所示。

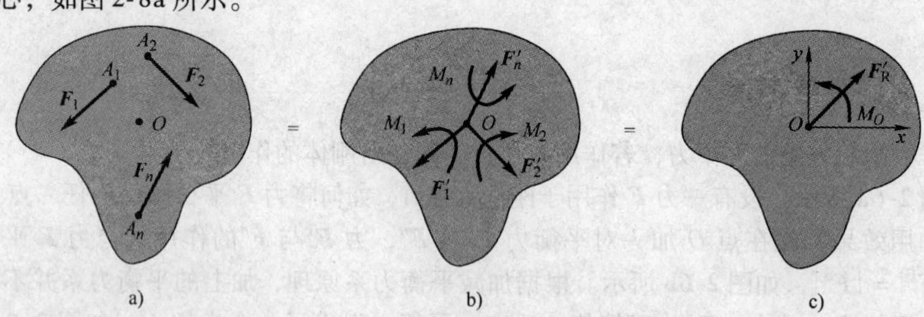

图 2-8

根据力线平移定理，将力系中的各力向点 O 平移，于是得到由 $\boldsymbol{F}_1'$，$\boldsymbol{F}_2'$，…，$\boldsymbol{F}_n'$ 所构成的作用于点 O 的平面汇交力系，以及由各附加力偶 M_1，M_2，…，M_n 构成的平面力偶系（见图 2-8b）。

其中，平面汇交力系 $\boldsymbol{F}_1'$，$\boldsymbol{F}_2'$，…，$\boldsymbol{F}_n'$ 可以进一步简化合成为一个作用于点 O 的合力$\boldsymbol{F}_{OR}'$：

$$F'_{OR} = \sum_{i=1}^{n} F'_i$$

由于F'_1，F'_2，…，F'_n的各力分别与F_1，F_2，…，F_n的各力大小与方向均相同，所以有

$$F'_{OR} = \sum_{i=1}^{n} F'_i = \sum_{i=1}^{n} F_i = F'_R \tag{2-3}$$

F'_R是力系中所有力的矢量和，称为力系的**主矢**。主矢和合力是不同的，合力是力，具有力的三要素，是最简等效力系。而主矢只是力系中各力的矢量和，主矢在大小和方向上与合力相同，但没有作用点（作用线位置）。一个力系可能最终不能合成为一个力，但是却可以求得力系的主矢。

各附加力偶M_1，M_2，…，M_n可进一步合成为一合力偶，其力偶矩的大小M_O等于各附加力偶矩的代数和。其中

$$M_i = M_O(F_i) \qquad (i=1,\ 2,\ \cdots,\ n)$$

所以有

$$M = \sum_{i=1}^{n} M_i = \sum_{i=1}^{n} M_O(F'_R) = M_O \quad (i = 1, 2, \cdots, n)$$

M_O为原平面力系中所有的力对点O之矩的代数和，称为原力系对简化中心的**主矩**。同样，主矩是力矩之和，合力偶是力偶之和，主矩与合力偶也只是在大小和方向上相同。

由此，得出结论：**平面一般力系向作用面内任一点 O 简化。一般可以得到一个力和一个力偶，该力作用于简化中心 O，其大小及方向等于原力系的主矢；而该力偶之矩等于原力系对简化中心 O 的主矩。**

由于主矢F'_R只是原力系中各力的矢量和，它完全取决于原力系中各力的大小和方向，因此**主矢 F'_R 与简化中心的位置无关**；而主矩M_O等于原力系中各力对简化中心O点之矩的代数和，简化中心位置的变化将影响原力系各力对简化中心的矩，因此**主矩与简化中心的位置有关**，所以主矩M_O需标注有简化中心的符号。

需要指出的是，力系向一点简化的方法是适用于任何力系的普遍方法。

2.3.3　平面一般力系的简化分析

平面一般力系向作用面内任一点O简化，其简化结果是一个大小和方向与主矢F'_R相同的力，和一个大小和方向与主矩M_O相同的力偶。这个结果还可以根据以下四种情况进一步简化。

1）$F'_R=0$，$M_O\neq 0$：原力系简化为一个力偶，其力偶矩等于原力系对简化中心的主矩。在这种情况下，简化结果与简化中心的选择无关。

2）$F'_R\neq 0$，$M_O=0$：原力系简化为一个力，其作用线通过简化中心。

3）$F'_R\neq 0$，$M_O\neq 0$：原力系简化为一力和一力偶，如图2-9a所示。在这种情况下，根据力线平移定理，这个力和力偶还可以进一步简化为一个合力F_R，如图2-9b、c所示，其作用线离简化中心O的距离为

$$d = \left| \frac{M_O}{F'_R} \right|$$

合力 $\boldsymbol{F}_R$ 的作用线在简化中心 O 的哪一侧可由主矩 M_O 的转向确定。

4）$F'_R=0$，$M_O=0$：物体将处于平衡状态。构件保持平衡状态所需满足的条件称为**平衡条件**，它是求解平衡问题的关键，也是静力学的核心。这种情况将是我们以下重点要讨论的内容。

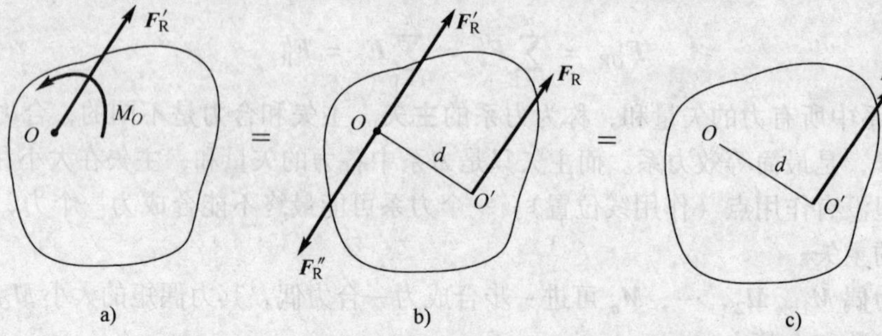

图 2-9

例题 2-4 在如图 2-10 所示平面力系中，$F_1=1\text{kN}$，$F_2=F_3=F_4=5\text{kN}$，$M=3\text{kN}\cdot\text{m}$，各力的方向与力偶的转向如图所示，试对该力系进行简化。

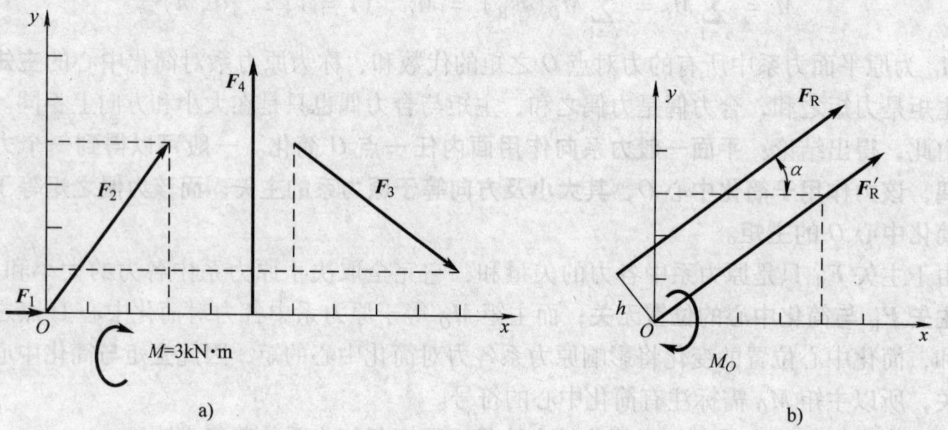

图 2-10

解：取坐标 Oxy，如图 2-10b 所示，以点 O 为简化中心。

1）计算力系的主矢。

$$F'_{Rx}=F_1+F_2\times\frac{3}{5}+F_3\times\frac{4}{5}=(1+3+4)\ \text{kN}=8\text{kN}$$

$$F'_{Ry}=F_2\times\frac{4}{5}-F_3\times\frac{3}{5}+F_4=(4-3+5)\ \text{kN}=6\text{kN}$$

得到力系的主矢的大小为

$$F'_R=\sqrt{(F'_{Rx})^2+(F'_{Ry})^2}=\sqrt{8^2+6^2}\text{kN}=10\text{kN}$$

主矢 F'_R 与 x 轴的夹角 α 为

$$\tan\alpha=\frac{F'_{Ry}}{F'_{Rx}}=\frac{3}{4},\ \alpha=36.87°$$

因为 $F'_{Rx}>0$，$F'_{Ry}>0$，所以主矢 $\boldsymbol{F}'_R$ 的位置如图 2-10b 所示。

2）将各力向 O 点简化，计算力系的主矩。

$$M_O = \sum M_O(\boldsymbol{F}_i) = M_O(\boldsymbol{F}_1) + M_O(\boldsymbol{F}_2) + M_O(\boldsymbol{F}_3) + M_O(\boldsymbol{F}_4) + M$$
$$= [0+0+(-4\times4)+(-3\times6)+5\times5-3]\text{kN}\cdot\text{m} = -12\text{kN}\cdot\text{m}$$

3）因为 $\boldsymbol{F}'_R \neq 0$，$M_O \neq 0$，故可以进一步简化，且有

$$F_R = F'_R = 10\text{kN}$$

最终简化后力 $\boldsymbol{F}_R$ 的作用线距简化中心 O 的距离为

$$d = \frac{M_O}{F'_R} = \frac{12}{10}\text{m} = 1.2\text{m}$$

注意到 M_O 为负，故合力 $\boldsymbol{F}_R$ 的作用位置应如图 2-10b 所示。

例题 2-5　图 2-11 所示为皮带运输机的滚筒，其半径 $R=0.325\text{m}$，由驱动装置输入的力偶矩 $M=4.65\text{kN}\cdot\text{m}$，皮带紧边拉力为 $F_1=19\text{kN}$，皮带松边拉力为 $F_2=4.7\text{kN}$，皮带包角为 $\alpha=210°$，试将此力系向点 O 进行简化。

解：取坐标 Oxy 如图 2-11b 所示，以点 O 为简化中心。

1）计算力系的主矢的大小与方向

$$F'_{Rx} = F_1 + F_2\cos30° = (19+4.7\times\cos30°)\text{ kN} = 23.07\text{kN}$$
$$F'_{Ry} = F_2\sin30° = 4.7\times\sin30°\text{kN} = 2.35\text{kN}$$

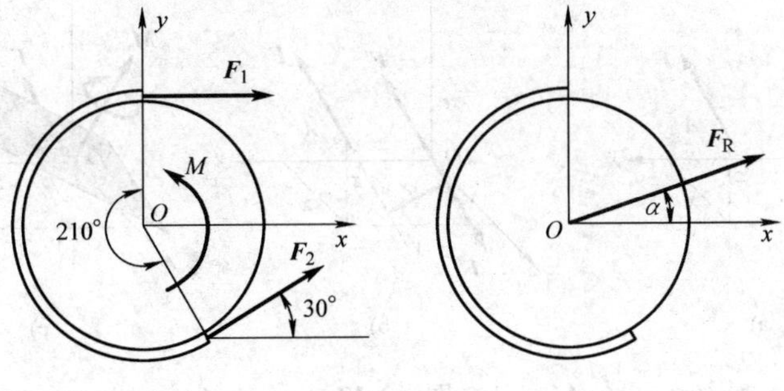

a)　　b)

图　2-11

计算出力系主矢的大小为

$$F'_R = \sqrt{(F'_{Rx})^2 + (F'_{Ry})^2} = \sqrt{23.07^2 + 2.35^2}\text{kN} = 23.1\text{kN}$$

计算出力系主矢的方向为

$$\tan\alpha = \frac{F'_{Ry}}{F'_{Rx}} = \frac{2.35}{23.07} = 0.102$$

$$\alpha = 5.82°$$

2）计算力系的主矩的大小与方向

$$M_O = \sum M_O\ (\boldsymbol{F}_i) = M - F_1R + F_2R = (4.65 - 19\times0.325\times4.7\times0.325)\ \text{kN}\cdot\text{m} = 0$$

由于力系的主矩为 0，所以力系的合力 $\boldsymbol{F}_R$ 与主矢相同。即合力 $\boldsymbol{F}_R$ 的作用线通过简化中心点 O。

2.4 空间力系的简化

空间一般力系指的是在空间中任意分布的力系，对其简化的过程可以仿照平面力系。其基本思想是将空间中的所有力向某一简化中心平移，得到一个空间汇交力系和一个空间力偶系，并将这两个力系进一步合成为一个主矢和一个主矩。

2.4.1 空间力向一点平移

如图2-12a所示，与平面一般力系的简化方法相同，依据加减平衡力系原理，在点O增加一对大小等于F且与力$\boldsymbol{F}$平行的力$\boldsymbol{F}'$和$\boldsymbol{F}''$，如图2-12b所示。这样$\boldsymbol{F}$和$\boldsymbol{F}''$就构成了一个力偶，可用其力偶矩矢$\boldsymbol{M}$表示，力偶矩矢的方向与力$\boldsymbol{F}$和点O构成的平面S垂直。由于力偶矩矢在其作用平面内能够任意移动而不改变对刚体的作用效应，因此，把一个力向任意一点平移，可以得到一个与原力$\boldsymbol{F}$大小相等、方向相同的力矢$\boldsymbol{F}'$和一个力偶矩矢$\boldsymbol{M}$。如图2-12c所示。

可以看出，力偶矩矢$\boldsymbol{M}$的大小$M=Fd$，其中d是力$\boldsymbol{F}$和$\boldsymbol{F}''$作用线之间的垂直距离，这个力偶矩矢亦可用力$\boldsymbol{F}$对点O的矩$\boldsymbol{M}_O$（$\boldsymbol{F}$）来表示。

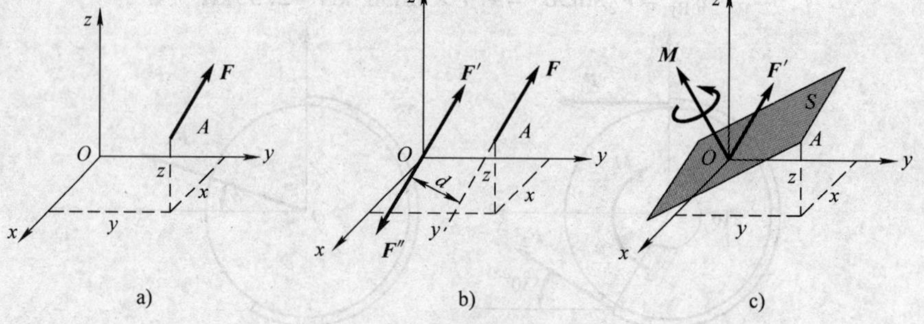

图 2-12

2.4.2 空间力系向一点的简化

设有一空间一般力系$\boldsymbol{F}_1$，$\boldsymbol{F}_2$，…，$\boldsymbol{F}_n$，任选一点O作为简化中心，不失一般性，在点O建立直角坐标系如图2-13a所示。将各力移动到点O时，都必须附加一个空间力偶，其力偶矩矢等于该力对简化中心O之矩。于是可得到作用于点O的空间汇交力系$\boldsymbol{F}'_1$，$\boldsymbol{F}'_2$，…，$\boldsymbol{F}'_n$和一个附加空间力偶系$\boldsymbol{M}_1$，$\boldsymbol{M}_2$，…，$\boldsymbol{M}$，其中$\boldsymbol{M}_i=\boldsymbol{M}_O(\boldsymbol{F}_i)$，$i=1$，2，…，$n$，如图2-13b所示。

对于作用于简化中心O的空间汇交力系，将其合成为一个合力$\boldsymbol{F}'_{O\mathrm{R}}$，与平面力系一样，有

$$\boldsymbol{F}'_{O\mathrm{R}} = \sum_{i=1}^{n} \boldsymbol{F}'_i = \boldsymbol{F}'_{\mathrm{R}} \tag{2-4}$$

$\boldsymbol{F}'_{\mathrm{R}}$即是原空间力系的**主矢**。根据合力投影定理，主矢的大小和方向余弦可按式（2-5）计算：

$$\begin{cases} F'_{\mathrm{R}} = \sqrt{(F'_{\mathrm{R}x})^2 + (F'_{\mathrm{R}y})^2 + (F'_{\mathrm{R}z})^2} = \sqrt{(\sum F_{ix})^2 + (\sum F_{iy})^2 + (\sum F_{iz})^2} \\ \cos\alpha = \dfrac{\sum F_{ix}}{F'_{\mathrm{R}}}, \quad \cos\beta = \dfrac{\sum F_{iy}}{F'_{\mathrm{R}}}, \quad \cos\gamma = \dfrac{\sum F_{iz}}{F'_{\mathrm{R}}} \end{cases} \tag{2-5}$$

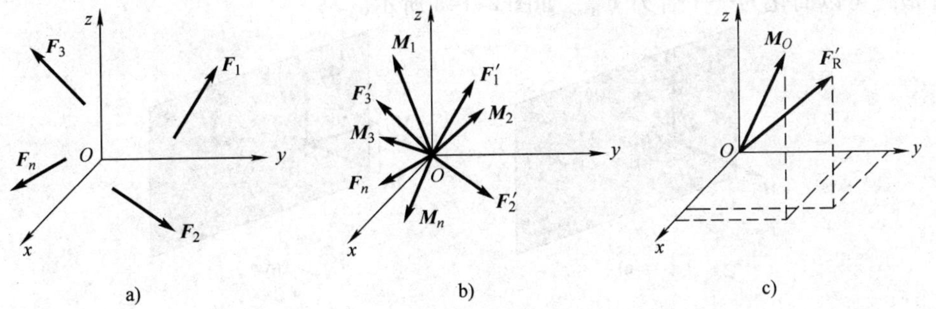

图　2-13

在主矢计算过程中，并没有涉及简化中心的位置，因此主矢与简化中心的位置无关。

对于附加空间力偶系，可进一步合成为一个合力偶，其合力偶矩 $\boldsymbol{M}$ 为

$$\boldsymbol{M} = \sum_{i=1}^{n} \boldsymbol{M}_i = \sum_{i=1}^{n} \boldsymbol{M}_O(\boldsymbol{F}'_{\mathrm{R}}) = \boldsymbol{M}_O \tag{2-6}$$

$\boldsymbol{M}_O$ 即是原空间力系对简化中心 O 的**主矩**。由于力偶矩的计算涉及简化中心的位置，因此主矩与简化中心的位置有关。根据力矩关系原理（力对点之矩在通过该点的坐标轴上的投影等于力对该轴的矩），实际计算主矩时，我们一般先计算各力对坐标轴的矩，并求代数和，进而得到主矩在坐标轴上的投影：

$$\begin{cases} M_{Ox} = \sum M_x(F_i) \\ M_{Oy} = \sum M_y(F_i) \\ M_{Oz} = \sum M_z(F_i) \end{cases} \tag{2-7}$$

进一步可以得到主矩 $\boldsymbol{M}_O$ 的大小和方向余弦如式（2-8）：

$$\begin{cases} M_O = \sqrt{(M_{Ox})^2 + (M_{Oy})^2 + (M_{Oz})^2} = \sqrt{[\sum M_x(F_i)]^2 + [\sum M_y(F_i)]^2 + [\sum M_z(F_i)]^2} \\ \cos\alpha' = \dfrac{\sum M_x(F_i)}{M_O}, \quad \cos\beta' = \dfrac{\sum M_y(F_i)}{M_O}, \quad \cos\gamma' = \dfrac{\sum M_z(F_i)}{M_O} \end{cases} \tag{2-8}$$

根据上述讨论，最终空间一般力系向一点的简化结果是一个主矢量 $\boldsymbol{F}'_{\mathrm{R}}$ 和一个主矩 $\boldsymbol{M}_O$，如图 2-13c 所示。

2.4.3　空间力系的简化结果

空间一般力系还可以根据不同情形，进一步简化为更简单的力系，可能的最后简化结果如下：

1）平衡。此时 $\boldsymbol{F}'_{\mathrm{R}}=0$，$\boldsymbol{M}_O=0$。力系平衡时，简化结果与简化中心无关。

2）合力偶。此时 $\boldsymbol{F}'_{\mathrm{R}}=0$，$\boldsymbol{M}_O\neq0$。其力偶矩等于力系对简化中心 O 的主矩，此时的简化结果也与简化中心无关。

3）合力。简化过程中会出现两种情况：第一种情况为 $\boldsymbol{F}'_{\mathrm{R}} \neq 0$，$\boldsymbol{M}_O = 0$，此时合力的大小与主矢相同，作用线通过简化中心 O。第二种情况为 $\boldsymbol{F}'_{\mathrm{R}} \neq 0$，$\boldsymbol{M}_O \neq 0$，但是 $\boldsymbol{F}'_{\mathrm{R}}$ 与 $\boldsymbol{M}_O$ 互相垂直，此时 $\boldsymbol{M}_O$ 可视为作用于 $\boldsymbol{F}'_{\mathrm{R}}$ 所在的平面，根据平面力系简化结果的分析可知，$\boldsymbol{F}'_{\mathrm{R}}$ 与 $\boldsymbol{M}_O$ 最终可以简化为一个合力 $\boldsymbol{F}_{\mathrm{R}}$，如图 2-14a 所示。

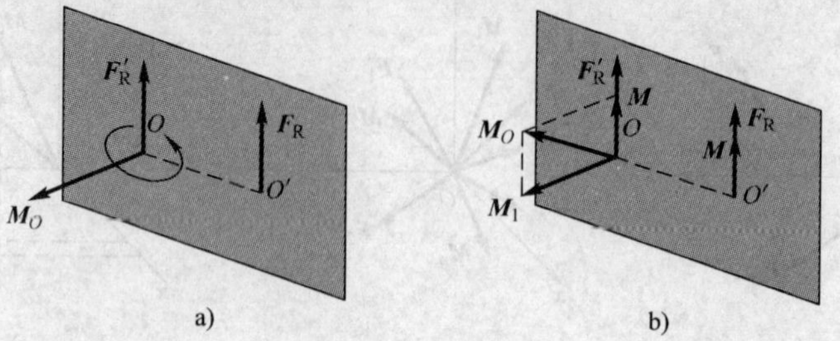

图 2-14

4）力螺旋。此时 $\boldsymbol{F}'_{\mathrm{R}} \neq 0$，$\boldsymbol{M}_O \neq 0$，且 $\boldsymbol{F}'_{\mathrm{R}}$ 与 $\boldsymbol{M}_O$ 不垂直。可将主矩 $\boldsymbol{M}_O$ 分解为沿 $\boldsymbol{F}'_{\mathrm{R}}$ 作用线方向的 $\boldsymbol{M}$ 和垂直于 $\boldsymbol{F}'_{\mathrm{R}}$ 的 $\boldsymbol{M}_1$，这样 $\boldsymbol{F}'_{\mathrm{R}}$ 与 $\boldsymbol{M}_1$ 可进一步简化为与 $\boldsymbol{M}$ 平行的 $\boldsymbol{F}_{\mathrm{R}}$。这时 $\boldsymbol{M}$ 和 $\boldsymbol{F}_{\mathrm{R}}$ 无法进一步简化合成，它们构成了一种最简的力系——力螺旋，如图 2-14b 所示。工程中钻孔时的钻头和攻螺纹的丝锥对工件的作用就是力螺旋。

思考题

2-1 力的可传性要满足哪两个条件？

2-2 平面汇交力系简化的最后结果是什么？

2-3 如何区别主矢与合力、主矩与合力矩？

2-4 试说明平面一般力系和空间一般力系向一点简化过程的相同和不同之处。

2-5 试证明力对点之矩在坐标轴上的投影等于力对该轴的矩。

2-6 什么是力螺旋？你还能在工程实际中找到力螺旋的其他实例吗？

2-7 试用力的平移定理，说明由一只手扳丝锥攻螺纹所产生的不良影响。

习题

2-1 如图 2-15 所示，设一平面力系有四个力，其中 $F_1 = 2\mathrm{kN}$，$F_2 = 5\mathrm{kN}$，$F_3 = 10\mathrm{kN}$，$F_4 = 7\mathrm{kN}$。试计算该力系的合力。

2-2 如图 2-16 所示，已知 $F_1 = 200\mathrm{N}$，$F_2 = 300\mathrm{N}$，$F_3 = 100\mathrm{N}$，$F_4 = 250\mathrm{N}$。计算该力系的合力。

2-3 如图 2-17 所示，某厂房起重机梁架的柱子，承受起重机传来的力 $F_1 = 250\mathrm{kN}$，屋顶传来的力 $F_2 = 30\mathrm{kN}$，试将该两力向底面中心 O 简化，图中的单位是 mm。

2-4 如图 2-18 所示，一绞盘有三个长度均为 l 的手柄，角度 $\varphi = 120°$，每个手柄端各作用一垂直于手柄的力 $\boldsymbol{F}$，试求：(1) 该力系向中心点 O 简化的结果；(2) 该力系向 BC 连线的中点 D 简化的结果。

2-5 将作用在半径 $r = 0.5\mathrm{m}$ 的圆盘上的力系向圆心点 O 简化，如图 2-19 所示。已知 $M = 5\mathrm{N \cdot m}$，$F_1 = 25\mathrm{N}$，$F_2 = F_3 = 30\mathrm{N}$，$\varphi = 30°$，$\alpha = 45°$，试求力系的主矢和主矩。

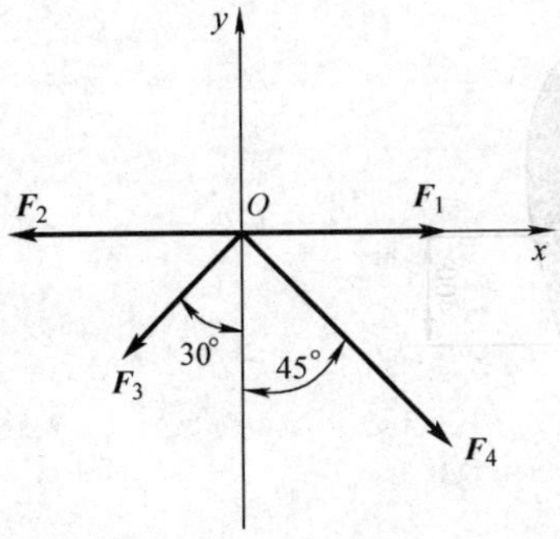

图　2-15

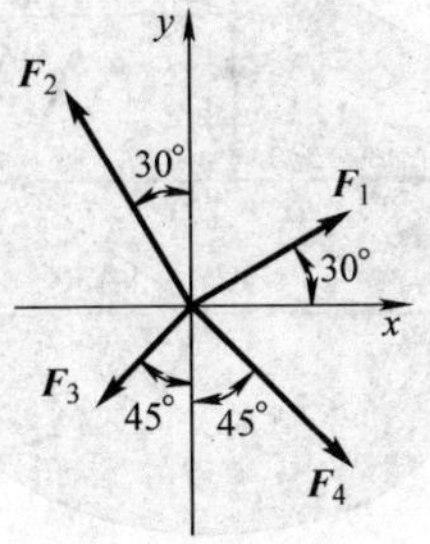

图　2-16

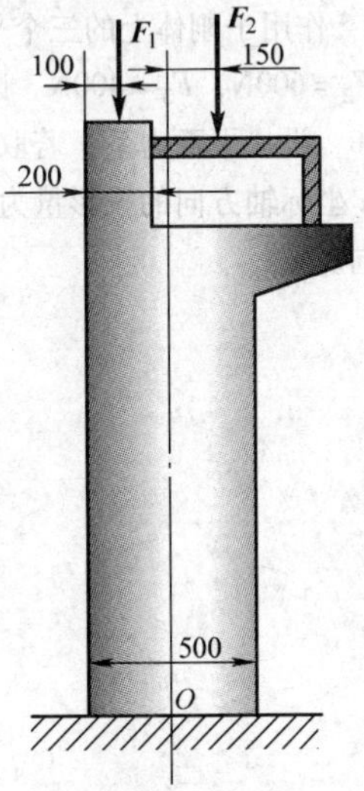

图　2-17

2-6　如图 2-20 所示，固定在墙壁上的圆环受三条绳索拉力作用，已知 $F_1=2\text{kN}$，沿水平方向；$F_2=2.5\text{kN}$，与水平方向成 30°；$F_3=1.5\text{kN}$，沿铅垂方向。求三力的合力。

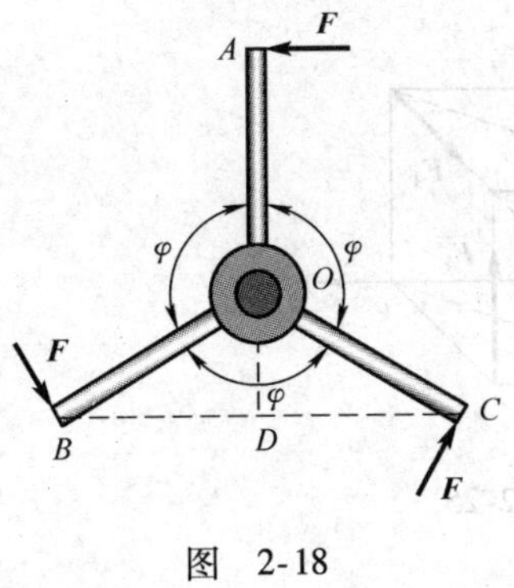

图　2-18

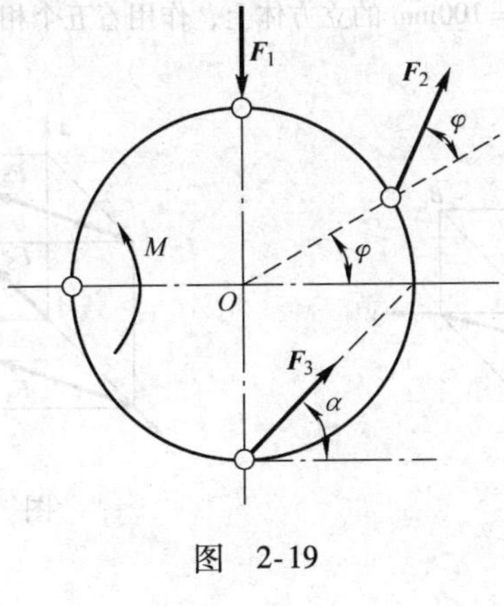

图　2-19

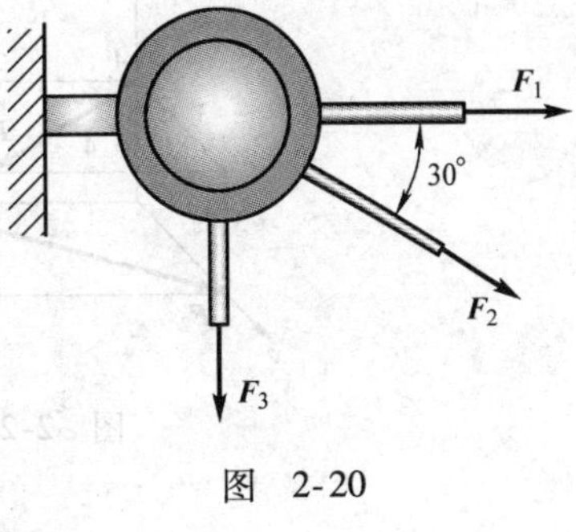

图　2-20

2-7　如图 2-21 所示，$F_1=F_1'=150\text{N}$，$F_2=F_2'=200\text{N}$，$F_3=F_3'=250\text{N}$。求合力偶矩的大小。

2-8　设一平面力系包含四个力，如图 2-22 所示，已知 $F_1=50\text{N}$，$F_2=60\text{N}$，$F_3=50\text{N}$，$F_4=80\text{N}$，各力作用点的坐标为 A_1（20，30），A_2（30，10），A_3（40，40），A_4（0，0），坐标单位均为 mm。计算该力系向点 O 简化的结果。

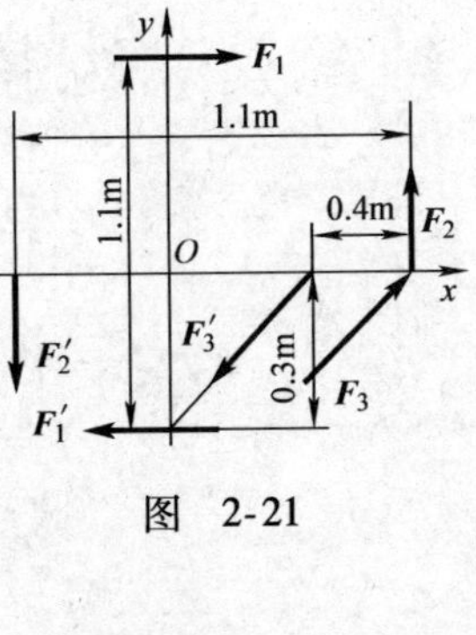

图　2-21

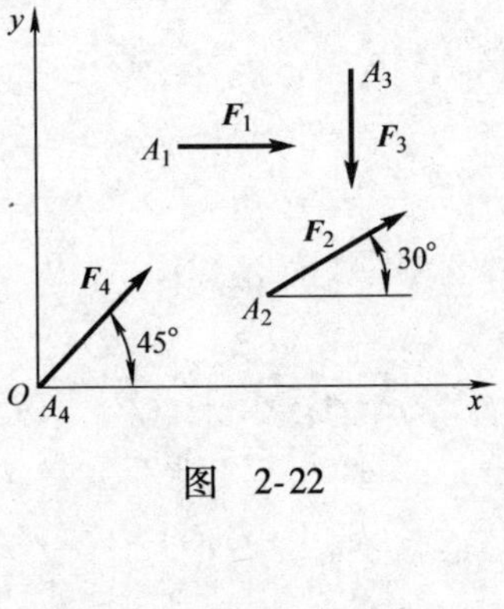

图　2-22

2-9　作用于刚体上的三个平面力偶矩（$\boldsymbol{F}_1$，$\boldsymbol{F}_1'$），（$\boldsymbol{F}_2$，$\boldsymbol{F}_2'$），（$\boldsymbol{F}_3$，$\boldsymbol{F}_3'$）如图 2-23 所示，其中 $F_1=200\text{N}$，$F_2=600\text{N}$，$F_3=400\text{N}$。试求这三个平面力偶的合力偶矩。(图中的长度单位均为 mm)

2-10　设一平面力系，若取坐标原点 O 为简化中心，得到主矩 $M_O=\sum M_O(\boldsymbol{F}_i)=-10\text{N}\cdot\text{m}$，力系的合力在 x 坐标轴方向的投影量为零，又知该力系的合力作用线到点 O 的距离为 1m，试计算该力系合力的大小与方向。

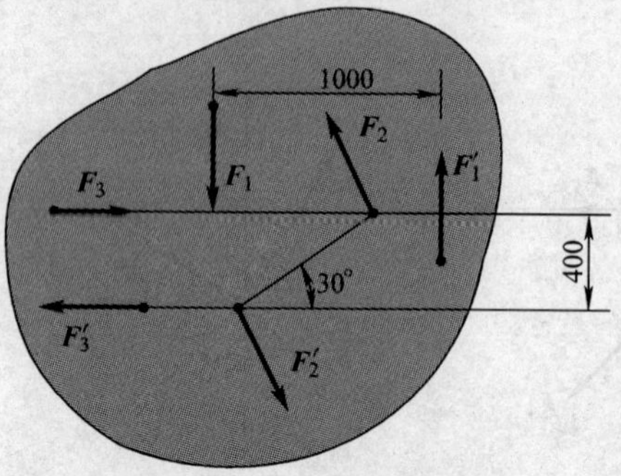

图　2-23

2-11　如图 2-24 所示，$\boldsymbol{F}_1$和$\boldsymbol{F}_2$组成空间一般力系，$F_1=F_2=50\text{N}$，求该力系的主矢 $\boldsymbol{F}_R'$ 以及力系对点 O、A、B 三点的主矩。

2-12　如图 2-25 所示，在边长 $a=100\text{mm}$ 的立方体上，作用着五个相等的力，$F_1=F_2=F_3=F_4=F_5=100\text{N}$，求此力系向点 A 的简化结果。

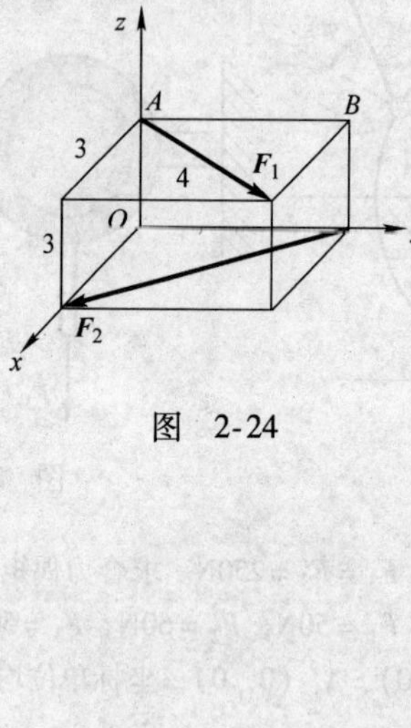

图　2-24

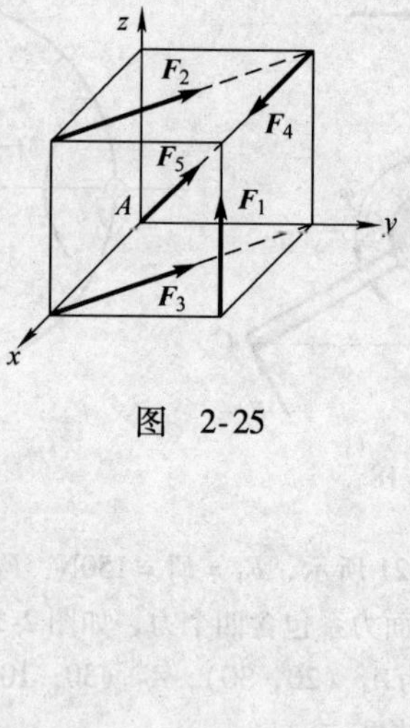

图　2-25

第3章 力系的平衡

对工程构件与机械零部件进行受力分析的目的是定性地确定作用在其上的力。本章根据第2章所述的力系的简化结果，以力系平衡为条件建立起平衡方程，对未知力进行定量分析求解。本章首先介绍平面力系的平衡方程，重点讨论刚体和刚体系统的平衡问题及求解方法；然后对摩擦的概念、计算方法作简单介绍，并简要讨论带摩擦的平衡问题的求解，最后介绍空间力系的平衡方程，以及特殊的空间力系问题的求解方法。

3.1 平面力系的平衡

3.1.1 平面力系平衡条件与平衡方程

根据第2章，当平面力系向一点简化，其主矢和主矩均等于零，即

$$\boldsymbol{F}'_{\mathrm{R}}=0,\quad M_O=0 \tag{3-1}$$

此时原力系必为平衡力系；当且仅当主矢和主矩均等于零时，力系才能平衡；故式（3-1）是平面力系平衡的充分必要条件。根据主矢和主矩的计算式：

$$\left.\begin{aligned} F'_{\mathrm{R}}&=\sqrt{(\sum F_{ix})^2+(\sum F_{iy})^2}=0\\ M_O&=\sum M_O(\boldsymbol{F}_i)=0 \end{aligned}\right\}$$

可以看出式（3-2）满足时才能满足式（3-1）。

$$\left.\begin{aligned} \sum F_{ix}&=0\\ \sum F_{iy}&=0\\ \sum M_O(\boldsymbol{F}_i)&=0 \end{aligned}\right\} \tag{3-2}$$

注意到力系简化的过程中，直角坐标系是任选的，简化中心也是任选的，因此平面力系平衡的充分必要条件可以描述为：**力系中各力在两个任选的不平行的坐标轴上的投影的代数和分别等于零，以及各力对于任意一点之矩的代数和也等于零**。式（3-2）称为平面力系的**平衡方程**。

3.1.2 平面力系平衡方程的三种形式

1. 基本形式

式（3-2）是平面力系平衡方程的基本形式，也称为一矩式方程。式（3-2）中的三个

平衡方程在数学上是相互独立的，即三者是线性无关的，因此用这组平衡方程至多可求解出三个未知量。由于平面力系的简化中心是任意的，因此在求解平面平衡问题时，可以取不同的矩心列出不同的力矩方程。式（3-2）通过数学上的线性变换还可以得到平衡方程的其他两种形式。

2. 二矩式形式

三个平衡方程中有两个力矩方程，即

$$\left.\begin{aligned}&\sum F_{ix}=0 \text{ 或 } \sum F_{iy}=0\\&\sum M_A(\boldsymbol{F}_i)=0\\&\sum M_B(\boldsymbol{F}_i)=0\end{aligned}\right\}\tag{3-3}$$

通常力矩方程也可简写为$\sum M_A=0$。其中，投影方程所选择的轴不能与A，B两点的连线相垂直，否则式（3-3）中的三个式子互相不再独立（即可以由其中任意两个式子推导出剩下的第三个式子），这时将无法保证力系是平衡的。如图3-1所示，若不为零的力$\boldsymbol{F}$的作用线通过点A和点B的连线，则$\sum M_A=0$和$\sum M_B=0$必然成立；由于力$\boldsymbol{F}$与投影轴垂直，$\sum F_x=0$也是成立的。三个方程都满足了，但实际上力系并不平衡。因此在使用式（3-2）作为平衡条件时，需注意点A和点B的连线不能与力的投影轴x轴（或y轴）相垂直。

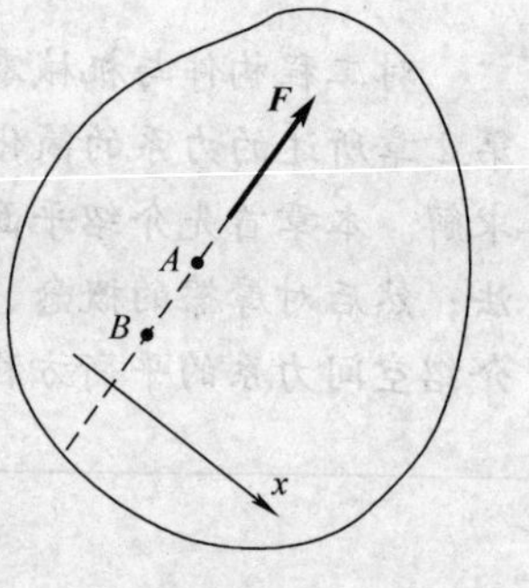

图 3-1

3. 三矩式形式

三个平衡方程全部为力矩方程，即

$$\left.\begin{aligned}&\sum M_A(\boldsymbol{F}_i)=0\\&\sum M_B(\boldsymbol{F}_i)=0\\&\sum M_C(\boldsymbol{F}_i)=0\end{aligned}\right\}\tag{3-4}$$

式中，点A、B和C不能共线，否则三个矩方程不能相互独立，读者可自行思考其中的原因。

以上三种形式都是平面力系平衡的充分必要条件，三者是等价的。在实际应用时，需要根据具体情况选用，力求一个方程中只包含一个未知量，从而减少联立方程带来的计算困难。

3.1.3 几种特殊平面力系的平衡方程

平面力系的平衡方程的一般形式为式（3-2），对于特殊的平面力系，由于式（3-2）中部分式子可以自然满足，因此可得到相应的简化形式。

1. 平面汇交力系

若将式（3-2）中力矩方程的矩心选择在汇交点O上，由于所有的力都通过汇交点，对汇交点的矩都是零，$\sum M_O(\boldsymbol{F}_i)=0$自然满足。式（3-2）可简化为

$$\left.\begin{aligned}&\sum F_{ix}=0\\&\sum F_{iy}=0\end{aligned}\right\}\tag{3-5}$$

此时，只剩下两个独立方程，最多可以求解两个未知量。事实上，式（3-5）也可写成一个

投影方程和一个力矩方程的形式，但矩心不能是汇交点。

2. 平面平行力系

由于平面平行力系中的所有力的作用线均相互平行，则在垂直于该方向的轴上的力投影方程自然满足，因此平面平行力系的平衡方程简化为

$$\left.\begin{aligned}\sum F_{iy}=0\\ \sum M_O(F_i)=0\end{aligned}\right\}\tag{3-6}$$

由于只有两个独立方程，因此最多只能求解两个未知量。需要注意的是，在式（3-6）中的 y 轴不能垂直于力的方向。

3. 平面力偶系

平面力偶力系的主矢为零，力偶系可以合成为一个力偶 $M=\sum_i^n M_i$。若平面力偶系平衡，则其平衡方程为

$$\sum M_i=0\tag{3-7}$$

由于平面力偶系只有一个独立方程，故只能求解一个未知量。

3.1.4　单个刚体的平衡问题求解

求解单个刚体的平衡问题时，一般按照下面的步骤进行：

1）选择适当的研究对象，取出分离体；

2）画出分离体的受力分析图；

3）选取适当的投影轴和矩心，选择适当的平衡方程形式并予以求解。

在求解过程中，同一个问题有不同的求解思路，以下通过一些例题来说明求解的一些方法和技巧。

例题 3-1　如图 3-2a 所示，在横梁 AB 的 B 端作用有一集中力 $\boldsymbol{F}$，A、C、D 三处均为铰链连接，所有构件的自重不计，求铰链 A 的约束力和撑杆 CD 所受的力。

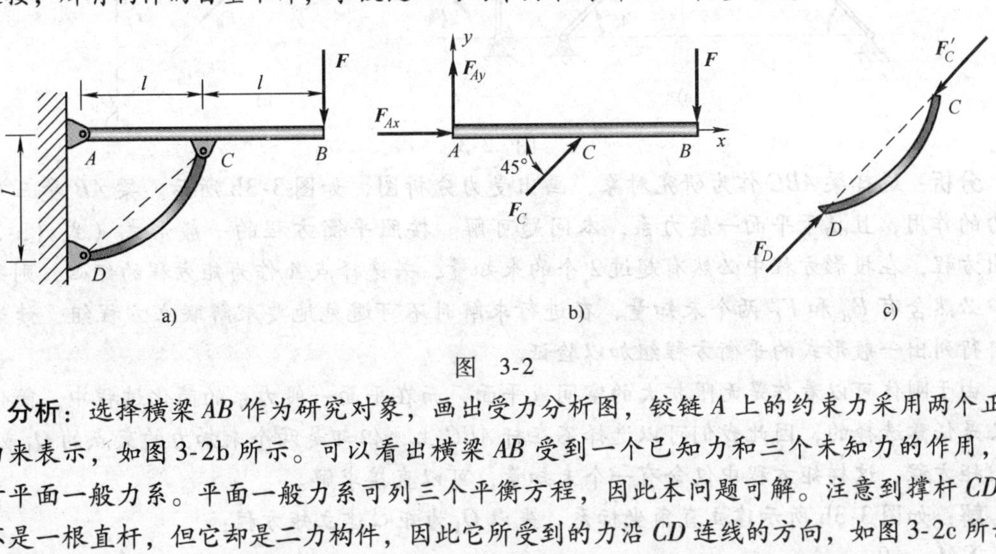

图　3-2

分析：选择横梁 AB 作为研究对象，画出受力分析图，铰链 A 上的约束力采用两个正交分力来表示，如图 3-2b 所示。可以看出横梁 AB 受到一个已知力和三个未知力的作用，且属于平面一般力系。平面一般力系可列三个平衡方程，因此本问题可解。注意到撑杆 CD 虽然不是一根直杆，但它却是二力构件，因此它所受到的力沿 CD 连线的方向，如图 3-2c 所示。

解：如图 3-2b 建立直角坐标系，并按照平衡方程的一般形式进行求解

$$\sum F_{ix}=0, \quad F_{Ax}+F_C\cos45°=0 \tag{a}$$
$$\sum F_{iy}=0, \quad F_{Ay}+F_C\sin45°-F=0 \tag{b}$$
$$\sum M_A=0, \quad F_C\sin45°\cdot l-F\times 2l=0 \tag{c}$$

显然式（a）、式（b）不能直接求出未知量。由式（c），$F_C=\dfrac{2F}{\sin45°}=2\sqrt{2}F$，根据作用力与反作用力关系，撑杆受到的力 $F'_C=F_C=2\sqrt{2}F$。将结果代入式（a）和式（b），可分别解出 $F_{Ax}=-2F$，$F_{Ay}=-F$。结果中的负号表示和受力图中预设的方向相反。若将两个正交分量进行合成，可得

$$F_A=\sqrt{(F_{Ax})^2+(F_{Ay})^2}=\sqrt{5}F$$

如果用方程 $\sum M_C=0$ 取代方程（b），则 $-F_{Ay}\cdot l-Fl=0$，可直接求得 $F_{Ay}=-F$。值得注意的是，点 C 正好位于未知力 F_{Ax} 和 F_C 的交点处，两个未知力对于点 C 的矩自然为零，矩方程中只包含未知力 F_{Ay} 和已知力 F，因此可直接求解 F_{Ay}。利用多个未知力的交点作为矩方程的矩心，是我们在解决平衡问题时经常采用的技巧，在后面的例题中还将加以应用。

思考：铰链 A 处的约束力采用了正交分解的方式，实际上铰链 A 上作用的是一个力 $\boldsymbol{F}_A$，因此对于横梁 AB 来说其仅受到 $\boldsymbol{F}_A$、$\boldsymbol{F}_C$ 和 $\boldsymbol{F}$ 的作用。刚体在三个力作用下平衡，这三个力必然汇交于一点，构成一个汇交力系。读者可以自行对横梁 AB 画出三力汇交下的受力分析图，并按照汇交力系建立平衡方程求解，比较和本例题求解方式的异同。

例题 3-2 梁 AB 用三根支杆支撑，如图 3-3a 所示。已知 $F_1=20\text{kN}$，$F_2=40\text{kN}$，所有构件的自重不计，求各支杆的约束力。

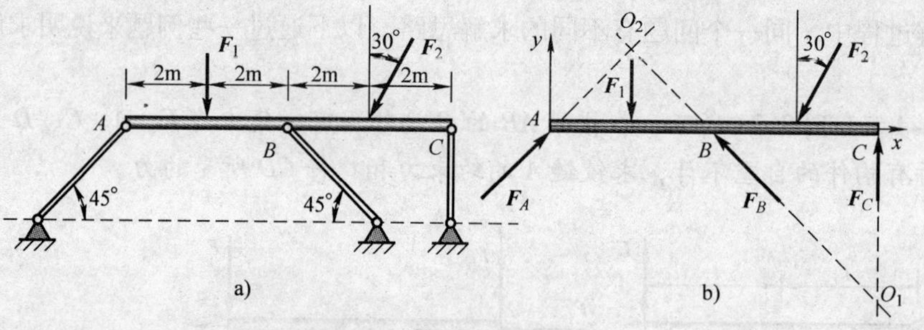

图 3-3

分析：选择梁 ABC 作为研究对象，画出受力分析图，如图 3-3b 所示。梁 AB 受三个未知力的作用，且属于平面一般力系，本问题可解。按照平衡方程的一般形式（式（3-2））列出方程，在投影方程中必然有超过 2 个的未知量，若选择点 A 作为矩方程的矩心，则矩方程中必然含有 F_B 和 F_C 两个未知量，在进行求解时不可避免地要求解联立方程组，读者不妨自行列出一般形式的平衡方程组加以验证。

由于刚体可以看作是无限扩大的空间或平面，而在平面一般力系的简化过程中，简化中心又是任意选择的，因此我们可以选择不在杆 ABC 上，但却是两个未知力的交点的 O_1 或 O_2 列出矩方程，这样矩方程中仅含有一个未知量，可以直接求解。

解：如图 3-3b 所示建立直角坐标系。先以 O_1 为矩心建立矩方程：

$$\sum M_{O_1}=0$$

$$F_1\times 6\text{m}+F_2\cos30°\times 2\text{m}+F_2\sin30°\times 4\text{m}-F_A\sin45°\times 4\text{m}-F_A\cos45°\times 8\text{m}=0$$

解得

$$F_A=\frac{F_1\times6\text{m}+F_2\cos30^\circ\times2\text{m}+F_2\sin30^\circ\times4\text{m}}{\sin45^\circ\times4\text{m}+\cos45^\circ\times8\text{m}}=31.74\text{kN}$$

再以 O_2 为矩心建立矩方程：

$$\sum M_{O_2}=0,\quad -F_2\cos30^\circ\times4\text{m}-F_2\sin30^\circ\times2\text{m}+F_C\times6\text{m}=0$$

解得

$$F_C=\frac{F_2\cos30^\circ\times4\text{m}+F_2\sin30^\circ\times2\text{m}}{6\text{m}}=29.76\text{kN}$$

列投影方程 $\sum F_x=0,\quad F_A\cos45^\circ-F_B\cos45^\circ-F_2\sin30^\circ=0$

解得

$$F_B=\frac{F_A\cos45^\circ-F_2\sin30^\circ}{\cos45^\circ}=3.46\text{kN}$$

若计算结果正确，则必满足不独立的投影方程 $\sum F_y=0$。

$$\begin{aligned}\sum F_y&=F_A\sin45^\circ-F_1+F_B\sin45^\circ-F_2\cos30^\circ+F_C\\&=\left(31.74\times\frac{\sqrt{2}}{2}-20+3.46\times\frac{\sqrt{2}}{2}-40\times\frac{\sqrt{3}}{2}+29.76\right)\text{N}=0\end{aligned}$$

满足方程，说明计算无误。

在求解 F_B 时，也可用 $\boldsymbol{F}_A$、$\boldsymbol{F}_C$ 作用线的交点作为矩方程的矩心，但是若 $\boldsymbol{F}_A$、$\boldsymbol{F}_C$ 已经计算出大小，则用投影方程更为简便。

从上述两个例题可以看出，在求解平衡问题时，并不一定要拘泥于平衡方程的形式，应根据问题的具体情况，灵活选择矩方程或投影方程。

例题 3-3 悬臂梁 AB 如图 3-4a 所示，梁长 $l=5\text{m}$，梁上作用有均布载荷 $q=10\text{kN/m}$，集中力偶的矩为 $M=ql^2$，集中力 $F=2ql$。试求固定端 A 处的约束力偶。

分析：以梁 AB 作为研究对象，画出受力分析图，如图 3-4b 所示。梁 A 端是固定端，因此其约束力应包括两个约束力和一个约束力偶 M_A。对于刚体，其上的均布载荷可依据静力等效，用其合力 $\boldsymbol{F}_q$ 代替，其大小 $F_q=ql$，作用于梁 AB 的中间。

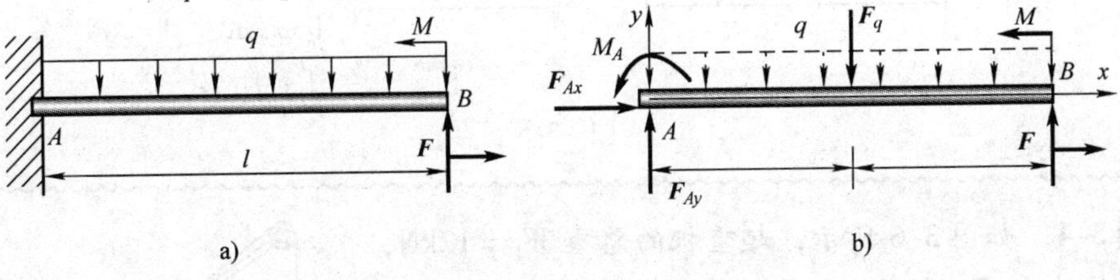

图 3-4

解：如图 3-4b 建立坐标系

$$\sum F_x=0,\quad F_{Ax}=0$$

$$\sum F_y=0,\quad F_{Ay}+F-F_q=0$$

$$\sum M_A=0,\quad M_A-F_q\times\frac{l}{2}+M+Fl=0$$

解得

$$F_{Ay}=ql-F=(10\times5-2\times10\times5)\ \text{kN}=-50\text{kN}$$

$$M_A=ql\times\frac{l}{2}-M-Fl=\left(10\times5\times\frac{5}{2}-10\times5-2\times10\times5\times5\right)\text{kN}\cdot\text{m}=-425\text{kN}\cdot\text{m}$$

F_{Ay}与 M_A 为负值，表明固定端 A 处的约束力 F_{Ay}方向，以及约束力偶 M_A 转向与假设的方向相反。

说明：实际工程中，构件经常会受到**分布载荷**的作用，本书仅考虑单位长度上的力，一般用 q 表示，其单位是 N/m 或 kN/m，如果 q 是不随位置变化的常数，这种载荷称为**均布载荷**。在刚体静力学分析中，常常用其合力进行等效，合力的大小等于分布载荷图形的面积，合力作用线通过分布载荷图形的几何中心（见图 3-5）。需要注意的是，如果把构件视为变形体进行研究，分布载荷与其静力等效的合力对构件的变形效应并不相同，因此不能随意互相替换。

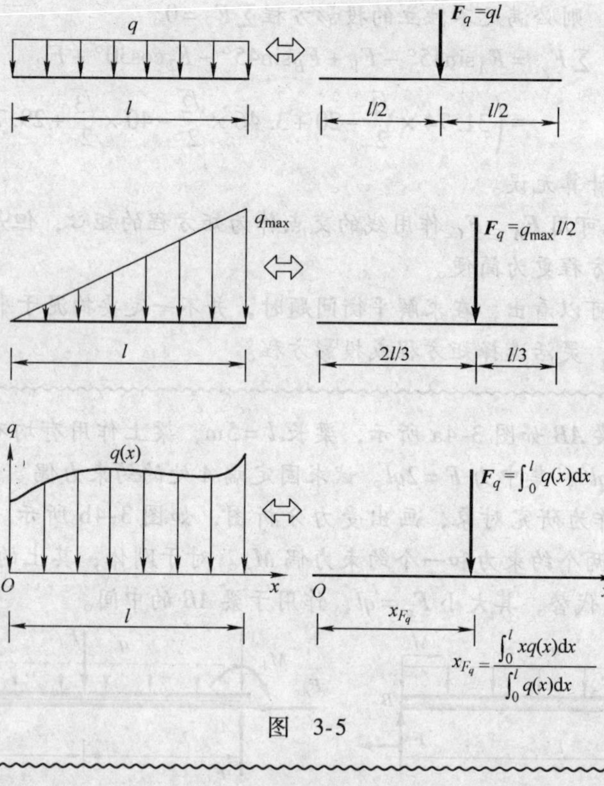

图 3-5

例题 3-4 如图 3-6 所示，起重机的总重 $W_1=12\text{kN}$，所吊起重物的重 $W_2=15\text{kN}$，平衡块重 $P=15\text{kN}$，起重机尺寸为 $a=b=1\text{m}$，$c=1.2\text{m}$，$d=0.8\text{m}$。求两轮的约束力。如若使起重机不致翻倒，最大起重量 $W_{\max}$ 为多少？

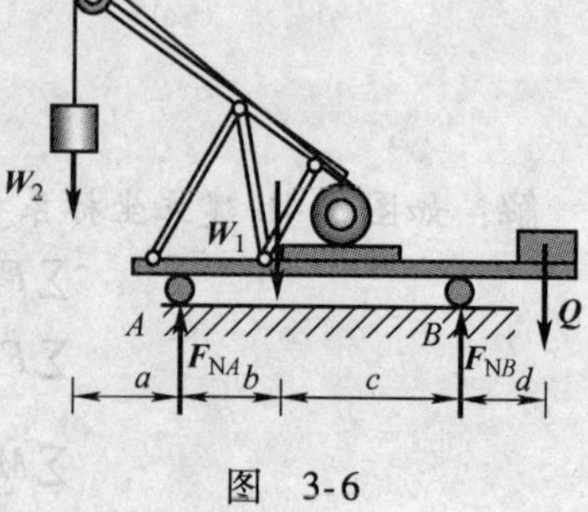

图 3-6

分析：起重机所受到的力都沿着铅垂方向，因此，它受到的作用力系是一个平面平行力系，只有两个独立方程，最多只能求解两个未知量。

解：列平衡方程，求解未知力

$$\sum M_A=0,\quad W_2a-W_1b+F_{NB}(c+b)-P(b+c+d)=0$$

$$F_{NB}=\frac{P(b+c+d)+W_1b-W_2a}{c+b}=\frac{15\times(1+1.2+0.8)+12\times1-15\times1}{1.2+1}\mathrm{kN}=19.09\mathrm{kN}$$

$$\sum F_y=0,\quad -W_2+F_{NA}-W_1+F_{NB}-P=0$$

$$F_{NA}=W_1+W_2+P-F_{NB}=(12+15+15-19.09)\mathrm{kN}=22.91\mathrm{kN}$$

当起吊最大起重量 W_{max} 时，起重机应不致绕点 A 翻倒，约束力 F_{NB} 必须满足 $F_{NB}\geqslant0$。由此得出

$$F_{NB}=\frac{P(b+c+d)+W_1b-W_2a}{c+b}=\frac{15\mathrm{kN}\times(1+1.2+0.8)\mathrm{m}+12\mathrm{kN}\times1\mathrm{m}-W_2\times1\mathrm{m}}{(1.2+1)\mathrm{m}}\geqslant0$$

解以上不等式得

$$W_2\leqslant57\mathrm{kN}$$

即维持起重机安全可靠工作的最大吊起重量为 $W_{2max}=57\mathrm{kN}$。

3.2　平面刚体系统的平衡

若干个刚体用约束连接起来的系统称为**刚体系统（物体系统）**。刚体系统（物体系统）是由多个刚体组成的，其部分与部分之间的连接并不一定是刚性连接。但刚体系统平衡，可以利用刚化原理将研究对象转化为一个刚体，利用前面所得到的平衡条件进行求解。

所谓刚化原理是指变形体在某一力系作用下处于平衡，若将处于平衡状态时的变形体换成刚体（刚化），则平衡状态不变。如图3-7所示弹簧系统，在平衡状态时，可将弹簧刚化为刚体，系统的平衡状态不会改变。应用该原理，可将用于研究刚体平衡的基本理论与方法推广到研究某些非刚体或非刚体系统的平衡问题。

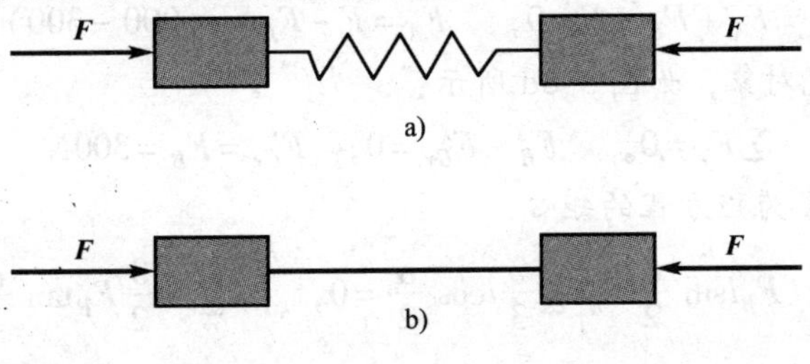

图　3-7

系统的平衡是指组成系统的每一个物体都处于平衡状态。许多工程实际系统都是平衡系统。例如，一辆汽车、一台机器、一座楼房等都是由许多部件组成的，当它们处于平衡时就是系统平衡。

在求解刚体系统的平衡问题时，由于刚体之间存在着相互作用力，因此未知量就比较多，通常是根据需要求解的未知量，适当选择研究对象，列出必要的方程进行求解。

求解刚体系统平衡问题的一般步骤是：

1）画出整体和各分析所需的必要部件的受力分析图；

2）对整体和各部件按照力系及其能求解的未知量个数进行分析比较，寻找合理的解题

途径，找到首要分析对象；

3）从首要分析对象开始，按照解题途径，逐步列方程求解。

以下通过几个例题加以说明。

例题 3-5 如图 3-8a 所示，人字梯置于光滑水平面上静止，$F=900\text{N}$，$l=3\text{m}$，$\alpha=45°$，计算水平面对人字梯的约束力以及铰链 C 处的力。

分析：以人字梯整体及 CDA、CEB 部分画出受力分析图，分别如图 3-8b、c、d 所示。整体受到平行力系作用，可列两个方程，且仅有两个未知量，故可直接求解。求出约束力 $\boldsymbol{F}_A$、$\boldsymbol{F}_B$ 后，取 CDA 或 CEB 列方程，求出铰链 C 处的力。最后可取未使用的受力图进行检验，若满足平衡方程，则表明计算无误。

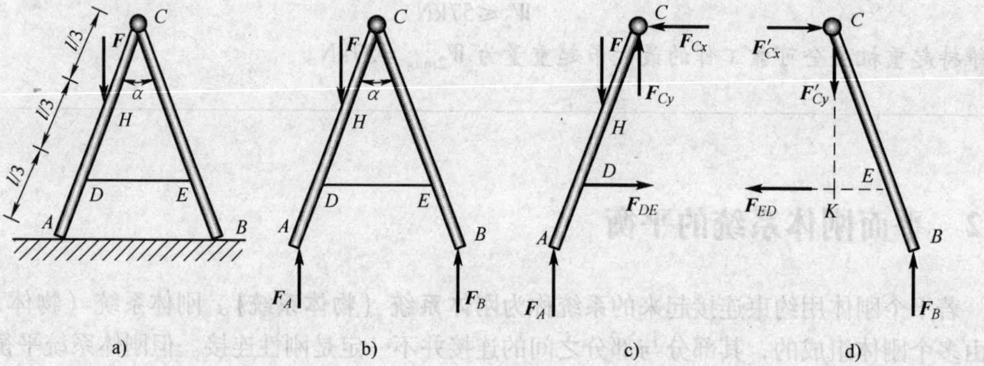

图 3-8

解：1）先分析整体，如图 3-8b 所示：

$$\sum M_A=0,\quad F_B\left(2l\sin\frac{\alpha}{2}\right)-F\frac{2}{3}l\sin\frac{\alpha}{2}=0,\quad F_B=\frac{F}{3}=\frac{900}{3}\text{N}=300\text{N}$$

$$\sum F_y=0,\quad F_A+F_B-F=0,\quad F_A=F-F_B=(900-300)\text{N}=600\text{N}$$

2）取 CEB 为研究对象，如图 3-8d 所示：

$$\sum F_y=0,\quad F_B-F'_{Cy}=0,\quad F'_{Cy}=F_B=300\text{N}$$

取两个未知力的交点 K 为矩方程的矩心

$$\sum M_K=0,\quad F_B l\sin\frac{\alpha}{2}-F'_{Cx}\frac{2}{3}l\cos\frac{\alpha}{2}=0,\quad F'_{Cx}=\frac{3}{2}F_B\tan\frac{\alpha}{2}=186.4\text{N}$$

3）检验，取图 3-8c，

$$\sum F_y=0,\quad F_A-F+F_{Cy}=(600-900+300)\text{N}=0，满足平衡方程。$$

读者可自行列 $\sum M_D$ 检验结果是否满足平衡方程。

例题 3-6 如图 3-9a 所示，组合梁由 AC 和 CE 用铰链进行连接，结构的尺寸和载荷均在图中标出，已知 $F=5\text{kN}$，$q=4\text{kN/m}$，$M=10\text{kN}\cdot\text{m}$。求梁的支座的约束力。

分析：若考虑以整体作为研究对象，则可看出受力图 3-9b 有四个未知量，而梁所受的平面一般力系，最多只能解出三个未知量，因此从整体分析是无法求出所有的约束力的。若是以 CDE 作为研究对象，其受力如图 3-9c 所示，显然只有三个未知量，可解。求出这三个未知量，进而通过整体受力分析或 ABC 部分，即图 3-9d，求出剩余的待求约束力。

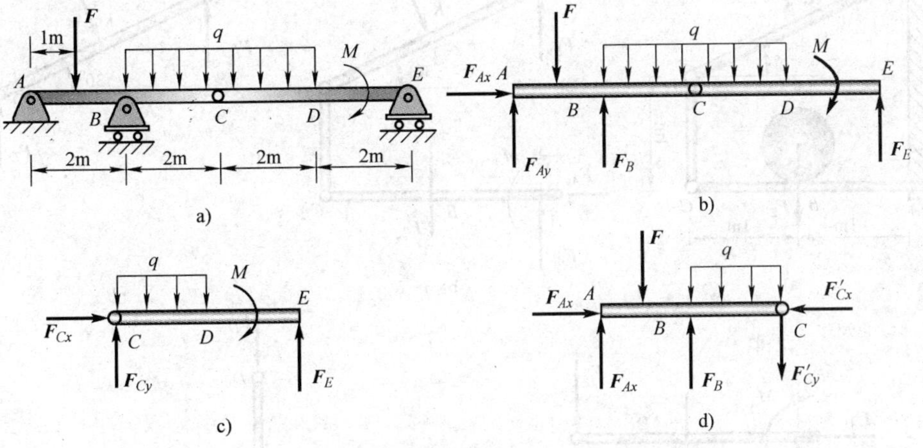

图 3-9

解：1）取 CDE 为研究对象，如图 3-9c 所示：

$$\sum M_C=0,\quad -q\times 2\text{m}\times 1\text{m}-M+F_E\times 4\text{m}=0,\quad F_E=\frac{M+q\times 2\text{m}\times 1\text{m}}{4}=\frac{10+4\times 2}{4}\text{kN}=4.5\text{kN}$$

$$\sum F_x=0,\quad F_{Cx}=0$$

$$\sum F_y=0,\quad F_{Cy}+F_E-q\times 2\text{m}=0,\quad F_{Cy}=q\times 2\text{m}-F_E=(2\times 4-4.5)\text{ kN}=3.5\text{kN}$$

2）取整体为研究对象，如图 3-9b 所示

$$\sum F_x=0,\quad F_{Ax}=0$$

$$\sum M_A=0,\quad -F\times 1\text{m}+F_B\times 2\text{m}-q\times 4\text{m}\times 4\text{m}-M+F_E\times 8\text{m}=0$$

$$F_B=\frac{F\times 1\text{m}+q\times 4\text{m}\times 4\text{m}+M-F_E\times 8\text{m}}{2}=\frac{5\times 1+4\times 4\times 4+10-4.5\times 8}{2}\text{kN}=21.5\text{kN}$$

$$\sum F_y=0,\quad F_{Ay}+F_B+F_E-F-q\times 4\text{m}=0$$

$$F_{Ay}=F+q\times 4\text{m}-F_B-F_E=(5+4\times 4-21.5-4.5)\text{ kN}=-5\text{kN}$$

3）检验，取图 3-9d，请读者自行验证平衡方程是否成立。

说明：容易看到 CDE 是构建在 ABC 基础之上的。脱离了 ABC，它不能保持其空间平衡形态，这样的部分我们通常称为结构的**附属部分**。而结构 ABC 即使没有 CDE 的存在，它也能够承载并保持平衡，这样的部分我们通常称为**基本部分**。结构在构建时，通常先有基础，再有附属部分，而在做结构的静力分析时恰恰相反，我们可以先求附属部分上的约束力，进而求解基本部分或整体的约束力。

例题 3-7 如图 3-10a 所示结构，$AB=BC=1\text{m}$，$EK=KD$，$F_1=1732\text{N}$，$F_2=1000\text{N}$，忽略所有杆件的重力作用，计算约束力及杆 DC 受到的力。

分析：结构整体受力分析如图 3-10b 所示，共有五个未知量，因此可先由附属部分 EKD 出发，先求出二力构件 DC 所受到的力，然后以 ABC 为研究对象，求出 A 处的约束力。

解：1）取 EKD 为研究对象，如图 3-10c 所示。

$$\sum M_E=0,\ F_D\cdot|DE|\cdot\cos 30^\circ-F_1\cdot|EK|=0,\ F_D=\frac{F_1}{2\cos 30^\circ}=\frac{1732}{1.732}\text{N}=1000\text{N}$$

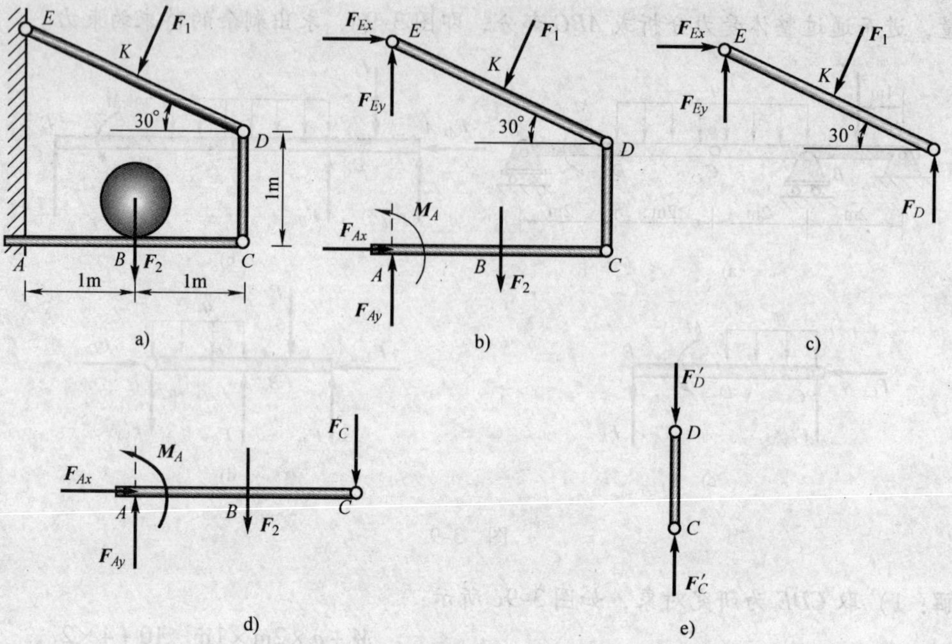

图 3-10

$$\sum F_x = 0,\ F_{Ex} - F_1 \cdot \sin 30° = 0, \quad F_{Ex} = F_1 \sin 30° = 1732 \times 0.5\text{N} = 866\text{N}$$

$$\sum F_y = 0,\ F_{Ey} - F_1 \cdot \cos 30° + F_D = 0,\ F_{Ey} = F_1 \cos 30° - F_D = 500\text{N}$$

2）由二力构件 DC，可知 $F'_C = F'_D = F_D = 1000\text{N}$

3）取 ABC 为研究对象，受力如图 3-10d 所示。

$$\sum M_A = 0,\ M_A - F_C \cdot |AC| - F_2 \cdot |AB| = 0$$

$$M_A = F_C \cdot |AC| + F_2 \cdot |AB| = (1000 \times 2 + 1000 \times 1)\ \text{N} \cdot \text{m} = 3000\text{N} \cdot \text{m}$$

$$\sum F_x = 0,\ F_{Ax} = 0$$

$$F_{Ay} - F_2 - F_C = 0,\ F_{Ay} = F_2 + F_C = (1000 + 1000)\ \text{N} = 2000\text{N}$$

例题 3-8 如图 3-11a 所示结构，重 $\boldsymbol{W}$ 的物体通过半径为 R 的滑轮悬吊，不计结构所有自重，求 A、B 两处的约束力，其中 $l = 2R$。

分析：结构整体受力分析及各部分受力分析如图 3-11b、c、d 所示，在画受力图时，除非必要，我们一般不单独拆出滑轮，这是因为如果单独分析滑轮，会暴露出并不需要求解的相互作用力，反而对求解造成了麻烦。从受力图可以看出，任何一个受力图都不能求出全部的未知量。但由于点 A、B 正好是三个未知力的交点，若对这两个点取矩列方程，可以求出 F_{Ax} 和 F_{Bx}。然后利用图 3-11c 可求出 F_{By}，再返回整体受力分析，即可求出 F_{Ay}。

解：1）取整体为研究对象，如图 3-11b 所示。

$$\sum M_A = 0, -F_{Bx} l - W(2l + R) = 0, F_{Bx} = \frac{-W(2l + R)}{l} = \frac{-W\left(2l + \dfrac{l}{2}\right)}{l} = -\frac{5}{2} W$$

$$\sum F_x = 0,\ F_{Bx} + F_{Ax} = 0,\ F_{Ax} = -F_{Bx} = \frac{5}{2} W$$

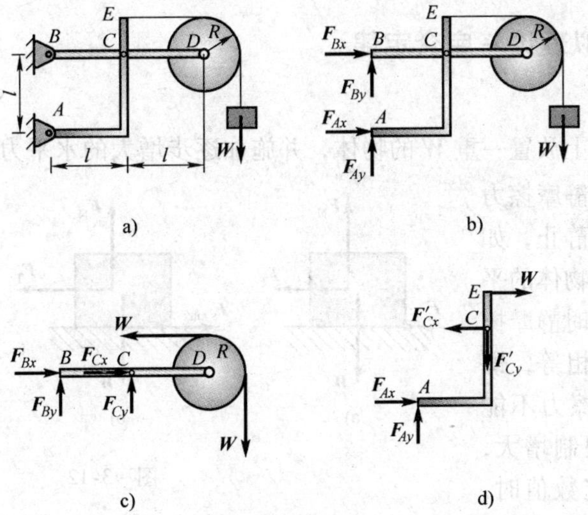

图　3-11

2）取 BCD 及滑轮为研究对象，如图 3-11c 所示。

$$\sum M_C = 0, \quad -F_{By}l + W \cdot R - W(l+R) = 0, \quad F_{By} = -W$$

3）重新以整体为研究对象，如图 3-11b 所示。

$$\sum F_y = 0, \quad F_{By} + F_{Ay} - W = 0, \quad F_{Ay} = W - F_{By} = W - (-W) = 2W$$

4）检验，读者可自行根据图 3-11d，列出方程检查是否满足平衡条件，以确认结果是否正确。

3.3　考虑摩擦的平衡问题

摩擦是一种普遍存在于有相互运动或运动趋势的机械构件中的现象。在许多工程实践中，摩擦对物体的平衡与运动起到很重要的作用，不能忽略不计。摩擦在实际生活和生产中又表现为有利与有害的两个方面。人靠摩擦行走，车靠摩擦制动，皮带轮靠摩擦传动。这些都是摩擦有利的一面。但是摩擦有时还会发热损坏机械的零部件，降低效率，消耗能量等，这些又是摩擦有害的一面。

按照接触物体之间可能发生的运动分类，摩擦可以分为**滑动摩擦**和**滚动摩擦**。两个表面粗糙相互接触的物体，当发生相对滑动或存在滑动趋势时，在接触面上产生阻碍相对滑动的力，这种阻力称为**滑动摩擦力**，简称**摩擦力**。如果物体之间仅存在滑动趋势而没有滑动，这时候的摩擦力称为**静摩擦力**，一般用 $\boldsymbol{F}_s$ 表示。滑动之后的摩擦力，称为**动摩擦力**，用 $\boldsymbol{F}_d$ 表示。

摩擦力是一种被动力，它依赖于主动力的存在而存在。物体所受到的摩擦力的方向总是和物体的相对滑动或其滑动趋势方向相反。摩擦机理非常复杂，已超出本书的研究范围，这里仅对工程中常用的近似理论作简单介绍。

3.3.1 摩擦力近似理论－库仑定律

1. 实验曲线

考虑在粗糙平面上放置一重 $\boldsymbol{W}$ 的物体，并施加逐步增大的水平力 $\boldsymbol{F}_{\mathrm{T}}$，当 $\boldsymbol{F}_{\mathrm{T}}$ 逐渐增大但还不足以突破最大静摩擦力的限制时，物体保持静止，如图 3-12a 所示。根据物体的平衡条件，容易得出此时静摩擦力的大小与水平力相等，即 $F_{\mathrm{s}}=F_{\mathrm{T}}$。由于静摩擦力不能随着 $\boldsymbol{F}_{\mathrm{T}}$ 的增大无限制增大，当 $\boldsymbol{F}_{\mathrm{T}}$ 大小达到一定数值时，物体处于将要滑动而没有滑动的临界状态，这时静摩擦力达到最大值 $\boldsymbol{F}_{\mathrm{s,max}}$，称为**最大静摩擦力**，如图 3-12b 所示。此后，如果继续增大 $\boldsymbol{F}_{\mathrm{T}}$，物体将失去平衡而发生滑动，摩擦力将转变为动摩擦力 $\boldsymbol{F}_{\mathrm{d}}$。

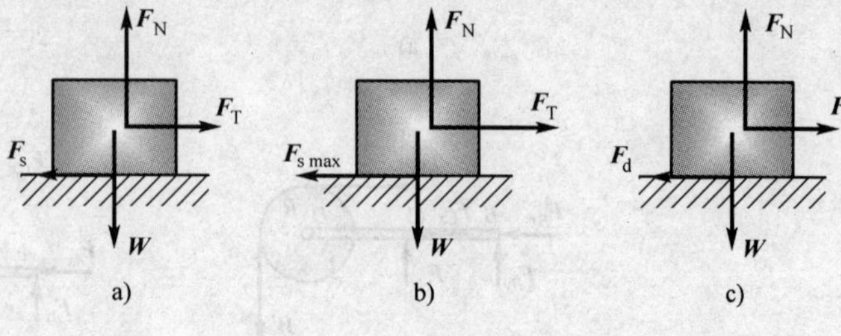

图 3-12

根据实验，可画出水平力 $\boldsymbol{F}_{\mathrm{T}}$ 和摩擦力 $\boldsymbol{F}$ 的关系曲线如图 3-13 所示。

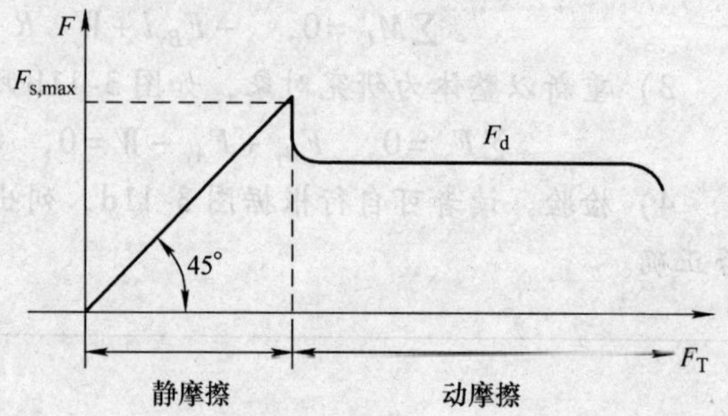

图 3-13

2. 静摩擦力

当物体处于静止平衡时，静摩擦力的数值在 0 与 $F_{\mathrm{s,max}}$ 之间，即

$$0 \leqslant F_{\mathrm{s}} \leqslant F_{\mathrm{s,max}} \tag{3-8}$$

实验表明，最人静摩擦力的大小与两物体之间的正压力 F_{N} 成正比，与物体之间的接触面积无关，即

$$F_{\mathrm{s,max}}=\mu_{\mathrm{s}} F_{\mathrm{N}} \tag{3-9}$$

式中，μ_{s} 称为**静摩擦因数**，它是一个无量纲数，与材料和接触面的粗糙程度有关，一般可以在机械工程手册中查到，如果需要较为准确的数值，则需通过实验测定。

3. 动摩擦力

同样地，动摩擦力的方向与两接触面的相对速度方向相反，大小与正压力 $\boldsymbol{F}_{\mathrm{N}}$ 成正比，即

$$F_{\mathrm{d}}=\mu_{\mathrm{d}} F_{\mathrm{N}} \tag{3-10}$$

式中，μ_{d} 称为**动摩擦因数**。

以上的这些关于摩擦的规律是由 18 世纪法国物理学家、工程师库仑总结并提出的，所以又称为**库仑定律**。应该指出，式（3-9）、式（3-10）都是近似公式，实际情况远比此复杂，比如动摩擦力事实上随着相对速度的增大而减小。但是库仑定律比较简单、计算方便，且所得结果又有足够的准确性，因此被工程界广泛应用至今。

3.3.2 摩擦角与自锁

当考虑摩擦时，静止平衡物体所受接触面的约束力包括法向约束力 $\boldsymbol{F}_{\mathrm{N}}$ 和摩擦力 $\boldsymbol{F}_{\mathrm{s}}$，如

图3-14所示。取其合力 $\boldsymbol{F}_R=\boldsymbol{F}_N+\boldsymbol{F}_s$，称为接触面对物体的**全约束力**，或称**全反力**。在平衡的临界状态，有 $\boldsymbol{F}_R=\boldsymbol{F}_N+\boldsymbol{F}_{s,max}$。考虑全约束力的作用线和接触面法线的夹角 φ，随着静摩擦力 $\boldsymbol{F}_s$ 的增大，它也应随之增大，其最大值 φ_m 称为**摩擦角**。由图3-14可知

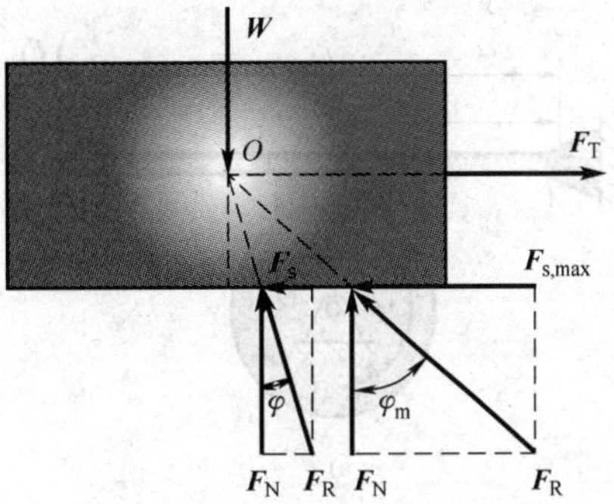

图 3-14

$$\tan\varphi_m=\frac{F_{s,max}}{F_N}=\frac{\mu_s F_N}{F_N}=\mu_s \tag{3-11}$$

显然，当物体处于静止平衡状态时，有

$$0\leqslant\varphi\leqslant\varphi_m \tag{3-12}$$

若两个物体接触面沿任意方向的静摩擦因数相等，则当两物体处于临界平衡状态时，全约束力 $\boldsymbol{F}_R$ 的作用线将在空间构成一个顶角为 $2\varphi_m$ 的正圆锥面，称为摩擦锥，如图3-15所示。式（3-12）表明，只要物体处于静止平衡状态，那么在任何载荷作用下，全约束力的作用线永远处于摩擦锥之内。因此，只要作用在物体上的主动力的合力 $\boldsymbol{F}$ 的作用线也处于这个摩擦锥内，无论怎样增大主动力的合力，都不可能使全约束力落到摩擦锥之外，也就不可能破坏物体的静止平衡。这种现象称为**自锁**。反之，如果主动力的合力 $\boldsymbol{F}$ 的作用线处于摩擦锥之外，则全约束力必然也处于摩擦锥之外，因此无论主动力的合力多小，物体必不能保持静止平衡。

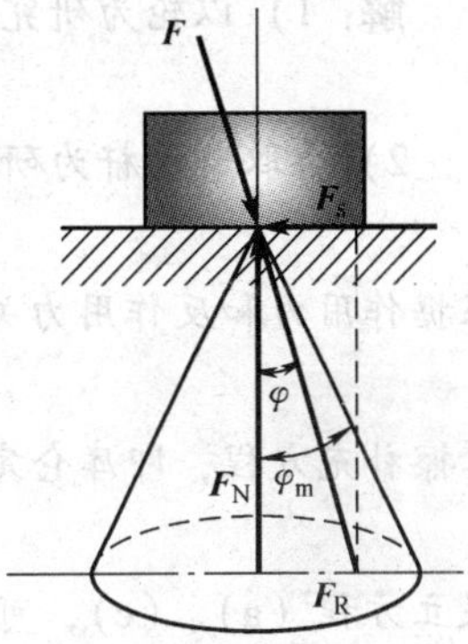

图 3-15

自锁在日常生活和工程技术中经常可见，例如螺纹式千斤顶的螺纹角，木器上的木楔的倾角都设计成不超过摩擦角，以保证自锁。而厕所门上铰链的接触角往往设计得较大，使得门在重力作用下能够克服最大静摩擦力自行关闭，这是利用了摩擦不自锁的原理。

3.3.3 有摩擦的平衡问题

有摩擦的平衡问题和忽略摩擦的平衡问题其解法基本上相同。然而，由于摩擦力与一般的未知约束力不完全相同，因此，这类问题有以下特点：

1）对物体受力分析时，摩擦力 $\boldsymbol{F}$ 的方向一般不能随意假设，需要根据相对滑动或滑动趋势预先判定。

2）作用在物体上的力系，除满足平衡条件以外，还应满足摩擦的物理条件（补充方程），即 $F_s\leqslant F_{s,max}$。补充方程的数目与摩擦力数目相同。

3）物体静止平衡时，摩擦力有一定的范围（$0\leqslant F_s\leqslant F_{s,max}$），有摩擦的平衡问题的解通常也有一定的范围，有时并不是一个确定的值。

例题3-9 某制动装置尺寸如图3-16a所示，作用在半径为 r 的制动轮 O 上的力偶矩为 M，摩擦面到制动手柄中心线间的距离为 e，摩擦块 C 与轮子接触表面间的动摩擦因数为 μ_d，求制动所必需的最小作用力 F_{1min}。

分析：要求 F_1 最小而制动，即要求动摩擦力尽可能大。取轮 O 为研究对象，摩擦力 $\boldsymbol{F}_d$ 的指向与轮 O 滑动的方向相反，如图3-16b所示。

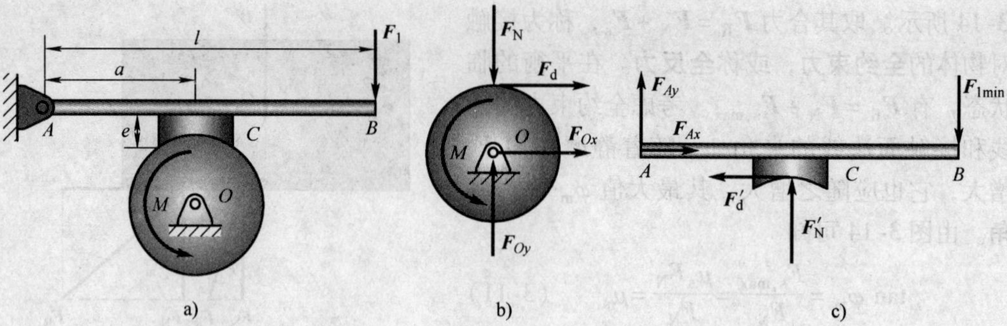

图 3-16

解：1）以轮为研究对象，列矩方程：

$$\sum M_O = 0, \quad M - F_d r = 0 \tag{a}$$

2）再取制动杆为研究对象，受力如图 3-16（c）所示，以点 A 为矩心，列矩方程：

$$\sum M_A = 0, \quad F'_N a - F'_d e - F_{1\min} l = 0$$

根据作用力和反作用力关系，有

$$F_N a - F_d e - F_{1\min} l = 0 \tag{b}$$

摩擦补充方程，即库仑定律：

$$F_d = \mu_d F_N \tag{c}$$

联立方程（a）、（c），可得到

$$F_N = \frac{M}{\mu_d r}, \quad F_d = \frac{M}{r}$$

再将上式代入式（b），即可求得

$$F_{1\min} = \frac{\dfrac{Ma}{\mu_d r} - \dfrac{Me}{r}}{l} = \frac{M\ (a - \mu_d e)}{\mu_d r l}$$

所以制动的要求是： $$F_1 \geqslant F_{1\min} = \frac{M\ (a - \mu_d e)}{\mu_d r l}$$

可见杆越长，轮直径越大，动摩擦因数越大，制动越省力。这是机械制动装置中利用摩擦的典型。

例题 3-10 梯子斜靠在墙壁上，假设墙壁光滑，地面粗糙。体重为 W 的人在梯子上工作，如图 3-17a 所示。求梯子与地面的静摩擦因数 μ_s 的最小值。

方法一：取梯子为研究对象，画出受力分析图如图 3-17b 所示。

解：梯子不至于发生滑动的条件是

$$F_{sB} \leqslant F_{sB,\max} = \mu_s F_{NB}$$

假设人在梯子上工作的位置到点 B 的水平距离为 x，建立平衡方程：

$$\sum M_B = 0, \ F_{NA} l \cos 30° - Wx = 0, \ F_{NA} = \frac{Wx}{l\cos 30°}$$

$$\sum F_x = 0, \ F_{sB} - F_{NA} = 0, \ F_{sB} = F_{NA}$$

$$\sum F_y = 0, \ F_{NB} - W = 0, \ F_{NB} = W$$

根据以上方程，改写梯子不滑动的条件为

$$\frac{Wx}{l\cos30^\circ}\leqslant\mu_s W$$

当人处于最高点 A 时，x 达到最大值 $x_{max}=l\sin30^\circ=\frac{l}{2}$，此时 μ_s 是满足不滑动条件的最小值，即

$$\mu_s\geqslant\frac{W\cdot x_{max}}{W\cdot l\cos30^\circ}=\frac{W\cdot l\sin30^\circ}{W\cdot l\cos30^\circ}=\tan30^\circ=0.577$$

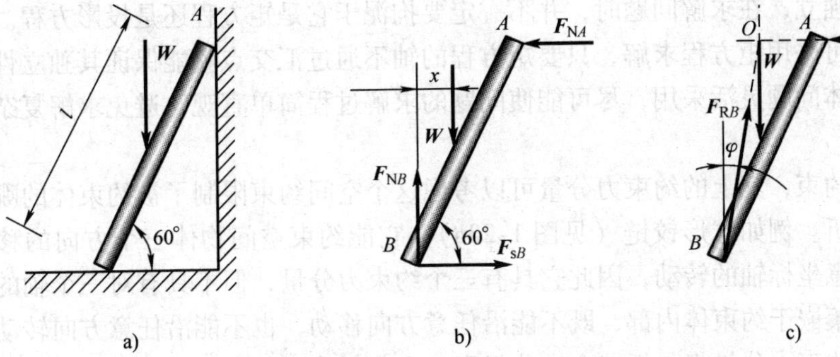

图　3-17

方法二：取梯子为研究对象，画出受力分析图如图3-17c所示。

我们在处理静摩擦问题的临界状态时，常引入前文所述之摩擦角的概念。考虑摩擦表面的全约束力，往往会起到简化求解、过程直观的效果。

根据摩擦角的概念，若全约束力 F_{RB} 与法线方向的夹角 φ 落在摩擦角 φ_m 的范围之内，即 $\varphi\leqslant\varphi_m$，则梯子必然保持静止平衡。自然地，有 $\tan\varphi\leqslant\tan\varphi_m=\mu_s$（式3-11）。随着人在梯子上的位置的变化，可以直观地看出，$0\leqslant\varphi\leqslant30^\circ$。因此有

$$\tan30^\circ\leqslant\tan\varphi_m=\mu_s$$

自然地有 $\mu_s\geqslant\tan30^\circ=0.577$。

3.4　空间力系的平衡

3.4.1　空间力系的平衡方程

根据空间力系简化结果，当 $\boldsymbol{F}'_R=0$，$\boldsymbol{M}_O=0$ 时，刚体平衡。根据式（2-5）和式（2-8），要满足以上条件，则必有

$$\sum F_x=0,\ \sum F_y=0,\ \sum F_z=0$$
$$\sum M_x=0,\ \sum M_y=0,\ \sum M_z=0 \qquad (3\text{-}13)$$

式（3-13）即为空间力系的平衡方程的一般形式，**即力系中的各力在三个坐标轴上投**

影的代数和以及各力对三个坐标轴的矩的代数和都必须同时为零。

方程组（3-13）共有六个独立方程，能解六个未知量。类似于平面力系平衡方程组，通过这六个方程的线性变换，亦可得到四矩式、五矩式和六矩式方程组。对于空间力系的特殊形式，例如空间汇交力系，若把简化中心放到力系的汇交点，那么$\sum M_x=0$，$\sum M_y=0$，$\sum M_z=0$将会自然满足而成为恒等式，这样，就只剩下三个独立方程$\sum F_x=0$，$\sum F_y=0$和$\sum F_z=0$，最多只能求解三个未知量。类似地，对于空间平行力系和空间力偶系，也因为部分平衡方程可以自然满足，所以只能列出三个独立方程，最多求解三个未知量。读者可以自行分析以上两种力系哪些平衡方程得以自然满足。对于空间特殊力系的三个方程，只要保证它们之间相互独立，在求解问题时，并不一定要拘泥于它是矩方程还是投影方程。例如空间汇交力系，也可采用矩方程求解，只要矩方程的轴不通过汇交点就能保证其独立性。方程通常需要根据具体问题灵活采用，尽可能使问题的求解过程简单直观，避免求解复杂的联立方程组。

对于空间约束，其上的约束力分量可以考虑这个空间约束限制了被约束体的哪些运动自由度来加以分析。例如球形铰链（见图 1-23a），它能约束空间物体三个方向的移动，但不限制绕空间任意坐标轴的转动，因此它具有三个约束力分量，但不具有对三个轴的约束力偶分量。若杆件镶嵌于约束体内部，既不能沿任意方向移动，也不能沿任意方向转动，即空间固定端，那么约束力分量将包括三个力分量和三个力偶分量。

3.4.2 空间力系的平衡问题求解

对于空间力系的平衡问题的求解，首先应明确主动力和约束的性质；其次是尽可能将空间平衡问题转化为平面平衡问题求解；另外，尽可能选择与多个未知力相交的轴列出矩方程，从而简化计算过程。

例题 3-11 空间构架由三根直杆铰接而成，如图 3-18a 所示。已知 D 端所挂重物的重量 $W=10\text{kN}$，各杆自重不计，求杆 AD、BD、CD 所受的力。

分析：容易看出杆 AD、BD、CD 均是二力构件，它们对 D 点的力的作用线和所挂重物的重力的作用线相交于点 D，构成一个空间汇交力系，因此本问题能列出三个方程，求解三个未知量。画出受力分析图如图 3-18b 所示。如果列出三个投影方程求解，那么每个投影方程至少包含两个未知量，则需要联立方程求解。考察轴 x 可以看出 $\boldsymbol{F}_{AD}$、$\boldsymbol{F}_{BD}$ 均与轴 x 相交，若以轴 x 列矩方程，可直接求解 $\boldsymbol{F}_{CD}$，进而求解其他未知量。

解：1）考虑 Oyz 平面，如图 3-18c 所示，取$\sum M_x=0$，由于 $\boldsymbol{F}_{AD}$、$\boldsymbol{F}_{BD}$ 均与轴 x 相交，这两个力对轴 x 的矩为零，故在图 3-18c 中未画出。设 DH 为 h，则有

$$-W\times|HO|-F_{CD}\sin15°\times|HO|+F_{CD}\cos15°\times|IO|=0$$

$$-W\times h\times\cot30°-F_{CD}\sin15°\times h\times\cot30°+F_{CD}\cos15°\times h=0$$

得
$$F_{CD}=\frac{Wh\cot30°}{\cos15°h-\sin15°h\cot30°}=\frac{10\cot30°}{\cos15°-\sin15°\times\cot30°}\text{kN}=33.46\text{kN}$$

2）$\sum F_x=0$，$F_{AD}\cos45°-F_{BD}\cos45°=0$，$F_{AD}=F_{BD}$

3）$\sum F_z=0$，$F_{AD}\sin45°\sin30°+F_{BD}\sin45°\sin30°-W-F_{CD}\sin15°=0$

$$F_{AD}=F_{BD}=\frac{W+F_{CD}\sin15°}{2\sin45°\sin30°}=\frac{10+33.46\times\sin15°}{2\sin45°\sin30°}\text{kN}=26.39\text{kN}$$

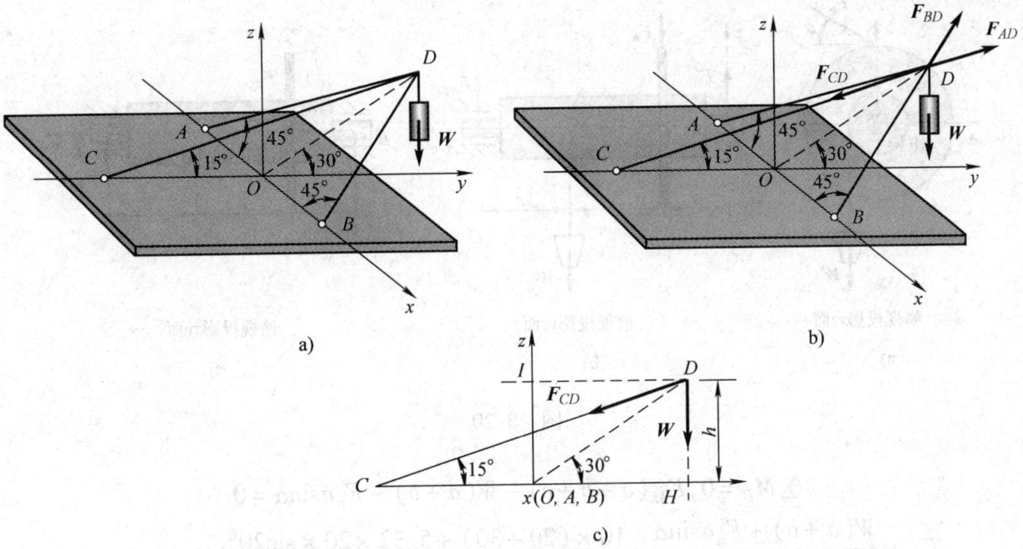

图 3-18

思考：虽然各力的计算结果都是正值，但应可以判断杆 CD 受拉，而杆 AD、BD 受压。本问题也可采用三个投影方程求解，读者可自行加以练习，并比较和例题解法的差异。

例题 3-12 起重绞车的鼓轮轴如图 3-19 所示。已知：$W=10\text{kN}$，$b=c=300\text{mm}$，$a=200\text{mm}$，齿轮的半径 $R=200\text{mm}$。齿轮最高点处受力 $\boldsymbol{F}_\text{n}$ 的作用，$\boldsymbol{F}_\text{n}$ 与齿轮的分度圆切线夹角为 $\alpha=20°$，鼓轮半径 $r=100\text{mm}$，A、B 两端为向心球轴承。试求齿轮的作用力 $\boldsymbol{F}_\text{n}$ 的大小以及 A、B 两端轴承对轴的约束力。

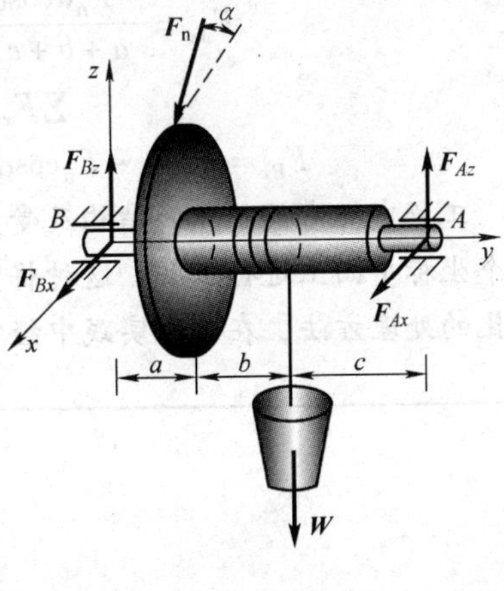

图 3-19

分析：若把组成空间力系的各个力投影到三个坐标面上，那么空间力系就分解为三个坐标面上的平面力系。当空间力系是平衡力系时，所分解的三个坐标面上的平面力系也是平衡力系。空间力系的平衡问题就可依此转化为平面力系的平衡问题求解，这种方法通常我们称为空间力系的平面投影解法。对于具有转动轴的空间力系平衡问题，这种方法更为有效。

解：将鼓轮及齿轮受力分别向三个坐标平面投影，得到结果如图 3-20 所示，根据三个投影面的受力图，分别列出平面平衡方程并求解。

1）坐标平面 xAz，如图 3-20a 所示。

$$\sum M_A=0,\ F_\text{n}R\cos\alpha-Wr=0$$

$$F_\text{n}=\frac{Wr}{R\cos\alpha}=\frac{10\times10}{20\times\cos20°}\text{kN}=5.32\text{kN}$$

2）坐标平面 yBz，如图 3-20b 所示。

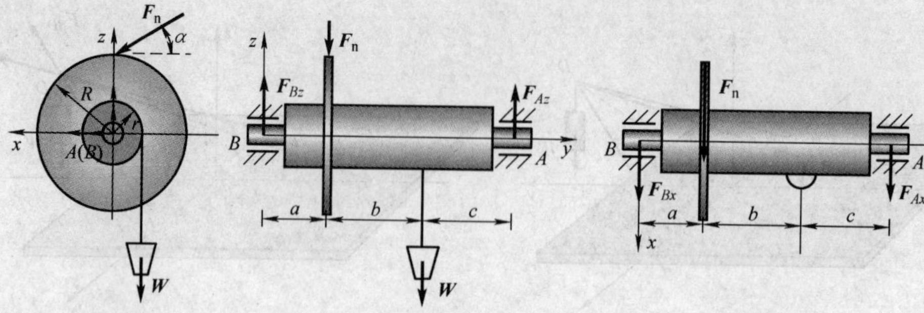

图 3-20

$$\sum M_B=0, F_{Az}(a+b+c)-W(a+b)-F_n a\sin\alpha=0$$

$$F_{Az}=\frac{W(a+b)+F_n a\sin\alpha}{a+b+c}=\frac{10\times(20+30)+5.32\times20\times\sin20^\circ}{20+30+30}\text{kN}=6.7\text{kN}$$

$$\sum F_z=0, F_{Az}+F_{Bz}-W-F_n\sin\alpha=0$$

$$F_{Bz}=W+F_n\sin\alpha-F_{Az}=(10+5.32\times\sin20^\circ-6.7)\text{kN}=5.12\text{kN}$$

3）坐标平面 xBy，如图 3-20c 所示。

$$\sum M_B=0, -F_{Ax}(a+b+c)-F_n a\cos\alpha=0$$

$$F_{Ax}=\frac{-F_n a\cos\alpha}{a+b+c}=\frac{-5.32\times20\times\cos20^\circ}{20+30+30}\text{kN}=-1.25\text{kN}$$

$$\sum F_x=0,\ F_{Ax}+F_{Bx}+F_n\cos\alpha=0$$

$$F_{Bx}=-F_{Ax}-F_n\cos\alpha=(-1.25-5.32\times\cos20^\circ)\text{kN}=-3.75\text{kN}$$

工程中把空间物体的结构及受力图像工程制图中处理线、面和形体投影一样，将其化为三个坐标平面上进行求解，这种将空间力系转化为平面问题来求解的方法，是将复杂问题简单化的处理方法，在工程实践中经常采用。

思 考 题

3-1 为什么在平面力系平衡方程的三矩式方程中三个矩心不能共线？

3-2 汇交力系平衡方程组中是否可包括矩方程？如果可以，分别就平面问题和空间问题讨论矩方程矩心或说明轴的选择应满足何种条件。

3-3 试利用平面刚体平衡方程的一般形式［式（3-2）］求解例 3-2，并与例题求解方法进行比较。

3-4 试利用合力矩定理，推导图 3-5 各图的静力等效关系。

3-5 说明平面一般力系、平面汇交力系、平面平行力系、平面力偶系、空间一般力系、空间汇交力系、空间平行力系、空间力偶系分别能列出多少个独立的平衡方程？能求解多少个未知量？

3-6 试总结平面刚体系统平衡问题的求解方法和过程。

3-7 静摩擦力和最大静摩擦力的区别是什么？它们分别是如何计算的？

3-8 试说明什么是摩擦角，摩擦角与静摩擦因数的关系是什么？

3-9 试说明什么是自锁，试通过文献检索了解工程中还有哪些利用自锁或利用摩擦不自锁的日常生活或工程实例。

3-10 如图3-21所示，说明人体的肘关节，肩关节可以简化为何种空间约束类型，在受力分析时，应考虑哪些约束力分量。

3-11 如图3-22所示的三种结构中，$\theta=60°$。如B处都作用有相同的水平力$\boldsymbol{F}$，试问铰链A处的约束力是否相同？作图表示其大小与方向。

3-12 如图3-23所示为长方形平板，沿板边作用的均布载荷分别为q_1，q_2，q_3，q_4，若长方形平板保持平衡，则均布载荷之间的数值关系如何？

3-13 如图3-24所示的三铰拱结构，结构对称，受到铅垂方向大小相等、对称于y轴的两个重力$\boldsymbol{W}$的作用，是否可以直接判断铰链A、B处水平方向的约束力均为0？某一方向的主动力只会引起该方向的约束力，这样的说法是否正确？结合本问题进行思考。

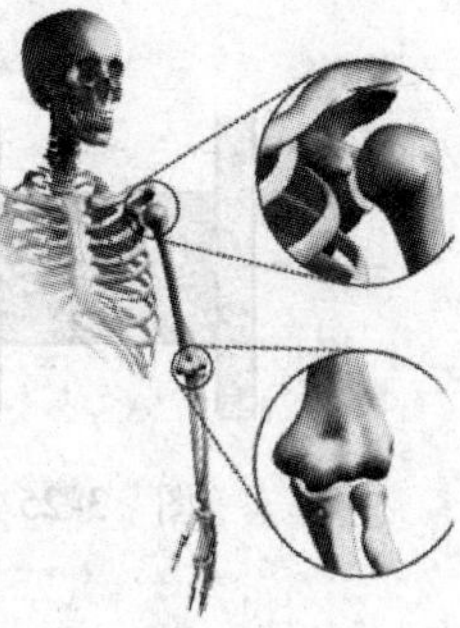

图 3-21

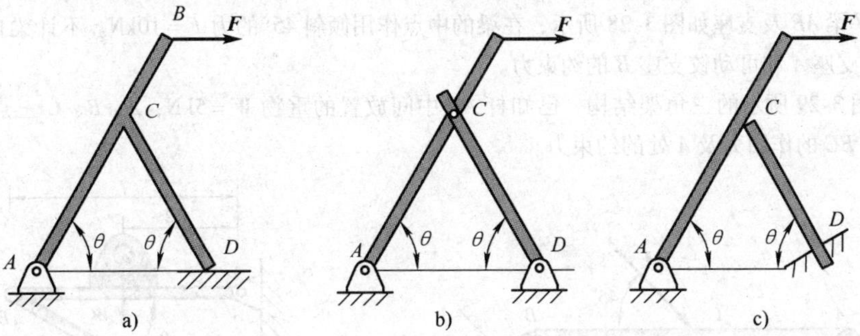

图 3-22

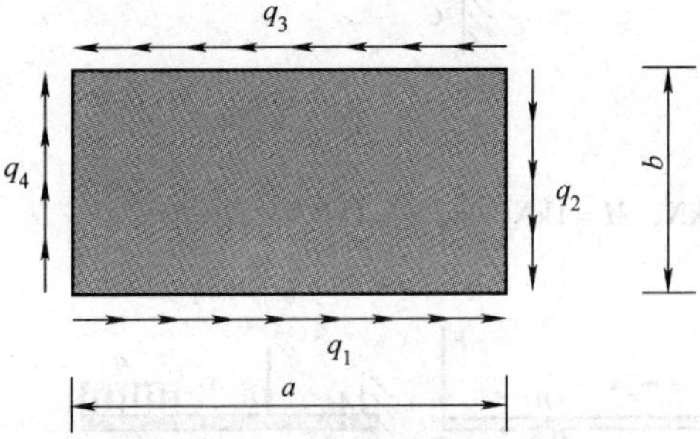

图 3-23

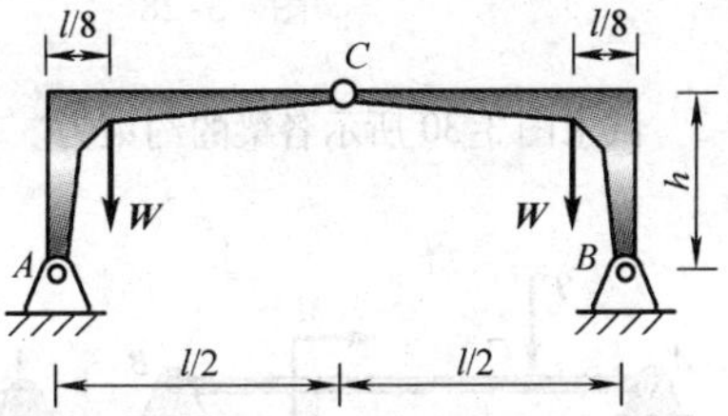

图 3-24

3-14 如图3-25所示，作用在左右两个木板上的压力大小均为F时，物体A静止不下滑。若把压力大小改为$2F$，那么物体受到的摩擦力是原来的几倍？

3-15 图3-26所示物块重5kN，与水平面的摩擦角$\varphi_m=35°$，若用大小为5kN的力推动物块，则物块的平衡状态如何？若$\varphi_m=25°$，则其平衡状态又如何？

3-16 图3-27所示的三杆结构，杆长相等，且铰接于A、B、C三点，$OA=OB=OC$，一个铅垂力$\boldsymbol{F}$作用于D点，若需计算杆BD所受到的力，则应如何选择平衡方程使得计算最为简便？

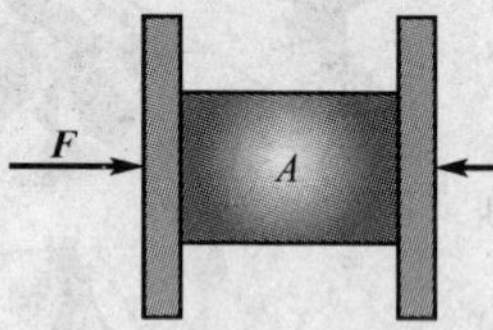

图 3-25

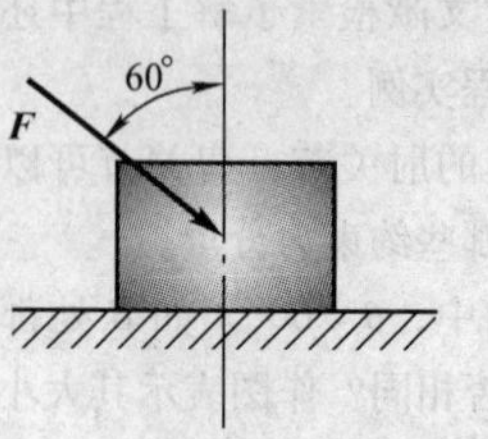

图 3-26

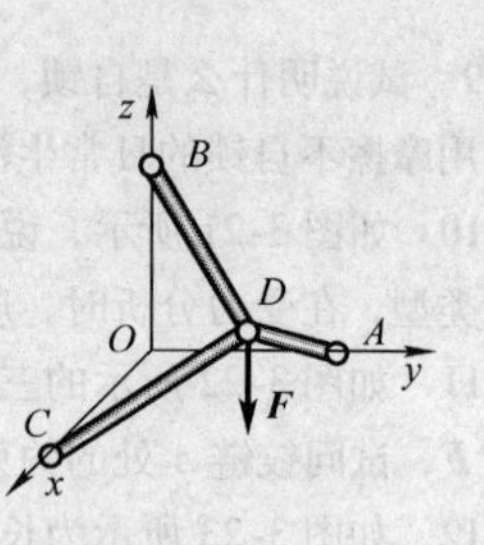

图 3-27

习 题

3-1 水平梁 AB 及支座如图 3-28 所示，在梁的中点作用倾斜 45°的力 $F=10\text{kN}$。不计梁自重和各处摩擦，求固定铰支座 A 和可动铰支座 B 的约束力。

3-2 如图 3-29 所示的三角架结构，已知杆 AB 中间放置的重物 $W=5\text{kN}$，A、B、C 三点均为铰链连接。试求撑杆 BC 的作用力及 A 处的约束力。

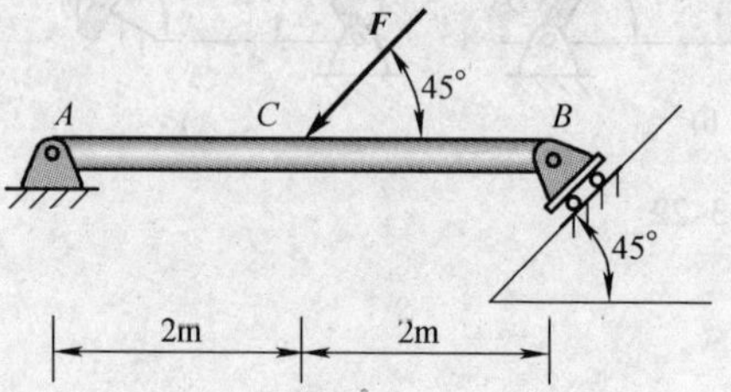

图 3-28

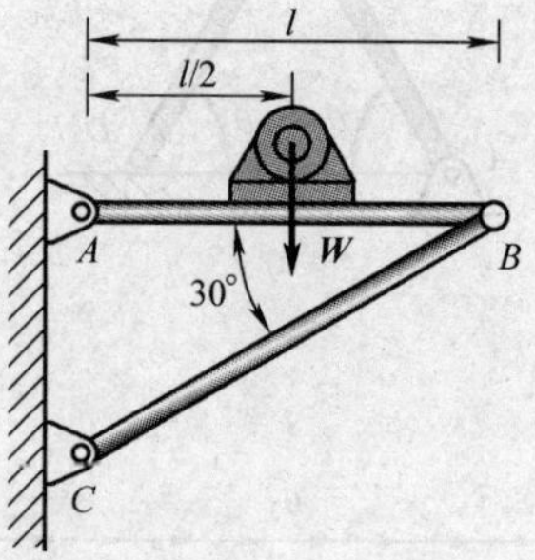

图 3-29

3-3 试求图 3-30 所示各梁的约束力。其中 $F=1\text{kN}$，$M=1\text{kN}\cdot\text{m}$，$q=1\text{kN/m}$，$a=1\text{m}$。

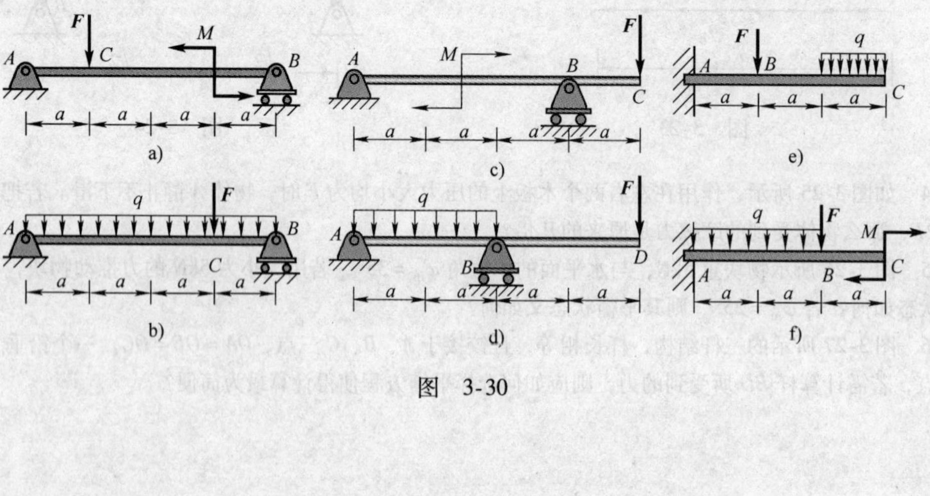

图 3-30

3-4　受固定端约束的刚性架 ABC 如图3-31所示，其中集中力 $F=200\text{N}$，分布载荷 $q=200\text{N/m}$。求固定端 A 处的约束力。

3-5　用多轴钻床在一工件上同时钻出四个相同直径的孔，如图3-32所示。每个钻头作用给工件的钻削力偶的矩估计为 $M=15\text{N}\cdot\text{m}$，装卡工件用的两个圆柱销钉 A、B 之间的距离 $b=0.2\text{m}$，设钻削力偶矩仅由销钉的约束力来平衡，求销钉 A、B 的约束力。

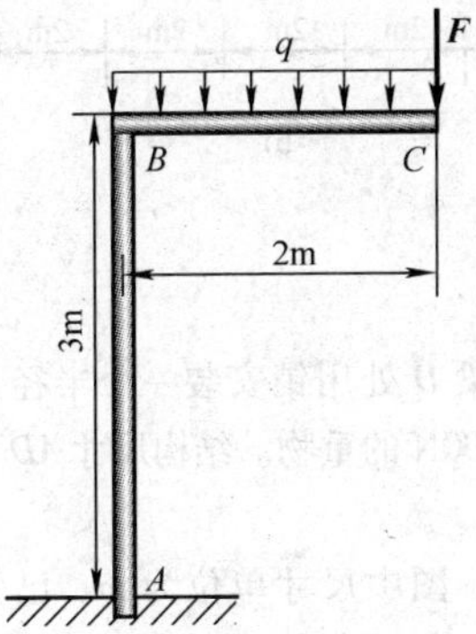

图　3-31

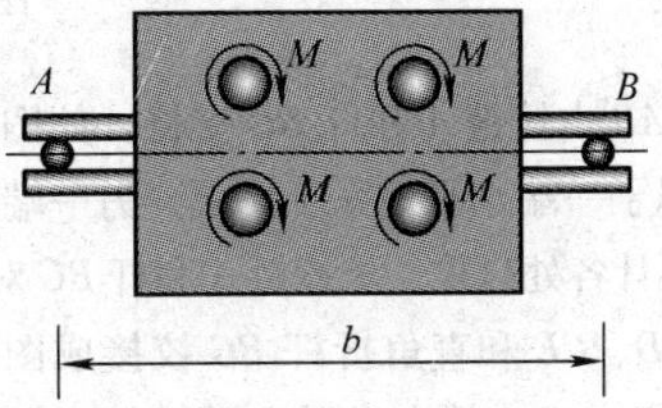

图　3-32

3-6　如图3-33所示，重量为 W_1 的均质球放在墙面和均质的板 AB 之间，板 AB 的重量 $W_2=\dfrac{4}{3}W_1$，长度为 $l_{AD}=\dfrac{2}{3}l$，墙面和板 AB 之间的夹角 $\alpha=30°$，已知 $W_1=20\text{kN}$，板 AB 的长为 $l=3\text{m}$。试计算钢丝绳 BC 的张力及铰链 A 的约束力。

3-7　塔式起重机如图3-34所示，机架重心位于点 C 且自重为 W，最大起重量为 $P_{1\max}$，平衡物重为 P_2，即已知 W、$P_{1\max}$、P_2 与 a、b、e、l。求起重机满载时和空载时均不致翻倒的平衡物重 $P_{2\max}$ 的范围。

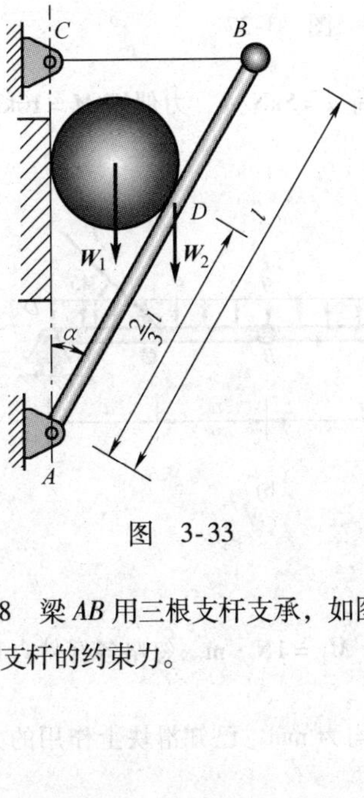

图　3-33

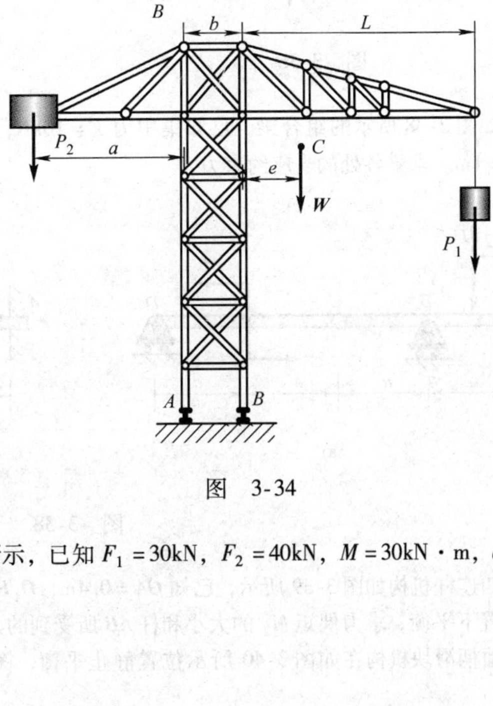

图　3-34

3-8　梁 AB 用三根支杆支承，如图3-35所示，已知 $F_1=30\text{kN}$，$F_2=40\text{kN}$，$M=30\text{kN}\cdot\text{m}$，$q=20\text{kN/m}$，求三根支杆的约束力。

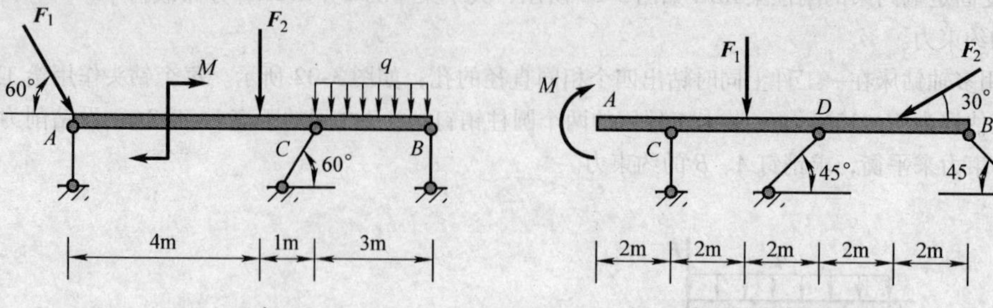

a) b)

图 3-35

3-9 水平梁 AB 由铰链 A 和杆 BC 支持，如图 3-36 所示。在梁 D 处用销安装一个半径 $r=0.1\text{m}$ 的滑轮。跨过滑轮的绳子一端水平地系于墙上，另一端悬挂有重 $W=1800\text{N}$ 的重物。结构尺寸 $AD=0.2\text{m}$，$BD=0.4\text{m}$，$\alpha=45°$，不计各处自重。求铰链 A 和杆 BC 对梁的约束力。

3-10 直杆 AD、CE 和直角折杆 BG 铰接成图 3-37 所示构架，图中尺寸单位为 m。已知水平力 $F=1200\text{N}$，杆重不计，点 G 支撑在光滑水平面上，求点 G 处地面对构架的约束力以及铰链 B 处的作用力。

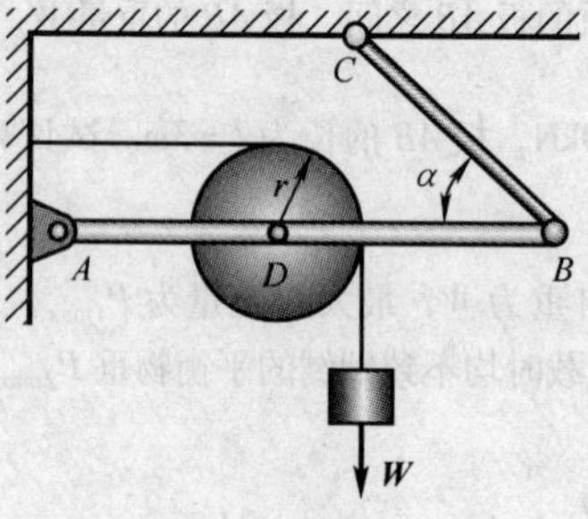

图 3-36

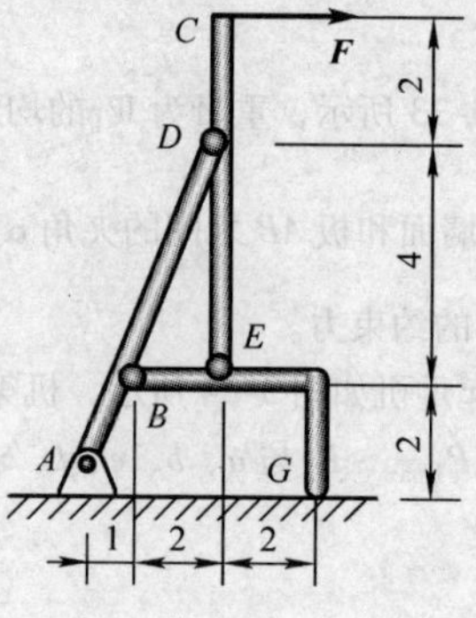

图 3-37

3-11 如图 3-38 所示的组合梁，已知集中力 $F=10\text{kN}$，分布载荷 $q=5\text{kN/m}$，力偶矩 $M=10\text{kN}\cdot\text{m}$，结构尺寸 $a=1\text{m}$。求梁各处的支座约束力。

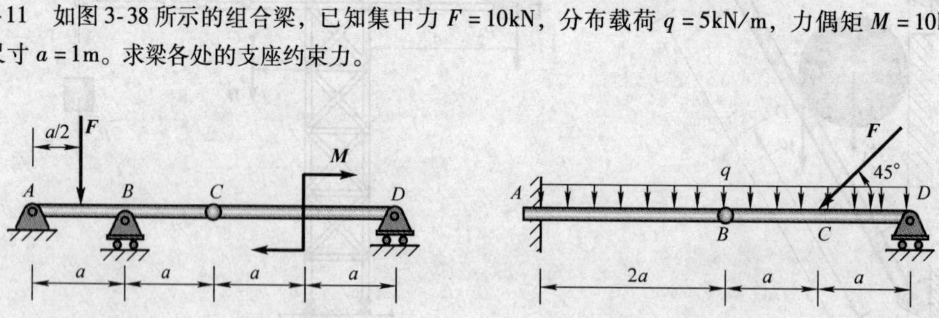

a) b)

图 3-38

3-12 四连杆机构如图 3-39 所示，已知 $OA=0.4\text{m}$，$O_1B=0.6\text{m}$，$M_1=1\text{N}\cdot\text{m}$。忽略各杆件自重，机构在图示位置下平衡，求力偶矩 M_2 的大小和杆 AB 所受到的力。

3-13 曲柄滑块机构在如图 3-40 所示位置静止平衡，图中单位均为 mm。已知滑块上作用的力 $F=$

200N，不计所有构件的自重，求作用在曲柄 OA 上的力偶矩大小 M。

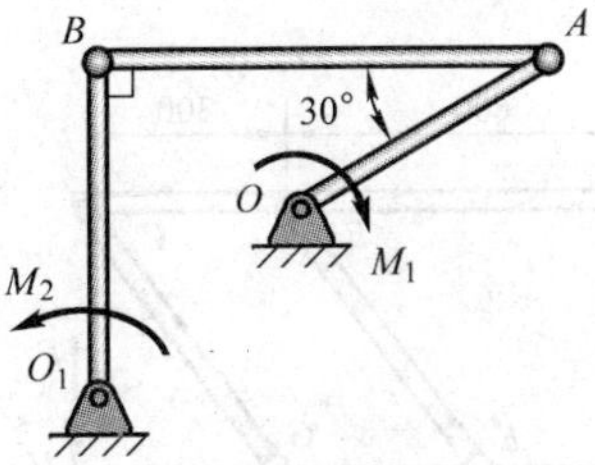

图　3-39

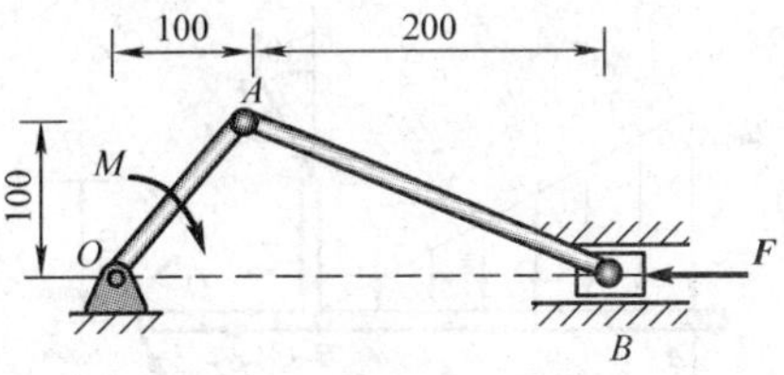

图　3-40

3-14　承重设备如图3-41所示，A、B、C、D 四处均为铰链联接，已知杆长 $AB=BC=AD=250\text{mm}$，滑轮的半径 $r=100\text{mm}$，承受重物的重量 $W=1\text{kN}$。不计各处自重，试求铰链 A 和 D 处的约束力。

3-15　如图3-42所示的平面结构，杆 AB 上作用有均布载荷 $q=10\text{kN/m}$，在杆 ED 上作用有外力矩 $M=30\text{kN}\cdot\text{m}$，已知 $a=1\text{m}$。求 A、E 两处的约束力。

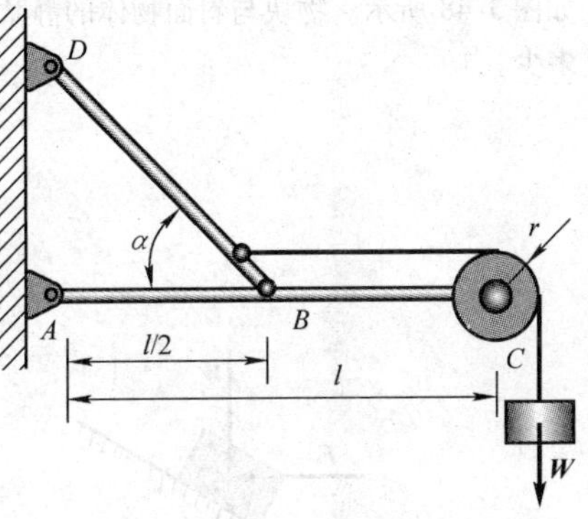

图　3-41

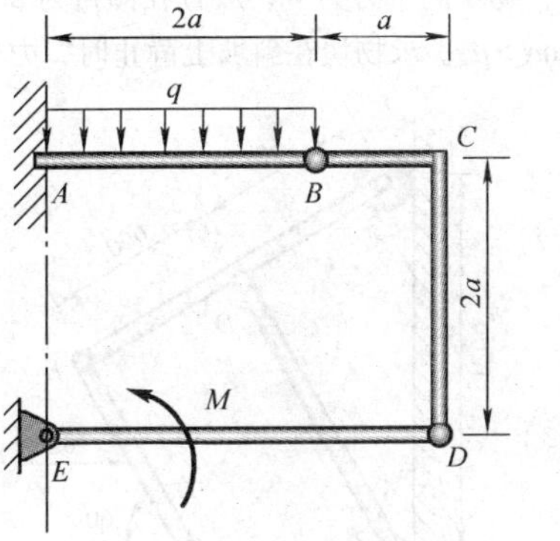

图　3-42

3-16　如图3-43所示，三角形平板点 A 处为铰支座，销 C 固连在杆 DE 上，并与滑道接触，点 B 受水平力 $F=100\text{N}$ 的作用，求铰支座 D 的约束力。

3-17　如图3-44所示的三铰拱结构，跨度 $l=8\text{m}$，高 $h=4\text{m}$。拱顶部受到均布载荷 $q=20\text{kN/m}$ 和集中力 $F=20\text{kN}$ 的作用，拱每一部分自重 $W=40\text{kN}$。求支座 A、B 处对结构的约束力。

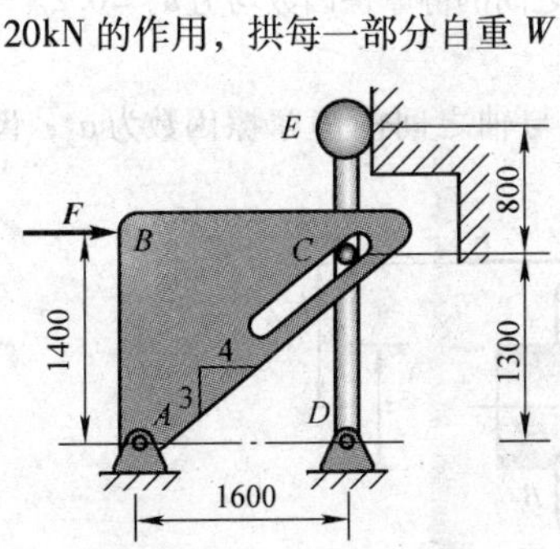

图　3-43

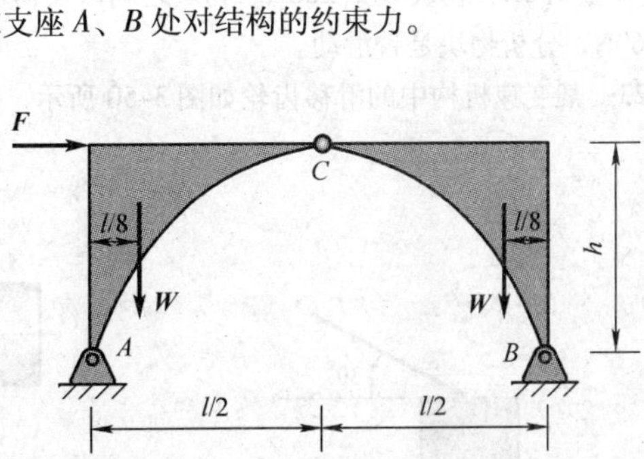

图　3-44

*3-18　如图3-45所示构架由直角钢管 EBD 和钢直杆 AB 组成。已知三角形分布载荷的最大值 $q_{max}=10\text{kN/m}$，集中力 $F=50\text{kN}$，力偶矩 $M=6\text{kN}\cdot\text{m}$。求固定端 A 处及支座 C 的约束力。

*3-19 图3-46所示构架，已知 $F=1\text{kN}$，不计各杆自重，杆 ABC 与杆 DEG 平行，尺寸如图。求铰支座 A、D 处的约束力。

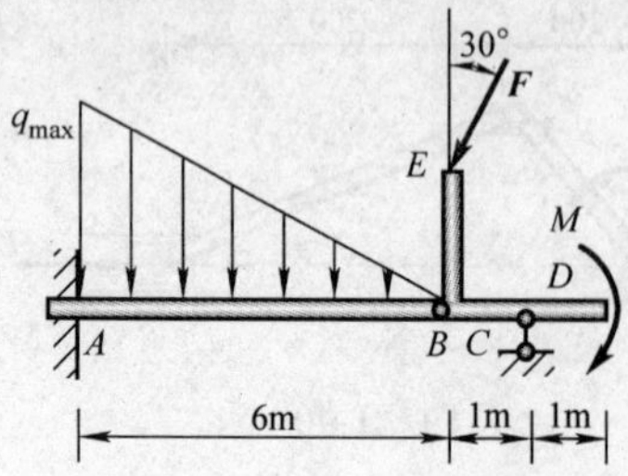

图 3-45

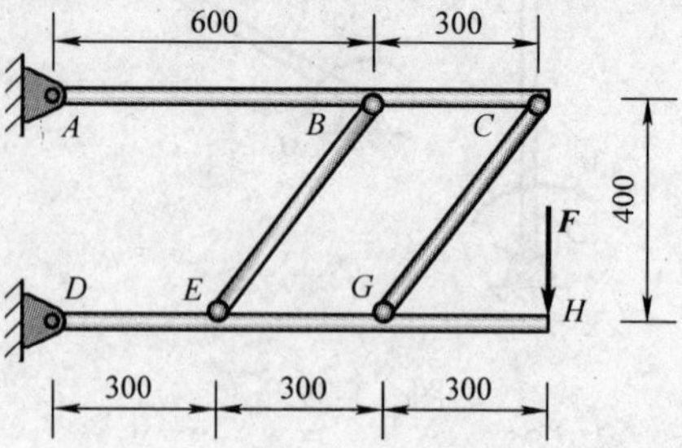

图 3-46

*3-20 如图3-47所示，构架在 AE 杆中点作用有一大小为20kN的水平力。杆 BD、AE 垂直于杆 CDE。各杆自重不计，求铰链 E 所受到的力。

3-21 物块的重力为 W，放置在倾角为 α 的斜坡上，如图3-48所示。物块与斜面物体的静摩擦因数为 μ_s，且 $\tan\alpha>\mu_s$。求物块在斜坡上静止时，力 $\boldsymbol{F}$ 的大小是多少。

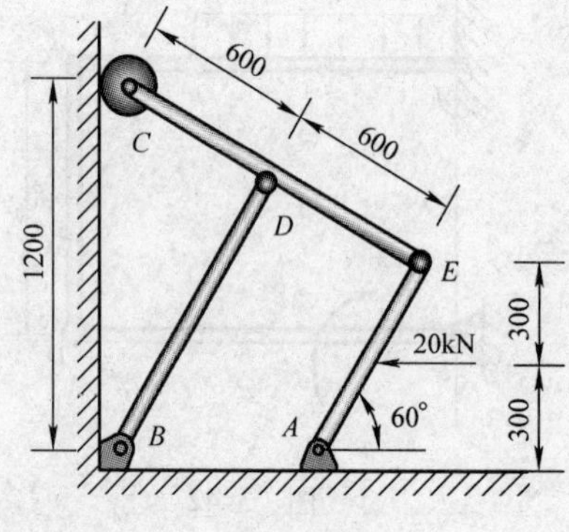

图 3-47

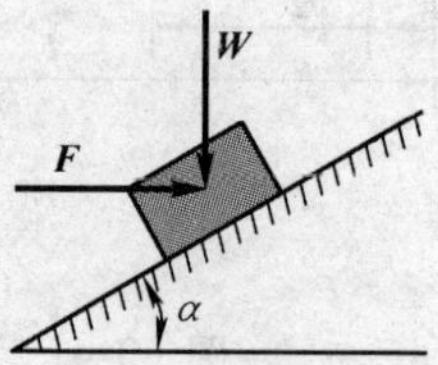

图 3-48

3-22 如图3-49所示，两物块 A 和 B 重叠地放在粗糙水平面上，物块 A 的顶部作用有一倾斜的力 $\boldsymbol{F}$。已知物块 A 重100N，物块 B 重200N。物块之间以及物块和水平面之间的静摩擦因数均为 $\mu_s=0.2$。若施加的力 $F=60\text{N}$，分析物块是否滑动。

*3-23 某变速机构中的滑移齿轮如图3-50所示，已知齿轮孔与轴之间的静摩擦因数为 μ_s，齿轮与

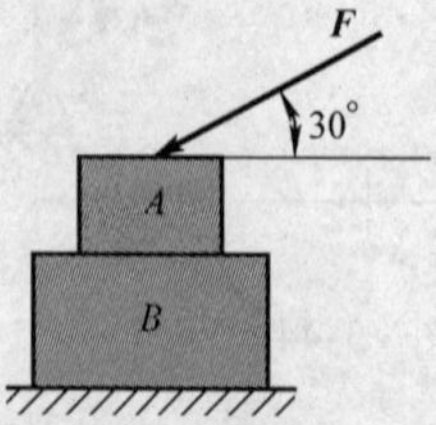

图 3-49

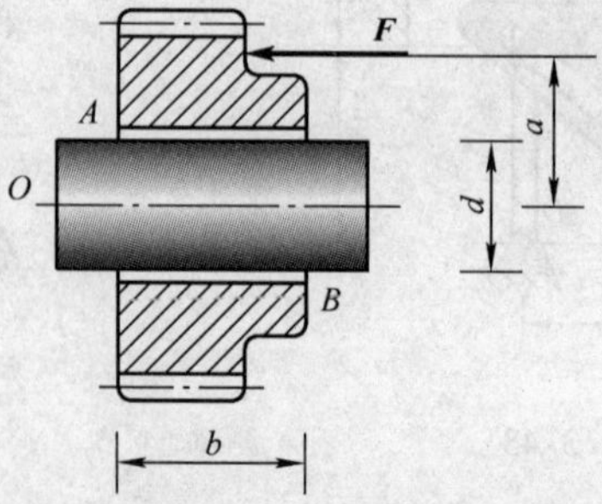

图 3-50

轴接触面的长度为 b，如齿轮的重量忽略不计，则拨叉（图中未画出）作用在齿轮上的力 $\boldsymbol{F}$ 到轴线之间的距离 a 为多大时，齿轮才不至于卡住？

3-24 如图3-51所示，物块 A 重50N，不计自重的轻质杆 AB 和 BC 以光滑铰链连接。物块与地面之间的静摩擦因数 $\mu_s=0.5$，在销 B 处作用有100N的铅垂方向作用力 $\boldsymbol{F}$，求地面的摩擦力和各杆所受到的作用力，并求系统保持平衡时，力 $\boldsymbol{F}$ 的最大值。

*3-25 尖劈起重装置如图3-52所示，尖劈 A 顶角为 α，在 A、B 上分别作用力 $\boldsymbol{F}_1$ 和 $\boldsymbol{F}_2$。已知物块 A 与 B 之间的静摩擦因数为 μ_s。不计物块自重。求能够保持两者平衡的情况下 $\boldsymbol{F}_1$ 和 $\boldsymbol{F}_2$ 之间的大小关系。

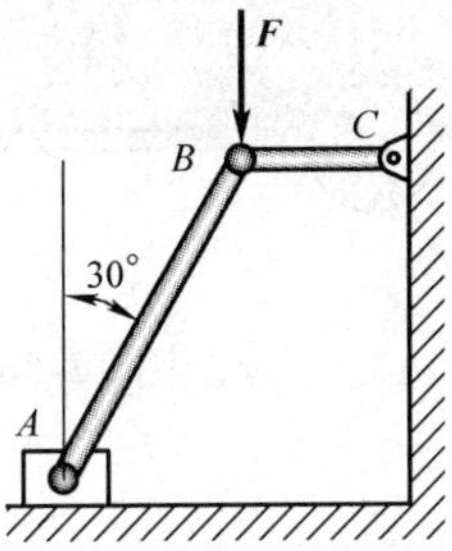

图 3-51

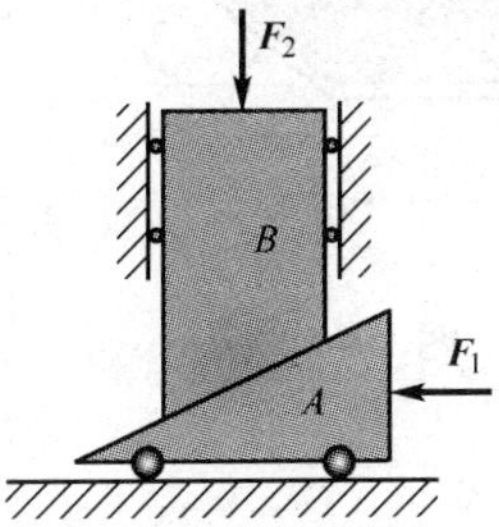

图 3-52

3-26 如图3-53所示的悬臂刚架，作用有平行于 x、y 轴的力 $\boldsymbol{F}_1$ 和 $\boldsymbol{F}_2$。已知 $F_1=5\text{kN}$，$F_2=4\text{kN}$，刚架自重不计，求固定端 O 处的约束力及约束力偶。

3-27 空间支架由三根直杆组成，如图3-54所示。已知 $W=1\text{kN}$，$\alpha=30°$，$\beta=60°$，$\varphi=45°$。求杆 BA、BC、BD 所受到的力。

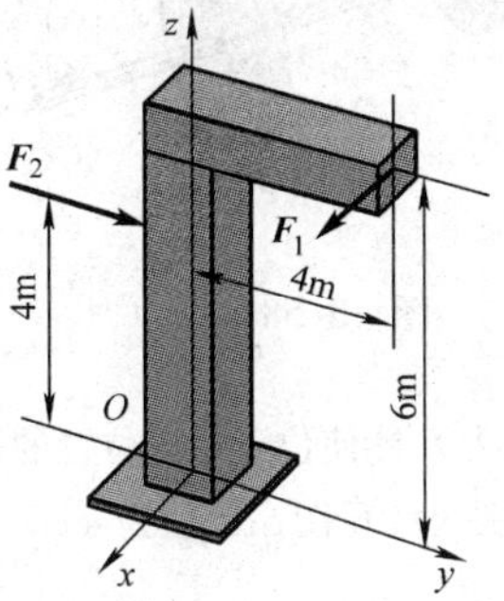

图 3-53

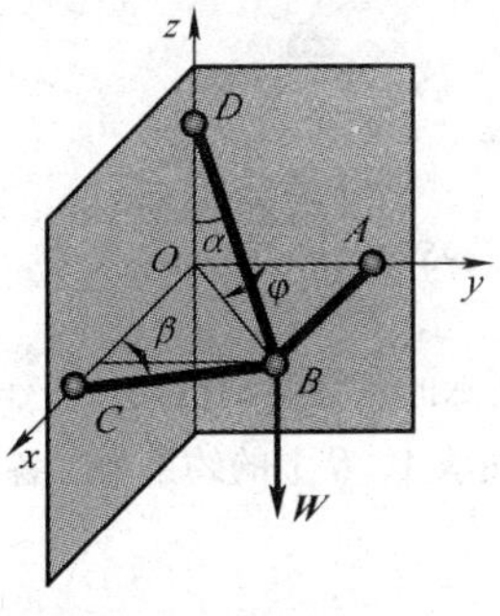

图 3-54

3-28 如图3-55所示，自点 O 引出三根绳索，把重量 $W=400\text{N}$ 的均质矩形平板悬挂在水平位置，OC 连线垂直于板平面，求各绳所受到的拉力。

3-29 三轮平板车如图3-56所示。若已知 $AH=BH=0.5\text{m}$，$CH=1.5\text{m}$，$EH=0.3\text{m}$，$ED=0.5\text{m}$，平板车重力 $W=1.5\text{kN}$。试求 A、B、C 三车轮对地面的压力。

*3-30 如图3-57所示，杆的一端 A 用球形铰链固连在地面上，杆受到 $F=30\text{kN}$ 水平力的作用，上端用两根钢索拉住，使得杆处于铅垂位置，求钢索的拉力及球形铰链 A 的约束力。钢索 DE 平行于轴 x。

3-31 如图3-58所示，变速箱中间轴上装有两个直齿圆柱齿轮，其分度圆半径 $r_1=100\text{mm}$，$r_2=72\text{mm}$，啮合点分别在两个齿轮的最低点和最高点。在齿轮Ⅰ上的圆周力 $F_{t1}=1.58\text{kN}$，齿轮压力角为20°（轮啮合的径向力 $F_r=F\tan20°$）。不计各处自重，求当轴匀速转动时，作用于齿轮Ⅱ上的圆周力 $\boldsymbol{F}_{t2}$ 的大小以及 A、B 两轴承的约束力。

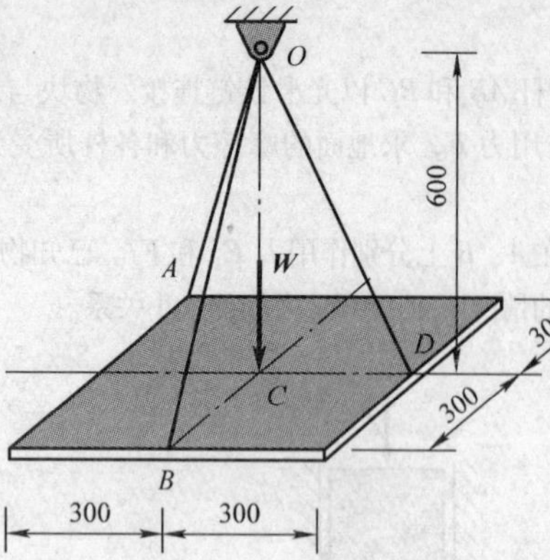

图 3-55

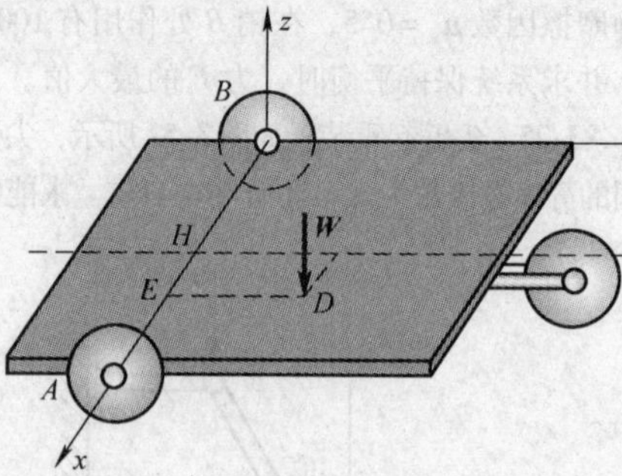

图 3-56

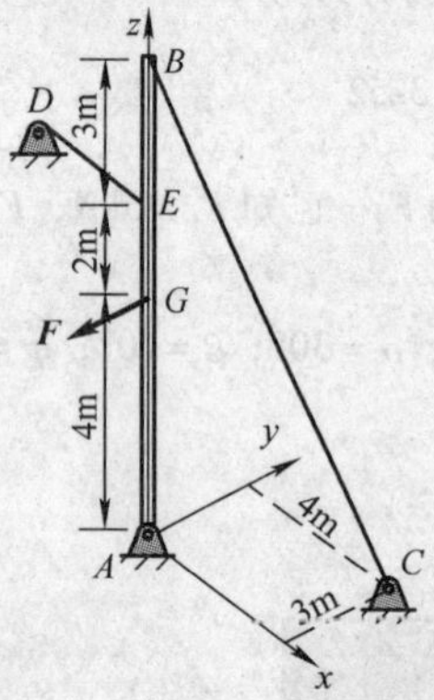

图 3-57

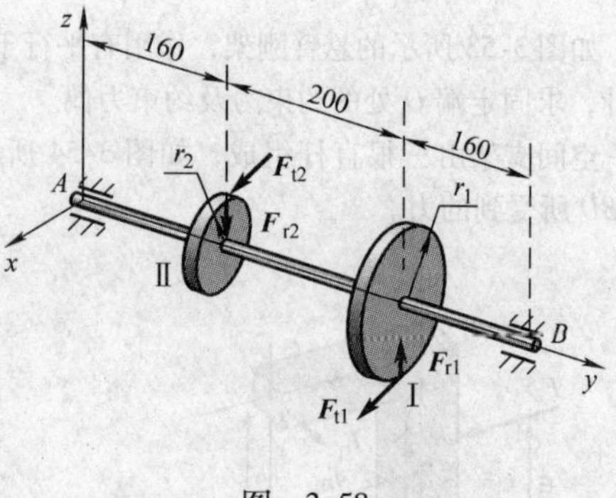

图 3-58

3-32 如图3-59所示的踏板制动机构，若作用在踏板上的铅垂力$\boldsymbol{F}$能使位于铅垂位置的连杆上产生拉力$F_T=400N$，求此时轴承A、B上的约束力。各构件自重不计，相关尺寸见图，单位为mm。

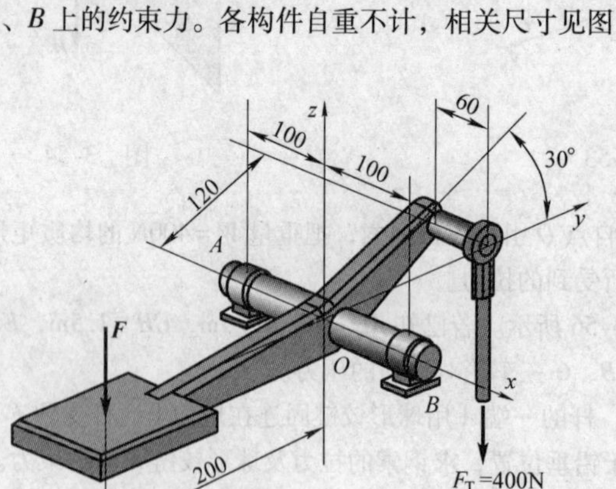

图 3-59

第Ⅱ篇 构件的静力学设计

自古代人类开始建筑房屋的时候起，人们就觉察到有必要获得有关工程结构抵抗载荷的知识，以便做出决定结构整体以及部件安全尺寸的法则。我们把机械与工程结构的组成部分统称为**构件**。不同的构件可能由不同的材料制成，如钢材、铸铁、石块、木料等，这些材料都具有一定的承受载荷而不至于被破坏的能力，显而易见，不同的材料这种能力又有所不同。当构件承受超出其承载能力的载荷作用时，构件就会发生超出预期的变形，甚至断裂，显然这在工程中是不允许出现的。随着人们对自然科学认识的深入以及科技手段的进步，逐步形成了构件与载荷相关的设计理论和方法，而材料力学就是关于这种设计理论和方法的一门基础学科，本篇将其进行着重介绍。

以阿基米德为代表的古希腊发展了静力学，奠定了材料力学学科的基础。静力学的内容所研究的对象是受载后不变形的刚体，事实上任何物体受载时都会或多或少地发生形状和尺寸的变化，这种变化称为**变形**。材料力学所研究的对象就是**可变形固体**。变形可以分为两类：载荷卸除后能消失的**弹性变形**和载荷卸除后不能消失的永久变形，即**塑性变形**。

为了保证工程结构或机械结构能够安全正常可靠地工作，工程构件或机械中的构件应当满足以下三个方面的要求：

1. 强度要求

为了保证机械与工程结构的正常工作，首先应使其不发生破坏，这里的破坏一般指**断裂**或**过量塑性变形**。例如起重机的钢丝绳在起吊重物时不允许发生断裂，弹簧受力产生的变形要在受力解除后能够恢复。我们把构件抵抗破坏的能力称为强度。如何量度物体抵抗破坏的能力，强度要求就成为首要的问题。

2. 刚度要求

刚度指的是构件抵抗变形的能力。工程中构件微量的弹性变形是允许的，但是过大的变形就会导致构件不能正常工作。如机床的齿轮轴，变形过大就会造成齿轮啮合不良，轴与轴承产生不均匀磨损，降低加工精度，产生噪声；再如起重机大梁变形过大，会使跑车出现爬坡，引起振动；铁路桥梁变形过大，会引起火车脱轨乃至翻车。因此在很多情况下需要对构件进行变形计算，以便控制其在允许的范围内。

3. 稳定性要求

稳定性指的是构件保持原有平衡状态的能力。细长杆在承受过大的轴向压力作用时，有可能在微小的扰动影响下，丧失其原有的直线平衡形态而转变为曲线平衡形态，这种现象称之为压杆的失稳。又如受均匀外压力的薄壁圆筒，当外压力达到某一数值时，它由原来的圆筒形的平衡变成椭圆形的平衡，此为薄圆筒的失稳。失稳往往是突然发生的，而且其临界载荷往往远小于按照强度要求计算的极限载荷，因此容易被人们忽视而造成严重的工程事故，如19世纪末，瑞士的孟希太因大桥以及20世纪初加拿大的魁北克大桥都由于桥架压弦杆失稳而突然使大桥坍塌。

经验告诉我们，增大构件的截面尺寸，通常能够充分满足这三方面的要求，但是这样的做法必然会导致材料的浪费，不仅如此，材料的开采、加工到零件的制成，所增加的材料必然会导致额外的能耗。只考虑构件的安全而不考虑其经济性，不仅增加了制造的成本，而且还和当今“低碳经济”相悖。

我们可得出结论：**材料力学是研究构件的强度、刚度和稳定性的学科，它提供了有关的基本理论、计算方法和实验技术，使我们能合理地确定工程构件、机械零部件的材料、结构形式与尺寸，以达到安全与经济的目的。**

工程实际中的构件种类繁多，根据其几何形状，可以简化分类为**杆、板、壳、块**。长度方向尺寸远大于其他两方向尺寸的构件，在材料力学中称为杆。杆内各横截面形心的连线称为轴线。轴线为直线的称为直杆；轴线为曲线的称为曲杆。截面变化的杆称为变截面杆；截面不变化的直杆简称为等直杆。工程中常见的梁、轴、柱均属于杆件。在材料力学中，我们所研究的主要对象为**杆件**，至于板、壳、块体的力学研究，虽然要用到弹性力学的理论和方法，但是材料力学的基础是必需的。

第 4 章 材料力学概述与材料的力学性能

4.1 变形固体的基本假设

在科学研究中，常常会做一些接近于实际情况，但便于理论分析和计算的假设。材料力学中，我们对变形固体做出如下的基本假设：

1. 连续性假设

认为整个物体内充满了物质，没有任何空隙存在。根据这个假设，构件中的一些物理量（例如各点的位移、内力）可用连续函数表示，便于应用数学运算方法分析。

2. 均匀性假设

认为物体内任何部分的性质是完全一样的。根据这个假设，说明以后所讨论的物体的力学性能，都是指物体内各粒子性能的统计平均值。

3. 各向同性假设

沿各个方向具有相同力学性能的材料称为各向同性材料。大部分金属材料可以看作各向同性材料；木材、玻璃钢等一些纤维性材料是非各向同性材料。本书讨论各向同性材料。

4. 小变形条件

该条件指构件受到外力作用后发生的变形量与原始尺寸相比非常微小。在研究变形固体的强度、刚度和稳定性问题的过程中，必然会涉及约束力的计算等内容，如果考虑变形体受载变形后的几何尺寸，由于变形量未知，因此准确的约束力计算是非常困难的。但是如果变形量和原始尺寸相比非常微小，则可以利用变形前的尺寸来进行计算，而不至于对约束力的计算结果造成明显的误差。如图 4-1a 所示的刚性架，在点 B 作用有集中力 $\boldsymbol{F}$，考虑固定端 A 的约束力偶矩 M_A，显然，根据静力平衡条件，在如图 4-1b 所示的最终变形形态下，$M_A = F(l + \Delta l)$，由于 Δl 的计算困难，因此得出准确

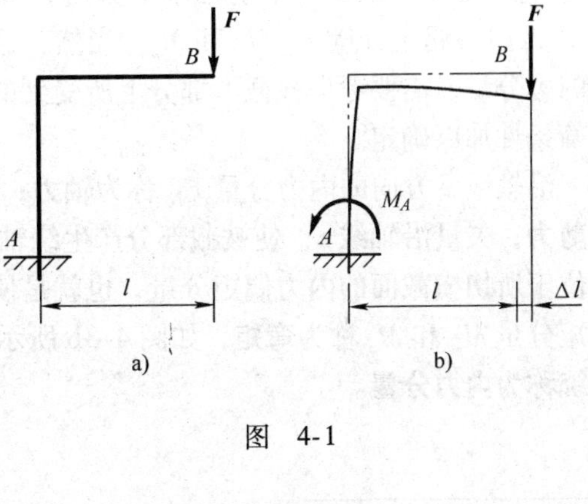

图 4-1

的 M_A 也是困难的。倘若 Δl 相比 l 是非常微小的，那么就可以利用变形前的状态，即图4-1a来进行计算，$M_A=Fl$，计算方便且不会带来很大的误差。

上述基本假设虽与工程材料的实际微观情况有所差异，但从宏观分析及试验结果来看，这些假设所得到的理论和计算方法，可满足一般的工程实际要求。

4.2 内力与基本变形

4.2.1 内力

变形体在受到外力的作用时发生变形，其内部各部分之间相对位置将发生改变，这种变形体内部变化发生的原因就是内力的作用。变形体不受外力作用时，物体内部各质点之间就存在着相互作用力。但材料力学中所分析的内力是指外力的作用而使杆件产生变形的内力，这个内力随着外力的作用而产生，随着外力的增加而增大，当达到一定数值时会引起杆件破坏。此力称为**附加内力**。为简便起见今后统称为**内力**。

4.2.2 内力的计算方法

为分析与计算内力，可以用假想的截面将受力的杆件截开，考虑被截下部分的静力平衡条件，计算出假想截面上的内力，这样的方法称为**截面法**。如图 4-2a 所示的杆件，在$m-m$处用假想横截面截开，若杆件整体处于静力平衡，则被截下的两个部分也应平衡。按照连续性假设，内力是分布于横截面上的连续分布力系，根据作用力和反作用力的关系，可以知道被截下的左右两部分横截面上的内力的分布是相同的，但指向相反，如图 4-2b、c 所示。由于这种空间力系的分布规律难以确定，考虑将其向横截面的形心 C 进行简化，得到一个主矢 $\boldsymbol{F}'_{\mathrm{R}}$ 和一个主矩 $\boldsymbol{M}$（参考 2.4.2 节），如图 4-3a 所示。为了分析内力的性质，沿杆件轴线方向，即与横截面垂直的方向建立坐标轴 x，在所截的横截面内按照右手系建立坐标轴 y 和 z，并将主矢和主矩在三个坐标轴上分解，如图 4-3b 所示，可以得到内力分量 F_{N}㊀、$F_{\mathrm{S}y}$ 和 $F_{\mathrm{S}z}$ 以及内力偶矩分量 T、M_y 和 M_z。当然，这是最一般的情况，至于具体杆件横截面上有哪些内力分量，需要考虑被截下部分上所受到的外力和这些内力的平衡关系，通过空间力系的平衡条件加以确定。

沿轴线 x 方向的内力分量 F_{N} 称为**轴力**；作用线位于所切横截面的内力分量 $F_{\mathrm{S}y}$ 和 $F_{\mathrm{S}z}$ 称为**剪力**；矢量沿轴线 x，使被截部分产生绕轴线 x 转动效应的内力偶矩分量 T 称为**扭矩**；矢量位于所切横截面的内力偶矩分量，也就是使被截部分产生绕坐标轴 y 和 z 转动效应的内力偶矩分量 M_y 和 M_z 称为**弯矩**，如图 4-3b 所示。为叙述简单，以后将内力分量和内力偶矩分量统称为**内力分量**。

㊀ 在材料力学中，习惯用普通斜体（非粗体）表示矢量，图中用箭头表示其方向，后文中，除了强调一些物理量为矢量，用粗斜体表示以外，其余外力、内力等均以细斜体表示。

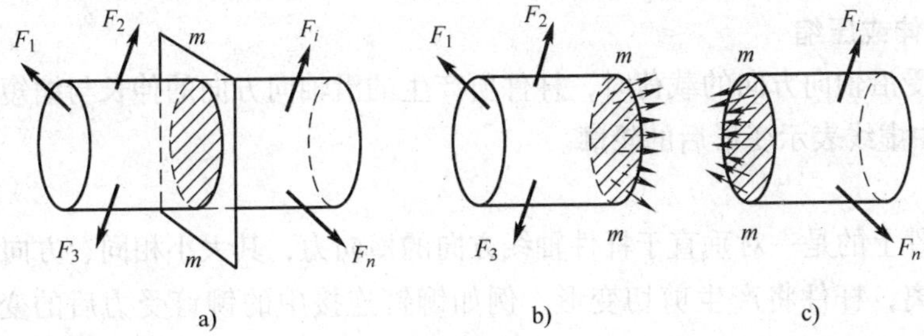

图　4-2

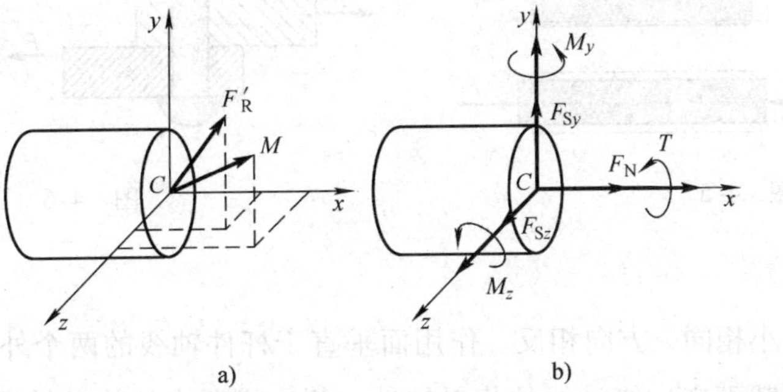

图　4-3

例题 4-1　如图 4-4a 所示的压力机，在载荷 F 的作用下，试确定 $m-m$ 截面上的内力。

解：1）沿 $m-m$ 截面假想截开，取上面部分作为研究对象，并画出截面上的内力，如图 4-4b 所示。根据空间力系的平衡条件，容易得出 F_{Sy}、F_{Sz}、T 和 M_y 均为 0，故在图中并未画出。

2）根据平衡条件建立起平衡方程（点 O 为截面形心）

$$\sum F_y=0,\ F-F_N=0$$

$$\sum M_O=0,\ Fe-M=0$$

解得截面内力为：轴力 $F_N=F$，弯矩 $M=Fe$。

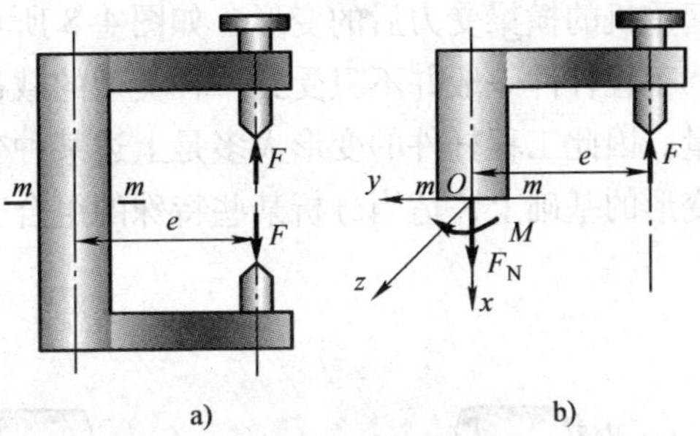

图　4-4

截面法求解内力是材料力学中杆件内力分析的一般方法，需要熟练掌握。本章仅简单加以说明，在后续章节中将给出详细方法和步骤加以训练。

4.2.3　杆件的基本变形

内力的存在使得杆件发生变形，而不同性质的单一内力对杆件形成的变形也不同。比如，单一的轴力作用将使得等截面直杆发生轴向的伸长或缩短。一般来说，对应于四种内力分量，杆件的变形可以分为四种**基本变形**形式。

1. 轴向拉伸或压缩

当杆件承受沿轴向方向的载荷时，杆件所产生的沿轴向方向的伸长与缩短的变形，如图 4-5 所示，其中虚线表示变形后的轮廓。

2. 剪切

作用于杆件上的是一对垂直于杆件轴线方向的横向力，其大小相同、方向相反、作用平行且有微小距离，杆件将产生剪切变形，例如铆钉连接中的铆钉受力后的变形，如图 4-6 所示。

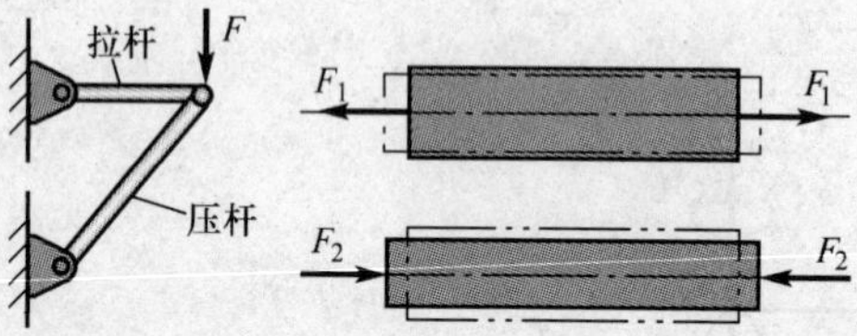

图 4-5

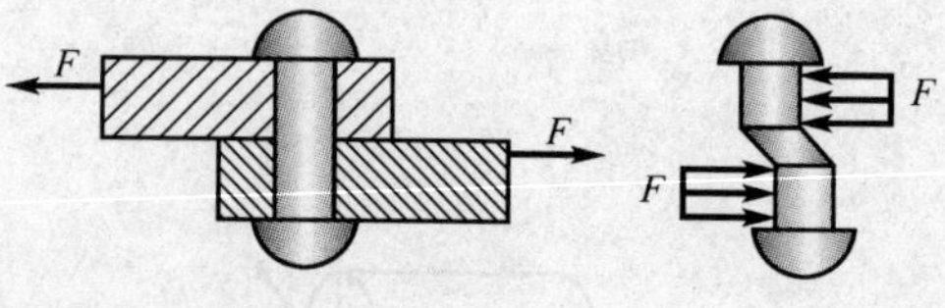

图 4-6

3. 扭转

杆件在受到大小相同、方向相反、作用面垂直于杆件轴线的两个外力偶矩 M_e 作用时，杆件上任意两个横截面产生绕轴线的相对转动，例如机器中的传动轴受力后的变形，如图 4-7 所示。

4. 弯曲

当载荷作用于杆件的纵向平面内时，杆件将产生弯曲变形，杆件轴线变成曲线，例如桥式起重机的横梁受力后的变形，如图 4-8 所示。

工程杆件一般并不只受到一种类型的载荷作用，在其横截面上也不会仅仅只有一种内力分量。因此工程杆件的变形大多是上述某种变形或几种变形的组合。本书在讨论杆件的每一种变形的基础上，适当分析某些特殊的组合变形问题。

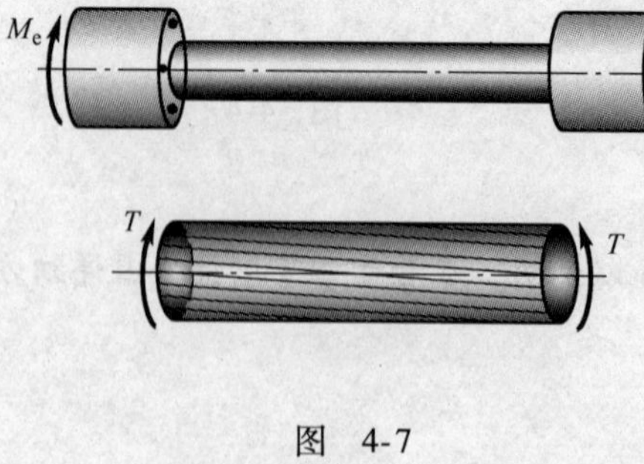

图 4-7

图 4-8

4.3　应力与应变

4.3.1　应力

考虑两根直径不同的圆截面直杆受到相同大小的轴向拉力 F 的作用，通过截面法，容易看出两根杆任意横截面上的轴力 $F_N = F$。然而经验告诉我们，直径小的杆件更容易发生破坏，因此仅考虑内力的大小来判定杆件横截面所受分布内力系的强弱程度是不恰当的。

为了描述内力的分布情况，我们引入内力分布集度，即应力的概念。如图 4-9a 所示，考虑截面 $m-m$ 上含有任意一点 k 的微面积 dA，将微面积上的内力分布力系向点 k 简化，得到主矢 d$\boldsymbol{F}$，主矩因为微面积上分布力对点 k 的矩是一个高阶微量，故忽略。我们把这个微面积上内力相对于面积的平均值，即 d$\boldsymbol{F}$ 与 dA 的比值，称为截面 $m-m$ 上点 k 的**应力**，用 $\boldsymbol{p}$ 表示，即

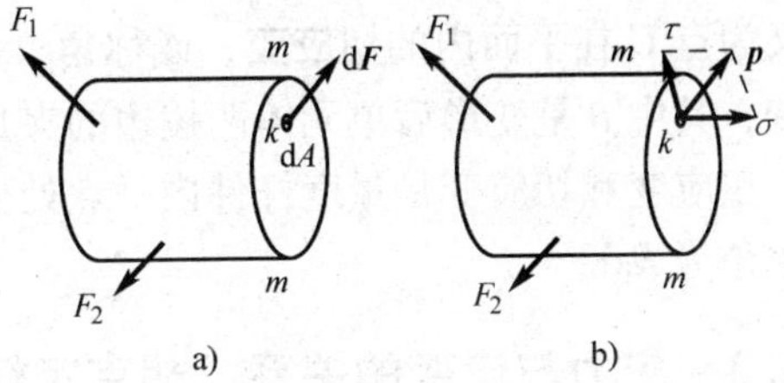

图　4-9

$$\boldsymbol{p} = \frac{\mathrm{d}\boldsymbol{F}}{\mathrm{d}A} \tag{4-1}$$

显然，应力 $\boldsymbol{p}$ 的方向是 d$\boldsymbol{F}$ 的方向，但要知道 d$\boldsymbol{F}$ 的方向是困难的，为了便于分析，通常将应力 $\boldsymbol{p}$ 分解为沿截面法线的分量 σ 和沿截面切向的分量 τ。其中 σ 称为**正应力**，而 τ 称为**切应力**。规定正应力 σ 方向与截面外法线方向相同为正，反之为负，或者说，正应力是拉应力为正，压应力为负。显然有

$$p^2 = \sigma^2 + \tau^2 \tag{4-2}$$

可以看出，应力表征的是单位面积上力的大小，它的单位是：Pa（帕［斯卡］）。工程中常用 MPa（兆帕）或 GPa（吉帕）。各单位之间具有以下关系：

$$1\mathrm{Pa} = \frac{1\mathrm{N}}{1\mathrm{m}^2};\ 1\mathrm{MPa} = 10^6\mathrm{Pa} = \frac{1\mathrm{N}}{1\mathrm{mm}^2};\ 1\mathrm{GPa} = 10^9\mathrm{Pa} = 10^3\mathrm{MPa}$$

4.3.2　位移与应变

杆件上的点、面相对于初始位置发生的变化称为**位移**。位移包括构件空间运动形成的刚体位移和由于受力变形造成的位移。材料力学考虑变形引起的位移。

考虑杆件中任意的一个微小的正六面体，当其边长趋于无穷小时，称之为**单元体**，如图 4-10a 所示。杆件受力变形后，其任一单元体的棱边的长度以及两棱边的夹角都会发生变化。杆件内所有的变形后的单元体的组合叠加，构成了宏观的杆件的形状，反映出杆件的宏观变形。

考虑包含点 C 的单元体中与轴 x 平行的棱边 ab，长为 dx，如图 4-10b 所示。若假定点 a 位置不变，而点 b 发生了 du 的位移，定义棱边的长度变化与其原始长度的比值

$$\varepsilon_x = \frac{(\mathrm{d}u + \mathrm{d}x) - \mathrm{d}x}{\mathrm{d}x} = \frac{\mathrm{d}u}{\mathrm{d}x} \tag{4-3}$$

为点 C 处沿 x 方向的**正应变**，或称**线应变**。它表示某点处沿某方向长度改变的比率。类似地可以定义该点沿 y、z 方向的正应变 ε_y 和 ε_z。规定伸长的正应变为正，反之为负。

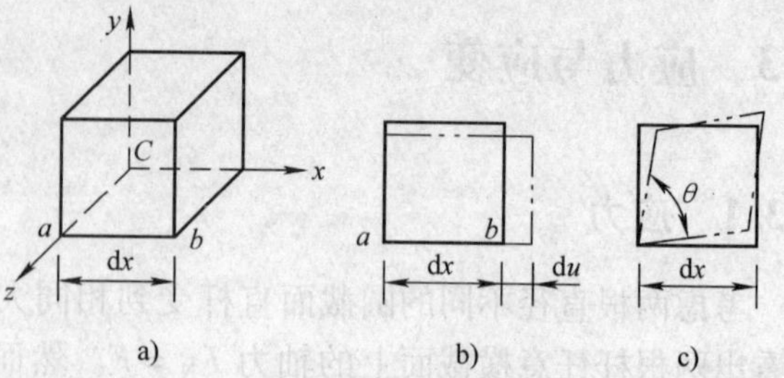

图 4-10

在受到载荷后，单元体原来相互垂直的两条棱边的角度也将发生变化，如图 4-10c 所示。直角的改变量 $\gamma = \dfrac{\pi}{2} - \theta$ 定义为点 C 在平面内的**切应变**，或称**角应变**，其中 θ 是变形后单元体两棱边的夹角。

正应变和切应变是量度杆件内一点处变形程度的两个基本量，它们的量纲均为 1，切应变单位为 rad。

4.3.3 应力与应变的关系 胡克定律

当材料未发生塑性变形之前，杆件在单向拉伸变形时，其上一点的轴向正应力 σ 与正应变 ε 成正比，即

$$\sigma = E\varepsilon \tag{4-4}$$

杆件上一点的切应力和切应变也有正比关系，即

$$\tau = G\gamma \tag{4-5}$$

式中，E 称为**弹性模量**；G 称为**切变模量**。由于应变的量纲是 1，故这两个物理量的单位和应力单位相同，它们的数值和材料有关。上面的关系是胡克（R. Hooker）于 1678 年提出的。事实上，固体的应力应变关系并不是一个简单的线性关系，胡克定律是一种物理理论模型，它是对现实世界固体应力应变关系的线性简化，而实践又证明它在一定程度上是有效的。当然，现实中也存在大量不满足胡克定律的实例。本书中所涉及的材料，我们都假定它们在未发生塑性变形之前，均满足胡克定律。

4.4 材料的力学性能

4.4.1 材料的拉伸与压缩试验

考虑两根直径不同的圆截面直杆受到相同大小的轴向拉力 F 的作用，可知两杆任意横截面上的轴力相同。由于横截面上的轴向正应力是内力的集度，若横截面上的正应力是均匀分布的，那么轴向正应力就等于横截面单位面积上的轴力[㊀]，即

$$\sigma = \frac{F_N}{A} \tag{4-6}$$

㊀ 参考第 6 章。

显然，横截面面积较小的杆具有较大的正应力。要断定这两根杆中哪一根更加安全，或说更满足强度要求，还需要建立起一个强度条件，这个条件必须存在一个与材料相关的应力上限。另一方面，同一种材料所能承受轴向拉力和轴向压力的能力也不一定相同，例如我们很容易拉断一根粉笔，压断粉笔却显得不那么容易。在材料的变形性质上，受到相同的力作用时铜制构件要比钢制的更容易发生变形。要对构件进行强度、刚度和稳定性分析，不仅需要进行应力和变形的计算，还必须了解构件材料的力学性能。所谓**材料的力学性能，是指材料在外力作用下表现出的变形、破坏等方面的特性**。这种特性一般是通过力学试验来测定的。为了试验结果的准确性和一致性，材料力学性能试验的过程和内容都要符合国家颁布的有关标准。

本章仅介绍材料的拉伸和压缩试验。试验均是在常温下，以缓慢平稳的方式进行加载，也称为常温静载试验。为了使试验结果可以相互比较，各类拉伸试样的具体形状、尺寸和加工标准需要遵循国家统一的标准。图4-11是标准圆截面拉伸试样，其中l称为**标距**，是试样的试验段。其中，标准长试样要求$l=10d$或$l=5d$，其中d是试样的截面直径。

金属材料的压缩试件一般制成如图4-12所示的圆柱形。且试件不宜过长（过长容易被压弯），也不宜过于粗短（过于粗短则试件两端面受摩擦力影响的范围过大）。一般规定试件高度$h_0=(1\sim2)d_0$。

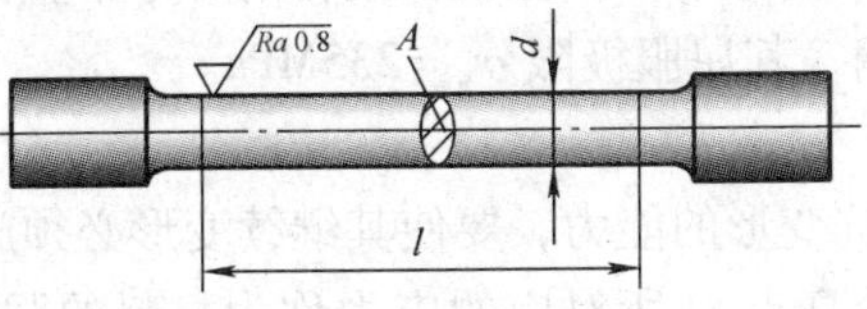

图　4-11

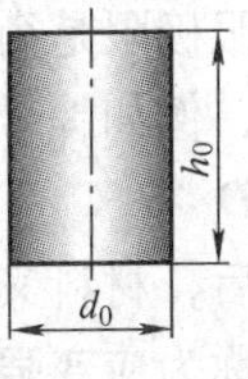

图　4-12

以拉伸试验为例，将试样安装在材料试验机上，缓慢加载直至拉断。在这个过程中，可以得到载荷F和试样在标距内的变形Δl的关系曲线。利用式（4-6），以及平均正应变$\varepsilon=\Delta l/l_0$可将$F-\Delta l$曲线转换为$\sigma-\varepsilon$曲线。采用$\sigma-\varepsilon$曲线消除了尺寸的影响，反映了材料的真实力学性能。

工程中常根据材料的变形能力大小将材料分为塑性材料和脆性材料。塑性材料包括钢、铜、铝等可产生较大变形的材料，以低碳钢为典型代表。脆性材料包括铸铁、混凝土等变形能力小的材料，以灰口铸铁为典型代表。下面就结合低碳钢和灰口铸铁的$\sigma-\varepsilon$曲线来说明材料拉伸与压缩时的力学性能。

4.4.2　低碳钢拉伸时的力学性能

低碳钢拉伸时的应力－应变曲线如图4-13所示。通过分析图4-13所示拉伸应力－应变曲线，可将该曲线分为四个阶段：弹性阶段、屈服阶段、强化阶段和局部变形阶段。

1. 弹性阶段 *OA*

当应力未超过点A所示的数值以前，若将所加载荷去掉，试件的变形可全部消失，使试件完全恢复原有的形状和大小，这一阶段称为弹性阶段。图4-13中所示曲线的OA'段为一直线，这表明应力与应变成正比关系（即线性关系），即符合胡克定律 $\sigma = E\varepsilon$，点 A' 所对应的应力 σ_p 称为**比例极限**。直线段的斜率即是材料的弹性模量 E，它是衡量材料抵抗弹性变形能力大小的尺度。各种钢的弹性模量差别很小，都是 200GPa 左右。$A'A$ 段为微弯的曲线，相应于弹性阶段最高点 A 的应力称为**弹性极限**，并用符号 σ_e 表示。材料的比例极限和弹性极限的数值非常接近，故有时也将它们混同起来统称为弹性极限。

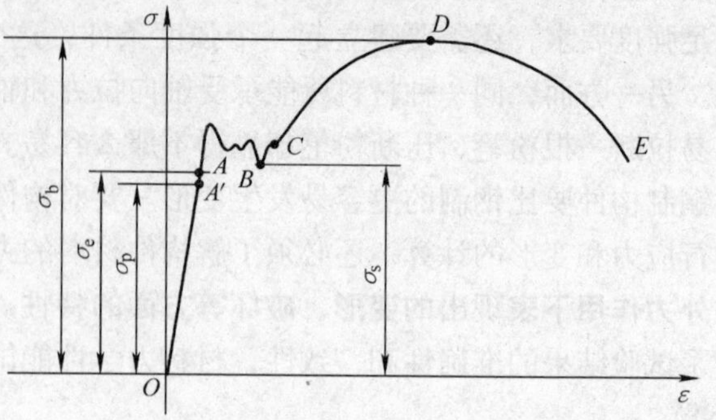

图 4-13

2. 屈服阶段 *AC*

当应力超过弹性极限以后，试样将有不可恢复的塑性变形产生。在这个阶段，应力不增加或仅有微小的波动，而变形却明显增大，这种现象称为材料的**屈服**或塑性流动。这个阶段中对应于屈服阶段的最小应力（点 B 的应力）称为材料的**屈服极限**，用 σ_s 表示。工程中的构件通常不允许产生较大的塑性变形，当应力达到屈服极限时，便认为构件即将丧失正常的工作能力，所以屈服极限是衡量材料强度的重要指标之一，甚至在钢材的牌号中直接指明了其屈服极限的大小，例如牌号为 Q235 的低碳钢，其屈服极限 $\sigma_s = 235\text{MPa}$。

3. 强化阶段 *CD*

经过屈服阶段后，材料又恢复了一定的抵抗变形的能力，要使其继续变形必须施加更大的拉力，这种现象称为**应变强化**。$\sigma-\varepsilon$ 曲线最高点 D 所对应的应力称为材料的**强度极限**，用 σ_b 表示。它是材料能够承受的最高应力，是衡量材料力学性能的又一重要指标。

4. 局部变形阶段

当应力达到强度极限 σ_b 以后，试样的变形开始集中在某一小段内，使此小段的横截面面积显著地缩小，这种现象称为**缩颈**现象，如图 4-14 所示。出现缩颈之后，试样变形所需拉力相应减小，应力 - 应变曲线出现下降阶段，直至 E 点试样被拉断。

图 4-14

试样断裂后，弹性变形消失，保留了塑性变形，标距由原来的 l 伸长为 l_1。比值

$$\delta = \frac{l_1 - l}{l} \times 100\% \tag{4-7}$$

定义为**断后伸长率**。以 A 表示试样试验前的横截面面积，A_1 表示试样断口的最小横截面面积，则比值

$$\psi = \frac{A - A_1}{A} \times 100\% \tag{4-8}$$

定义为**断面收缩率**。断后伸长率和断面收缩率是表征材料塑性变形能力的两个指标。低碳钢的 $\delta \approx 20\% \sim 30\%$，$\psi \approx 60\%$。工程中常将 $\delta > 5\%$ 的材料称为塑性材料；将 $\delta < 5\%$ 的材料称为脆性材料。

工程中有些塑性材料和低碳钢一样，其 $\sigma-\varepsilon$ 曲线有清晰的四个阶段。但是，有一些塑性材料却没有屈服阶段，如硬铝；还有的塑性材料没有屈服阶段和颈缩阶段，如锰钢。图 4-15 给出了几种常用工程塑性材料的 $\sigma-\varepsilon$ 曲线。对于没有明显屈服极限的塑性材料，通常以产生 0.2% 塑性应变所对应的应力值作为其**名义屈服极限**，用 $\sigma_{0.2}$ 表示。

4.4.3　低碳钢压缩时的力学性能

低碳钢压缩时的应力应变曲线如图 4-16 所示。与拉伸时相比较，在屈服之前，两者的应力应变关系基本重合，则压缩时的比例极限、弹性模量、屈服极限与拉伸时相同。在屈服阶段以后，随着压力的增大，试样逐步被压成“鼓形”，直至被压成“薄饼”，但是试样并不发生断裂，无法测出其在压缩时的强度极限。由于低碳钢压缩时的主要力学性能均可用拉伸试验得到，所以不一定要进行压缩试验。

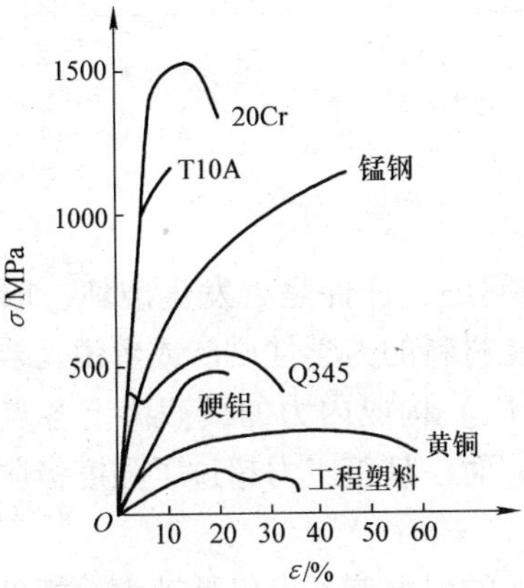

图　4-15

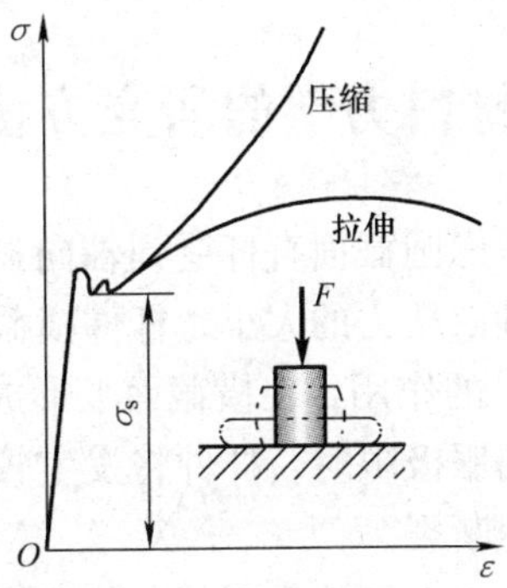

图　4-16

4.4.4　灰口铸铁拉伸时的力学性能

灰口铸铁是典型的脆性材料，其单向拉伸时的应力应变曲线如图 4-17 所示，呈现为微弯的曲线。它没有屈服和颈缩，因此其强度极限 σ_b 成为唯一的强度指标，由于灰口铸铁在拉伸时的 σ_b 一般都比较低，因此这种材料不宜用来制作受拉杆件。灰口铸铁在其弹性阶段也无明显的直线部分，工程中常将原点 O 与 $\sigma_b/4$ 处的点 A 的连接而成的割线地斜率来估算其弹性模量 E。

4.4.5　灰口铸铁压缩时的力学性能

灰口铸铁在压缩时的应力应变曲线如图 4-18 所示。与拉伸相比，铸铁的抗压强度极限大大高于拉伸时的强度，约为抗拉强度的数倍，例如，HT150 灰口铸铁的抗拉强度约为 100～280MPa，而其抗压强度达到 640～1300MPa。铸铁由于其抗压强度远大于抗拉强度，且价格低廉，制造工艺简单，因此被广泛应用于制造机床床身、轴承座等承压构件。

同样地，其他的脆性材料，如混凝土、石块等，抗压强度也远高于抗拉强度。例如 C30 混凝土，其抗拉强度约为 2.1MPa，而其抗压强度达到 21MPa 左右。因此脆性材料宜作为抗压构件的材料，其压缩试验也比拉伸试验更为重要。

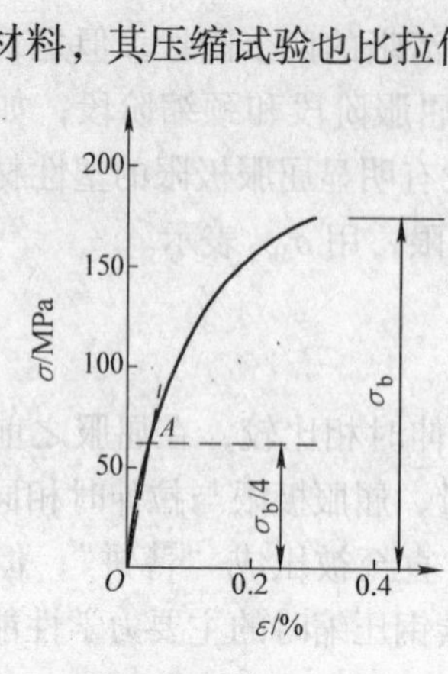

图 4-17

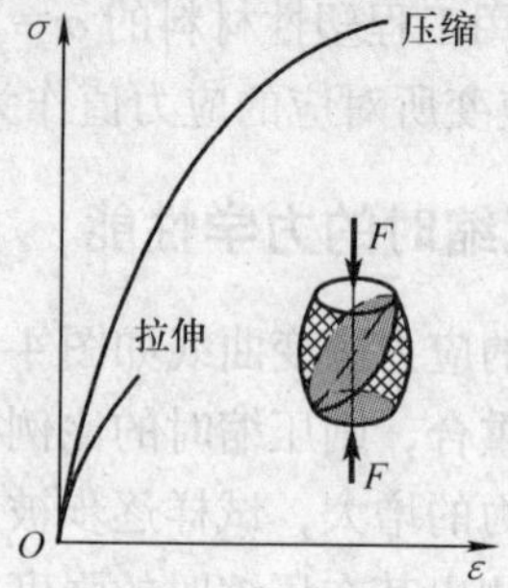

图 4-18

4.5 材料力学的研究方法

仍考虑圆截面直杆受到轴向拉力 F 的作用的问题，杆件是否发生破坏，取决于杆件所受到的轴向拉力的大小，杆件横截面积的大小以及材料的力学性质。或者说，当杆件受到轴向外力 F 的作用，在横截面上形成内力（轴力）F_N，构成内力的横截面上各点正应力超过材料的屈服极限时，杆件将发生较大的塑性变形，而一旦正应力超过了强度极限，那么杆件将要发生断裂。

若是考虑杆件受到复杂载荷作用，杆件截面上的内力就不仅仅是轴力，杆件所发生的变形也不仅仅是轴向拉伸或压缩。但是杆件的强度、刚度、稳定性问题始终是和内力、应力、变形以及材料的力学性质相关的。另外，材料的强度指标是一种在理想试验状态下理想试样的试验结果，实际工程中还需要考虑其他各种因素，我们不能单纯把力学性能指标作为绝对标准。在复杂载荷作用下，要综合考虑引起构件破坏的各种因素，因此需要建立起相应的强度、刚度、稳定性理论。因此本书将从内力、应力、变形、应力状态、强度理论等方面逐一展开。

杆件的材料力学分析不仅包括必要的理论，还需要一定的数学计算，这就要求读者在学习材料力学的过程中保持严谨细致的态度，“千里之堤，溃于蚁穴”，一个小小的计算错误会引起巨大的工程事故。当然，随着现代计算手段的不断进步，读者可以利用先进的计算机软件来进行计算分析，比如20世纪中叶发展起来的有限元法，为杆件乃至复杂零部件的应力、变形分析提供了强有力的工具。

为了准确反映杆件或者结构的力学响应，一方面需要从理论上研究杆件在外力作用下的变形规律和内力分布状况，另一方面需要通过实验来确定所用材料的力学性能和验证理论结果的正确性。因此，材料力学就是从理论和实验两个方面研究杆件的内力和变形，在此基础上提出强度、刚度、稳定性计算的理论和方法，合理地设计杆件的尺寸，选用杆件的材料，做到安全与经济的完美结合。

思 考 题

4-1　什么是构件的承载能力？它由哪几个方面来衡量？

4-2　材料力学研究哪些问题？它的主要任务是什么？

4-3　什么是各向同性材料和各向异性材料？举例说明。

4-4　受到载荷作用的杆件的截面上的内力分量有哪几种？

4-5　截面法的基本步骤是什么？

4-6　杆件的基本变形形式有几种？请举出相应变形的工程实例。

4-7　中国古代郑玄在其《考工记 · 弓人》中有“假令弓力胜三石，引之中三尺，弛其弦，以绳缓擐之，每加物一石，则张一尺”的说法，试解释其中的力学原理。

4-8　什么是应力？应力与内力的关系与区别是什么？

4-9　如图 4-19 所示拉伸试件上 A 与 B 两点间的距离为标距 l。受拉力作用后用仪器量出两点间距离的增量 Δl 为 1.5mm，标距 l = 100mm，试求 A 与 B 两点间的平均应变量 ε_m 为多少。

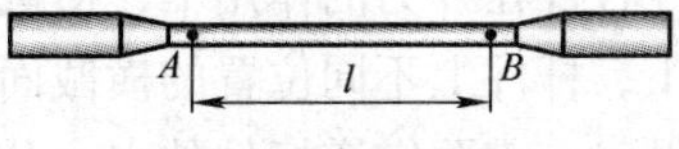

图　4-19

4-10　低碳钢拉伸曲线可以分成几个阶段？各阶段的特点是什么？

4-11　说明脆性材料抗拉和抗压性能的差异。

4-12　说明图 4-15 中哪种材料的强度最高，哪种材料抵抗变形的能力最强，哪种材料的塑性最好。

4-13　衡量材料塑性的两个指标分别是什么？

第 5 章 杆件的内力分析

杆件在外力的作用下，横截面上将产生轴力、扭矩、剪力及弯矩等内力分量。在很多情况下，杆件上不同位置的横截面上的内力分量的数值是不同的。在研究杆件的强度、刚度等问题时，需要知道杆件的内力分量沿其杆件长度方向是如何变化的，以期确定内力极值及其所处的杆件位置。**截面法**是求杆件内力的基本方法，杆件的内力图就是表示内力分量沿杆件长度方向变化的图形。本章分别叙述杆件横截面上轴力、扭矩、剪力和弯矩的计算及相应的内力图的绘制。

5.1 轴向受力杆件的内力——轴力、轴力图

如图 5-1a 所示等截面直杆，其所受到的外力均沿着轴线作用。为确定截面 1－1 的内力，用假想截面 1－1 将杆件分为Ⅰ和Ⅱ部分。研究Ⅰ部分，其横截面上仅有轴力这一种内力分量。规定轴力是拉力，即其方向与所在横截面的外法线一致时（背离横截面），取正值；轴力是压力，即其方向与所在横截面的外法线相反时（指向横截面），取负值。

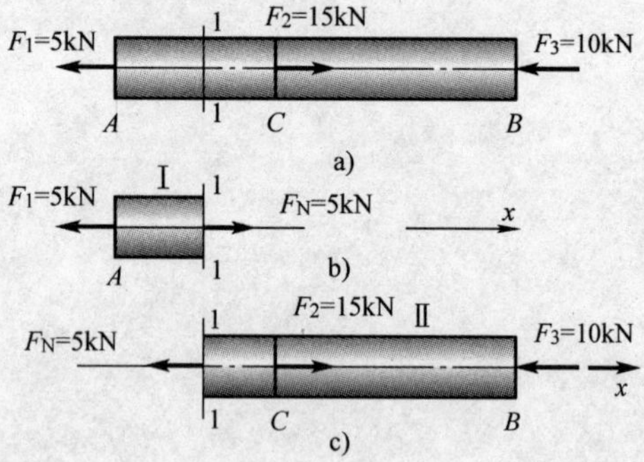

图 5-1

沿杆件轴线方向建立 x 坐标轴，由平衡方程：

$$\sum F_x = 0, \quad -F_1 + F_N = 0$$

求得轴力

$$F_N = F_1 = 5\text{kN}$$

若以Ⅱ部分为研究对象，由平衡方程

$$\sum F_x = 0, \quad -F_N + F_2 - F_3 = 0$$

得到

$$F_N = F_2 - F_3 = 15\text{kN} - 10\text{kN} = 5\text{kN} \tag{a}$$

由上面的计算可以看出，求解具体截面上的轴力，无论是取杆件被截下的哪一部分分析，得到的轴力的数值和正负号都是相同的，事实上，这也是作用力与反作用力的一种体现。为了计算方便，通常可以不列出平衡方程，而采用快速求解截面轴力计算的方法，即**截面上的轴力等于截面一侧所有轴向外力的代数和，其中指向截面的外力取负值，背离截面的轴向外力取正值**。式（a）可以看作是用快速求解的方法列出的表达式。

以杆件轴线长度方向为 x 轴，内力的大小为 y 轴，画出内力沿杆件轴线方向变化的图形，称为内力图。若 y 轴表示的是轴力，则称为轴力图。轴力图可以从整体上看出轴力在该杆上的变化。

例题 5-1 变截面杆受力情况如图 5-2a 所示，各力的作用点均位于截面变化处。试求杆件各段轴力并画出整个杆件的轴力图。

解：1）计算固定端约束力（见图 5-2a）。

固定端只有水平约束力 F_{Ax}。由整体平衡方程

$$\sum F_x = 0, \quad -F_{Ax} + 5\text{kN} - 3\text{kN} + 2\text{kN} = 0$$

求得 $F_{Ax} = 4\text{kN}$。

2）计算杆件各段轴力（见图 5-2b、c、d）。

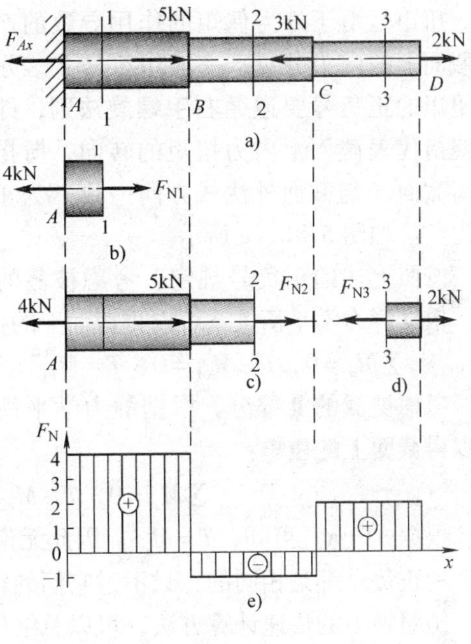

图 5-2

考虑各被截下的部分，画出受力图。这里将轴力都画成沿截面外法线方向，以保证轴力的计算结果与正负号规定相符。考虑 AB 段，根据被截部分的平衡关系，容易看出，AB 段上任意一个截面的轴力都是相同的，故只需要计算 1－1 截面上的内力即可。类似地，BC 和 CD 两段也只需要计算截面 2－2、3－3 上的轴力即可。利用快速求解轴力的方法，分别求解各截面上的轴力：$F_{N1} = F_{Ax} = 4\text{kN}$，$F_{N2} = 4\text{kN} - 5\text{kN} = -1\text{kN}$，$F_{N3} = 2\text{kN}$。$F_{N1}$ 和 F_{N3} 为正值，表明是拉力；F_{N2} 为负值，为压力。

3）作整个杆件的轴力图。

一般需要对齐原题图下方画出轴力图。绘图时，表示内力的 y 轴需要选定比例尺。这里纵坐标 F_N 表示各段轴力大小，根据各截面轴力的大小和正负号画出杆件的轴力图，如图 5-2e所示。

5.2 扭转内力、扭矩及扭矩图

当杆受到的力偶矩矢方向平行于轴线，即使杆件绕轴线转动时，杆件发生扭转变形。以扭转变形为主的杆件称为**轴**。在研究轴的内力之前，首先要研究作用在轴上的外力偶矩。工

程中传递功率的轴，其上作用的外力偶矩往往不是直接给出的，需要通过轴所传送的功率 P 和轴的转速 n 进行计算：

$$M_e = 9549\frac{P}{n} \tag{5-1}$$

式中，M_e 为作用在轴上的外力偶矩（N · m）；P 为轴上的输入功率（kW）；n 为轴的转速（r/min）。

对于如图 5-3a 所示的圆截面轴，当其平衡时，外力偶矩有

$$M_{e1} = M_{e2} + M_{e3} \tag{a}$$

可以看出在轴的横截面上仅有扭矩一种内力分量。扭矩是由于外力偶矩的作用导致的产生于横截面上的内力分量，一般用符号 T 表示。规定扭矩的正负号要遵循**右手螺旋法则**，即用右手四指代表截面上内力扭矩的转向，拇指指向背离截面（与截面外法线方向一致）为正，反之为负。如图 5-3b、c 所示。

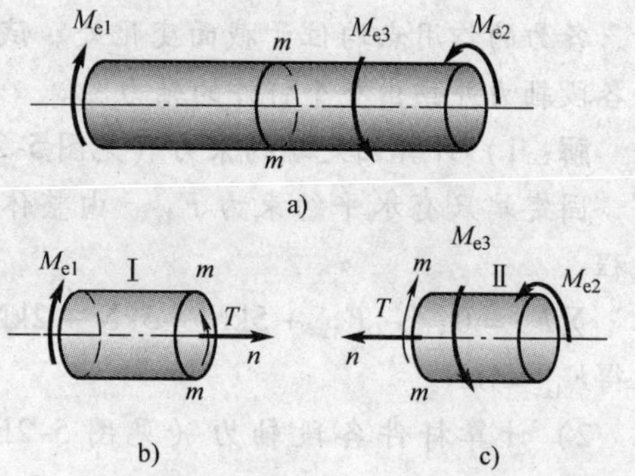

图 5-3

按照上述的正负号规定，考虑被截的 I 部分，根据静力学平衡关系可以得截面上的扭矩：

$$\sum M_x = 0,\ T - M_{e1} = 0,\ T = M_{e1} \tag{b}$$

考虑被截的 II 部分，根据静力学平衡关系可以得截面上的扭矩：

$$\sum M_x = 0,\ T - M_{e2} - M_{e3} = 0,\ T = M_{e2} + M_{e3} \tag{c}$$

根据式（a）可知，$T = M_{e1}$。因此无论是取轴被截下的哪一部分，其横截面上的扭矩的数值和正负号都是相同的，只不过它们的转向是相反的。

仿照轴力的快速计算方法，可以总结出快速求解扭矩的方法，即**受扭杆任一横截面上的扭矩，等于在此截面左边（或右边）的所有外力偶矩的代数和，其中按照右手法则背离截面的外力偶矩取正值，指向截面的外力偶矩为负值**。扭矩沿杆轴线方向变化的图线，称为**扭矩图**。

例题 5-2 已知某机器传动轴的转速为 $n = 300\text{r/min}$，主动轮 1 的输入功率 $P_1 = 500\text{kW}$，三个从动轮 2、3、4 的输出功率分别为 $P_2 = 150\text{kW}$，$P_3 = 150\text{kW}$，$P_4 = 200\text{kW}$。试作图 5-4a 所示机器传动轴的扭矩图。

解：1）根据轴的转速、功率计算作用在各轮上的外力偶矩 M_e。

由式（5-1）可得

$$M_{e1} = 9549\frac{P_1}{n} = 9549 \times \frac{500}{300}\text{N} \cdot \text{m} = 15915\text{N} \cdot \text{m} = 15.92\text{kN} \cdot \text{m}$$

同理可得：$M_{e2} = 4.78\text{kN} \cdot \text{m}$，$M_{e3} = 4.78\text{kN} \cdot \text{m}$，$M_{e4} = 6.36\text{kN} \cdot \text{m}$。

2）计算各段轴内的扭矩。

在各段上分别取截面，以 3、1 轮之间的截面 $m-m$ 为例，取其左部，如图 5-4b 所示，设截面上的扭矩 T_{31} 的方向与截面外法线方向相同，以保证其结果符合正负号要求。按照快速计算的方法，有

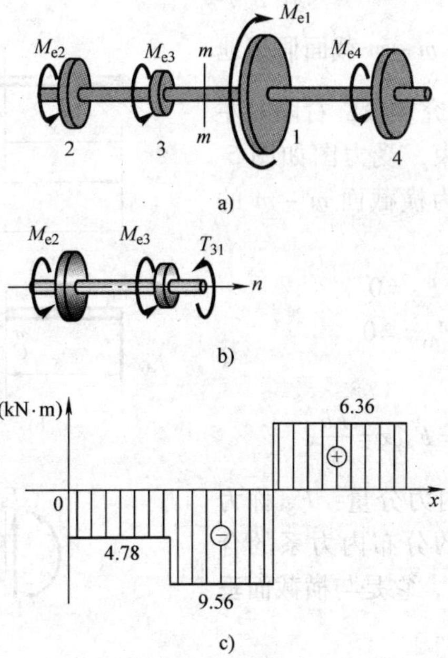

图 5-4

$$T_{31}=M_{e2}+M_{e3}=(4.78+4.78)\ \text{kN}\cdot\text{m}=9.56\text{kN}\cdot\text{m}$$

采用相同的方法，计算出轮2、3间的扭矩为

$$T_{23}=-4.78\text{kN}\cdot\text{m}$$

轮1、4间的扭矩为

$$T_{14}=6.36\text{kN}\cdot\text{m}$$

3）作扭矩图。

根据计算结果，并考虑 y 轴（扭矩）的比例尺，绘出该传动轴的扭矩图，如图5-4c所示。

5.3 弯曲内力

5.3.1 剪力和弯矩

考虑所有的外力，包括集中力、力偶以及分布载荷，它们与杆件的轴线都在同一平面内，由于载荷的作用，杆件在此平面内弯曲成曲线，这种变形形式称为弯曲。受弯杆件是工程实际中最常见的一种变形杆，通常把以弯曲为主的杆件称为梁。计算梁的内力时，首先要计算出梁各个支座处的约束力，然后利用截面法计算内力。

现以图5-5a所示的简支梁为例，说明用截面法计算距支座 A 为 x 处的 $m-m$ 横截面上的内力。

按照平衡条件算出支座约束力 $F_{Ax}=0$，$F_{Ay}=\dfrac{Fb}{l}$，$F_{By}=\dfrac{Fa}{l}$。将梁在 $m-m$ 截面假想地截开，成为左、右两段。研究左段，右段对左段的约束相当于固定端约束，受力图如图 5-5b 所示。由平衡方程（C 为横截面 $m-m$ 的形心）：

$$\sum F_y=0，\ F_{Ay}-F_S=0$$
$$\sum M_C=0，\ M-F_{Ay}x=0$$

得到

$$F_S=F_{Ay}=\frac{Fb}{l}，\quad M=F_{Ay}x=\frac{Fb}{l}x$$

此时梁横截面上具有两种内力分量：F_S 称为**剪力**，它是与横截面**相切**的分布内力系的合力；内力偶矩 M，称为**弯矩**，它是与横截面**垂直**的分布内力系的合力偶矩。

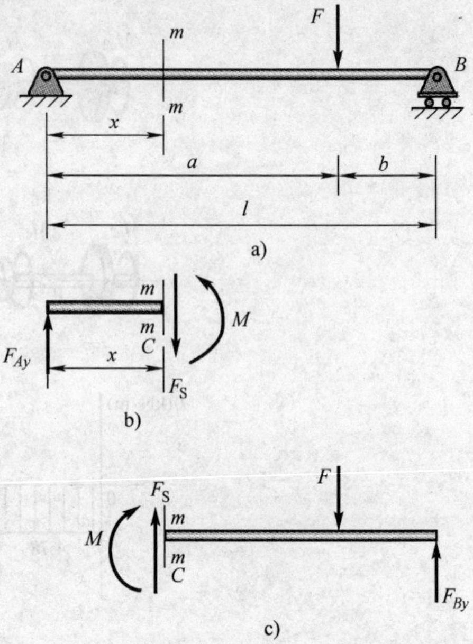

图 5-5

为了使取左段梁和右段梁求同一截面上的内力时符号一致，对剪力和弯矩的正负号规定如下：使保留段有顺时针方向转动趋势的剪力为正，反之为负，如图 5-6a 所示；使保留段产生下凸的弯矩时为正，反之为负。如图 5-6b 所示。

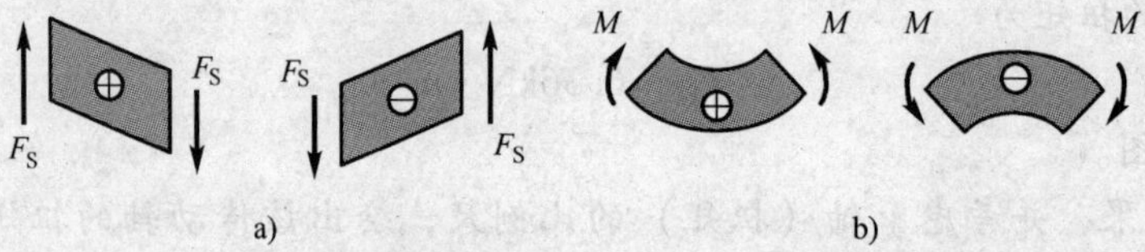

图 5-6

在利用截面法求横截面上的剪力和弯矩时，先在截面上按规定的正方向绘出剪力和弯矩，然后利用平衡方程求解。如图 5-5b、c 均是按照正方向规定绘出的剪力和弯矩，其计算结果的正负号不需要再做调整。

与轴力、扭矩的快速计算方法类似，根据平衡条件，可以得到剪力的快速计算方法：**梁截面上的剪力等于截面一侧所有与梁轴线垂直的外力的代数和，外力对截面形心取矩，使得梁顺时针方向转动的外力取正值，反之为负。**

同样可以得到弯矩的**快速计算方法：梁截面上的弯矩等于截面一侧纵向对称面内所有外力对截面形心的矩，其中使得梁产生下凸变形的外力矩为正，反之为负（外力矩的正负号）。**

例题 5-3 如图 5-7a 所示，一端为固定铰链、另一端为活动铰链约束的梁，称为简支梁。试计算指定截面 1-1、2-2（支座 B 左侧）的内力。

解：1）计算约束力。

根据静力学平衡方程，易知支座 A 的水平约束力 $F_{Ax}=0$。由对称性，可知 $F_{Ay}=F_{By}=\dfrac{ql}{2}$。

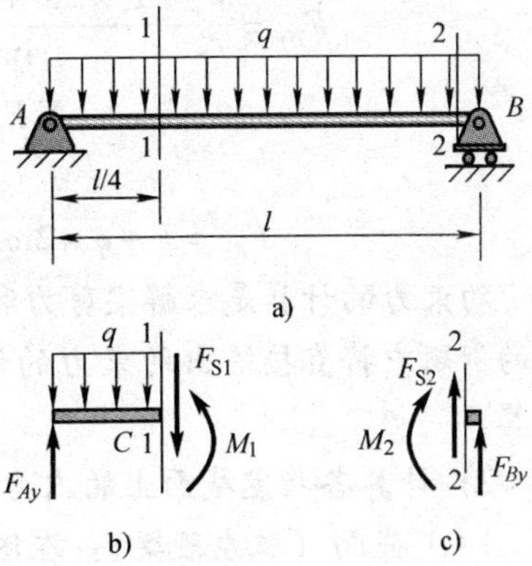

图　5-7

2）利用截面法计算截面1－1上的内力。

由截面1－1将梁分为两段，取左段梁为分离体，并假设截面1－1上的剪力 F_{S1} 和弯矩 M_1 均为正，如图5-7b 所示。根据平衡条件列出分离体的平衡方程

$$\sum F_y=0,\ F_{Ay}-q\times\frac{l}{4}-F_{S1}=0$$

得

$$F_{S1}=\frac{ql}{2}-\frac{ql}{4}=\frac{ql}{4}$$

以截面形心 C 为矩心，列矩平衡方程

$$\sum M_C=0,\ M_1-F_{Ay}\times\frac{l}{4}+q\times\frac{l}{4}\times\frac{l}{8}=0$$

得

$$M_1=F_{Ay}\times\frac{l}{4}-q\times\frac{l}{4}\times\frac{l}{8}=\frac{ql^2}{8}-\frac{ql^2}{32}=\frac{3}{32}ql^2$$

3）用快速计算法计算截面2－2（支座 B 左侧）的内力。

截面2－2右侧梁段上与梁轴垂直的外力 F_{By}，对截面形心的矩为逆时针方向，它引起截面2－2的负剪力，根据剪力的快速计算方法，计算得 $F_{S2}=-F_{By}=-\dfrac{ql}{2}$。由于2－2截面无限接近于支座 B，约束力 F_{By} 和分布载荷 q 对截面形心的矩均为0，故根据平衡方程，得 $M_2=0$。

例题5-4　如图5-8所示，梁 AD 的一端伸出到铰支座以外，这种梁称为外伸梁。梁的受力以及各部分的尺寸均示于图中。试计算各指定截面上的内力。

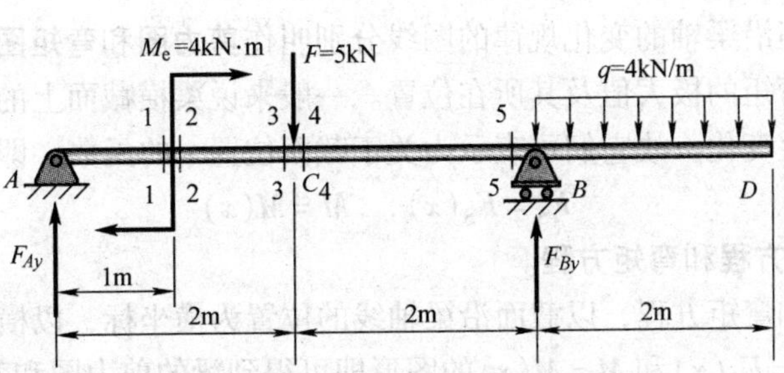

图　5-8

解：1）计算约束力。

根据平衡方程　$\sum M_A=0,\ -M_e-F\times 2\text{m}-q\times 2\text{m}\times 5\text{m}+F_{By}\times 4\text{m}=0$

得

$$F_{By}=\frac{M_e+F\times 2m+q\times 2m\times 5m}{4m}=\frac{4+5\times 2+4\times 2\times 5}{4}kN=13.5kN$$

由得

$$\sum F_y=0,\ F_{Ay}-F-q\times 2+F_{By}=0$$

$$F_{Ay}=F+q\times 2m-F_{By}=(5+2\times 4-13.5)\ kN=-0.5kN$$

约束力的计算是求解梁剪力和弯矩的首要步骤，要力求计算正确。为叙述简洁，本章后面的例题中将直接给出约束力的计算结果，但不再给出其计算的详细过程，建议读者自行演算。

2）计算各指定截面上的内力。

1－1截面（取左段梁）：在图5-8中，预设的截面1－1右侧外力（约束力）F_{Ay}对截面1－1形心的矩为顺时针方向，取为正，并使梁段产生下凸变形，因此有

$$F_{S1}=F_{Ay}=-0.5kN,\quad M_1=F_{Ay}\times 1m=-0.5kN\cdot m$$

注意到这里 F_A 实际是负值，在代入上式计算的时候也应代入负值，故计算出的剪力和弯矩也都是负值。

2－2截面：

$$F_{S2}=F_{Ay}=-0.5kN,\quad M_2=F_{Ay}\times 1m+M_e=(-0.5+4)kN\cdot m=3.5kN\cdot m$$

3－3截面：

$$F_{S3}=F_{Ay}=-0.5kN,\quad M_3=F_{Ay}\times 2m+M_e=(-0.5\times 2+4)\ kN\cdot m=3kN\cdot m$$

4－4截面：

$$F_{S4}=F_{Ay}-F=(-0.5-5)\ kN=-5.5kN$$

$$M_4=F_{Ay}\times 2m+M_e-F\times\Delta=(-0.5\times 2+4)\ kN\cdot m=3kN\cdot m$$

5－5截面：

$$F_{S5}=q\times 2m-F_{By}=(4\times 2-13.5)\ kN=-5.5kN$$

$$M_5=-(q\times 2m)\times 1m-F_{By}\times\Delta=-4\times 2\times 1kN\cdot m=-8kN\cdot m$$

式中，Δ 是相应的力与支座之间的无穷小距离，在计算时取零。

5.3.2 剪力图和弯矩图

反映剪力和弯矩沿梁轴的变化规律的图线分别叫作**剪力图**和**弯矩图**。根据剪力图和弯矩图可以确定剪力和弯矩的极大值及其所在位置。一般来说梁横截面上的剪力与弯矩将随横截面位置的改变而发生变化，故它们可表示为关于截面位置 x 的函数，即

$$F_S=F_S(x),\quad M=M(x) \tag{5-2}$$

式（5-2）称为**剪力方程**和**弯矩方程**。

根据剪力方程和弯矩方程，以截面沿梁轴线的位置为横坐标，以横截面上的剪力和弯矩为纵坐标，作出 $F_S=F_S(x)$ 和 $M=M(x)$ 的图形即可得到梁的剪力图和弯矩图。

例题5-5 试绘制图5-9a所示受集中力 F 作用的简支梁的剪力图和弯矩图。

解：1）计算支座约束力。由平衡方程求得 A、B 两处的约束力

$$F_{Ay}=\frac{Fb}{l},\ F_{By}=\frac{Fa}{l}$$

2）分段列剪力方程和弯矩方程

由于点 C 处作用有集中力 F，AC 和 CB 两段梁的剪力方程和弯矩方程并不相同。以主动力、约束力的作用位置为**控制面**，分段列出各段的剪力方程和弯矩方程。设以梁的左端 A 为坐标原点，在 AC 段和 BC 段分别任取截面 x_1 和截面 x_2，如图5-9a 所示。由剪力和弯矩的快速计算方法可得各段的剪力方程和弯矩方程：

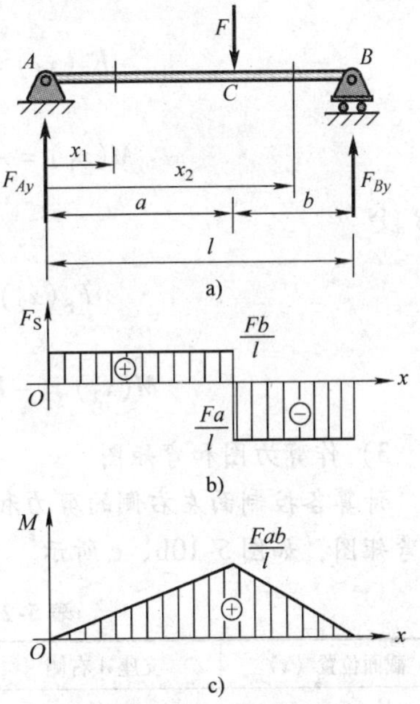

图　5-9

AC 段

$$F_S(x_1)=F_{Ay}=\frac{Fb}{l}\qquad(0<x_1<a)\qquad\text{(a)}$$

$$M(x_1)=F_{Ay}x_1=\frac{Fb}{l}x_1\qquad(0\leqslant x_1\leqslant a)\qquad\text{(b)}$$

BC 段

$$F_S(x_2)=F_{Ay}-F=-\frac{Fa}{l}\qquad(a<x_2<l)\qquad\text{(c)}$$

$$M(x_2)=F_{Ay}x_2-F(x_2-a)=\frac{Fa}{l}(l-x_2)\qquad(a\leqslant x_2\leqslant l)\qquad\text{(d)}$$

3）作剪力图和弯矩

由式（a）、式（c）知，两段梁的剪力均为常数，故剪力图为平行于 x 轴的水平线；由式（b）、式（d）知，两段梁的弯矩为 x 的一次函数，故弯矩图图形为斜直线。计算各控制面左右侧的剪力和弯矩，如表5-1 所示。并绘出剪力图和弯矩图，如图5-9b、c 所示。

表5-1　各控制面左右侧的剪力、弯矩值

截面位置（x）	支座 A 右侧	集中力 F 左侧	集中力 F 右侧	支座 B 左侧
剪力 F_S（x）	$\frac{Fb}{l}$	$\frac{Fb}{l}$	$-\frac{Fa}{l}$	$-\frac{Fa}{l}$
弯矩 M（x）	0	$\frac{Fab}{l}$	$\frac{Fab}{l}$	0

4）从剪力图可知，从截面 C 左侧到右侧剪力值发生突变，突变值为

$$\Delta F_S=F$$

正好等于两个截面之间的集中力的值，突变的方向也和集中力的方向一致。

例题5-6　如图5-10a 所示的简支梁，受集中力偶矩 M_0 作用。画出梁的剪力图和弯矩图。

解：1）计算支座约束力得 $F_{Ay}=F_{By}=\frac{M_0}{l}$，方向如图5-10a 所示。

2）分段列剪力方程和弯矩方程。

以截面 C 作为控制面将梁分为 AC 和 CB 两段。由剪力和弯矩的快速计算方法可得各段的剪力方程和弯矩方程：

AC 段：

$$F_S(x_1)=-F_{Ay}=-\frac{M_0}{l}\qquad(0<x_1\leqslant a)\tag{a}$$

$$M(x_1)=-F_{Ay}x_1=-\frac{M_0}{l}x_1\qquad(0\leqslant x_1<a)\tag{b}$$

CB 段

$$F_S(x_2)=-F_{Ay}=-\frac{M_0}{l}\qquad(a\leqslant x_2<l)\tag{c}$$

$$M(x_2)=-F_{Ay}x_2+M_0=\frac{M_0}{l}(l-x_2)\quad(a<x_2\leqslant l)\tag{d}$$

3）作剪力图和弯矩图

计算各控制面左右侧的剪力和弯矩如表 5-2 所示。根据剪力方程和弯矩方程绘制剪力图和弯矩图，如图 5-10b、c 所示。

表 5-2 各控制面左右侧的剪力、弯矩值

截面位置（x）	支座 A 右侧	集中力偶矩 M_0 左侧	集中力偶矩 M_0 右侧	支座 B 左侧
剪力 F_S（x）	$-\frac{M_0}{l}$	$-\frac{M_0}{l}$	$-\frac{M_0}{l}$	$-\frac{M_0}{l}$
弯矩 M（x）	0	$-\frac{M_0 a}{l}$	$\frac{M_0 b}{l}$	0

4）从弯矩图可知，从截面 C 左侧到右侧弯矩值发生突变，突变值为

$$\Delta M=M_0$$

正好等于两个截面之间的集中力偶矩的数值，若集中力偶矩为顺时针转向，则弯矩图向上突变；若集中力偶矩为逆时针转向，则弯矩图向下突变。

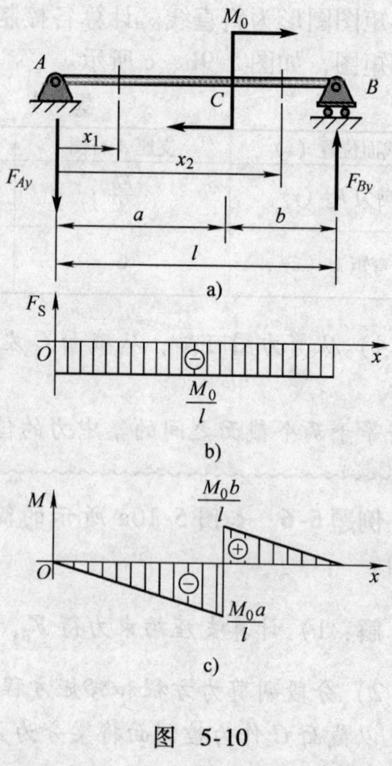

图 5-10

5.3.3 弯矩、剪力与载荷集度之间的关系

为了知道整个梁上的内力分布，写出剪力方程和弯矩方程是基本的方法，但是并不能体现出载荷、剪力、弯矩之间存在的关系。如果能够知道它们之间的关系，则在绘制相应的内力图时，一方面能够更加快捷和方便，另一方面也可通过剪力和弯矩的关系来检查内力图是否正确。

如图 5-11a 所示，考虑轴线为直线的梁，令坐标轴原点位于梁的左端，y 轴向上为正，垂直于梁轴线的分布载荷的集度 $q(x)$ 是 x 的连续函数，并规定向上为正。截取其中长 dx 的微段作为研究对象，如图 5-11b 所示。在微段上有分布载荷 $q(x)$ 和两端截面上的剪力和弯矩。若考虑微段左侧截面的剪力 $F_S(x)$，弯矩 $M(x)$，那么在其右侧截面，应

为 $F_S(x+dx)$，$M(x+dx)$。利用泰勒级数展开，有

$$F_S(x+dx)=F_S(x)+\frac{dF_S(x)}{dx}dx+\frac{1}{2!}\frac{d^2F_S(x)}{d^2x}(dx)^2+\cdots$$

考虑$(dx)^2$ 及以后各项是高阶无穷小，故只保留前两项

$$F_S(x+dx)=F_S(x)+\frac{dF_S(x)}{dx}dx=F_S(x)+dF_S(x)$$

同样，右侧截面上弯矩为 $M(x)+dM(x)$。由于所取的 dx 是微量，故可以将 $q(x)$看成是均布载荷。在这些力的作用下，微段处于平衡。

由平衡方程$\sum F_y=0$，有

$$F_S(x)-[F_S(x)+dF_S(x)]+q(x)dx=0$$

考虑$\sum M_C=0$，有

$$[M(x)+dM(x)]-M(x)-F_S(x)\cdot dx-q(x)\cdot dx\cdot\frac{dx}{2}=0$$

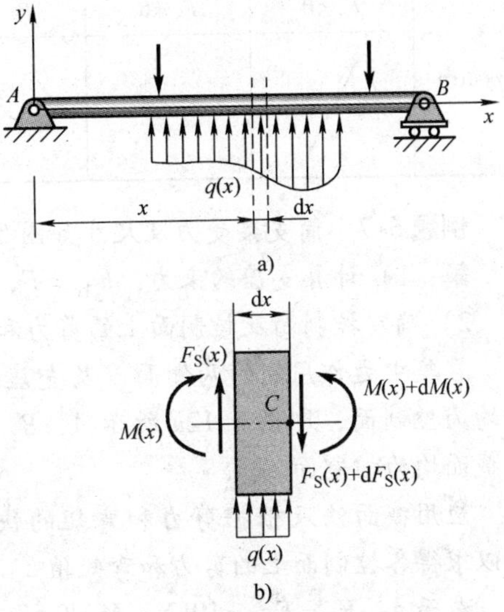

图　5-11

将上面两个式子略加整理，并略去高阶微量 $q(x)\cdot dx\cdot\frac{dx}{2}$，可以得到以下关系

$$\left.\begin{aligned}\frac{dF_S(x)}{dx}&=q(x)\\ \frac{dM(x)}{dx}&=F_S(x)\\ \frac{d^2M(x)}{dx^2}&=q(x)\end{aligned}\right\}\qquad(5\text{-}3)$$

式（5-3）说明剪力图和弯矩图图线的几何形状与作用在梁上的载荷集度有关：

1）剪力图在某一点处的斜率等于作用在梁对应截面上的载荷集度；弯矩图在某一点处的斜率等于对应截面的剪力的数值。

2）如果一段梁上没有分布载荷作用，即 $q=0$，这一段梁上剪力方程的一阶导数等于零，弯矩方程的一阶导数等于常数。因此，这一段梁的剪力图为平行于 x 轴的水平线，弯矩图为斜直线，当剪力为正时，弯矩图的斜率为正，反之为负。

3）若一段梁上作用有均布载荷，即 $q=$常数，这一段梁上剪力方程的一阶导数为等于 q 的常数，弯矩方程的二阶导数为等于 q 的常数。因此，这一段梁的剪力图为斜直线，当 q 为正（向上）时，剪力图斜率为正，反之为负；弯矩图为二次抛物线，当 q 为正（向上）时，抛物线为凹曲线，凹的方向与 M 坐标正方向一致；当 q 为负（向下）时，抛物线为凸曲线，凸的方向与 M 坐标正方向一致。

4）若在梁的某一截面上 $F_S(x)=0$，即$\frac{dM(x)}{dx}=0$，则弯矩在这一截面上具有某一极大值或极小值，即弯矩的极值发生在剪力为零的截面上。在集中力偶作用的截面的左右两侧，由于弯矩突变，故也可能出现弯矩的极值。

表 5-3 是剪力图、弯矩图和梁上分布载荷三者之间的规律小结。

表 5-3　剪力、弯矩与载荷集度关系特征表

载荷	$q=0$			$q<0$ $q>0$
剪力图	水平线			斜直线
弯矩图	$F_S<0$	$F_S=0$	$F_S>0$	$F_S=0$ 处，M 有极值

例题 5-7　简支梁受力及尺寸如图 5-12a 所示，试画出其剪力图和弯矩图。

解：1）计算支座约束力，$F_{Ay}=F$，$F_{Fy}=F$。

2）确定控制面及控制面上的剪力和弯矩值。

在集中力作用处的两侧面以及支座约束力内侧截面均为控制面，即图 5-12a 所示 A，B，C，D，E，F 各截面均为控制面。

应用截面法及根据剪力和弯矩的快速计算方法，可以求得各控制面上的剪力和弯矩值。

截面 A：$F_S=F_{Ay}=10\text{kN}$，$M=0$；

截面 B：$F_S=F_{Ay}=10\text{kN}$，$M=F_{Ay}\times 1\text{m}=10\text{kN}\cdot\text{m}$；

截面 C：$F_S=F_{Ay}-F=0$，$M=F_{Ay}\times 1\text{m}=10\text{kN}\cdot\text{m}$；

截面 D：$F_S=F-F_{Fy}=0$，$M=F_{Fy}\times 1\text{m}=10\text{kN}\cdot\text{m}$；

截面 E：$F_S=-F_{Fy}=-10\text{kN}$，$M=F_{Fy}\times 1\text{m}=10\text{kN}\cdot\text{m}$；

截面 F：$F_S=-F_{Fy}=-10\text{kN}$，$M=0$。

将这些值分别标在剪力图和弯矩图中，便得到 a，b，c，d，e，f 各点，如图 5-12b、c 所示。

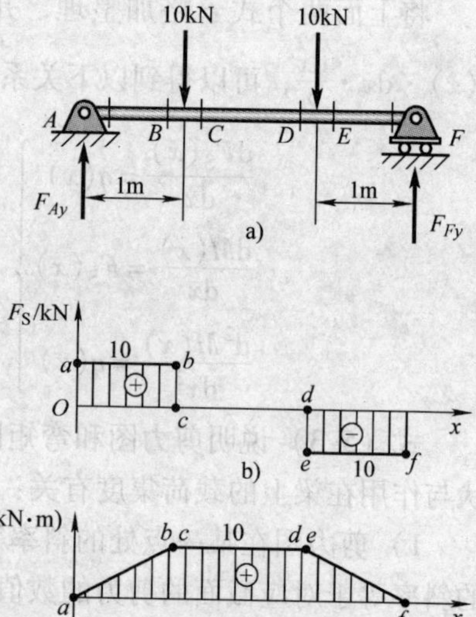

图　5-12

3）根据微分关系连图线。

因为梁上无分布载荷，所以剪力图形为平行于 x 轴的直线；弯矩图形均为一次直线。于是，顺序连接剪力图和弯矩图中的 a，b，c，d，e，f 各点，便得到梁的剪力图和弯矩图，分别如图 5-12b、c 所示。从剪力图可知，从截面 B 到截面 C 剪力值发生突变，突变值为

$$\Delta F_S=10\text{kN}$$

正好等于两个截面之间集中力的值，突变的方向也和集中力的方向一致。

例题 5-8　如图 5-13a 所示简支梁 AB 上，作用有均布载荷 q。试画出梁的剪力图和弯矩图。

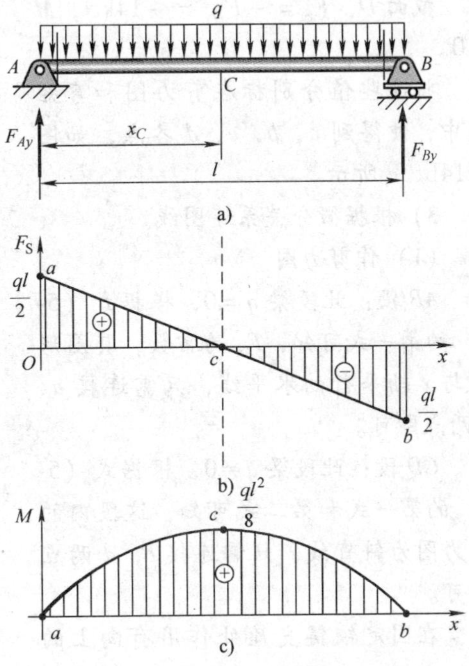

图　5-13

解：1）计算支座约束力 $F_{Ay}=F_{By}=\dfrac{ql}{2}$。

2）确定控制面及控制面上的剪力和弯矩值。

由于梁上只作用有连续均布载荷，在均布载荷作用的起点 A 和终点 B 处内侧截面均为控制面。利用快速求解法求得 A，B 两个控制面上的剪力和弯矩值。

截面 A：$F_S=F_{Ay}=\dfrac{ql}{2}$，$M=0$

截面 B：$F_S=-F_{By}=-\dfrac{ql}{2}$，$M=0$

将这些值分别标在剪力图和弯矩图中，便得到 a，b 各点，如图5-13b、c所示。

3）根据微分关系连图线。

AB 段有均布载荷作用，则剪力图为一斜直线，连接 a，b 两点即得该简支梁的剪力图（见图5-13b）。由于 q 向下为负，这弯矩图为凸向弯矩坐标正方向的抛物线。为确定曲线的形状，还需确定二次曲线极值点的位置和极值点的弯矩值。跨中截面 C 上的剪力为零，则弯矩值为极值。截面 C 的位置为 $x_C=\dfrac{l}{2}$，根据剪力和弯矩的快速计算方法可得截面 C 处的弯矩为

$$M_C=F_{Ay}x_C-(qx_C)\times\frac{x_C}{2}=\frac{ql^2}{8}$$

在弯矩坐标系中将其值标为点 c。根据 a，b，c 三点，以及图形为凸曲线并在 c 点取极值，即可画出该简支梁的弯矩图，如图5-13c所示。

例题5-9　利用弯曲内力与载荷集度之间的关系，绘制如图5-14a所示简支梁的剪力图和弯矩图。

解：1）计算支座约束力，由平衡方程可求得两支座处的约束力

$$F_{By}=28\text{kN},\ F_{Dy}=14\text{kN}$$

2）确定控制面及控制面上的剪力和弯矩值。

由于梁上有集中力、集中力偶矩及分布载荷共同作用，取集中力 F 右侧、约束力 F_{Dy} 左侧，以及集中力偶矩作用处两侧为控制面，即图5-14a所示 A，B，C，D 各截面均为控制面。

应用截面法和平衡方程求得 A，B，C，D 四个控制面上的剪力和弯矩值分别为

截面 A：$F_S=-F=-10\text{kN}$，$M=0$；

截面 B：$F_S=-F=-10\text{kN}$，$M=-F\times2\text{m}=-20\text{kN}\cdot\text{m}$；

截面 C：$F_S=-F+F_{By}=(-10+28)\text{kN}=18\text{kN}$，$M=-F\times2\text{m}+4\text{kN}\cdot\text{m}+F_{By}\times0=-16\text{kN}\cdot\text{m}$；

截面 D：$F_S = -F_{Dy} = -14kN$，$M=0$。

将这些值分别标在剪力图和弯矩图中，便得到 a，b，c，d 各点，如图 5-14b、c 所示。

3）根据微分关系连图线。

（1）作剪力图

AB 段：此段梁 $q=0$，根据式（5-3）的第一式可知，F_S 为常数，其图形为与 x 轴平行的水平线，只需连接 a、b 两点即可。

CD 段：此段梁 $q\neq0$，根据式（5-3）的第一式和第二式可知，这段内的剪力图为斜直线，只需连接 c，d 两点即可。

在固定铰链支座处作用有向上的集中力 $F_{By}=10kN$，因此 F_S 图由 B 截面至 C 截面应向上突变 10kN。根据以上分析与结果，绘出梁的剪力 F_S 图，如图 5-14b 所示。

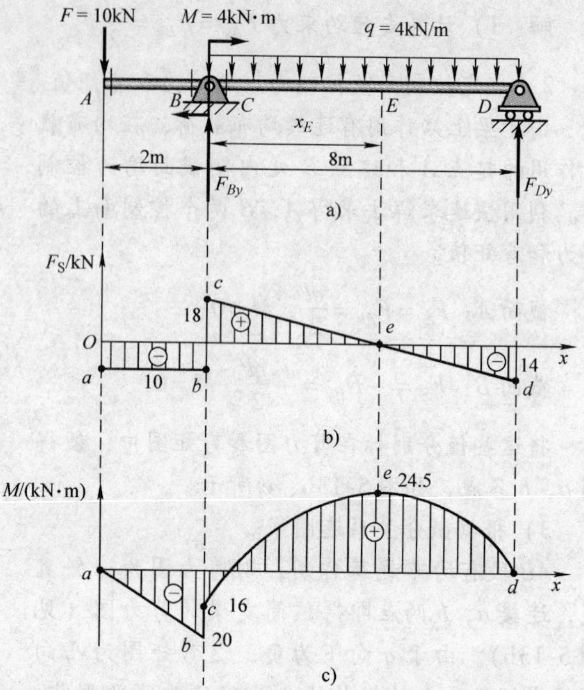

图 5-14

（2）作弯矩图

AB 段：此段梁 $q=0$，且 $F_S<0$，M 图为一右下斜直线，只需连接 a、b 两点即可作出该段梁的弯矩。

CD 段：此段梁 $q<0$，且存在 $F_S=0$，因此 M 图为凸向弯矩坐标正方向的抛物线，并存在极值。利用 $F_S=0$ 这一条件，可以确定极值点 E 的位置 x_E 的数值，进而确定出该点处的弯矩数值 M_E。根据剪力和弯矩的快速计算方法，有

$$F_{SE} = -F + F_{By} - qx_E = -10kN + 28kN - 4x_E = 0$$

$$M_E = -F(2+x_E) + M + F_{By}x_E - (qx_E)\times\frac{x_E}{2}$$

$$= -10(2+x_E) + 4 + 28x_E - 2x_E^2 = -2x_E^2 + 18x_E - 16$$

求得

$$x_E = 4.5m,\ M_E = 24.5kN\cdot m$$

将其值标于弯矩图中，便得到 e 点。根据 c，d，e 三点，以及图形为凸曲线并在 e 点取极值，即可画出该简支梁的弯矩图。

在固定铰链支座处作用有顺时针的集中力偶 $M=4kN\cdot m$，因此 M 图由 B 截面至 C 截面应向上突变 $4kN\cdot m$。根据以上分析与结果，绘出梁的 M 图，如图 5-14c 所示。

思　考　题

5-1　举出一些熟悉的轴向拉（压）杆的实例。

5-2　两根不同材料的等截面直杆，两端均承受相同的轴向拉力，这两杆横截面的轴力是否相等？

5-3　轴的转速 n、所传递功率 P 和外力偶矩 M_e 之间有何关系？各物理量应选取什么单位？在变速器中，为什么低速轴的直径比高速轴的直径大？

5-4　什么是扭矩？扭矩的正负号是如何规定的？试述绘制扭矩图的步骤。

5-5　用截面法求梁的内力后，怎样才能由左段梁和右段梁外载荷直接求得梁某一截面上的内力值？

5-6　梁受外力作用，在集中力、集中力偶矩作用面处，内力（剪力和弯矩）有何变化特征？

习　题

5-1　试求图 5-15 所示各杆指定截面的轴力，并作出杆的轴力图。单位：kN。

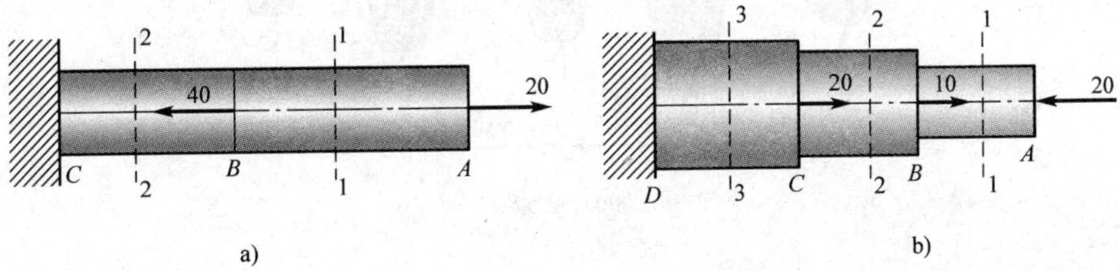

图　5-15

5-2　阶梯杆 AE 如图 5-16 所示，在杆件 B，C，D，E 截面上分别作用有轴向载荷 F_1，F_2，F_3，F_4，且 $F_1=F_2=F_4=F$，$F_3=3F$。试求杆件的内力方程并绘制轴力图。

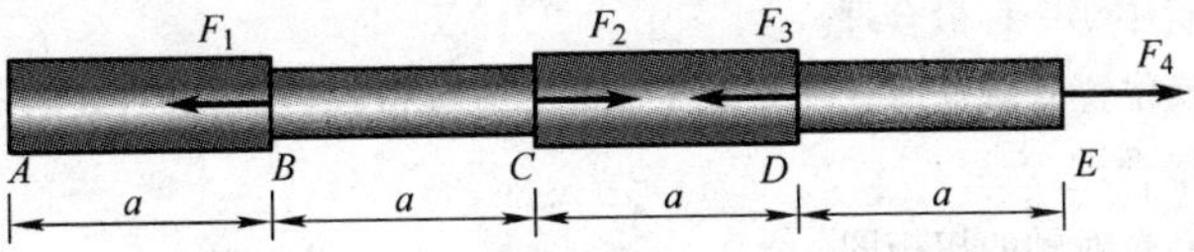

图　5-16

5-3　试求图 5-17 所示杆件各段的轴力，并画出轴力图，力的单位为 kN。

5-4　矿井起重机钢绳如图 5-18 所示，AB 段截面积为 $A_{AB}=300\text{mm}^2$，BC 段截面积为 $A_{BC}=400\text{mm}^2$，钢绳单位体积重力为 $\rho=28\text{kN/m}^3$，长度 $L=50\text{m}$，试画出钢绳在自重情况下的轴力图。

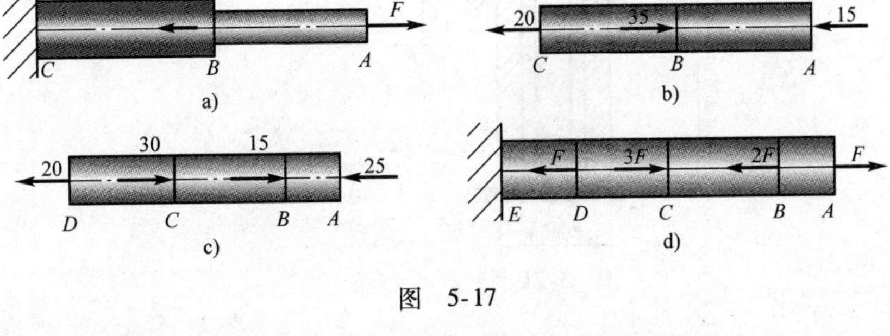

图　5-17

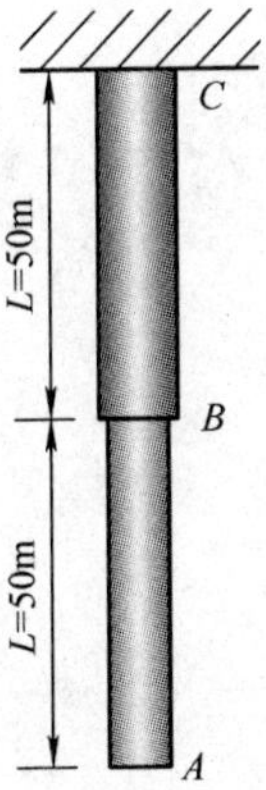

图　5-18

5-5　试用截面法计算图 5-19 所示两轴的内力，并画出扭矩图。

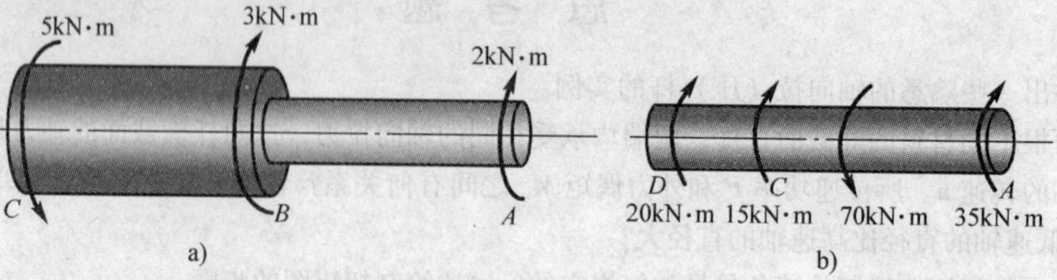

图　5-19

5-6　图 5-20 所示传动轴的转速 n 为 200r/min，从主动轮 2 上输入功率 55kW，由从动轮 1，3，4，5 输出的功率分别为 10kW，13kW，22kW 和 10kW。试画出轴的扭矩图。

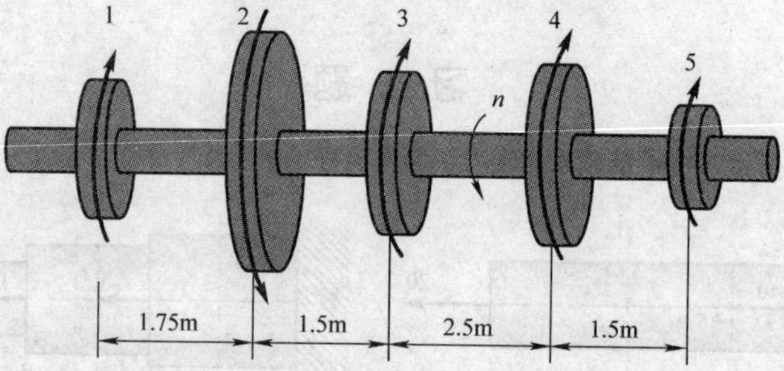

图　5-20

5-7　如图 5-20 所示圆轴上安装有五个带轮，其中轮 2 为主动轮，由此输入功率 80kW，轮 1、轮 3、轮 4 和轮 5 均为从动轮，它们的输出功率分别为 24kW，16kW，32kW 和 8kW，轴的转速为 800r/min。若圆轴设计成等截面，为使设计能更合理地利用材料，各轮的位置可以互相调整。

（1）请判断下列布置中哪一种最合理。

（a）轮 2 和轮 3 互换位置后最合理；（b）轮 1 和轮 3 互换位置后最合理；（c）轮 2 和轮 4 互换位置后最合理；（d）图示位置最合理。

（2）画出带轮合理布置时轴的扭矩图。

5-8　同轴线的芯轴 AB 与轴套 CD 在 D 处无接触，而在 C 处焊成一体，在 D 处轴套与基座固连，轴的 A 端承受扭转力偶矩 M_e 作用，如图 5-21 所示。画出芯轴和轴套的扭矩图。

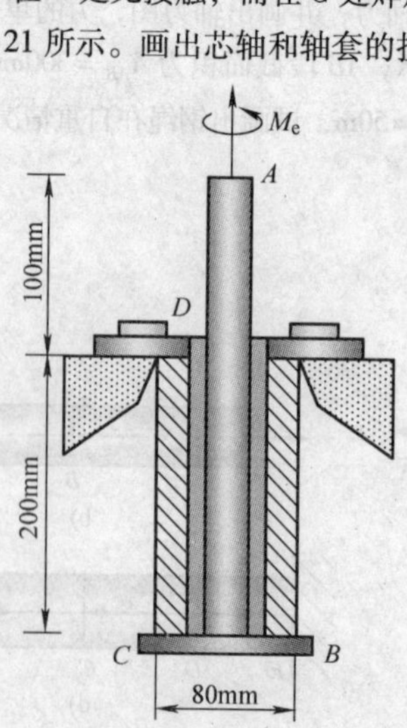

图　5-21

5-9　试求图 5-22 所示各梁中指定截面上的剪力、弯矩。

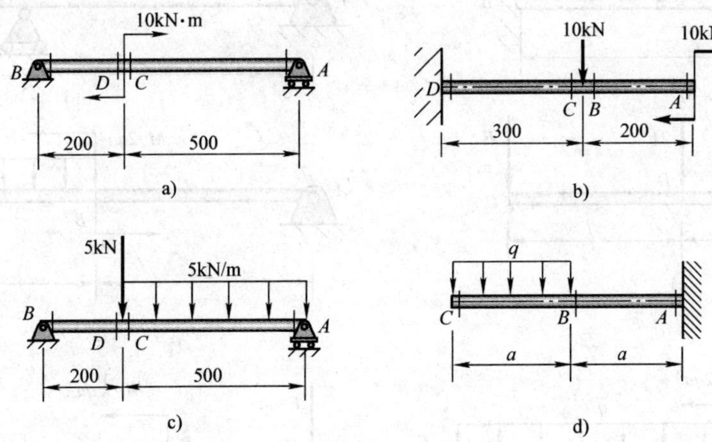

图　5-22

5-10　试写出图 5-23 所示各梁的剪力方程、弯矩方程，绘制各梁的剪力图、弯矩图，并确定剪力和弯矩的绝对值的最大值。

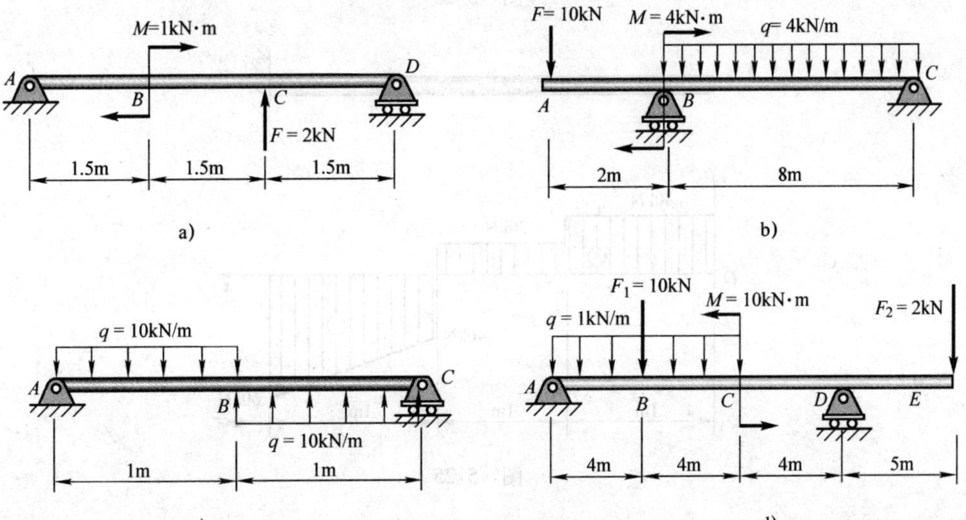

图　5-23

5-11　试画出图 5-24 所示各梁的剪力图、弯矩图，并确立剪力和弯矩的绝对值的最大值。

5-12　试作图 5-24 所示各梁的剪力图和弯矩图，设 q，F，a 均为已知。

5-13　如图 5-25 所示，已知悬臂梁的剪力图，试分析作出此梁的载荷分布图和弯矩图（梁上无集中力偶矩作用）。

5-14　如图 5-26 所示，已知梁的弯矩图，试作出梁的载荷分布图和剪力图。

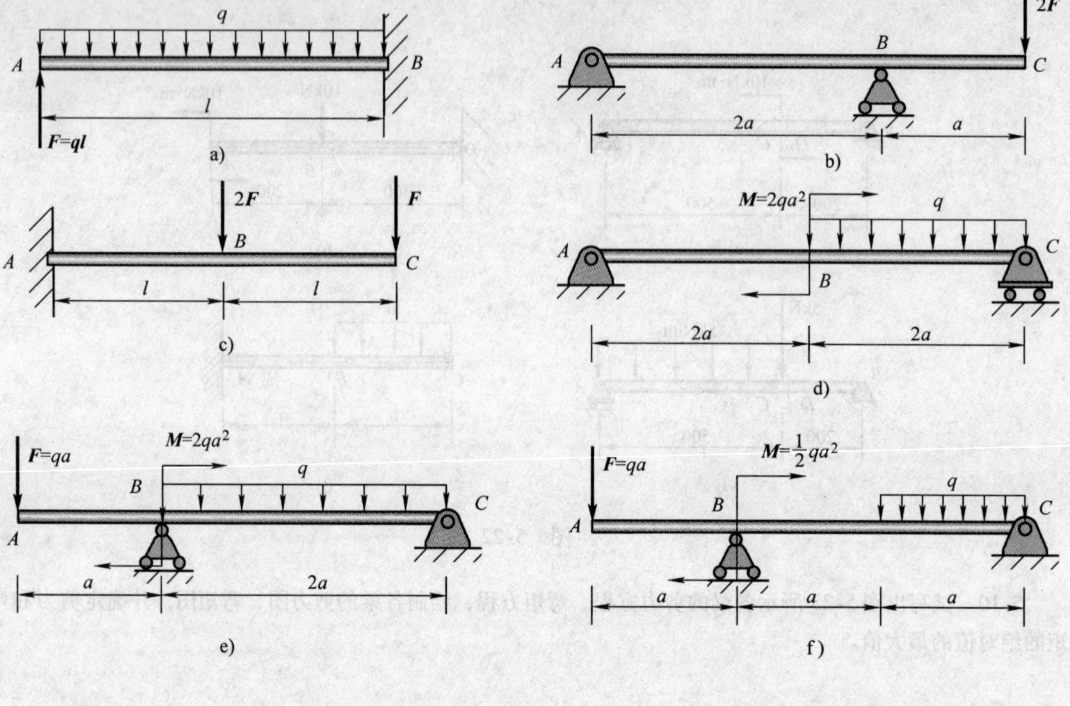

图 5-24

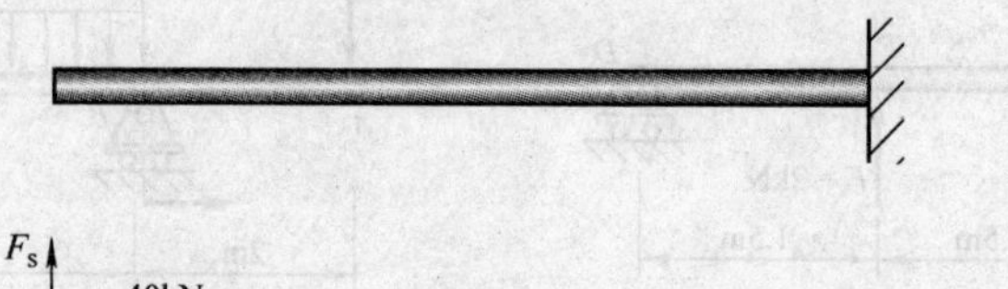

图 5-25

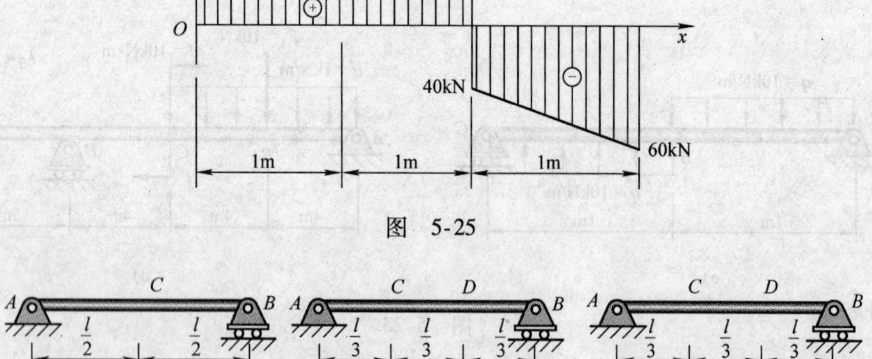

图 5-26

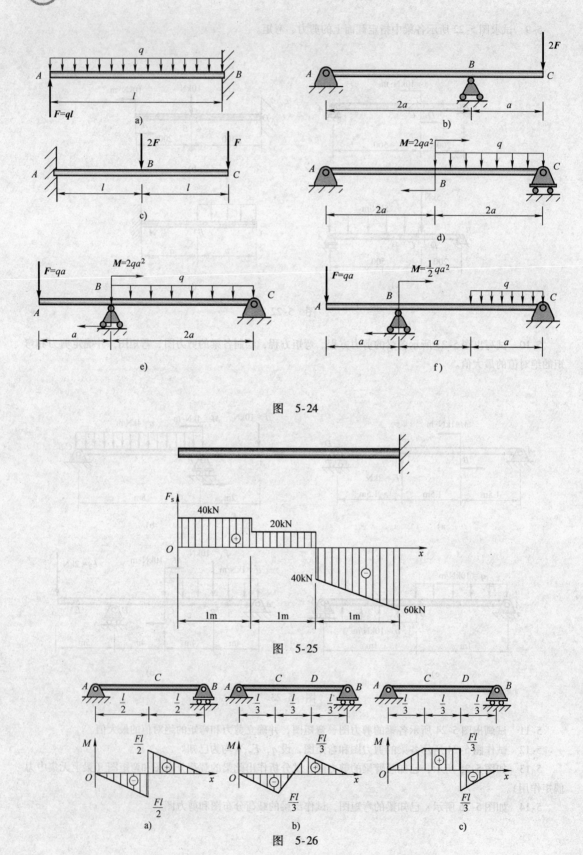

5-15 在梁上行走的小车如图5-27所示，两轮的轮压力均为F，设小车的车轮距为c，大梁的跨度为l。试求小车行至何位置时，梁内的弯矩最大？并计算最大弯矩的值。

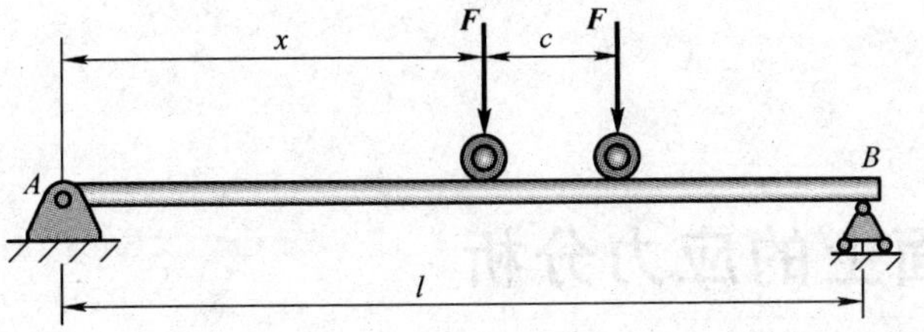

图 5-27

5-16 如图5-28所示，已知OB左端固定，右端与刚性杆AB连接，并与杆AB的轴线垂直。A处作用一竖向力F_P。若已知$F_P=5\text{kN}$，$a=300\text{mm}$，$b=500\text{mm}$。试画出轴OB的内力图。

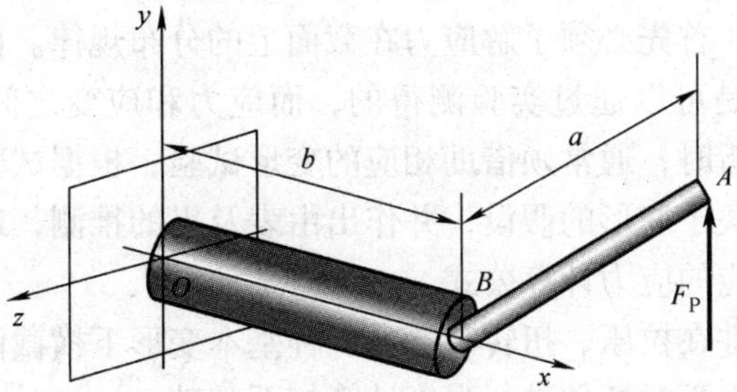

图 5-28

第6章 杆件横截面上的应力分析

利用截面法可以确定静力问题中杆件横截面上的内力分量，绘制内力图，但是仅根据内力还不足以判断杆件是否具有足够的强度。例如，用同一种材料制成粗细不同的两根杆，在相同的拉力作用下，两杆的轴力是相同的，当拉力增大时，细杆必定先被拉断。可见，解决杆件的强度问题，还须对杆件进行应力分析。

分析截面上的应力，首先必须了解应力在截面上的分布规律。由于应力是不可见的，杆件受力后产生的应变却是可以通过实验测得的，而应力和应变之间存在着一定的关系。因此，对杆件进行应力分析时，通常须借助相应的变形试验，根据试验中所观察到的杆件表面的变形现象，建立一些关于变形的假设，并作出由表及里的推测，以获得应力在截面上的分布规律，从而推导出相应的应力计算公式。

本章分别讨论了杆件在拉压、扭转和弯曲三种基本变形下横截面上应力的分布规律，导出了应力计算公式，为后面对杆件进行强度计算打下基础。

6.1 拉（压）杆横截面上的应力

6.1.1 拉（压）杆横截面上的应力

取一等直杆，如图6-1a所示。为了便于试验观察，加载前，在杆的表面画一些平行于杆轴线的纵向线及垂直于杆轴线的横向线。加载使得杆件产生轴向拉伸变形，如图6-1b所示。在加载过程中，对于距离加载位置稍远处，即图6-1b中虚线内的部分，可以观察到如下试验现象：

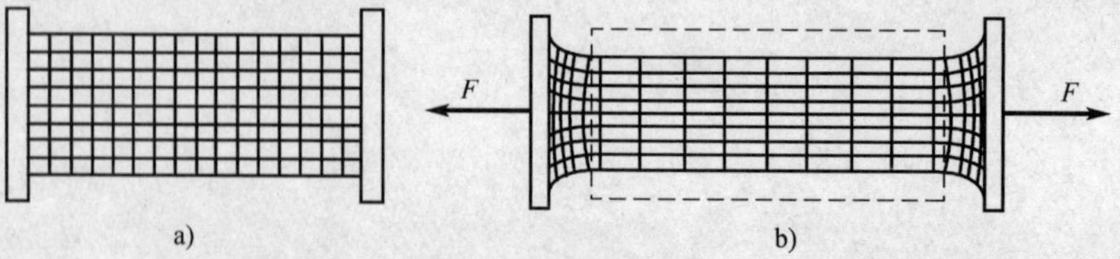

图 6-1

1）各横向线仍保持直线，任意两相邻横向线沿轴线发生相对平移；

2）横向线仍然垂直于纵向线，纵向线仍然保持与杆件的轴线平行。原来的矩形网格仍为矩形。

由外部试验现象可以对内部变形做如下假设：**杆件中变形前为平面的横截面，变形后仍保持为平面且仍垂直于杆件的轴线**，通常将这个假设称为轴向拉（压）时的**平面假设**。

由平面假设可知，杆件的变形是均匀而且相等的，说明同一横截面上各点的线应变 ε 相同；纵向线和横向线仍然垂直，说明横截面上各点没有切应变 γ。

结合拉压胡克定律 $\varepsilon=\dfrac{\sigma}{E}$ 和剪切胡克定律 $\gamma=\dfrac{\tau}{G}$，可以推断，正应力在横截面上是均匀分布的，即横截面上各点有相同的正应力 σ，切应力 τ 等于零（见图 6-2）。

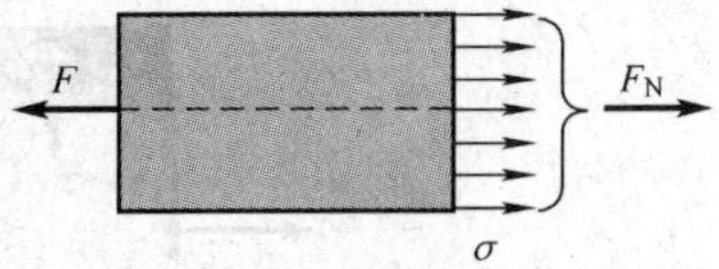

图　6-2

图 6-2 所示的均匀分布正应力的合力即为拉杆横截面上的轴力 F_N，故有

$$\sigma=\frac{F_N}{A} \tag{6-1}$$

式中，σ 为轴向拉（压）杆横截面上的正应力，一般规定拉应力为正，压应力为负；F_N 为横截面上的轴力；A 为横截面的面积。

显然上述公式也适用于 F_N 为压力时的应力计算（要注意，细长压杆受压时容易被压弯，属于稳定性问题，这一内容将在后面专门研究，这里所指的是受压杆未被压弯的情况）。公式同样适用于杆件横截面尺寸沿轴线缓慢变化的变截面直杆，这时式（6-1）为

$$\sigma(x)=\frac{F_N(x)}{A(x)} \tag{6-2}$$

式中，$\sigma(x)$，$F_N(x)$，$A(x)$都是横截面位置 x 的函数。

在用式（6-1）计算杆件横截面上的应力时，其轴力的大小往往仅取决于物体所受外力合力的大小，而很少考虑外力的分布方式。事实上，不同的外力作用方式对外力作用点附近区域内的应力分布有着很大的影响，至于该影响到底有多大，可由圣维南原理加以说明。

圣维南原理：将原力系用静力等效的新力系来替代，除了对新旧力系作用区域附近的应力分布有明显影响外，在离力系作用区域略远处（对于外力作用于端面的实心杆，距离约等于截面尺寸），该影响就非常微小。

图 6-3 是用有限元程序计算出的两种不同加载方式下杆件内部应力云图的对比，它清晰地反映了在加载区域附近，加载方式对应力分布有明显的影响，但在离加载区域稍远处，这种影响就可以忽略不计。

根据这一原理，杆件上复杂的外力系就可以用简单的力系取代。在离外力作用截面略远处，仍然可用式（6-1）计算应力。

6.1.2　应力集中的概念

由圣维南原理可知，等直杆受轴向拉伸或压缩时，在离开外力作用处足够远的横截面上的正应力是均匀分布的。但是，如果杆截面尺寸有突然变化，该局部区域的应力将急剧增大（见图 6-4）。这种现象称为**应力集中**。

应力集中处的最大应力 σ_{max} 与削弱以后横截面上的平均应力 $\overline{\sigma}$ 的比值，称为**理论应力**

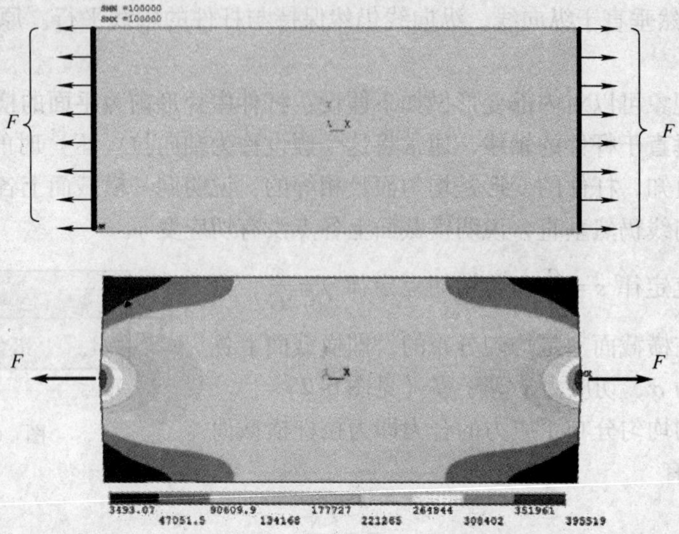

图 6-3

集中因数，用 α 表示，即

$$\alpha=\frac{\sigma_{\max}}{\sigma} \tag{6-3}$$

理论应力集中因数 α 与杆件的材料无关，它反映了应力集中的程度。工程实际中，由于结构或功能上的需要，有些零件必须要有孔洞、沟槽、切口、轴肩等，实验和理论表明，该处的应力会急剧增大为平均应力的 2 ~ 3 倍。而且，截面尺寸改变愈急剧、孔愈小、圆角愈小，应力集中的程度就愈严重，因此在工程实际中要尽可能避免或改善这些情况。

例题 6-1 等截面直杆的直径 $d=20\text{mm}$，受载如图 6-5a 所示，其中：$F_1=10\text{kN}$，$F_2=40\text{kN}$，$F_3=50\text{kN}$，$F_4=20\text{kN}$。试求杆内的最大正应力。

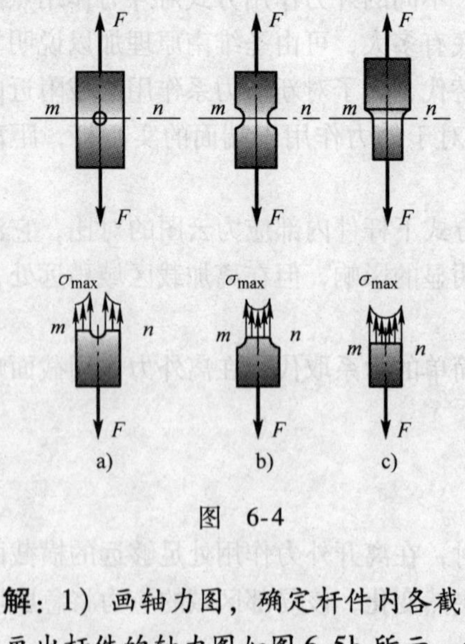

图 6-4

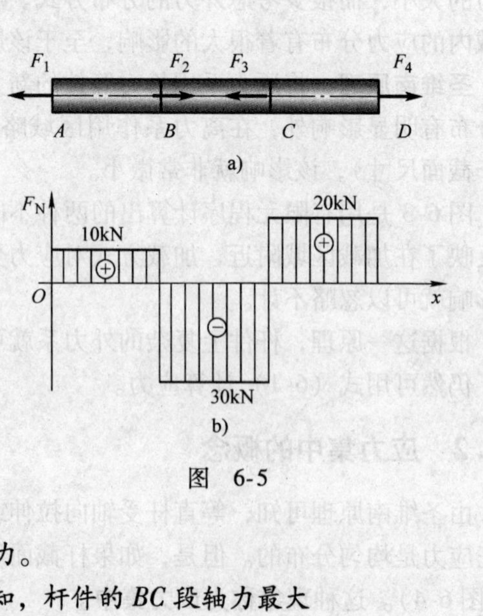

图 6-5

解： 1）画轴力图，确定杆件内各截面的轴力。

画出杆件的轴力图如图 6-5b 所示，由图可知，杆件的 BC 段轴力最大

$$|F_{\mathrm{N}}|_{\max}=30\text{kN}$$

2）求最大正应力

$$\sigma_{\max}=\frac{|F_{\mathrm{N}}|_{\max}}{A}=\frac{4|F_{\mathrm{N}}|_{\max}}{\pi d^2}=\frac{4\times30\times10^3\mathrm{N}}{3.14\times20^2\times10^{-6}\mathrm{m}^2}=95.54\times10^6\mathrm{Pa}=95.54\mathrm{MPa}$$

BC 段轴力是压力，故得到的应力是压应力。

例题6-2　一等截面的柱体，横截面面积为 A，高度为 l，材料密度为 ρ，如图 6-6a 所示。试求其由于自重引起的最大正应力。

分析：在需要考虑力的内效应时，杆件的自重不能作为集中力而应作为分布载荷看待，因此需先求出轴力函数。

解：1）求轴力函数并画轴力图，确定危险截面。在距离柱顶端任意位置 x 处，用截面法将柱体沿该处截开，取上半段为研究对象，其受力图如图 6-6b 所示。由平衡方程可得轴力函数

$$F_{\mathrm{N}}(x)=-\rho gAx\quad(0\leqslant x\leqslant l)$$

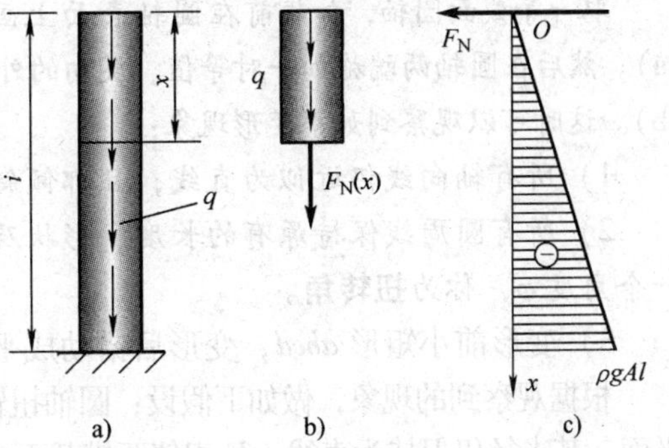

图　6-6

画轴力图如图 6-6c 所示。由图可知，底端截面为危险截面，且

$$|F_{\mathrm{N}}|_{\max}=\rho gAl$$

2）求最大正应力

$$\sigma_{\max}=\frac{|F_{\mathrm{N}}|_{\max}}{A}=\frac{\rho gAl}{A}=\rho gl(\text{压应力})$$

例题6-3　起重吊环的尺寸如图 6-7 所示（单位：mm），若起吊重力 $F=38\mathrm{kN}$，试求吊环内的最大正应力。

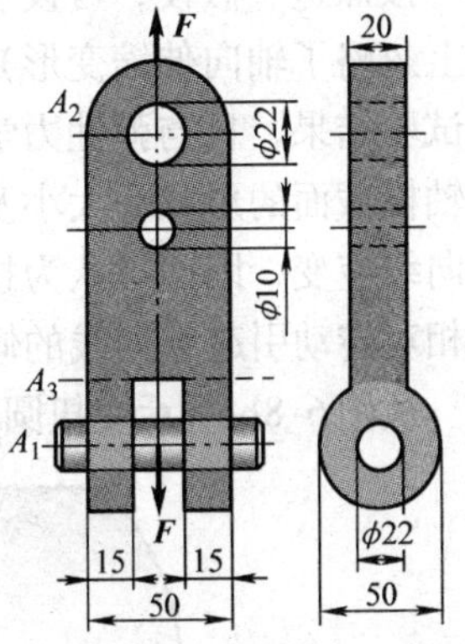

图　6-7

分析：从吊环的受力情况和截面法可知，轴力沿吊环轴线是不变的，故最大正应力必然发生在最小横截面上。

解：1）求吊环的轴力，由截面法易知，吊环的轴力为 $F_{\mathrm{N}}=F=38\mathrm{kN}$

2）求吊环的最小横截面面积。

分别计算孔 $\phi22$ 处、销子处和接近凹槽底部处的横截面面积 A_1，A_2 和 A_3：

$$A_1=(50-22)\mathrm{mm}\times20\mathrm{mm}=560\mathrm{mm}^2$$

$$A_2=2\times(50-22)\mathrm{mm}\times15\mathrm{mm}=840\mathrm{mm}^2$$

$$A_3=2\times20\mathrm{mm}\times15\mathrm{mm}=600\mathrm{mm}^2$$

故吊环的最小横截面面积 $A_{\min}=A_1=560\mathrm{mm}^2$。

3）求吊环内的最大正应力。

吊环内的最大正应力

$$\sigma_{\max}=\frac{F_N}{A_{\min}}=\frac{38\times10^3\text{N}}{560\times10^{-6}\text{m}^2}=67.9\times10^6\text{Pa}=67.9\text{MPa}$$

6.2 受扭圆轴横截面上的应力

1. 变形几何关系

取一等截面圆轴，加载前在圆轴表面上画一些间距大致相等的圆周线和轴向线（见图 6-8a）。然后在圆轴两端施加一对等值、反向的外力偶矩 M_e，使圆轴发生微小的弹性变形（见图 6-8b）。这时可以观察到如下变形现象：

1）所有轴向线仍近似为直线，且都倾斜了相同的微小角度 γ。

2）所有圆周线保持原有的长度、形状及其相互之间的距离，在横截面内绕轴线转过了一个角度 φ，称为**扭转角**。

3）变形前小矩形 $abcd$，变形后错动成平行四边形 $a'b'c'd'$，即发生了剪切变形。

根据观察到的现象，做如下假设：圆轴扭转变形前为平面的横截面，变形后仍为大小相同的平面，其半径仍保持为直线；且相邻两横截面之间的距离不变。这就是圆轴扭转的**平面假设**。

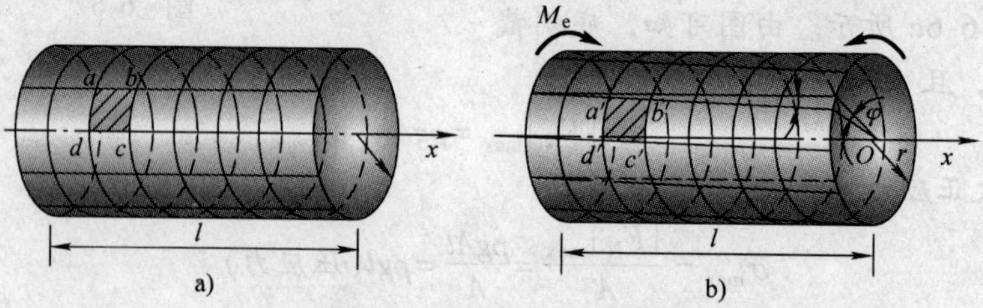

图 6-8

按照这一假设，可设想圆轴的横截面就像刚性平面一样绕轴线转过了一定的角度（实际上忽略了轴向伸缩变形）。以平面假设为基础导出的圆轴扭转的应力和变形计算公式，符合试验结果，且与弹性力学公式一致，从而说明该平面假设是正确的。根据平面假设，既然圆轴横截面的形状、大小及其相互之间的距离在变形后保持不变，说明圆轴无轴向线应变和横向线应变，因而可认为扭转圆轴横截面上无正应力，只可能存在切应力。同时由于圆周线的相对转动引起纵向线的倾斜，倾斜的角度 γ 就是圆轴表面处的切应变。

从图 6-8b 所示受扭圆轴中取 dx 微段并放大如图 6-9a，再从所取微段中任取半径为 ρ 的

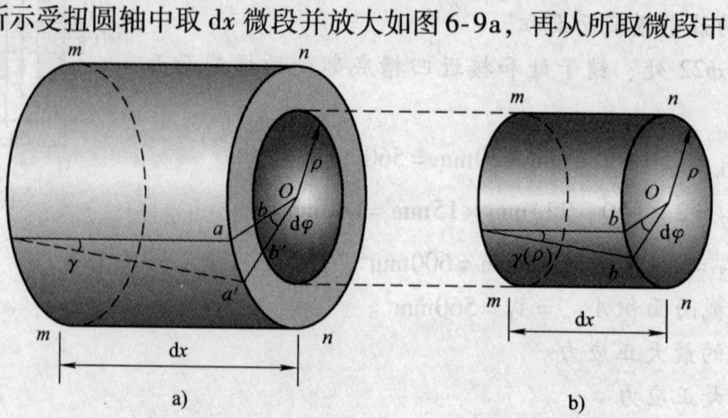

图 6-9

圆柱（见图 6-9b）。横截面 $n-n$ 相对于 $m-m$ 转过的角度 $\mathrm{d}\varphi$，称为**相对扭转角**。以 ρ 为半径的圆柱表面处的切应变用 $\gamma(\rho)$ 表示。因为变形很小，故由图 6-9b 可知

$$\gamma(\rho)=\frac{bb'}{\mathrm{d}x}=\frac{\rho\mathrm{d}\varphi}{\mathrm{d}x} \tag{6-4}$$

式中，$\mathrm{d}\varphi/\mathrm{d}x$ 表示扭转角沿轴线长度方向的变化率，对一个给定的截面来说，它是常量。故式（6-4）表明，横截面上任意一点的切应变 $\gamma(\rho)$ 与该点到圆心的距离 ρ 成正比，这就是圆轴扭转时横截面上切应变的分布规律。

2. 物理关系

以 $\tau(\rho)$ 表示横截面上距圆心为 ρ 处一点的切应力，则由剪切胡克定律可知

$$\tau(\rho)=G\gamma(\rho)=G\rho\frac{\mathrm{d}\varphi}{\mathrm{d}x} \tag{6-5}$$

上式表明，横截面上任一点的切应力 $\tau(\rho)$ 与该点到圆心的距离 ρ 成正比。由于 $\gamma(\rho)$ 发生在垂直于半径的平面内，所以切应力 $\tau(\rho)$ 也与半径垂直。如再注意到切应力互等定理，则在纵截面和横截面上，沿半径切应力的分布如图 6-10 所示。

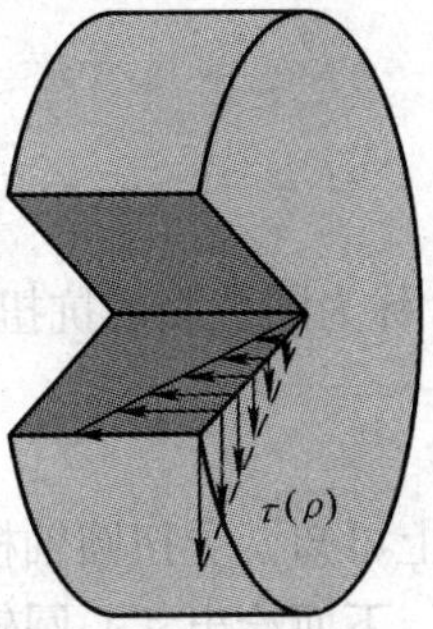

图 6-10

3. 静力关系

现利用静力关系来确定式(6-5)中的待定常量 $\mathrm{d}\varphi/\mathrm{d}x$。考察微面积 $\mathrm{d}A$ 上的微内力 $\tau(\rho)\mathrm{d}A$（见图 6-11），它对圆心的微内力矩为 $\mathrm{d}T=\rho\tau(\rho)\mathrm{d}A$，其合力矩即为该截面上的扭矩 T，即

$$T=\int_A\rho\tau(\rho)\mathrm{d}A \tag{6-6}$$

将式（6-5）代入上式，则有

$$T=G\frac{\mathrm{d}\varphi}{\mathrm{d}x}\int_A\rho^2\mathrm{d}A \tag{6-7}$$

记

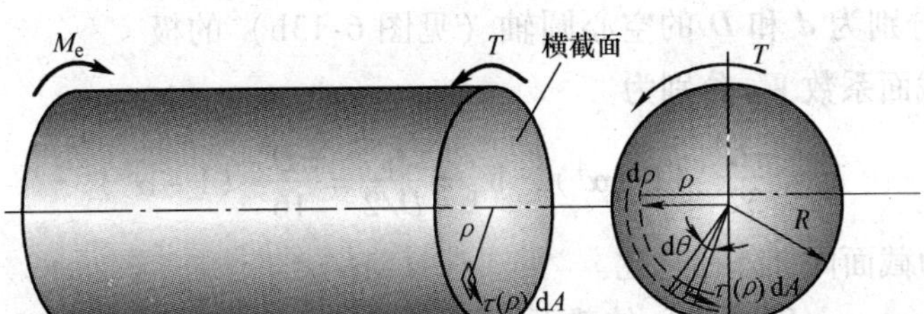

图 6-11

$$I_p=\int_A\rho^2\mathrm{d}A$$

I_p 称为横截面对圆心的**极惯性矩**。式（6-7）改写成

$$T=GI_p\frac{\mathrm{d}\varphi}{\mathrm{d}x} \tag{6-8}$$

故可得待定常量

$$\frac{d\varphi}{dx}=\frac{T}{GI_p} \tag{6-9}$$

将式（6-9）代入式（6-5）可得

$$\tau(\rho)=\frac{T}{I_p}\rho \tag{6-10}$$

式中，T 为所求横截面上的扭矩；I_p 为截面极惯性矩；ρ 为所求点到圆心的距离。公式表明，距圆心为 ρ 的一点处的切应力，与该点到圆心的距离成正比，与横截面上的扭矩成正比，与该截面的极惯性矩成反比。对某一横截面而言，其上的扭矩 T 是常数，I_p 也是确定的，故该横截面上的切应力仅仅是 ρ 的线性函数。显然，在圆心处，$\tau=0$；在圆轴表面处，$\tau=\tau_{max}$，且

$$\tau_{max}=\frac{T}{I_p}R=\frac{T}{I_p/R} \tag{6-11}$$

记

$$W_p=\frac{I_p}{R}$$

W_p 称为圆截面的抗扭截面系数。于是式（6-11）可改写成

$$\tau_{max}=\frac{T}{W_p} \tag{6-12}$$

综上可知，受扭圆轴横截面上切应力分布规律如图 6-12 所示。

下面给出实心圆轴、空心圆轴和薄壁圆筒的截面极惯性矩和抗扭截面系数（具体的计算过程见附录 A）。

1）实心圆轴（见图 6-13a）的极惯性矩 I_p 和抗扭截面系数 W_p 分别为

$$I_p=\int_0^{2\pi}\int_0^{D/2}\rho^3 d\rho d\theta=\frac{\pi D^4}{32}, W_p=\frac{I_p}{D/2}=\frac{\pi D^3}{16} \tag{6-13}$$

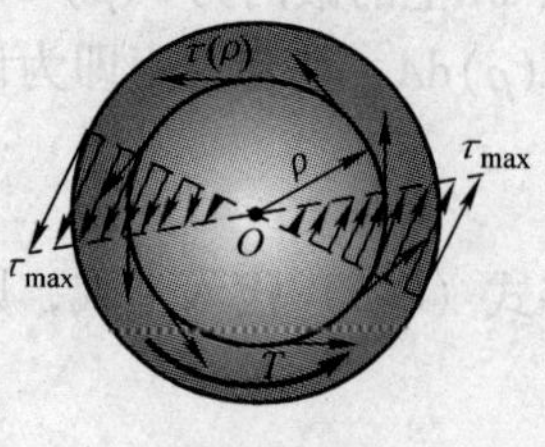

图 6-12

2）内、外径分别为 d 和 D 的空心圆轴（见图 6-13b）的极惯性矩 I_p 和抗扭截面系数 W_p 分别为

$$I_p=\frac{\pi D^4}{32}(1-\alpha^4),\quad W_p=\frac{I_p}{D/2}=\frac{\pi D^3}{16}(1-\alpha^4) \tag{6-14}$$

式中，$\alpha=d/D$，为截面内、外径之比。

3）薄壁圆筒（$\alpha=d/D\geqslant 0.9$）的截面极惯性矩 I_p 和抗扭截面系数 W_p 分别为

$$I_p=2\pi R_0^3\delta,\quad W_p=\frac{I_p}{R_0}=2\pi R_0^2\delta \tag{6-15}$$

横截面上的切应力的计算公式为

$$\tau=\tau_{max}=\frac{T}{W_p}=\frac{T}{2\pi R_0^2\delta} \tag{6-16}$$

式中，R_0 为薄壁圆筒横截面的平均半径；δ 为壁厚。

例题 6-4 一直径为 $D=50$mm 的实心圆轴，受到扭矩 $T=4$kN·m 作用。试求在距离轴心 $\rho=10$mm 处的切应力，并求轴横截面上的最大切应力。

解：1）求截面的极惯性矩和抗扭截面系数

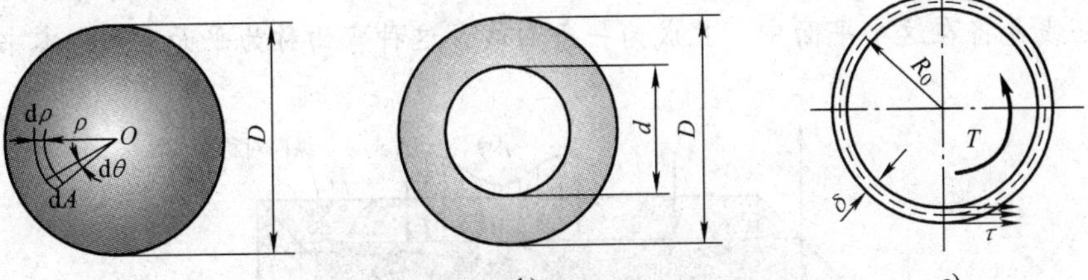

图　6-13

$$I_p=\frac{\pi D^4}{32}=\frac{\pi\times50^4\times10^{-12}}{32}\text{m}^4=6.133\times10^{-7}\text{m}^4$$

$$W_p=\frac{\pi D^3}{16}=\frac{\pi\times50^3\times10^{-9}}{16}\text{m}^3=2.453\times10^{-5}\text{m}^3$$

2）求$\tau(\rho)$及$\tau_{\max}$

$$\tau(\rho)\big|_{\rho=10\text{mm}}=\frac{T}{I_p}\rho=\frac{4\times10^3}{6.133\times10^{-7}}\times10\times10^{-3}\text{Pa}=65.22\times10^6\text{Pa}=65.22\text{MPa}$$

$$\tau_{\max}=\frac{T}{W_p}=\frac{4\times10^3}{2.453\times10^{-5}}\text{Pa}=163.07\times10^6\text{Pa}=163.07\text{MPa}$$

例题6-5　如将上题中的实心圆轴改为内、外径之比为$\alpha=0.5$的空心圆轴，若两轴的最大切应力相等，求此时空心圆轴的外径，并比较实心轴和空心轴的重力。

解：1）求空心圆轴的外径。

记空心轴的外径为D_1，则由题意有

$$\tau_{\max空}=\frac{T}{W_p}=\frac{16T}{\pi D_1^3\ (1-\alpha^4)}=\tau_{\max实}$$

故空心轴的外径

$$D_1=\sqrt[3]{\frac{16T}{\pi(1-\alpha^4)\tau_{\max实}}}=\sqrt[3]{\frac{16\times4\times10^3\text{N}}{\pi\times(1-0.5^4)\times163.07\times10^6\text{Pa}}}\text{mm}=51.1\text{mm}$$

2）比较实心轴和空心轴的重力

由于两轴长度相等、材料相同，故两轴重力之比等于横截面面积之比：

$$\frac{W_空}{W_实}=\frac{A_空}{A_实}=\frac{\pi D_1^2(1-\alpha^2)/4}{\pi D^2/4}=\frac{D_1^2(1-\alpha^2)}{D^2}=\frac{51.1^2\times(1-0.5^2)}{50^2}=0.78$$

可见在载荷相同的条件下，空心轴的重力只有实心轴的78%，说明空心轴比实心的节省材料。如果将空心截面改为薄壁截面，可以发现节省材料的效果更为明显。

6.3　弯曲梁横截面上的应力

工程问题中，大多数梁的横截面都有一根对称轴，如图6-14所示的y轴，因而梁有一个包含轴线的纵向对称面，如果作用在梁上的所有外力（偶）都在此纵向对称面内，则变形后的梁轴线也将在这个平面中，且成为一条曲线，这种弯曲称为平面弯曲，本书主要讨论这种情况。

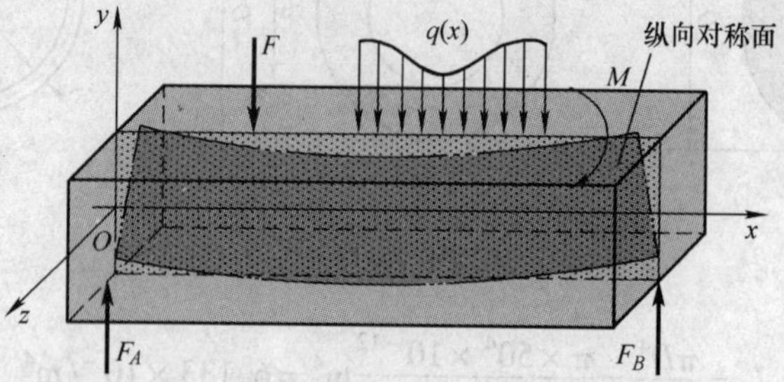

图 6-14

发生平面弯曲的杆件的横截面上一般同时存在剪力和弯矩两种内力。弯矩是垂直于横截面的内力系的合力偶矩；剪力是相切于横截面的内力系的合力。所以，弯矩 M 只与横截面上的正应力 σ 有关，而剪力 F_S 只与横截面上的切应力 τ 有关。

考察图 6-15a 所示的矩形截面简支梁。梁上有两个外力 F 对称地作用于梁的纵向对称面内。其计算简图、剪力图和弯矩图分别如图 6-15b、c、d 所示。由图可见，在梁的 AC 和 DB 两段内，梁横截面上既有弯矩又有剪力，因而同时存在正应力和切应力。这种情况称为**横力弯曲**。在 CD 段内，梁横截面上剪力为零，弯矩为常数，从而梁的横截面上就只有正应力而无切应力，这种情况称为**纯弯曲**。

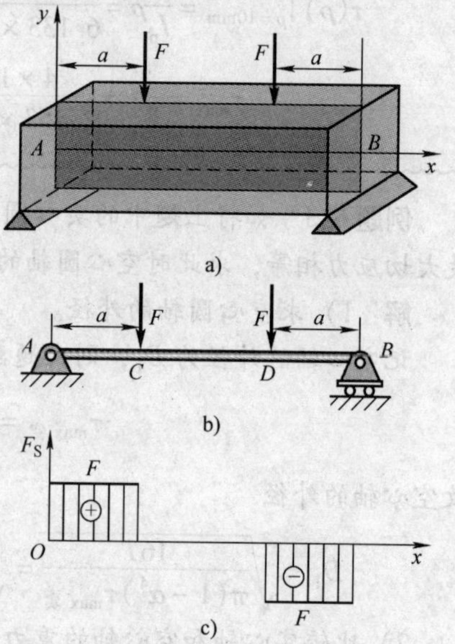

图 6-15

取一具有纵向对称面的等直梁，在两端施加力偶矩 M，观察其变形。事先在梁的表面画上一些间距大致相等的纵向线和横向线，如图 6-16a 所示，受纯弯曲变形后，这些线条的位置和角度将发生变化，如图 6-16b 所示。据此可观察到下列变形现象：

1）纵向线都弯曲成弧线，凸边弧线长度增加，而凹边弧线长度减小。

2）横向线仍为直线，但相对原来的位置转过了一个角度，且仍与纵向线正交。

根据上述实验结果，可以假设，变形前为平面的梁的横截面变形后仍保持为平面，且仍然垂直于变形后的梁轴线，只是绕横截面内某一条直线转过一个角度。这就是弯曲变形的**平面假设**。

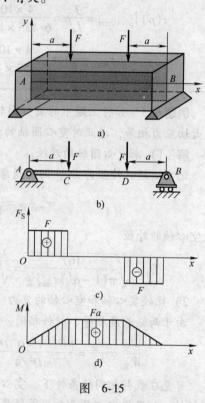

凸边一侧的纵向“纤维”有拉伸变形，而凹边一侧有压缩变形。由平面假设并考虑到变形的连续性，由压缩区到伸长区，中间必然有一层纤维的长度不变。这一层纤维称为**中性层**。中性层与横截面的交线称为**中性轴**（见图 6-17），显然横截面绕中性轴转动。

除了平面假设以外，还假设，梁内各纵向纤维受到单向拉伸或压缩，彼此间互不挤压、互不牵拉。这就是弯曲变形的**单向受力假设**。

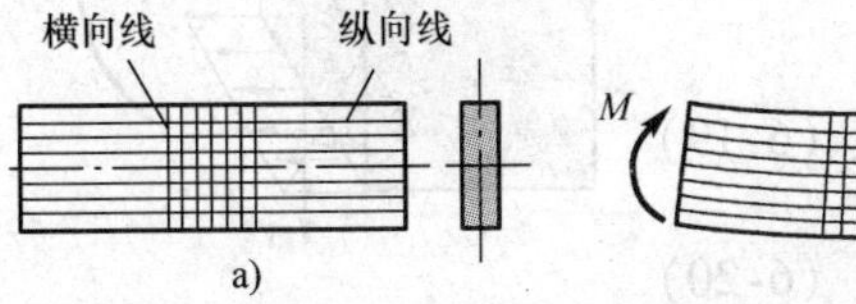

图　6-16

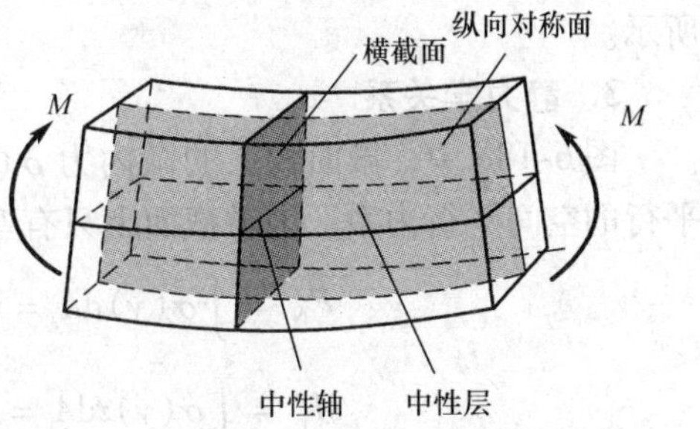

图　6-17

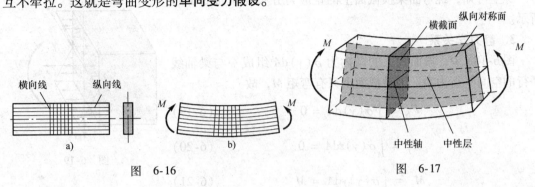

在纯弯曲情况下，由于横截面保持为平面，且处处与纵向线正交，说明横截面各点处无切应变，故不存在切应力，横截面上只存在正应力。根据以上平面假设得到的理论结果，在长期工程实践中，符合实际情况，与弹性力学的结果也一致。

6.3.1　弯曲梁横截面上的正应力

1. 变形几何关系

设从纯弯曲梁中沿轴线取长为 $\mathrm{d}x$ 的微段（见图 6-18a）。设 ρ 为中性层曲率半径，$\mathrm{d}\theta$ 为左右两横截面的相对转角（见图 6-18b）。又设横截面的纵向对称轴为 y 轴，中性轴为 z 轴（见图 6-18c）。距离中性轴为 y 的任一纤维 bb'，变形前长为 $bb'=\mathrm{d}x=\rho\mathrm{d}\theta$，变形后其长度变化为$(\rho+y)\mathrm{d}\theta$，所以 bb'的线应变为

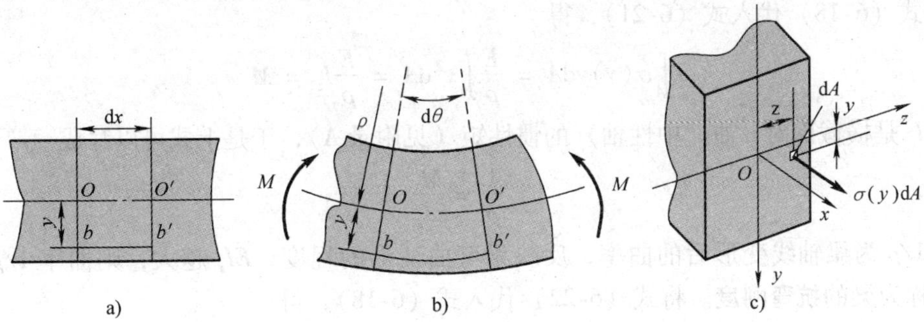

图　6-18

$$\varepsilon(y)=\frac{(\rho+y)\mathrm{d}\theta-\rho\mathrm{d}\theta}{\rho\mathrm{d}\theta}=\frac{y}{\rho} \tag{6-17}$$

上式表明，距中性层为 y 的任一纵向纤维的线应变，与 y 成正比，与 ρ 成反比，该式表现了纯弯曲时纵向纤维沿梁高的正应变分布规律。

2. 物理关系

因为纵向纤维之间无挤压或牵拉，每一纤维都是单向拉伸或压缩。当应力不超过材料的比例极限时，由胡克定律知

$$\sigma(y)=E\varepsilon(y)=\frac{E}{\rho}y \tag{6-18}$$

这表明，任一纵向纤维的正应力与它到中性层的距离成正比。也就是说沿截面高度，正应力按直线规律变化。

综上可知，纯弯曲梁横截面上的正应力分布规律如图 6-19 所示。

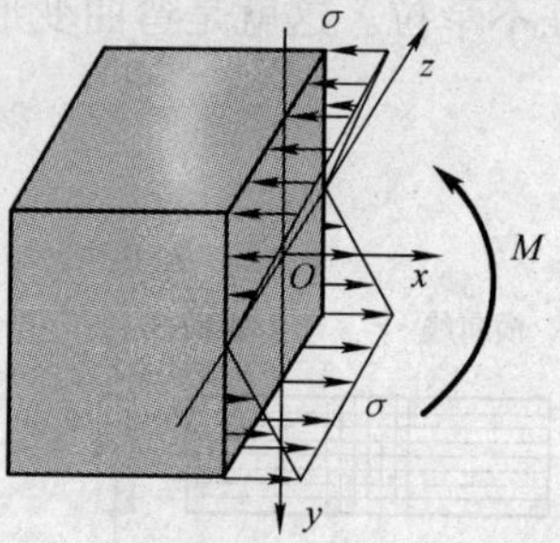

图 6-19

3. 静力学关系

图 6-18c 中，微面积上的微内力 $\sigma(y)\mathrm{d}A$ 组成一与梁轴线平行的空间平行力系。因横截面上只有弯矩 M，故

$$F_{\mathrm{N}} = \int_A \sigma(y)\mathrm{d}A = 0 \tag{6-19}$$

$$M_y = \int_A \sigma(y)z\mathrm{d}A = 0 \tag{6-20}$$

$$M_z = \int_A \sigma(y)y\mathrm{d}A = M \tag{6-21}$$

将式（6-18）代入式（6-19），得

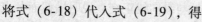

$$\int_A \sigma(y)\mathrm{d}A = \frac{E}{\rho}\int_A y\mathrm{d}A = \frac{E}{\rho}S_z = 0$$

式中，E/ρ 为常量，且不等于零，故必须有横截面对中性轴（z 轴）的静矩 $S_z=0$。由平面图形的几何性质（见附录 A）可知，z 轴（中性轴）通过截面形心时 $S_z=0$。这样就可以确定**中性轴通过截面形心**。

将式（6-18）代入式（6-20），得

$$\int_A \sigma(y)z\mathrm{d}A = \frac{E}{\rho}\int_A yz\mathrm{d}A = \frac{E}{\rho}I_{yz} = 0$$

由于 y 轴是横截面的对称轴，必然有 $I_{yz}=0$（见附录 A）。上式是自然满足的。

将式（6-18）代入式（6-21），得

$$\int_A \sigma(y)y\mathrm{d}A = \frac{E}{\rho}\int_A y^2\mathrm{d}A = \frac{E}{\rho}I_z = M$$

式中，I_z 是横截面对 z 轴（中性轴）的惯性矩（见附录 A），于是上式可以写成

$$\frac{1}{\rho} = \frac{M}{EI_z} \tag{6-22}$$

式中，$1/\rho$ 为梁轴线变形后的曲率，反映梁弯曲变形的程度，EI_z 越大，则曲率 $1/\rho$ 越小，故 EI_z 称为梁的**抗弯刚度**。将式（6-22）代入式（6-18），得

$$\sigma(y) = \frac{M}{I_z}y \tag{6-23}$$

这就是梁纯弯曲时横截面上正应力的计算公式。

在用式（6-23）计算任一点的正应力时，正应力的正负由梁的变形判定：梁的纵向纤维受压时，正应力为负（压应力）；纤维受拉时，正应力为正（拉应力）。也可以由弯矩的正负来判定正应力的正负：M 为正，说明梁的下边纤维受拉，故中性轴以下部分均为正的正应力，而中性轴以上部分均为负的正应力；M 为负时，应力正负号则相反。

由正应力计算公式可知，某一横截面上的最大正应力发生在距离中性轴的最远处，即

$$\sigma_{\max} = \frac{M}{I_z}y_{\max} = \frac{M}{I_z/y_{\max}} = \frac{M}{W_z} \tag{6-24}$$

式中，$W_z = I_z/y_{\max}$ 称为抗弯截面系数。

对于实心矩形截面（见图 6-20a）

$$W_z = \frac{I_z}{y_{\max}} = \frac{bh^3/12}{h/2} = \frac{bh^2}{6}$$

对于实心圆截面（见图 6-20b）

$$W_z = \frac{I_z}{y_{\max}} = \frac{\pi d^4/64}{d/2} = \frac{\pi d^3}{32}$$

有关型钢的相关数据可查附录 C。

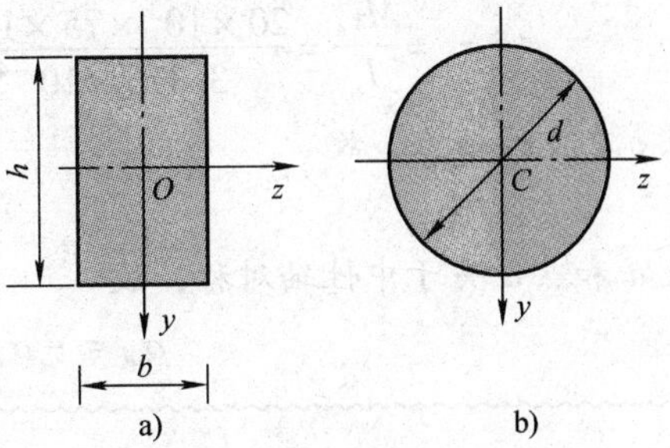

图 6-20

纯弯曲梁横截面上的正应力计算公式（6-23）是在平面假设的前提条件下推导出来的。实际工程中，纯弯曲是一种较少见的承载形式。当梁发生横力弯曲时，由于剪力作用使梁发生了非均匀分布的切应力，梁的横截面将不再保持为平面。虽然横力弯曲和纯弯曲之间存在这些差异，但进一步分析表明，在细长梁情况下，用纯弯曲梁的正应力计算公式计算横力弯曲时的正应力，并不会引起很大的误差，其计算结果能够满足工程问题的精度要求。因此，对细长梁，式（6-23）仍然适用。

横力弯曲时，梁横截面上的弯矩随截面位置的不同而变化。确定最大正应力要综合考虑弯矩 M 值、截面的形状和尺寸，按下式计算：

$$\sigma_{\max} = \left\{\frac{My}{I_z}\right\}_{\max} \tag{6-25}$$

例题 6-6 矩形截面梁 AB 受载及截面尺寸分别如图 6-21a、b 所示。试求梁 A 端右侧截面上 a，b，c，d 四点处的正应力。

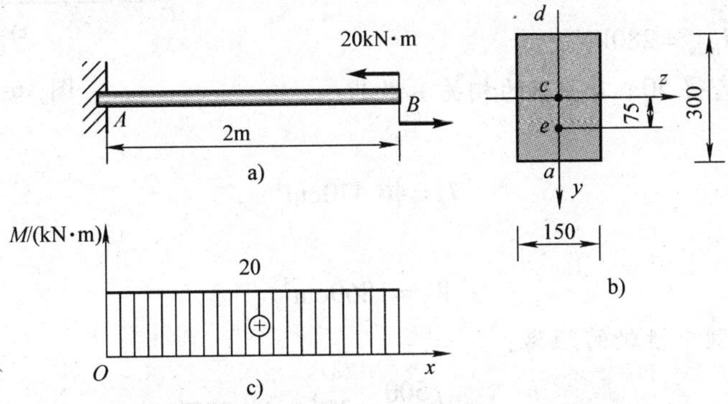

图 6-21

解：1）求梁 A 端右侧截面上的弯矩。

画梁的弯矩图如图 6-21c 所示，可知梁为纯弯曲，梁 A 端右侧截面上的弯矩为

$$M = 20\text{kN}\cdot\text{m}$$

2）求横截面的惯性矩 I_z 和抗弯截面系数 W_z：

$$I_z = \frac{bh^3}{12} = \frac{150 \times 300^3 \times 10^{-12}}{12}\text{m}^4 = 3.375 \times 10^{-4}\text{m}^4$$

$$W_z = \frac{bh^2}{6} = \frac{150 \times 300^2 \times 10^{-9}}{6}\text{m}^3 = 2.25 \times 10^{-3}\text{m}^3$$

3）求各点的正应力：

$$\sigma_a=\frac{My_a}{I_z}=\frac{20\times10^3\times150\times10^{-3}}{3.375\times10^{-4}}\text{Pa}=8.89\times10^6\text{Pa}=8.89\text{MPa}\ （拉应力）$$

$$\sigma_e=\frac{My_e}{I_z}=\frac{20\times10^3\times75\times10^{-3}}{3.375\times10^{-4}}\text{Pa}=4.44\times10^6\text{Pa}=4.44\text{MPa}\ （拉应力）$$

点 c 在中性轴上，故

$$\sigma_c=0$$

点 d 和点 a 关于中性轴对称，故

$$\sigma_d=-\sigma_a=-8.89\text{MPa}\ （压应力）$$

例题 6-7 图 6-22a 所示大梁由 50a 工字钢制成，跨中作用一集中力 $F=140\text{kN}$。试求梁危险截面上的最大正应力以及翼缘与腹板交界处的正应力。

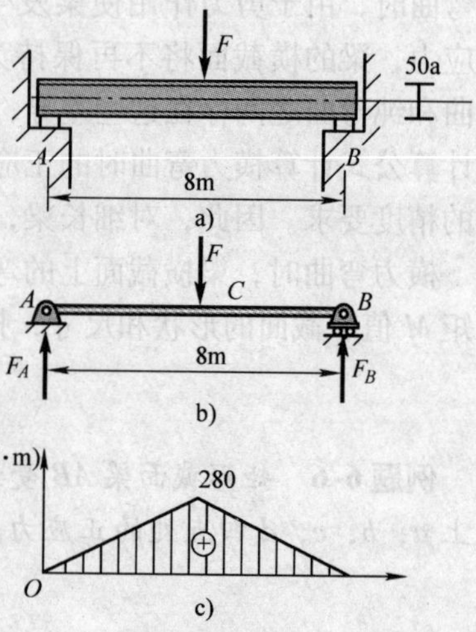

图 6-22

解：1）画梁的计算简图并求支座约束力。

画梁的计算简图如图 6-22b 所示。支座约束力为

$$F_A=F_B=70\text{kN}$$

2）画梁的弯矩图，确定危险截面。

画梁的弯矩图如图 6-22c 所示，故截面 C 为危险截面，且

$$M_{\max}=280\text{kN}\cdot\text{m}$$

3）由附录 C 查得 50a 工字钢的相关参数为

惯性矩：

$$I_z=46\ 470\text{cm}^4$$

抗弯截面系数：

$$W_z=1860\text{cm}^3$$

翼缘与腹板交界处到中性轴的距离：

$$y=\frac{h}{2}-t=\left(\frac{500}{2}-20\right)\text{mm}=230\text{mm}$$

4）求弯曲正应力。

危险截面 C 上的最大正应力为

$$\sigma_{\max}=\frac{M_{\max}}{W_z}=\frac{280\times10^3}{1860\times10^{-6}}\text{Pa}=150.5\times10^6\text{Pa}=150.5\text{MPa}$$

危险截面 C 上翼缘与腹板交界处的正应力为

$$\sigma=\frac{M_{\max}y}{I_z}=\frac{280\times10^3\times230\times10^{-3}}{46\ 470\times10^{-8}}\text{Pa}=137.7\times10^6\text{Pa}=137.7\text{MPa}$$

例题 6-8 T 形截面梁受载及截面尺寸分别如图 6-23a、b 所示。试求梁的最大拉应力和

最大压应力。已知 $I_z = 7.64 \times 10^6 \mathrm{mm}^4$，$y_1 = 52\mathrm{mm}$。

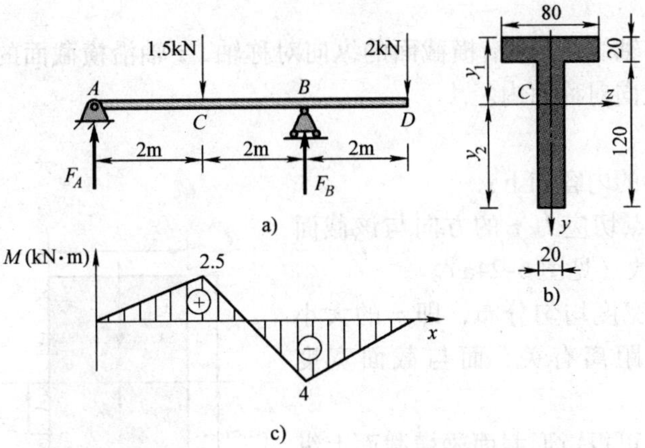

图 6-23

解：1）求支座约束力

$$F_A = 1.25\mathrm{kN},\ F_B = 5.25\mathrm{kN}$$

2）画弯矩图，确定危险截面。

画梁的弯矩图如图6-23c所示，故截面 B 和 C 为可能的危险截面，且该两截面的弯矩分别为

$$M_B = 4\mathrm{kN \cdot m},\ M_C = 2.5\mathrm{kN \cdot m}$$

3）求梁的最大拉应力和最大压应力。

不难分析出最大压应力一定发生在截面 B 的下边缘，而最大拉应力可能发生在截面 B 的上边缘或截面 C 的下边缘。故最大压应力为

$$\sigma_{\mathrm{cmax}} = \sigma_{\mathrm{cmax}}^B = \frac{M_B y_2}{I_z} = \frac{4 \times 10^3 \times 88 \times 10^{-3}}{7.64 \times 10^{-6}}\mathrm{Pa} = 46.1 \times 10^6 \mathrm{Pa} = 46.1\mathrm{MPa}$$

截面 B 的最大拉应力

$$\sigma_{\mathrm{tmax}}^B = \frac{M_B y_1}{I_z} = \frac{4 \times 10^3 \times 52 \times 10^{-3}}{7.64 \times 10^{-6}}\mathrm{Pa} = 27.2 \times 10^6 \mathrm{Pa} = 27.2\mathrm{MPa}$$

截面 C 的最大拉应力为

$$\sigma_{\mathrm{tmax}}^C = \frac{M_C y_2}{I_z} = \frac{2.5 \times 10^3 \times 88 \times 10^{-3}}{7.64 \times 10^{-6}}\mathrm{Pa} = 28.8 \times 10^6 \mathrm{Pa} = 28.8\mathrm{MPa}$$

故最大拉应力发生在截面 C 的下边缘，且

$$\sigma_{\mathrm{tmax}} = \sigma_{\mathrm{tmax}}^C = 28.8\mathrm{MPa}$$

6.3.2 弯曲梁横截面上的切应力

横力弯曲时，梁的横截面上既有弯矩又有剪力，因此梁的横截面上除正应力外，还有切应力。弯曲切应力的分布规律要比正应力复杂。横截面形状不同，弯曲切应力分布情况也随之不同。对形状简单的截面，可以直接就弯曲切应力的分布规律做出合理的假设，然后利用静力关系建立起相应的计算公式。但对于形状复杂的截面，需借助弹性力学理论或实验比拟方法来进行研究。

本节介绍几种常见的简单形状截面梁弯曲切应力的分布规律，并直接给出相应的计算公式。

选取 x 轴沿梁的轴线，y 轴沿横截面的纵向对称轴，z 轴沿横截面的中性轴。假设载荷简化后作用在梁的纵向对称面内。

1. 矩形截面梁

儒拉夫斯基假设的内容如下：

1）横截面上各点切应力 τ 的方向与该截面上的剪力 F_S 方向一致（见图 6-24a）。

2）切应力 τ 沿宽度均匀分布，即 τ 的大小只与其到中性轴的距离有关，而与截面宽度无关。

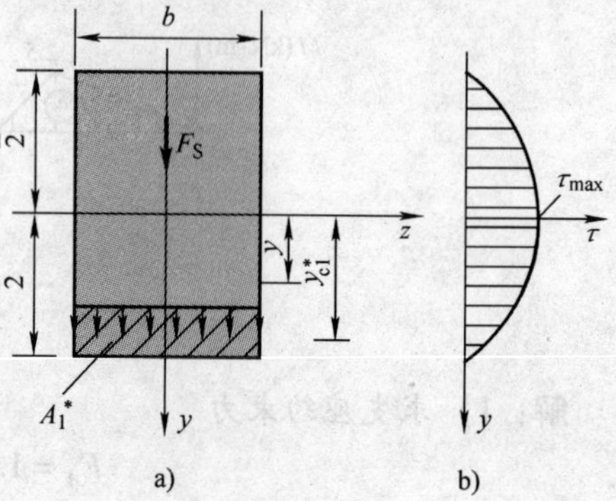

图 6-24

根据上述假设，可得矩形截面梁横截面上纵坐标为 y 的任意一点的弯曲切应力的计算公式：

$$\tau(y)=\frac{F_S S_z^*}{bI_z} \qquad (6\text{-}26)$$

式中，F_S 为横截面上的剪力；S_z^* 为横截面上过该点的水平横线以外部分面积，即图 6-24a 中的阴影区域对中性轴 z 的静矩；b 为横截面的宽度，I_z 为整个横截面对中性轴 z 的惯性矩。将

$$S_z^*=A_1^* y_{C_1}^*=b\left(\frac{h}{2}-y\right)\times\frac{1}{2}\left(y+\frac{h}{2}\right)=\frac{b}{2}\left(\frac{h^2}{4}-y^2\right)$$

代入式（6-26)，则式（6-26）可改写为

$$\tau(y)=\frac{F_S}{2I_z}\left(\frac{h^2}{4}-y^2\right) \qquad (6\text{-}27)$$

式（6-30）表明：沿截面高度，弯曲切应力的大小按图 6-24b 所示的抛物线规律变化，在上、下边缘各点处（$y=\pm h/2$），弯曲切应力为零；在中性轴上的各点处（$y=0$），切应力最大，且最大切应力为

$$\tau_{max}=\frac{3F_S}{2A} \qquad (6\text{-}28)$$

式中，$A=bh$ 为横截面面积。可见，矩形截面梁的最大切应力为横截面上名义平均切应力的 1.5 倍。

2. 工字形截面梁

工字形截面由上、下翼缘和中间腹板组成（见图 6-25a)。由于腹板为一狭长矩形，关于矩形截面上切应力分布的假设依旧成立，可得腹板上弯曲切应力的计算公式为

$$\tau(y)=\frac{F_S}{dI_z}\left[\frac{b}{8}(h^2-h_0^2)+\frac{d}{2}\left(\frac{h_0^2}{4}-y^2\right)\right] \qquad (6\text{-}29)$$

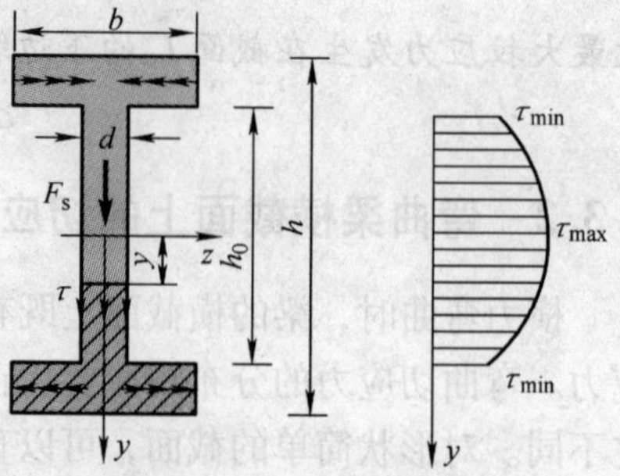

图 6-25

式（6-29）表明：沿腹板高度，弯曲切应力按抛物线规律变化，如图 6-25b 所示；在腹板与上、下翼缘交

界的各点处（$y=\pm h_0/2$），弯曲切应力最小，为

$$\tau_{\min}=\frac{F_S b}{8dI_z}(h^2-h_0^2) \tag{6-30}$$

在中性轴上的各点处（$y=0$），切应力最大，且最大切应力为

$$\tau_{\max}=\frac{F_S b}{8dI_z}[bh^2-(b-d)h_0^2] \tag{6-31}$$

从以上两式可以看到，当腹板的宽度 d 远小于翼缘的宽度 b 时，$\tau_{\max}\approx\tau_{\min}$。由于工字钢一般都满足 $d<<b$ 的条件，故可近似认为，工字钢腹板上的切应力是均匀分布的，即有

$$\tau=\frac{F_S}{dh_0} \tag{6-32}$$

若工字钢为附录 C 所列的标准型钢，则中性轴处的切应力为

$$\tau_{\max}=\frac{F_S}{d(I_z/S_{z\max}^*)} \tag{6-33}$$

式中，$I_z/S_{z\max}^*$ 的值可由附录 C 中的型钢表直接查得。

在翼缘上，弯曲切应力的分布规律如图 6-25a 所示，因其值远小于腹板上的切应力，一般不予考虑。

3. 圆形截面梁

圆形截面上切应力分布规律如图 6-26 所示。可以看出，切应力都平行于剪力的假设已不再成立。工程实际中关心的是横截面上的最大切应力，其位置在中性轴 z 处，大小为

$$\tau_{\max}=\frac{4F_S}{3A} \tag{6-34}$$

式中，A 为圆形截面的面积。可见，圆形截面梁的最大切应力为横截面上名义平均切应力的 4/3 倍。

4. 薄壁圆环形截面梁

薄壁圆环形截面上切应力分布规律如图 6-27 所示。最大切应力也发生在中性轴 z 处，大小为

$$\tau_{\max}=2\frac{F_S}{A} \tag{6-35}$$

即最大切应力为横截面上名义平均切应力的 2 倍。

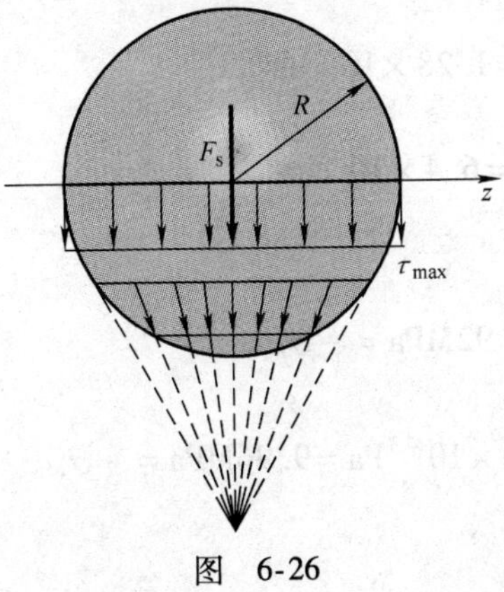

图　6-26

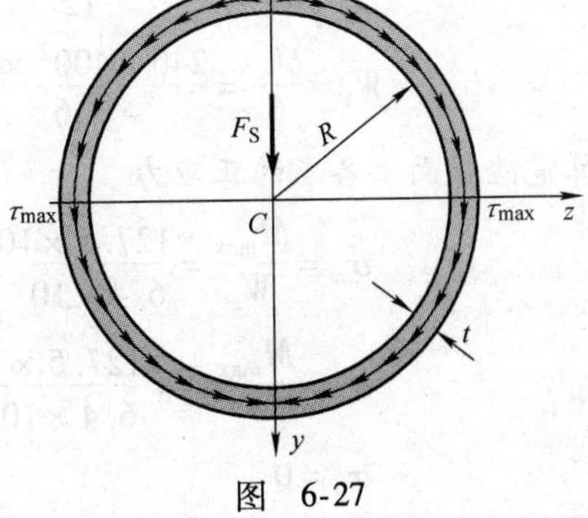

图　6-27

5. T 形截面梁

T 形截面上切应力分布规律如图 6-28 所示。最大切应力发生在中性轴 z 处，大小为

$$\tau(y)=\frac{F_{S}S_{z\max}^{*}}{b_1 I_z} \tag{6-36}$$

式中，$S_{z\max}^{*}$ 为横截面中性轴 z 一侧面积（下侧或上侧）对 z 轴的静矩；b_1 为腹板宽度。

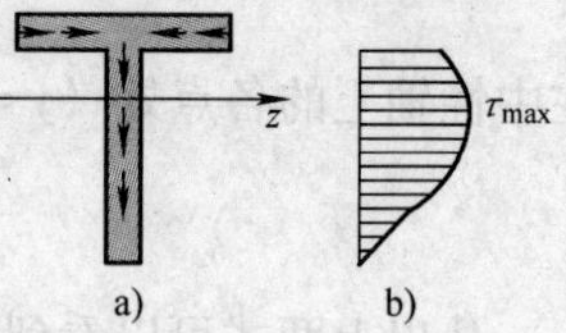

图 6-28

例题 6-9 图 6-29a、b 所示为矩形截面悬臂梁。已知：$F=85\text{kN}$，$l=3\text{m}$，$h=400\text{mm}$，$b=240\text{mm}$。试求危险截面上 a、c、d、e、f 五点的正应力及切应力。

解：1）画梁的剪力图和弯矩图，确定危险截面。

画出梁的剪力图和弯矩图分别如图 6-29c、d 所示。由图可知，截面 B 右侧截面为危险截面，剪力和弯矩在该处均达到最大值，且

$$F_{S\max}=85\text{kN},\ M_{\max}=127.5\text{kN}\cdot\text{m}$$

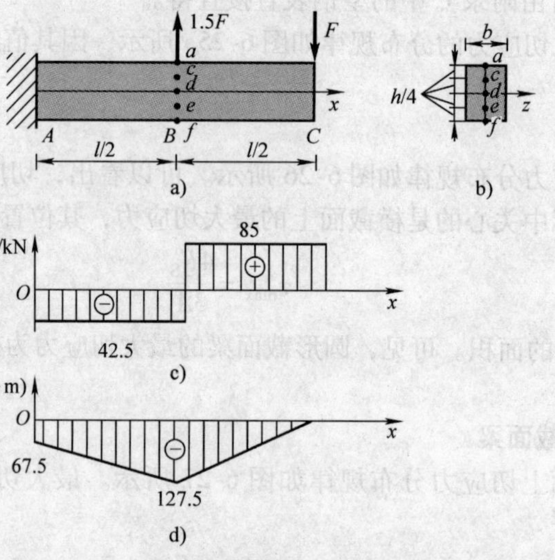

图 6-29

2）计算矩形截面对其中性轴的惯性矩及抗弯截面系数

$$I_z=\frac{bh^3}{12}=\frac{240\times400^3\times10^{-12}}{12}\text{m}^4=1.28\times10^{-3}\text{m}^4$$

$$W_z=\frac{bh^2}{6}=\frac{240\times400^2\times10^{-9}}{6}\text{m}^3=6.4\times10^{-3}\text{m}^3$$

3）计算危险截面上各点的正应力

$$\sigma_a=\frac{M_{\max}}{W_z}=\frac{127.5\times10^3}{6.4\times10^{-3}}\text{Pa}=19.92\text{MPa}=-\sigma_f$$

$$\sigma_c=\frac{M_{\max}}{W_z}y_c=\frac{127.5\times10^3}{6.4\times10^{-3}}\times100\times10^{-3}\text{Pa}=9.96\text{MPa}=-\sigma_e$$

$$\sigma_d=0$$

4）计算危险截面上各点的切应力

$$\tau_a = \tau_f = 0$$

$$\tau_c = \tau_e = \frac{F_{\text{Smax}}}{2I_z}\left(\frac{h^2}{4} - y_c^2\right) = \frac{85 \times 10^3}{2 \times 1.28 \times 10^{-3}}\left(\frac{400^2}{4} - \frac{400^2}{16}\right) \times 10^{-6}\text{Pa}$$

$$= 0.966\text{MPa}$$

$$\tau_d = \tau_{\max} = \frac{3F_{\text{Smax}}}{2A} = \frac{3F_{\text{Smax}}}{2bh} = \frac{3 \times 85 \times 10^3}{2 \times 240 \times 400 \times 10^{-6}}\text{Pa}$$

$$= 1.33\text{MPa}$$

思考题

6-1　试说明正应力 σ 与正应变 ε 的定义与量纲。若有两根拉杆，一为钢质（$E = 200\text{GPa}$），一为铝质（$E = 70\text{GPa}$），试比较在同一应力 σ 的作用下（应力均低于比例极限）两杆的应变。若应变相同，两杆应力的比值又是多少？

6-2　公式 $\sigma = \dfrac{F_{\text{N}}}{A}$，$\tau(\rho) = \dfrac{T}{I_{\text{p}}}\rho$，$\sigma(y) = \dfrac{M}{I_z}y$ 的应用条件各有哪些？与材料性质有无关系？

6-3　在变速箱中，何以低速轴的直径比高速轴的直径大？

6-4　试分析下列说法是否正确：

（1）相同截面面积的橡皮杆与钢杆，受同样拉力作用，因橡皮杆的伸长比钢杆大，所以橡皮杆横截面上的正应力比钢杆的大。

（2）应力的最大值一定发生在内力最大的截面上。

（3）截面上任一点处的应变始终与该点的应力成比例增加。

（4）D 为空心圆截面的外径，d 为其内径。则

$$I_{\text{p}} = I_{\text{p大}} - I_{\text{p小}},\quad I_z = I_{z\text{大}} - I_{z\text{小}}$$

$$W_{\text{p}} = W_{\text{p大}} - W_{\text{p小}},\quad W_z = W_{z\text{大}} - W_{z\text{小}}$$

6-5　图 6-30a 所示悬臂梁，可用一根大料制成（见图 6-30b），也可用几根小料制成。譬如：三根小料横向自由叠合而成（见图 6-30c）；两根小料纵向自由叠合而成（见图 6-30d）；三根小料横向叠合并由若干螺栓拧紧而成（见图 6-30e）。试问哪种情形下梁的抗弯强度最大？为什么？并绘出各截面上正应力的分布图。

6-6　建筑房屋用的水泥梁如图 6-31 所示，水平放置时为什么要使有钢筋的一侧在下面？

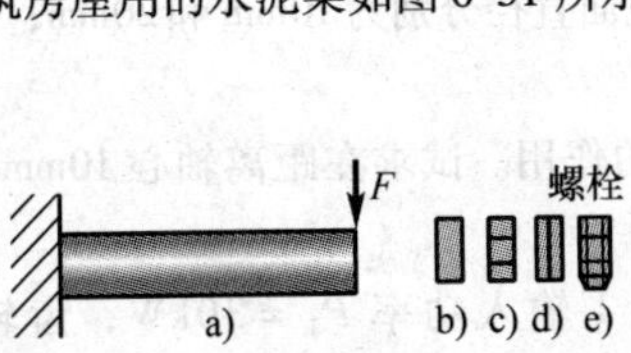

图　6-30

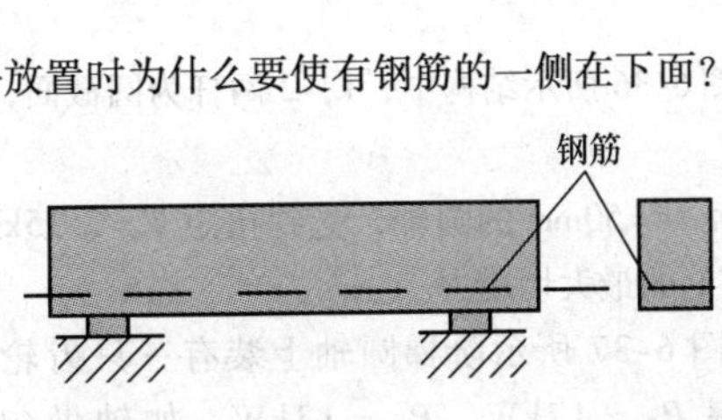

图　6-31

6-7　何为危险截面和危险点？如何来确定直杆和变截面杆的危险截面和危险点？

习　题

6-1　求图 6-32 所示各杆指定横截面上的应力。已知横截面面积 $A = 400\text{mm}^2$。

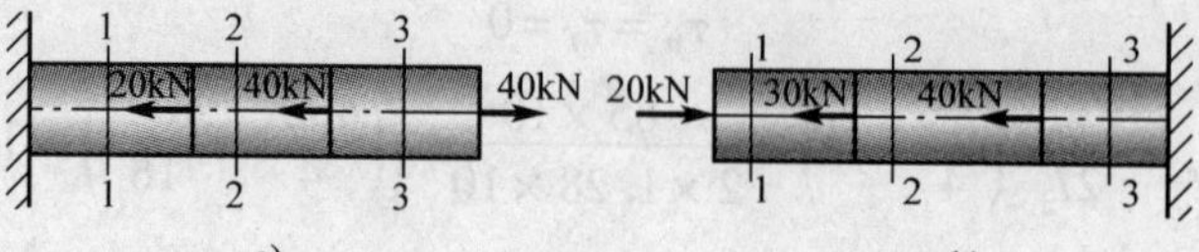

图 6-32

6-2 如图 6-33 所示的变截面杆，如横截面面积 $A_1=200\text{mm}^2$，$A_2=300\text{mm}^2$，$A_3=400\text{mm}^2$，求杆各横截面上的应力。

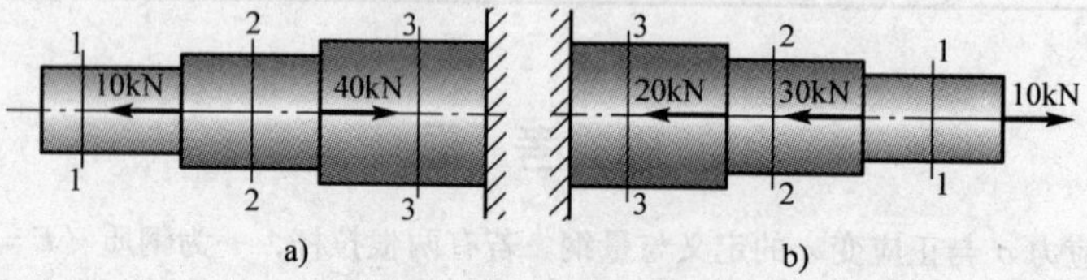

图 6-33

6-3 如图 6-34 所示杆系结构中，各杆横截面面积均为 $A=3000\text{mm}^2$，载荷 $F=200\text{kN}$。试求各杆横截面上的应力。

6-4 如图 6-35 所示钢杆 CD 直径为 20mm，用来拉住刚性梁 AB。已知 $F=10\text{kN}$，求钢杆横截面上的正应力。

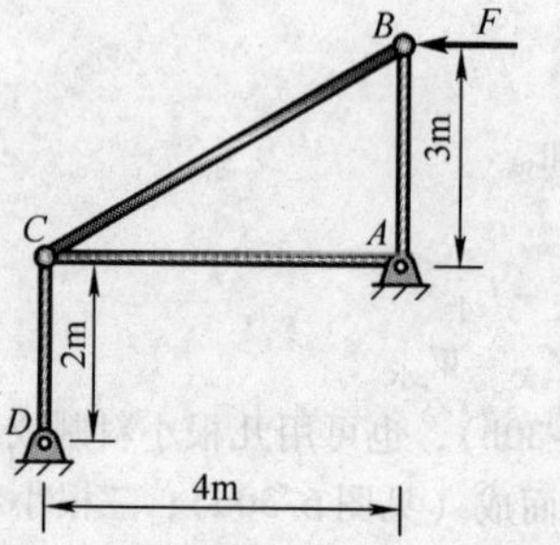

图 6-34

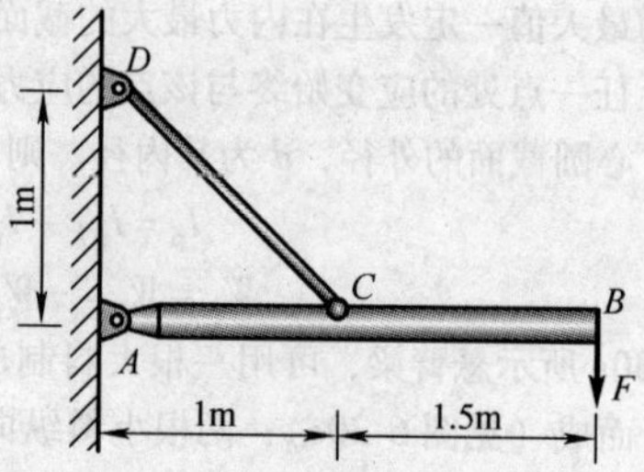

图 6-35

6-5 如图 6-36 所示结构中，1，2 两杆为圆截面，其横截面直径分别为 10mm 和 20mm，试求两杆内的应力。

6-6 直径 $D=50\text{mm}$ 的圆轴，受到扭矩 $T=2.15\text{kN}\cdot\text{m}$ 的作用。试求在距离轴心 10mm 处的切应力，并求轴横截面上的最大切应力。

6-7 如图 6-37 所示阶梯圆轴上装有三只齿轮。齿轮 1 输入功率 $P_1=30\text{kW}$，齿轮 2 和齿轮 3 分别输出功率 $P_2=17\text{kW}$，$P_3=13\text{kW}$。如轴做匀速转动，转速 $n=200\text{r/min}$，求该轴的最大切应力。

6-8 如图 6-38 所示设圆轴横截面上的扭矩为 T，试求 1/4 截面上内力系合力的大小、方向和作用点。

6-9 一矩形截面的悬臂梁如图 6-39 所示，受集中力 F 和集中力偶矩 M 作用。试求 1－1 截面和固定端截面上 A，B，C，D 四点的正应力。已知 $F=15\text{kN}$，$M=20\text{kN}\cdot\text{m}$。

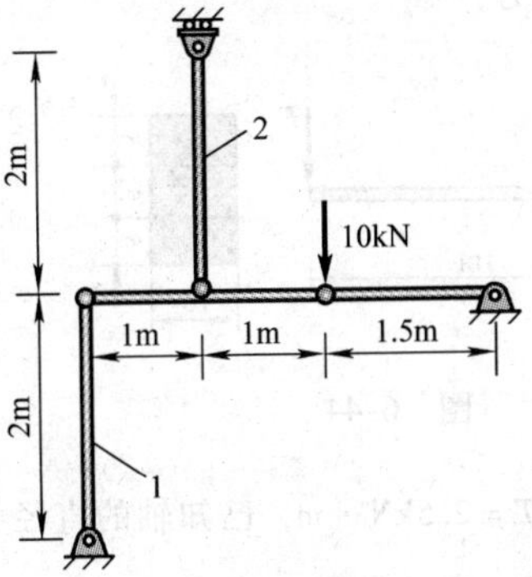

图 6-36

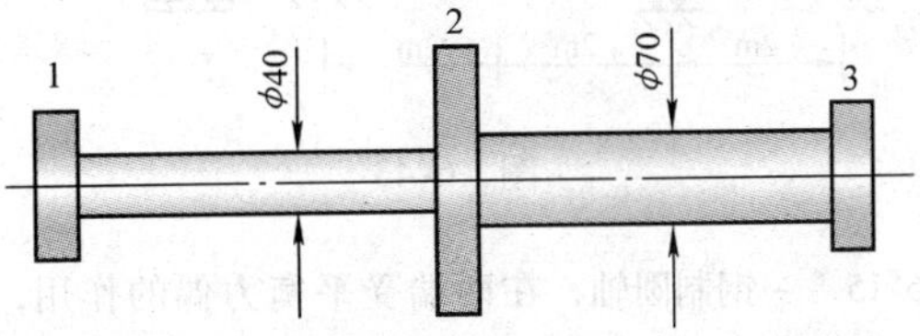

图 6-37

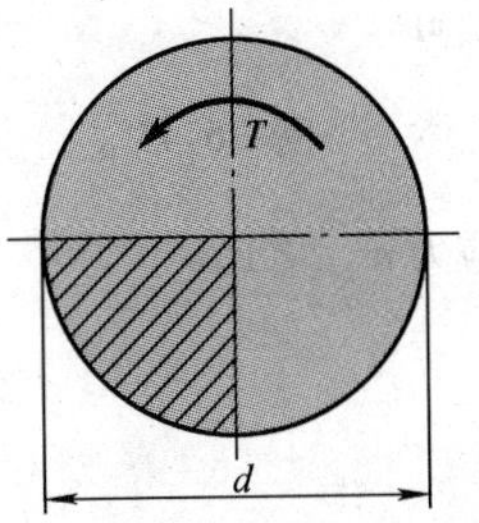

图 6-38

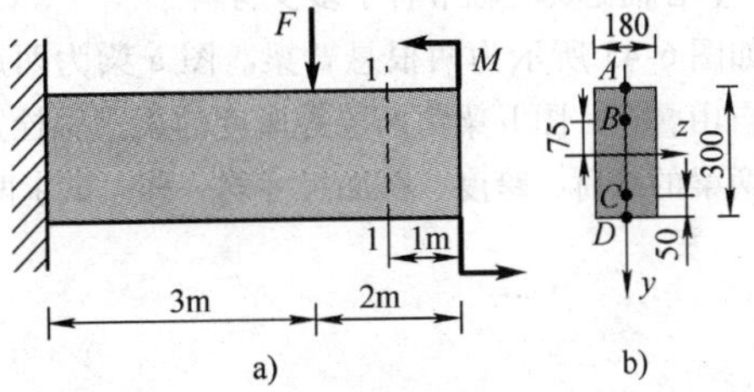

图 6-39

6-10 如图6-40所示铸铁梁，若 $h=100\text{mm}$，$\delta=25\text{mm}$，欲使最大拉应力与最大压应力之比为1∶3，试确定 b 的尺寸。

6-11 某托架如图6-41所示，$m-m$ 截面形状及尺寸见图b，截面关于其形心轴 z 对称。已知 $F=10\text{kN}$。试求：(1) $m-m$ 截面上的最大弯曲正应力。(2) 若托架中间部分未挖空，再次计算该截面上的最大弯曲正应力。

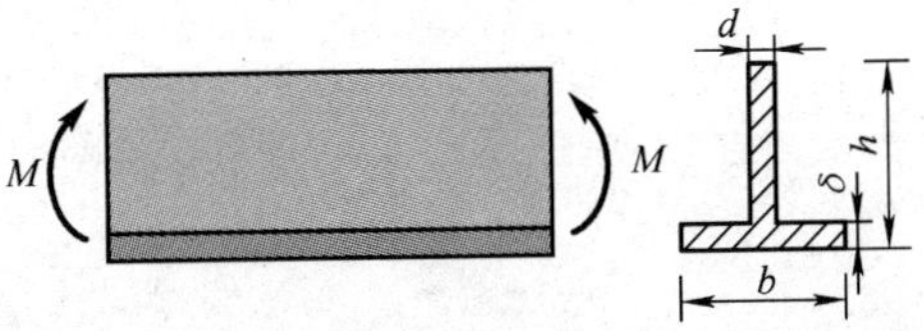

图 6-40

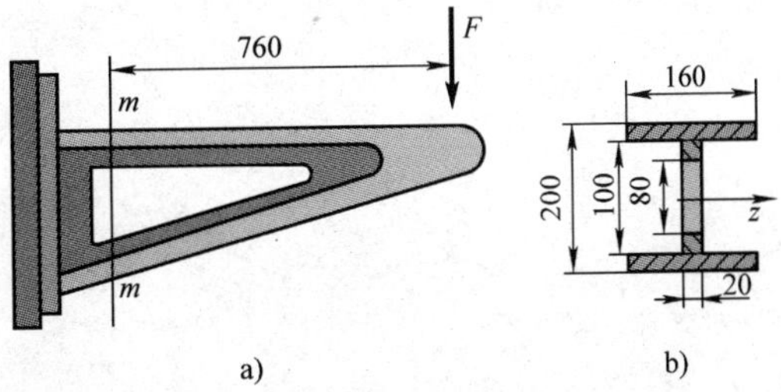

图 6-41

6-12 试计算在图6-42所示均布载荷作用下，圆截面简支梁内的最大正应力和最大切应力，并指出它们发生于何处。

6-13 试计算图6-43所示工字形截面梁内的最大正应力和最大切应力。

6-14 由三根木条胶合而成的悬臂梁截面尺寸如图

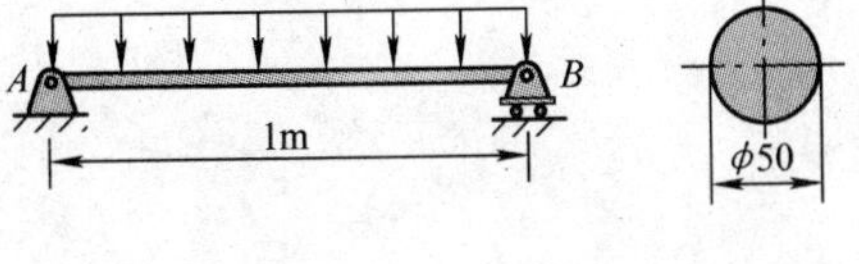

图 6-42

6-44所示，$F=800\text{N}$。试求胶合面上的切应力和横截面上的最大切应力。

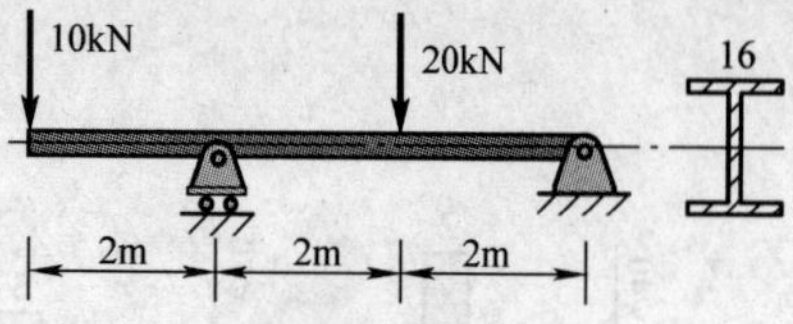

图 6-43

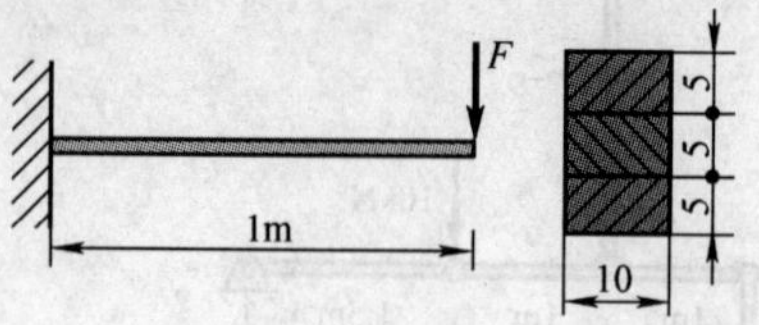

图 6-44

6-15 一钢制圆轴，在两端受平衡力偶的作用，其力偶矩为 $T=2.5\text{kN}\cdot\text{m}$，已知轴的直径为 $d=60\text{mm}$，试求该轴横截面的最大切应力。如将该实心圆轴改为外径 D 与内径 d 之比为 1.5 的空心圆轴，使其仍受同样大小的力偶矩的作用。试求使空心圆轴与实心圆轴的 τ_{max} 相等时，空心轴比实心轴节省了多少材料。

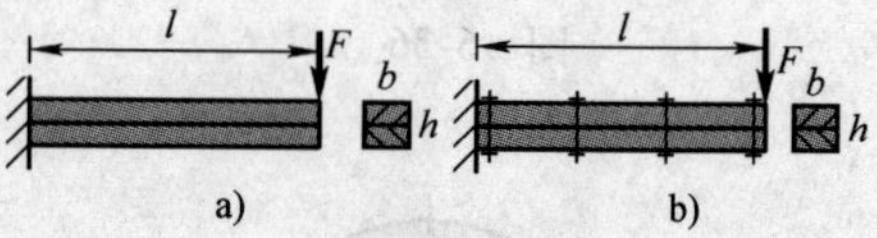

图 6-45

6-16 如图 6-45 所示为两根悬臂梁。图 a 梁为两层等厚度的梁自由叠合；图 b 梁由两层等厚度的梁用螺栓紧固成一体。两梁的载荷、跨度、截面尺寸均一样。试求两梁的最大正应力 σ_{max} 之比。

第 7 章 应力状态分析

第 6 章讨论了杆件在轴向拉伸（或压缩）、扭转和弯曲等几种基本变形形式下横截面上的应力，但这些对于分析进一步的强度问题是远远不够的。一方面，在实际工程中，杆件的破坏并不总是沿横截面发生的。比如，低碳钢试件拉伸至屈服时表面会出现与轴线成 45° 夹角的滑移线；铸铁圆轴在扭转时会沿 45° 的螺旋面破坏。另一方面，仅仅根据横截面上的应力分析，不能直接建立复杂载荷作用下的强度条件。

事实上，杆件受力变形后，不仅在横截面上会产生应力，而且在斜截面上也会产生应力。例如，在图 7-1a 所示的拉杆表面画一斜置的正方形，受拉后，正方形变成了菱形，如图中虚线所示，这表明在拉杆的斜截面上有切应力存在。又如在图 7-1b 所示的圆轴表面画一个圆，受扭后，此圆变为一斜置椭圆（图 7-1b 双点画线所示），长轴方向表示承受拉应力而伸长，短轴方向表示承受压应力而缩短。这表明，圆轴扭转时，斜截面上存在正应力。

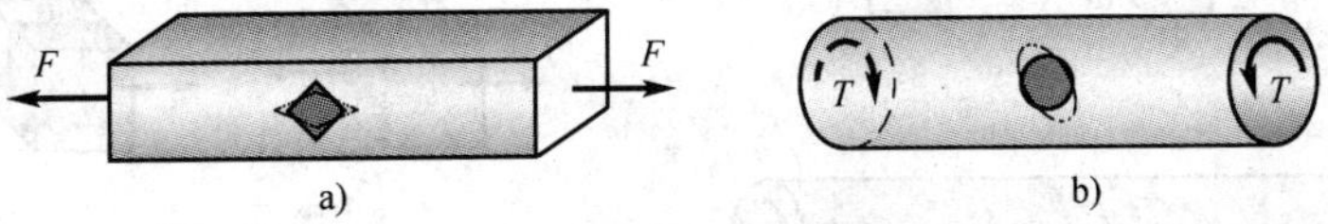

图 7-1

可见，应力的概念不仅与点的位置有关，还与过该点的截面的方位有关。即使对同一点，若所考察截面的方位不同，其应力也不相同。因此，为了研究材料强度失效的规律，需要对受力构件内一点处各个不同截面上的应力情况及其变化规律进行分析，这就是应力状态分析的内容。本章的主要任务是应力状态分析，为对杆件受复杂载荷作用时进行强度计算打下基础。

7.1 应力状态的概念

1. 点的应力状态的概念

以弯曲正应力为例，杆件内同一横截面上不同位置的点具有不同大小的正应力。事实上，即使是研究杆件内的同一个点，如果考察的截面不同，应力也是不同的。构件内点的应力的大小和方向不仅与该点的位置有关，而且还与过该点的截面的方位有关。**受力构件内的某点在不同方位截面上的应力的集合，称为该点的应力状态。**

2. 一点应力状态的描述

为了描述一点的应力状态，在一般情况下，总是围绕所考察的点作一个三对面相互垂直的六面体，当各边边长充分小时，六面体便趋于宏观上的“点”。这种六面体称为“微单元体”，简称“单元体”。单元体具有如下性质：

1）单元体内每一个面上，应力均匀分布；

2）单元体内相互平行的截面上应力相同，且同等于过该点的平行面上的应力。

为了确定一点的应力状态，需要确定代表这一点的单元体的三对互相垂直的面上的应力。因此，在取单元体时，应尽量使其三对面上的应力容易确定。例如，矩形截面杆与圆截面杆中单元体的取法便有所区别：对于矩形截面杆，三对面中的一对面为杆的横截面，另外两对面为平行于杆表面的纵截面，三对面之间的间距分别为 dx，dy，dz；对于圆截面杆，一对为横截面（间距为 dx），一对为同轴圆柱面（间距为 dr），另一对为过杆轴线的纵截面（夹角为 dθ）。三对面之间的间距分别为 dx，dr，dθ。此时，即可由杆件横截面上应力分析的知识及切应力互等定理确定单元体各个面上的应力。图 7-2 中给出了杆件在拉伸（见图 7-2a）、弯曲（见图 7-2b）和扭转（见图 7-2c）时某些点的应力状态。

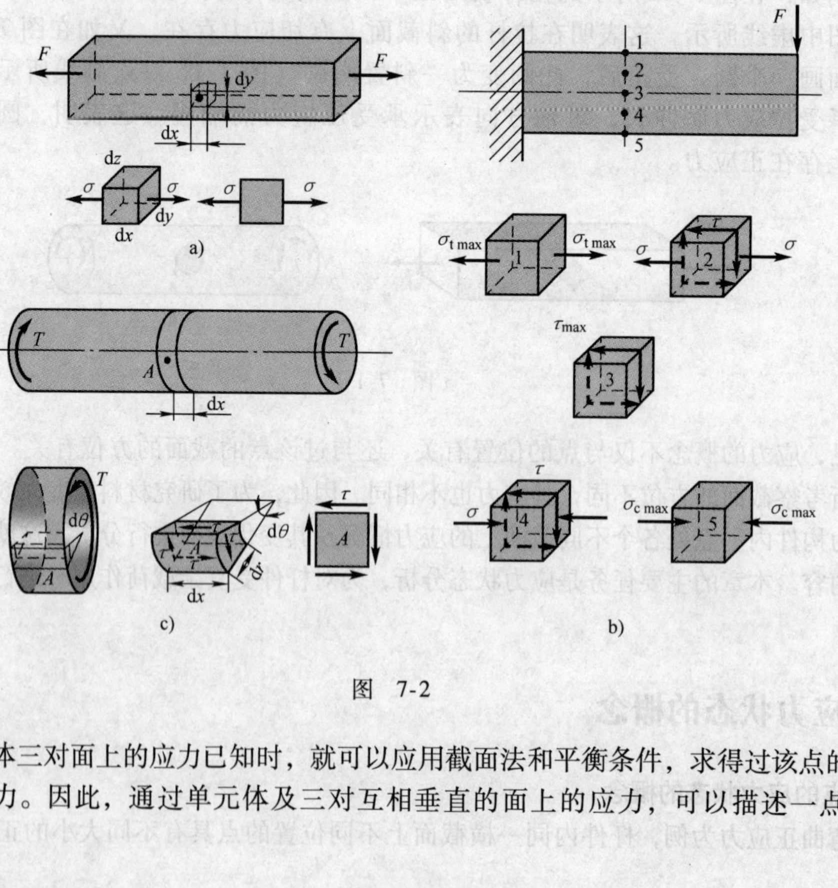

图 7-2

当单元体三对面上的应力已知时，就可以应用截面法和平衡条件，求得过该点的任意方位面上的应力。因此，通过单元体及三对互相垂直的面上的应力，可以描述一点的应力状态。

3. 主平面与主应力

单元体中切应力为零的平面称为**主平面**。主平面上的正应力称为**主应力**。可以证明，过受力构件内任意一点均可找到三个相互垂直的主平面，因而受力构件内的任一点都一定存在着三个主应力，分别记作 σ_1，σ_2，σ_3，并按照代数值，规定 $\sigma_1 \geqslant \sigma_2 \geqslant \sigma_3$。

4. 应力状态的分类

若某点的三个主应力中只有一个不等于零，则称该点的应力状态为**单向应力状态**（图 7-2a 和图 7-2b 中的点 1，5）；若三个主应力中有两个不等于零，则称为**二向应力状态**或平面应力状态（图 7-2b 中的点 2，4）；若三个主应力都不等于零，则称为**三向应力状态**或空间应力状态。在滚动轴承中，滚珠与外圈接触点处就属于三向应力状态（见图 7-3）。

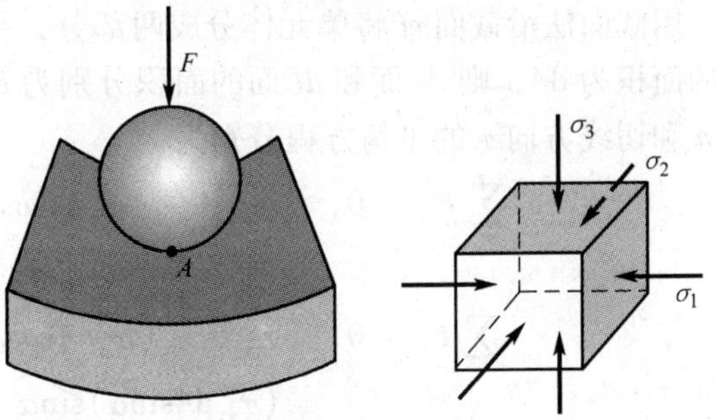

图　7-3

单向应力状态也称为简单应力状态；二向和三向应力状态则统称为复杂应力状态。

7.2　二向应力状态分析的解析法

1. 斜截面上的应力

二向应力状态是工程中最常见的一种应力情况，其一般形式如图 7-4a 所示。即在 x 面（外法线沿 x 轴的平面）作用有 σ_x，τ_{xy}；在 y 面上有应力 σ_y，τ_{yx}。切应力 τ_{xy}（或 τ_{yx}）有两个下标，第一个下标 x（或 y）表示切应力作用平面的法线方向；第二个下标 y（或 x）则表示切应力的方向平行于 y 轴（或 x 轴）。关于应力的符号规定为：正应力以拉应力为正而压应力为负；切应力对单元体内任意点的矩为顺时针转向时为正，反之为负。按照上述符号规定，在图 7-4a 中，σ_x，σ_y，τ_{xy} 皆为正，而 τ_{yx} 为负。根据切应力互等定理，τ_{xy} 与 τ_{yx} 的大小相等。因此，这里独立的应力分量只有三个：σ_x，σ_y，τ_{xy}。

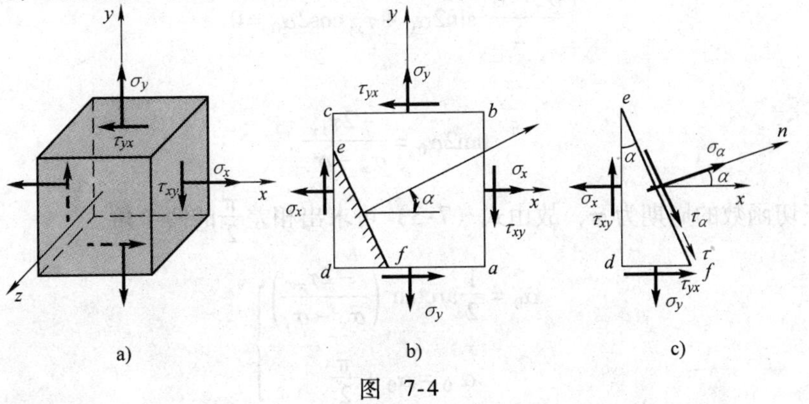

图　7-4

对于图 7-4a 所示的二向应力状态，可以用图 7-4b 所示的正投影来表示。

研究任意斜截面 *ef* 上的应力，设斜截面 *ef* 的外法线 n 和 x 轴的夹角为 α，此斜截面称为 α 面。α 面上的应力分别用 σ_α，τ_α 表示。规定方位角 α 以从 x 轴逆时针转到斜截面外法线 n 时为正，反之为负。

用截面法沿截面 *ef* 将单元体分成两部分，并取 *def* 部分为研究对象（见图 7-4c）。设 *ef* 面的面积为 $\mathrm{d}A$，则 *de* 面和 *df* 面的面积分别为 $dA\cos\alpha$ 和 $dA\sin\alpha$。该部分沿斜截面外法线方向 n 和切线方向 τ 的平衡方程分别为

$$\sum F_\mathrm{n} = 0,\quad \sigma_\alpha \mathrm{d}A - (\sigma_x \mathrm{d}A\cos\alpha)\cos\alpha + (\tau_{xy}\mathrm{d}A\cos\alpha)\sin\alpha + (\tau_{yx}\mathrm{d}A\sin\alpha)\cos\alpha - (\sigma_y \mathrm{d}A\sin\alpha)\sin\alpha = 0$$

$$\sum F_\mathrm{t} = 0,\quad \tau_\alpha \mathrm{d}A - (\sigma_x \mathrm{d}A\cos\alpha)\sin\alpha - (\tau_{xy}\mathrm{d}A\cos\alpha)\cos\alpha + (\tau_{yx}\mathrm{d}A\sin\alpha)\sin\alpha + (\sigma_y \mathrm{d}A\sin\alpha)\cos\alpha = 0$$

注意到 $\tau_{xy}=\tau_{yx}$ 并利用 $\sin2\alpha=2\sin\alpha\cos\alpha$ 以及 $\cos2\alpha=2\cos^2\alpha-1=1-2\sin^2\alpha$，将上两式简化即可得 α 斜截面上的应力计算公式

$$\sigma_\alpha=\frac{\sigma_x+\sigma_y}{2}+\frac{\sigma_x-\sigma_y}{2}\cos2\alpha-\tau_{xy}\sin2\alpha \tag{7-1}$$

$$\tau_\alpha=\frac{\sigma_x-\sigma_y}{2}\sin2\alpha+\tau_{xy}\cos2\alpha \tag{7-2}$$

式（7-1）、式（7-2）表明：σ_α 和 τ_α 都是 α 的函数。因此式（7-1）、式（7-2）表达的是**过同一个点各个截面上的应力之间的关系。**

2. 主平面和主应力

式（7-1）、式（7-2）表明：斜截面上的正应力 σ_α 和切应力 τ_α 随截面方位角 α 的改变而变化，即 σ_α 和 τ_α 都是 α 的函数。利用上述两式便可确定正应力和切应力的极值，并确定它们所在截面的方位。

根据数学中关于求函数极值的方法，将式（7-1）对 α 求一阶导数，得

$$\frac{\mathrm{d}\sigma_\alpha}{\mathrm{d}\alpha}=-2\left(\frac{\sigma_x-\sigma_y}{2}\sin2\alpha+\tau_{xy}\cos2\alpha\right) \tag{7-3}$$

若 $\alpha=\alpha_0$ 时，能使导数 $\mathrm{d}\sigma_\alpha/\mathrm{d}\alpha=0$，则在 α_0 所确定的截面上正应力为最大值或最小值。现以 α_0 代入上式，并令其等于零，得

$$\frac{\sigma_x-\sigma_y}{2}\sin2\alpha_0+\tau_{xy}\cos2\alpha_0=0 \tag{7-4}$$

从而可得

$$\tan2\alpha_0=\frac{-2\tau_{xy}}{\sigma_x-\sigma_y} \tag{7-5}$$

由于正切函数的周期为 π，故由式（7-3）可求出相差 $\frac{\pi}{2}$ 的两个角

$$\left.\begin{aligned}\alpha_0&=\frac{1}{2}\arctan\left(\frac{-2\tau_{xy}}{\sigma_x-\sigma_y}\right)\\ \alpha'_0&=\alpha_0+\frac{\pi}{2}\end{aligned}\right\} \tag{7-6}$$

它们确定两个相互垂直的平面，其中一个是最大正应力作用面，另一个是最小正应力作用面。

由式（7-5）求出 $\sin2\alpha_0$ 和 $\cos2\alpha_0$ 代入式（7-1），求得最大及最小正应力为

$$\left.\begin{matrix}\sigma_{\max}\\ \sigma_{\min}\end{matrix}\right\}=\frac{\sigma_x+\sigma_y}{2}\pm\sqrt{\left(\frac{\sigma_x-\sigma_y}{2}\right)^2+\tau_{xy}^2} \tag{7-7}$$

将 α_0，α'_0 分别代入式（7-1）即可确定 α_0 面上对应的应力是 $\sigma_{\max}$ 还是 $\sigma_{\min}$。此外，还可以采用下列方法来判断：如约定 $\sigma_x\geqslant\sigma_y$，则由式（7-6）确定的 α_0 和 α'_0 中，绝对值较小的一个对应 $\sigma_{\max}$ 所在的平面。

比较式（7-2）和式（7-4），可见，满足式（7-4）的 α_0 角恰好使 τ_α 等于零。这说明，**正应力的极值发生在切应力等于零的平面即主平面上，故正应力的极值即为主应力**。由式（7-6）所确定的角度 α_0 和 α'_0 实际上就是主应力所在平面（主平面）的方位角。

根据主应力 $\sigma_1\geqslant\sigma_2\geqslant\sigma_3$ 的规定，对于二向应力状态的单元体，若由式（7-7）求出的 $\sigma_{\max}>0$，$\sigma_{\min}>0$，则其三个主应力分别为 $\sigma_1=\sigma_{\max}$，$\sigma_2=\sigma_{\min}$，$\sigma_3=0$；若 $\sigma_{\max}<0$，$\sigma_{\min}<0$，则其三个主应力分别为 $\sigma_1=0$，$\sigma_2=\sigma_{\max}$，$\sigma_3=\sigma_{\min}$；若 $\sigma_{\max}>0$，$\sigma_{\min}<0$，则其三个主应力分别为 $\sigma_1=\sigma_{\max}$，$\sigma_2=0$，$\sigma_3=\sigma_{\min}$。

3. 切应力极值及其所在平面

用完全相似的方法，可以确定最大和最小切应力以及它们所在的平面。将式（7-2）对 α 取导数

$$\frac{\mathrm{d}\tau_\alpha}{\mathrm{d}\alpha}=(\sigma_x-\sigma_y)\cos2\alpha-2\tau_{xy}\sin2\alpha \tag{7-8}$$

若 $\alpha=\alpha_1$ 时，能使导数 $\mathrm{d}\tau_\alpha/\mathrm{d}\alpha=0$，则在 α_1 所确定的斜截面上，切应力为最大或最小值。以 α_1 代入上式，并令其等于零，得

$$(\sigma_x-\sigma_y)\cos2\alpha_1-2\tau_{xy}\sin2\alpha_1=0$$

从而可得

$$\tan2\alpha_1=\frac{\sigma_x-\sigma_y}{2\tau_{xy}} \tag{7-9}$$

由式（7-9）可求出两个角度 α_1，它们相差 $\frac{\pi}{2}$，从而可以确定两个互相垂直的平面，分别为最大和最小切应力作用面。由式（7-9）求出 $\sin2\alpha_1$ 和 $\cos2\alpha_1$ 代入式（7-2）得到切应力的最大和最小值为

$$\left.\begin{matrix}\tau_{\max}\\ \tau_{\min}\end{matrix}\right\}=\pm\sqrt{\left(\frac{\sigma_x-\sigma_y}{2}\right)^2+\tau_{xy}^2} \tag{7-10}$$

比较式（7-5）和式（7-9），可得

$$\tan2\alpha_0\cdot\tan2\alpha_1=-1 \tag{7-11}$$

这说明 $2\alpha_0$ 和 $2\alpha_1$ 相差 $\pm\frac{\pi}{2}$，故 $\alpha_1=\alpha_0\pm\frac{\pi}{4}$，即切应力极值所在平面与主平面的夹角为45°。

4. 两互相垂直平面上应力的关系

若以 $\beta=\alpha+\frac{\pi}{2}$ 代换式（7-1）中的 α，化简后得

$$\sigma_\beta=\frac{\sigma_x+\sigma_y}{2}-\frac{\sigma_x-\sigma_y}{2}\cos2\alpha+\tau_{xy}\sin2\alpha \tag{7-12}$$

由式（7-12）、式（7-1）和式（7-7）可得

$$\sigma_\alpha+\sigma_\beta=\sigma_x+\sigma_y=\sigma_{\max}+\sigma_{\min}=\text{常量} \tag{7-13}$$

上式表明：**通过受力物体内一点任意两相互垂直平面上的正应力之和为一常量。**

例题 7-1 单元体各面上的应力如图 7-5a 所示（应力单位为 MPa）。试求：(1) ab 斜截面上的正应力和切应力。(2) 主应力的值。(3) 主平面的方位并标示于图中。(4) 切应力的极值。

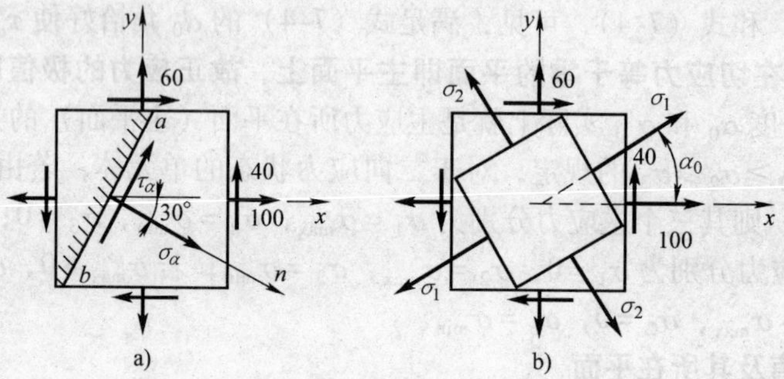

图 7-5

解：1) 求 ab 斜截面上的正应力和切应力。

取水平轴为 x 轴，则根据应力正负号规定可知

$$\sigma_x=100\text{MPa},\ \sigma_y=60\text{MPa},\ \tau_{xy}=-40\text{MPa},\ \alpha=-30^\circ$$

代入式（7-1）、式（7-2）得 ab 斜截面上的正应力和切应力分别为

$$\begin{aligned}\sigma_\alpha&=\frac{\sigma_x+\sigma_y}{2}+\frac{\sigma_x-\sigma_y}{2}\cos2\alpha-\tau_{xy}\sin2\alpha\\&=\left[\frac{100+60}{2}+\frac{100-60}{2}\cos(-60^\circ)-(-40)\sin(-60^\circ)\right]\text{MPa}\\&=55.36\text{MPa}\end{aligned}$$

$$\begin{aligned}\tau_\alpha&=\frac{\sigma_x-\sigma_y}{2}\sin2\alpha+\tau_{xy}\cos2\alpha\\&=\left[\frac{100-60}{2}\sin(-60^\circ)-(-40)\cos(-60^\circ)\right]\text{MPa}=-37.32\text{MPa}\end{aligned}$$

故斜截面 ab 上的正应力和切应力的方向如图 7-5a 所示。

2) 求主应力的值。由式（7-7）可得

$$\left.\begin{matrix}\sigma_{\max}\\\sigma_{\min}\end{matrix}\right\}=\frac{\sigma_x+\sigma_y}{2}\pm\sqrt{\left(\frac{\sigma_x-\sigma_y}{2}\right)^2+\tau_{xy}^2}$$

$$=\frac{100+60}{2}\text{MPa}\pm\sqrt{\left(\frac{100-60}{2}\right)^2+(-40)^2}\text{MPa}$$

$$=(80\pm44.7)\ \text{MPa}=\begin{cases}124.7\text{MPa}\\35.3\text{MPa}\end{cases}$$

根据主应力的定义可知，该应力状态的主应力分别为

$$\sigma_1=\sigma_{\max}=124.7\text{MPa},\ \sigma_2=\sigma_{\min}=35.3\text{MPa},\ \sigma_3=0$$

3）主平面的方位角。由式（7-6）可得

$$\alpha_0=\frac{1}{2}\arctan\left(\frac{-2\tau_{xy}}{\sigma_x-\sigma_y}\right)=\frac{1}{2}\arctan\left[\frac{-2\times(-40)}{100-60}\right]=\frac{1}{2}\arctan 2=31.72°$$

经验算

$$\sigma_\alpha\big|_{\alpha=\alpha_0}=\frac{\sigma_x+\sigma_y}{2}+\frac{\sigma_x-\sigma_y}{2}\cos2\alpha_0-\tau_{xy}\sin2\alpha_0$$

$$=\left[\frac{100+60}{2}+\frac{100-60}{2}\cos(2\times31.72°)-(-40)\sin(2\times31.72°)\right]\text{MPa}$$

$$=124.7\text{MPa}=\sigma_1$$

故主平面的方位及主应力的方向如图7-5b所示。

4）求切应力的极值。由式（7-10）可得

$$\left.\begin{matrix}\tau_{\max}\\ \tau_{\min}\end{matrix}\right\}=\pm\sqrt{\left(\frac{\sigma_x-\sigma_y}{2}\right)^2+\tau_{xy}^2}=\pm\sqrt{\left(\frac{100-60}{2}\right)^2+(-40)^2}\text{MPa}=\pm44.7\text{MPa}$$

7.3 二向应力状态分析的图解法

1. 应力圆的概念

由式（7-1）、式（7-2）可知，过同一点任一斜截面上的应力σ_α和τ_α均随参量α而变化。将式（7-1）改写成如下形式

$$\sigma_\alpha-\frac{\sigma_x+\sigma_y}{2}=\frac{\sigma_x-\sigma_y}{2}\cos2\alpha-\tau_{xy}\sin2\alpha \tag{7-14}$$

将式（7-14）和式（7-2）的两边分别平方，然后相加，得

$$\left(\sigma_\alpha-\frac{\sigma_x+\sigma_y}{2}\right)^2+\tau_\alpha^2=\left(\frac{\sigma_x-\sigma_y}{2}\right)^2+\tau_{xy}^2 \tag{7-15}$$

可以看出，在以σ为横坐标轴、τ为纵坐标轴的平面内，式（7-14）是一个以σ_α和τ_α为变量的圆周方程，其圆心C的坐标为$\left(\frac{\sigma_x+\sigma_y}{2},\ 0\right)$，半径为$R=\sqrt{\left(\frac{\sigma_x-\sigma_y}{2}\right)^2+\tau_{xy}^2}$，如图7-6所示。圆周上任一点的横坐标和纵坐标分别代表所研究单元体内某一截面上的正应力和切应力，此圆称为应力圆。应力圆方法是由德国工程师莫尔（Otto Mohr）于1882年首先提出的，故也称为莫尔应力圆。

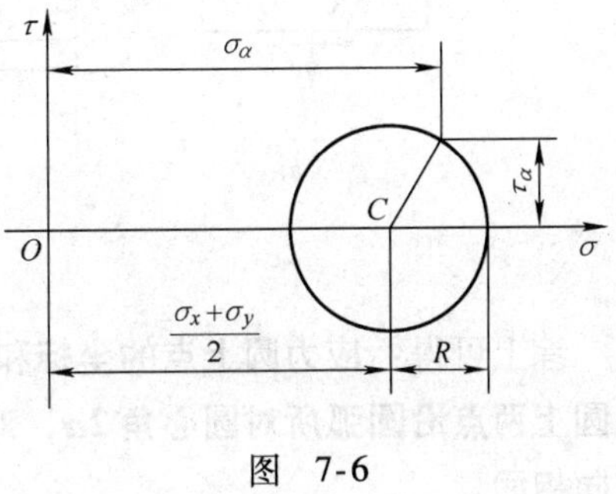

图 7-6

2. 应力圆的画法及单元体中斜截面上的应力与应力圆上点的坐标之间的对应关系

对图 7-7a 所示的单元体，建立图 7-7b 所示的 $O\sigma\tau$ 坐标平面。标出点 $D_1(\sigma_x, \tau_{xy})$ 和点 $D_2(\sigma_y, \tau_{yx})$，连接 D_1D_2，以 D_1D_2 为直径作圆，即得到与图 7-7a 对应的单元体的应力圆。

由应力圆的概念及应力圆方程（式（7-15））可推测：

1）应力圆上点的坐标与单元体中斜截面上的应力之间有着一一对应的关系；

2）因点 $D_1(\sigma_x, \tau_{xy})$ 对应单元体中 $\alpha=0°$（和 180°）的截面，点 $D_2(\sigma_y, \tau_{yx})$ 对应单元体中 $\alpha=90°$ 的截面，故点 $D_1(\sigma_x, \tau_{xy})$ 和点 $D_2(\sigma_y, \tau_{yx})$ 必然在应力圆上；

3）点 $D_1(\sigma_x, \tau_{xy})$ 和点 $D_2(\sigma_y, \tau_{yx})$ 之间的圆心角为 180°，即 D_1，D_2 两点的连线应为应力圆的直径；并且应力圆上点的坐标与单元体中斜截面上的应力之间的对应关系应为转角二倍的关系（因为当单元体中的斜截面从 $\alpha=0°$ 转到 $\alpha=180°$ 时，应力圆上的点从 $D_1(\sigma_x, \tau_{xy})$ 沿应力圆圆周转过一整圈（$360°=2\times180°$）回到点 $D_1(\sigma_x, \tau_{xy})$）。

注意到 $\tau_{xy}=-\tau_{yx}$，故 D_1D_2 与横轴的交点 C 即为该圆的圆心，CD_1 即为该圆的半径。记点 C 的横坐标为 σ_C，该圆的半径为 R，则

$$\sigma_C=OC=\frac{OA+OB}{2}=\frac{\sigma_x+\sigma_y}{2}$$

$$R=CD_1=\sqrt{CA^2+AD_1^2}=\sqrt{\left(\frac{OA-OB}{2}\right)^2+AD_1^2}=\sqrt{\left(\frac{\sigma_x-\sigma_y}{2}\right)^2+\tau_{xy}^2}$$

故以 D_1D_2 为直径所作的圆即为式（7-15）所对应的应力圆。

应力圆确定后，要求单元体中任一斜截面 α 面（图中为逆时针转向）上的应力，按上述推测，则只需将半径 CD_1 沿逆时针方向旋转 2α 角（与 α 角同转向）得点 E，记点 E 的坐标为（σ_E，τ_E），则可计算得到 $\sigma_E=\sigma_\alpha$，$\tau_E=\tau_\alpha$，即应力圆上点 E 的坐标与单元体中面 α 上的应力相对应。有兴趣的读者可自行加以计算证明。

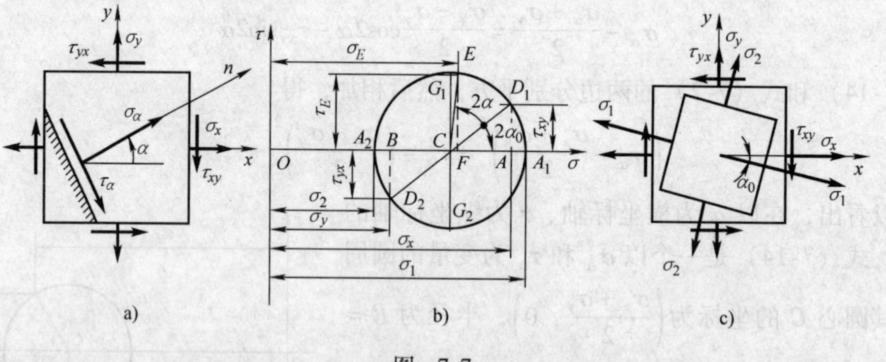

图 7-7

综上可得：**应力圆上点的坐标和单元体中斜截面上的应力之间有着一一对应的关系，应力圆上两点沿圆弧所对圆心角 2α，对应着单元体两截面外法线之间的夹角 α，且基准一致、转向相同。**

3. 应力圆的应用

研究清楚应力圆上点的坐标和单元体中斜截面上的应力之间的对应关系后，可以利用应

力圆来完成应力状态分析。

（1）利用应力圆求任一斜截面上的应力

利用应力圆求任一斜截面上的应力的方法，在上述关于应力圆上点的坐标和单元体中斜截面上的应力之间的对应关系的证明中已经有详细的说明，在此不再赘述。只是在实际应用中，如果按比例作图，则单元体中任一斜截面上的应力可以直接从图中量得结果。

（2）利用应力圆求正应力的极值（主应力）

由图 7-7b 可知，应力圆与横坐标轴相交于 A_1 和 A_2 两点，这两点的横坐标即分别为最大、最小正应力，而这两点的纵坐标皆为零，因此这两点的横坐标即代表单元体的主应力。

$$\sigma_{\max} = OA_1 = OC + CA_1 = \sigma_C + R = \frac{\sigma_x + \sigma_y}{2} + \sqrt{\left(\frac{\sigma_x - \sigma_y}{2}\right)^2 + \tau_{xy}^2} = \sigma_1$$

$$\sigma_{\min} = OA_2 = OC - CA_2 = \sigma_C - R = \frac{\sigma_x + \sigma_y}{2} - \sqrt{\left(\frac{\sigma_x - \sigma_y}{2}\right)^2 + \tau_{xy}^2} = \sigma_2$$

与式（7-7）完全相同。

要注意主应力的序号与正应力极值之间的关系（见图 7-8a）。

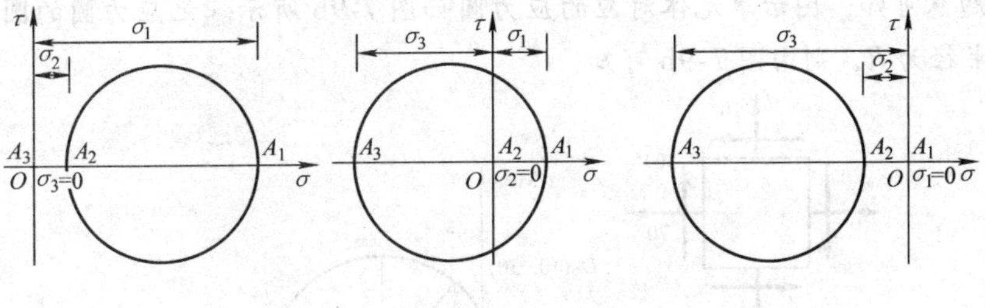

图 7-8

（3）利用应力圆求主平面的方位

在图 7-7b 所示的应力圆上，由 D_1 点（代表法线为 x 轴的平面）到 A_1 点所对应的圆心角为顺时针的 $2\alpha_0$，在单元体上则由 x 轴顺时针量取 α_0，这就确定了 σ_1（$\sigma_{\max}$）所在主平面的法线的位置。按照关于方位角的符号规定，顺时针的 α_0 是负的，$\tan 2\alpha_0$ 应为负值。由图 7-7b 可以得出

$$\tan 2\alpha_0 = -\frac{AD_1}{CA} = -\frac{2\tau_{xy}}{\sigma_x - \sigma_y}$$

与式（7-5）完全相同。

根据上式，并考虑到 A_1，A_2 两点是应力圆上同一直径的两个端点，所以，在单元体中，最大正应力所在平面与最小正应力所在平面互相垂直。所以，主应力单元体所在方位如图 7-7c 所示。

（4）利用应力圆求切应力的极值

图 7-7b 中，点 G_1 和点 G_2 的纵坐标分别是最大和最小值，分别代表最大和最小切应力。因为 CG_1 和 CG_2 都是应力圆的半径，故

$$\left.\begin{matrix}\tau_{max}\\ \tau_{min}\end{matrix}\right\} = \pm R = \frac{\sigma_{max} - \sigma_{min}}{2} = \pm\sqrt{\left(\frac{\sigma_x - \sigma_y}{2}\right)^2 + \tau_{xy}^2} \tag{7-16}$$

这与式（7-10）一致。

需要注意的是，式（7-10）和式（7-16）所得到的切应力极值表示的是垂直于 xy 平面的截面上的最大切应力，并不代表整个单元体在空间任意截面上的最大切应力，参见7.4节。

在应力圆上由 A_1 和 G_1 所对应的圆心角为90°，故在单元体中，主平面与切应力极值所在平面的夹角为45°。

若已知条件不是两互相垂直面应力，而是任意两截面应力，或者已知其他足够作出应力圆的条件，均可用应力圆进行应力状态分析，而这是解析法所不易进行的。应力圆是进行应力状态分析的有力工具。借助应力圆来进行应力状态分析的方法称为图解法或几何法。

例题7-2 单元体各面上的应力如图7-9a所示（应力单位为MPa）。试求：(1) 主应力的值。(2) 主平面的方位并标示于图中。(3) 切应力的最大值。

解：由题意可知，图示单元体对应的应力圆如图7-9b所示。记应力圆的圆心坐标为 $C(\sigma_C, 0)$，半径为 R，则由图7-9b可知

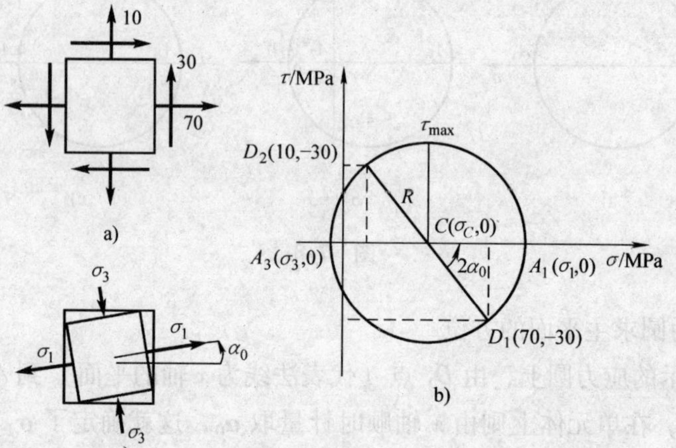

图 7-9

$$\sigma_C = 40\text{MPa},\ R = 30\sqrt{2}\text{MPa} = 42.42\text{MPa}$$

故由应力圆可得

1) 主应力的值

$$\sigma_1 = \sigma_C + R = 82.42\text{MPa}$$
$$\sigma_2 = 0\text{MPa}$$
$$\sigma_3 = \sigma_C - R = -2.42\text{MPa}$$

2) 主平面的方位。由应力圆可知

$$\tan 2\alpha_0 = 1,\ \alpha_0 = \frac{1}{2}\arctan 1 = 22.5°$$

故主平面的位置及主应力的方向如图 7-9c 所示。

3）最大切应力的值：

$$\tau_{\max}=R=42.42\text{MPa}$$

例题7-3　单元体各面上的应力如图 7-10a 所示（应力单位为 MPa）。试求：（1）斜截面上的应力。（2）主应力的值。（3）主平面的方位并标示于图中。（4）切应力的最大值。

解：在 $\sigma O\tau$ 平面内，按图 7-10b 所示的比例尺标出点 $D_1(30, -20)$ 和点 $D_2(50, 20)$，连接 D_1D_2，与 σ 轴交于点 C。以点 C 为圆心，CD_1 为半径作圆，即得图 7-10a 所示单元体对应的应力圆，如图 7-10c 所示。

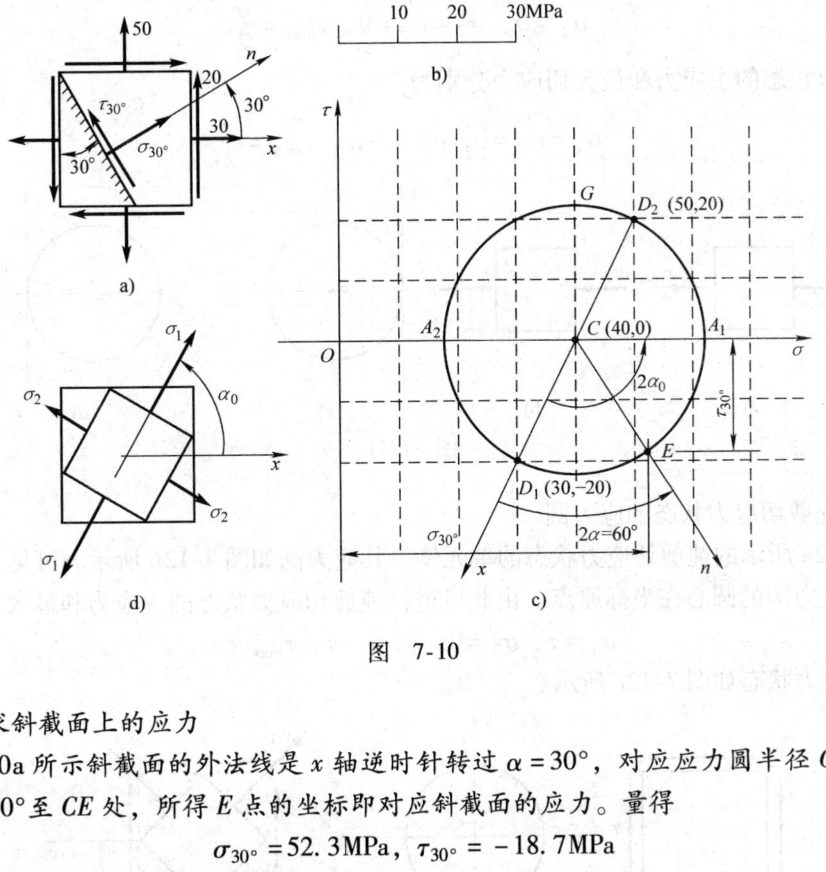

图　7-10

（1）求斜截面上的应力

图 7-10a 所示斜截面的外法线是 x 轴逆时针转过 $\alpha=30°$，对应应力圆半径 CD_1 逆时针转过 $2\alpha=60°$ 至 CE 处，所得 E 点的坐标即对应斜截面的应力。量得

$$\sigma_{30°}=52.3\text{MPa},\ \tau_{30°}=-18.7\text{MPa}$$

故斜截面上应力方向如图 7-10a 所示。

（2）求主应力的值

应力圆与 σ 轴交于 A_1，A_2 两点，如图 7-10c 所示。量得

$$\sigma_1=OA_1=62.4\text{MPa},\ \sigma_2=OA_2=17.6\text{MPa},\ \sigma_3=0\text{MPa}$$

（3）主平面的方位

在应力圆上由 CD_1 到 CA_1 为逆时针转过 $2\alpha_0$（见图 7-10c），量得 $2\alpha_0=116.6°$，对应单元体 x 轴逆时针旋转 $\alpha_0=58.3°$，此方向即为 σ_1 所在主平面的外法线方向，故得主单元体如图 7-10d 所示。

（4）求切应力的最大值

由图 7-10c 量得

$$\tau_{max} = CG = 22.4\text{MPa}$$

由以上两道例题的求解过程可以看出，应用图解法进行应力状态分析时，既可以是仅画出应力圆的示意图，由图中的几何关系求出相应的量（例题 7-2），也可以是按选定的比例尺画出应力圆，然后直接从图中量得结果（例题 7-3）。

4. 特殊应力状态的应力圆

（1）单向应力状态的应力圆

根据应力圆的画法，可作出应力圆如图 7-11c、d 所示。单向应力状态的应力圆与纵轴 τ 相切。由此可得：单向拉应力状态的主应力和最大切应力分别为

$$\sigma_1 = \sigma,\ \sigma_2 = \sigma_3 = 0,\ \tau_{max} = \frac{\sigma}{2}$$

单向压应力状态的主应力和最大切应力分别为

$$\sigma_1 = \sigma_2 = 0,\ \sigma_3 = -\sigma,\ \tau_{max} = \frac{\sigma}{2}$$

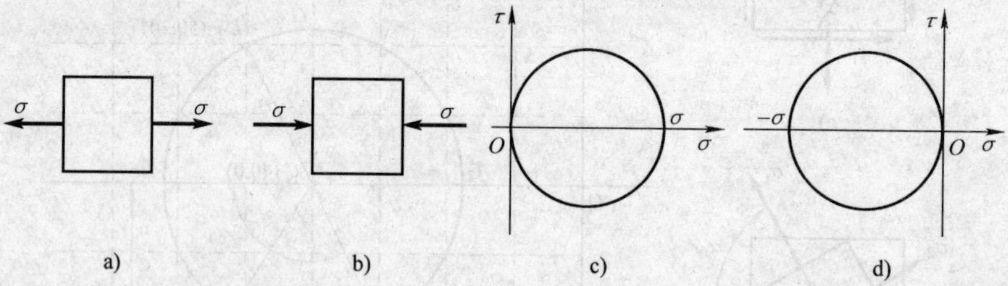

图 7-11

（2）纯剪切应力状态的应力圆

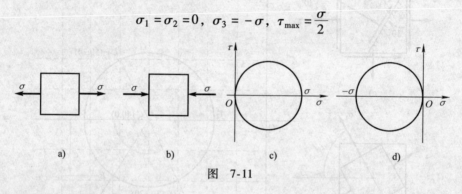

图 7-12a 所示的纯剪切应力状态的单元体，其应力圆如图 7-12b 所示。可见，纯剪切应力状态的应力圆的圆心在坐标原点。由此可得：纯剪切应力状态的主应力和最大切应力为

$$\sigma_1 = \tau,\ \sigma_2 = 0,\ \sigma_3 = -\tau,\ \tau_{max} = \tau$$

其主应力状态如图 7-12c 所示。

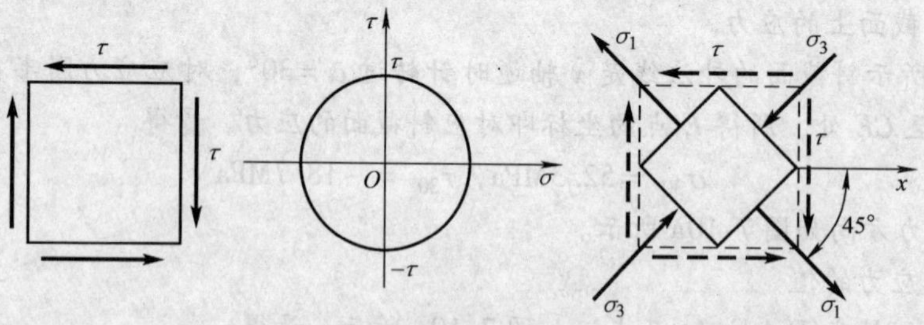

图 7-12

（3）二向等拉、等压应力状态的应力圆

二向等拉、等压应力状态的应力圆分别如图 7-13c、d 所示。可见，二向等拉、等压应力状态的应力圆为 σ 坐标轴上的一个点（圆）。其最大切应力 $\tau_{max} = 0$。

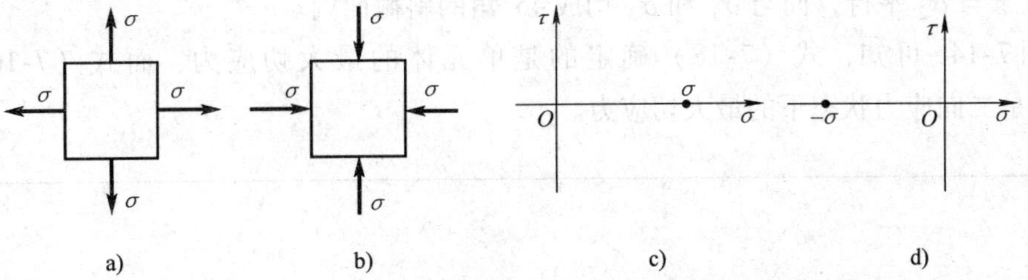

图　7-13

7.4　三向应力状态简介

对三向应力状态，这里只讨论其一些简单的情况。如图7-14a所示，三个主应力分别为σ_1，σ_2和σ_3。首先用一个与主应力σ_3平行的斜截面将单元体截开，取三棱柱体为研究对象，如图7-14b所示。由于主应力σ_3所在两平面上的力自相平衡，所以斜截面上的应力仅与σ_1和σ_2有关，因而平行于σ_3的各斜截面上的应力，可由σ_1和σ_2所确定的应力圆上相应点的坐标来表示，如图7-14c所示。同理可知，单元体内与σ_1平行的各斜截面上的应力，可由σ_2和σ_3所作的应力圆上的坐标来表示；单元体内与σ_2平行的各斜截面上的应力，可由σ_1和σ_3所作的应力圆上的坐标来表示。

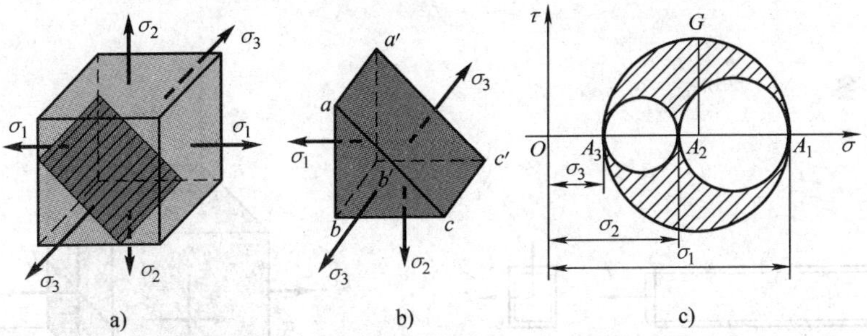

图　7-14

进一步的研究表明，对于与三个主应力均不平行的任意斜截面上的应力，它们在$\sigma O\tau$坐标平面内对应的点必位于由上述三个应力圆所构成的阴影区域内。图7-14c称为三向应力圆。

由以上分析可知，在三向应力状态下，最大和最小正应力分别为

$$\sigma_{\max}=\sigma_1,\ \sigma_{\min}=\sigma_3 \tag{7-17}$$

而最大切应力为

$$\tau_{\max}=\frac{\sigma_1-\sigma_3}{2} \tag{7-18}$$

且 τ_{max} 位于与 σ_2 平行，而与 σ_1 和 σ_3 均成45°角的斜截面内。

从图7-14c可知，式（7-18）确定的是单元体的最大切应力，而式（7-10）或式（7-16）是二向应力状态下的最大切应力。

7.5 泊松比 广义胡克定律

如图7-15所示的圆截面杆，当其受到沿轴线单向拉伸或压缩的载荷作用时，将沿轴线方向发生伸长（缩短）的变形，同时在垂直于轴线方向（径向）发生缩短（伸长）的变形。虚线表示变形后的形状。

考虑各向同性材料，若以 ε_x 表示轴线方向的线应变，那么垂直于轴线 x 的另外两个线应变 ε_y，ε_z 与 ε_x 有如下的关系：

$$\varepsilon_y = -\nu\varepsilon_x, \quad \varepsilon_z = -\nu\varepsilon_x \tag{7-19}$$

式中，比例 ν 称为**泊松比**。当材料在一个方向被拉伸（压缩），它会在与该方向垂直的另外两个方向缩短（伸长），这就是泊松现象，泊松比是用来反映泊松现象的无量纲的物理量。

考虑三向应力的一般情况，描述一点处的应力状态需要九个应力分量，如图7-16所示，包括3个正应力分量和6个切应力分量。因为切应力互等，原来的9个应力分量中就只有6个是独立的。

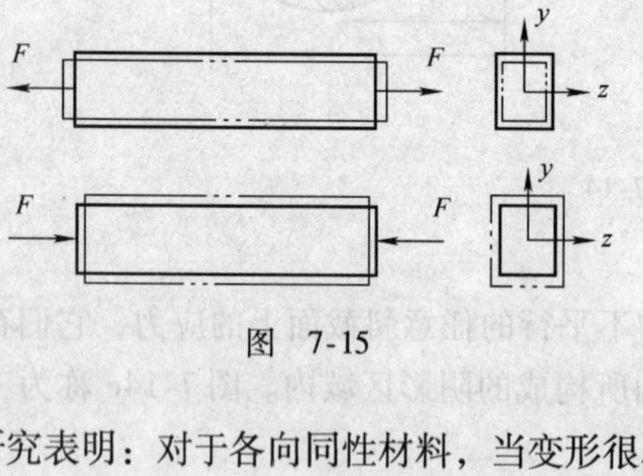

图 7-15

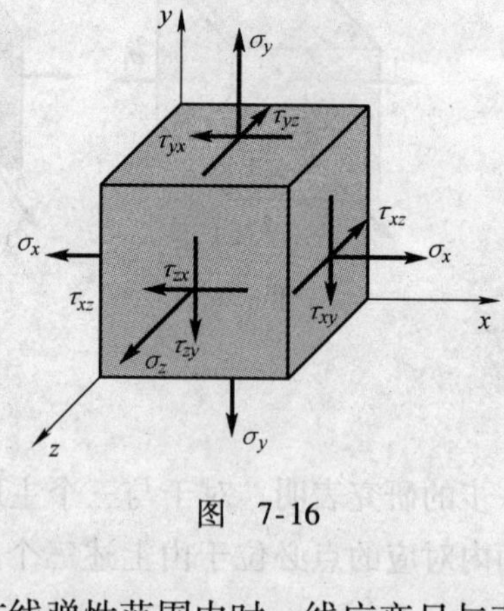

图 7-16

研究表明：对于各向同性材料，当变形很小且在线弹性范围内时，线应变只与正应力有关，而与切应力无关；切应变只与切应力有关，而与正应力无关。对于正应变，可以分别求出各应力分量对应的应变，然后再进行叠加。

考虑图7-17a所示单元体 x 方向的应变，由于切应力不影响正应变，因此在图中省去。只考虑 σ_x 引起的轴线方向的正应变，根据胡克定律，有 $\varepsilon_x = \dfrac{\sigma_x}{E}$；只考虑 σ_y 和 σ_z 引起的轴线方向的正应变，按照式（7-19），有 $\varepsilon_x=-\nu\dfrac{\sigma_y}{E}$，$\varepsilon_x=-\nu\dfrac{\sigma_z}{E}$，将三者叠加，得到

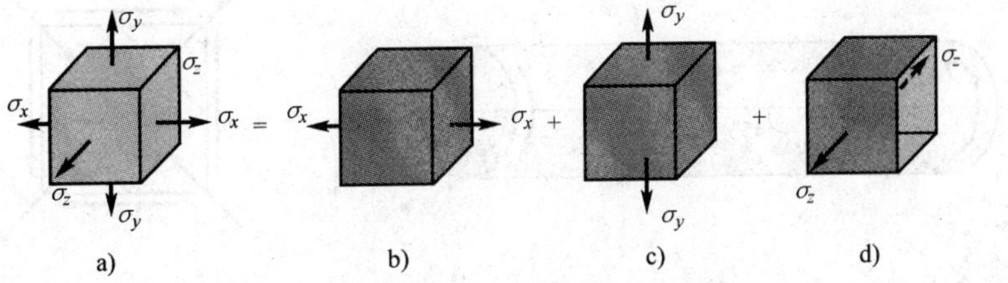

图　7-17

$$\varepsilon_x=\frac{\sigma_x}{E}-\nu\frac{\sigma_y}{E}-\nu\frac{\sigma_z}{E}=\frac{1}{E}[\sigma_x-\nu(\sigma_y+\sigma_z)]$$

同理，可以求出沿 y 方向和 z 方向的线应变 ε_y 和 ε_z。最后得到

$$\left.\begin{aligned}\varepsilon_x&=\frac{1}{E}[\sigma_x-\nu(\sigma_y+\sigma_z)]\\\varepsilon_y&=\frac{1}{E}[\sigma_y-\nu(\sigma_z+\sigma_x)]\\\varepsilon_z&=\frac{1}{E}[\sigma_z-\nu(\sigma_x+\sigma_y)]\end{aligned}\right\}\tag{7-20}$$

至于切应变与切应力之间，因与正应力分量无关，故在 xy，yz，zx 三个面内的切应变分别为

$$\gamma_{xy}=\frac{\tau_{xy}}{G},\ \gamma_{yz}=\frac{\tau_{yz}}{G},\ \gamma_{zx}=\frac{\tau_{zx}}{G}\tag{7-21}$$

式（7-20）和式（7-21）称为广义胡克定律。

当单元体是三向应力状态的主单元体时，主平面上只有主应力，切应力为零，故有主应力和主应变的关系如式（7-22）：

$$\left.\begin{aligned}\varepsilon_1&=\frac{1}{E}[\sigma_1-\nu(\sigma_2+\sigma_3)]\\\varepsilon_2&=\frac{1}{E}[\sigma_2-\nu(\sigma_3+\sigma_1)]\\\varepsilon_3&=\frac{1}{E}[\sigma_3-\nu(\sigma_1+\sigma_2)]\end{aligned}\right\}\tag{7-22}$$

自然地，因为切应力都为零，故有切应变

$$\gamma_{xy}=0,\ \gamma_{yz}=0,\ \gamma_{zx}=0\tag{7-23}$$

式（7-22）、式（7-23）表明，主单元体在其主应力的方向就是主应变的方向。式（7-22）中的 ε_1，ε_2，ε_3 称为主应变。需要注意的是，本节各式只有当材料是各向同性，且变形在线弹性范围内时才成立。

例题 7-4　图 7-18a 所示圆轴材料的弹性模量为 E，泊松比为 ν，直径为 d，其两端承受

外力偶矩 T 作用。现由实验测得圆轴表面 K 点处与轴线成 $-45°$ 方向的线应变 $\varepsilon_{-45°}$，试求外力偶矩 T 的大小。

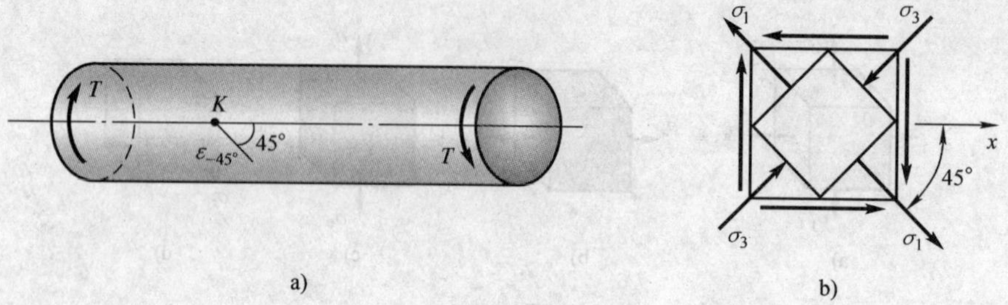

图 7-18

解：围绕圆轴表面的 K 点取单元体，其应力情况如图 7-18b 所示，可见为纯剪切应力状态，其中

$$\tau = \frac{T}{W_p} = \frac{16T}{\pi d^3}$$

对其进行应力状态分析，其主单元体如图 7-18b 所示，三个主应力分别为

$$\sigma_1 = \tau,\ \sigma_2 = 0,\ \sigma_3 = -\tau$$

且 σ_1 所在截面的方位角为 $-45°$。故由广义胡克定律得

$$\varepsilon_{-45°} = \varepsilon_1 = \frac{1}{E}[\sigma_1 - \nu(\sigma_2 + \sigma_3)] = \frac{1+\nu}{E}\tau = \frac{1+\nu}{E}\cdot\frac{16T}{\pi d^3}$$

所以有

$$T = \frac{\pi d^3 E\varepsilon_{-45°}}{16(1+\nu)}$$

思考题

7-1 什么是一点处的应力状态？为什么要研究一点处的应力状态？

7-2 何谓单向应力状态和二向应力状态？圆轴受扭时，轴表面各点处于何种应力状态？梁受横力弯曲时，梁顶、梁底及其他各点处于何种应力状态？

7-3 主应力和主平面的定义是什么？单元体中主应力与正应力有何异同？

7-4 在二向应力状态中，单元体与应力圆有哪些内在联系？

7-5 单元体中，最大正应力所在平面上是否有切应力？最大切应力所在平面上是否有正应力？

7-6 三向等拉或等压的应力状态的三向应力圆是什么？这对于我们理解受力构件内一点处的主平面个数有何意义？

7-7 受扭圆轴表面上任一点处的切应变 γ 与第一主应变 ε_1 之间有何关系？如何证明？

7-8 二向应力状态分析时，最大切应力的计算公式是 $\tau_{max} = (\sigma_{max} - \sigma_{min})/2$。若应力圆在 τ 轴的右侧，则公式变为 $\tau_{max} = (\sigma_1 - \sigma_2)/2$；若应力圆在 τ 轴的左侧，则为 $\tau_{max} = (\sigma_2 - \sigma_3)/2$；若应力圆与 τ 轴相交，则为 $\tau_{max} = (\sigma_1 - \sigma_3)/2$。而三向应力状态分析时，最大切应力的计算公式是 $\tau_{max} = (\sigma_1 - \sigma_3)/2$。为什么会出现这样的矛盾？如何解决这一矛盾？

习　题

7-1　构件受力如图 7-19 所示。试确定危险点的位置，并用单元体表示危险点的应力状态。

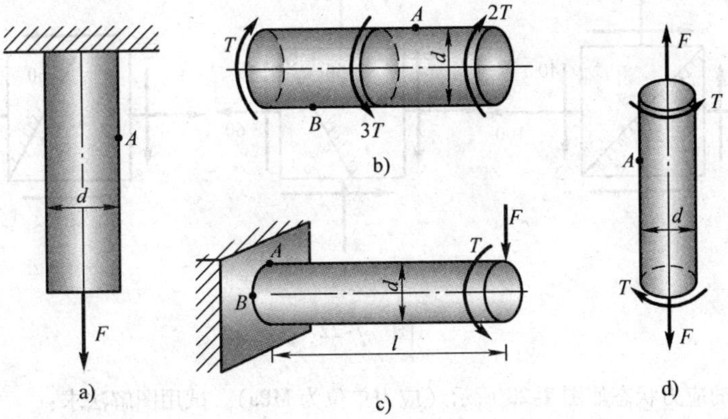

图　7-19

7-2　试写出如图 7-20 所示单元体主应力 σ_1，σ_2 和 σ_3 的值，并指出属于哪一种应力状态（应力单位为 MPa）。

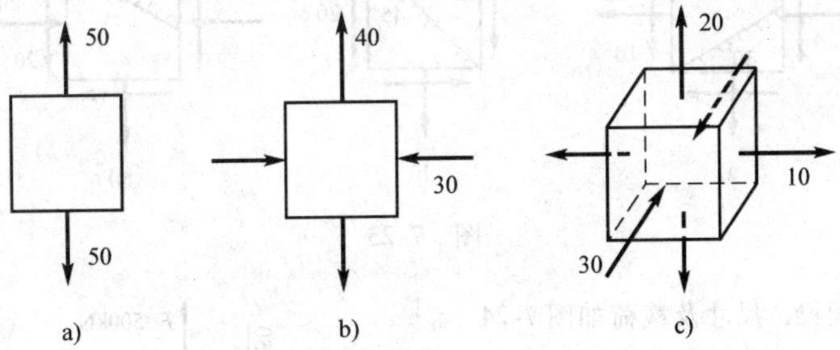

图　7-20

7-3　已知一点的应力状态如图 7-21 所示（应力单位为 MPa）。试用解析法求指定斜截面上的正应力和切应力。

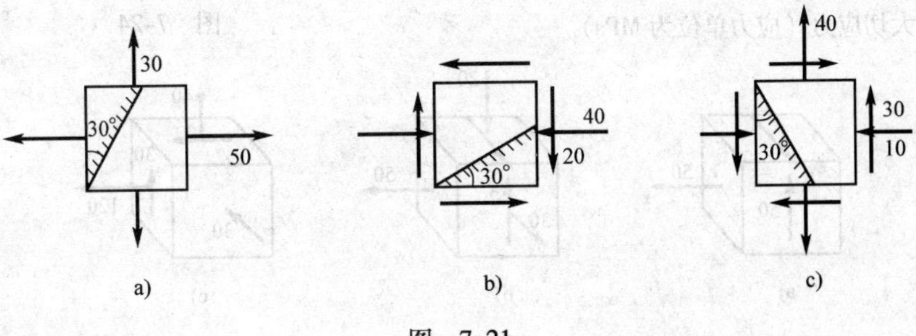

图　7-21

7-4 已知一点的应力状态如图 7-22 所示（应力状态为 MPa）。试用解析法求：

（1）指定斜截面上的应力。

（2）主应力及其方位，并在单元体上画出主应力状态。

（3）最大切应力。

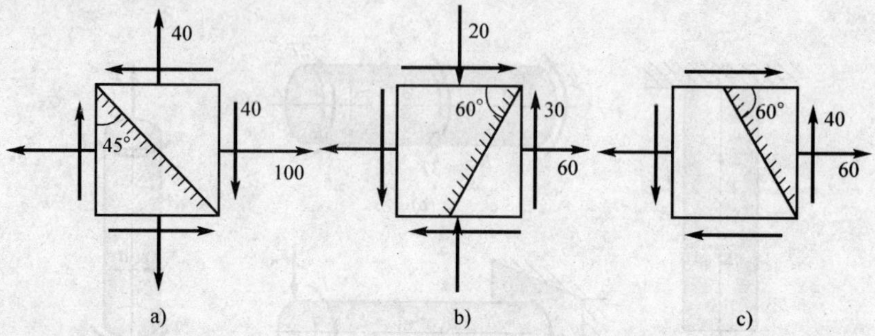

图 7-22

7-5 已知一点的应力状态如图 7-23 所示（应力单位为 MPa）。试用图解法求：

（1）指定斜截面上的应力。

（2）主应力及其方位，并在单元体上画出主应力状态。

（3）最大切应力。

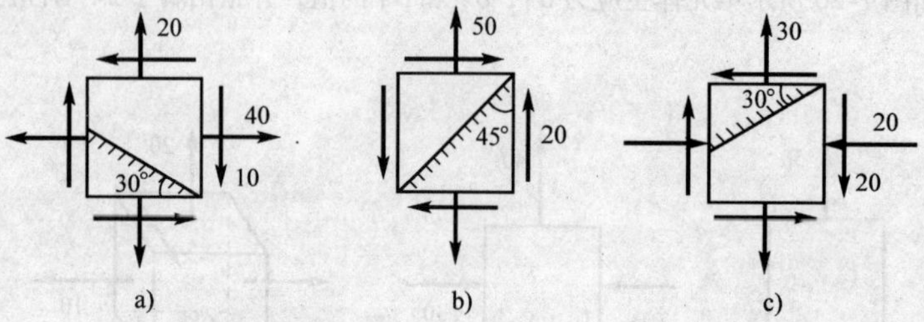

图 7-23

7-6 一矩形截面梁，尺寸及载荷如图 7-24 所示，尺寸单位为 mm。试求：

（1）梁上各指定点的单元体及其面上的应力。

（2）作出各单元体的应力圆，并确定主应力及最大切应力。

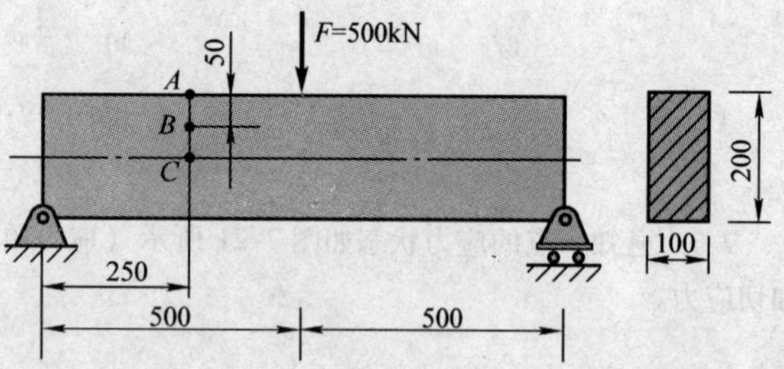

图 7-24

7-7 试用解析法求如图 7-25 所示各单元体的主应力及最大切应力（应力单位为 MPa）。

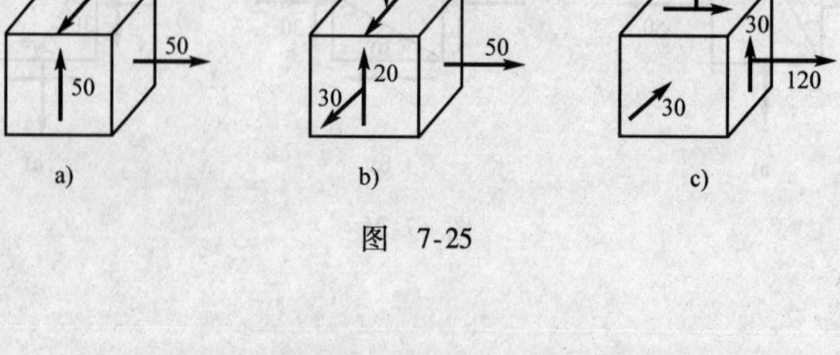

图 7-25

7-8　单元体各面上的应力如图 7-26 所示。试作三向应力图，并求主应力和最大切应力。

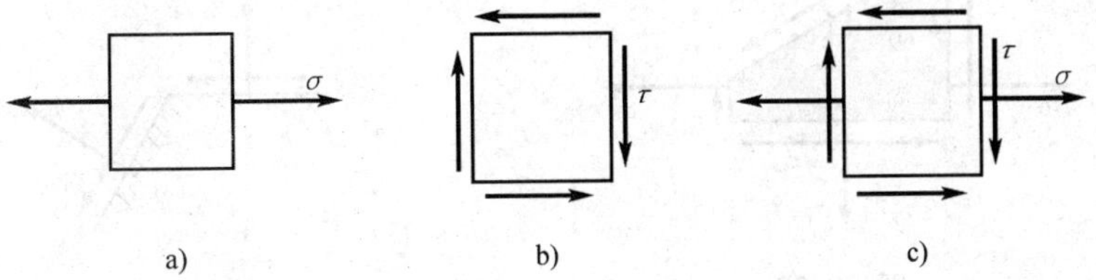

图　7-26

7-9　二向应力状态如图 7-27 所示。试作应力圆并求主应力（应力单位为 MPa）。

7-10　如图 7-28 所示（应力单位为 MPa）棱柱形单元体为二向应力状态，*AB* 面上无应力作用。试求切应力 τ 和三个主应力。

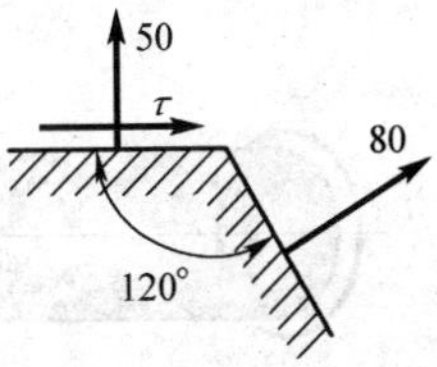

图　7-27

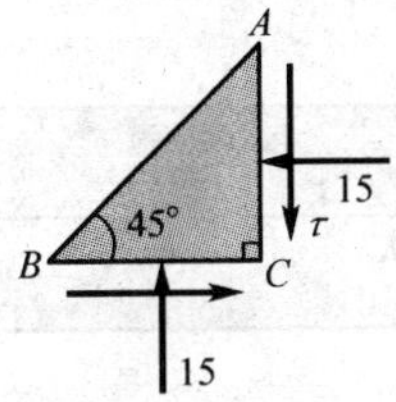

图　7-28

7-11　已知单元体的应力圆或三向应力圆如图 7-29 所示（应力单位为 MPa）。试画出单元体的应力图，并指出应力圆上 *A* 点所在截面的位置。

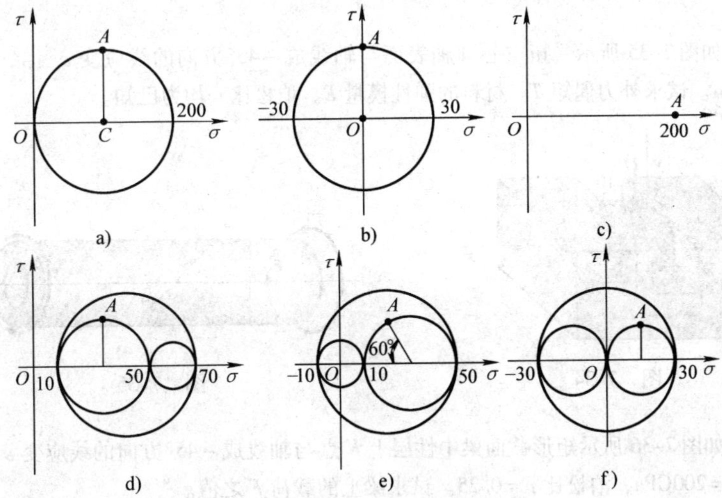

图　7-29

7-12　如图 7-30 所示单元体为二向应力状态。已知 $\sigma_x = 80\text{MPa}$，$\sigma_y = 40\text{MPa}$，$\sigma_\alpha = 50\text{MPa}$。试求主应力和最大切应力。

7-13　如图 7-31 所示单元体处于二向应力状态。已知两个斜截面 α 和 β 上的应力分别为 $\sigma_\alpha = 40\text{MPa}$，$\tau_\alpha = 60\text{MPa}$；$\sigma_\beta = 200\text{MPa}$，$\tau_\beta = 60\text{MPa}$。试作应力圆，求出圆心坐标和应力圆半径 R。

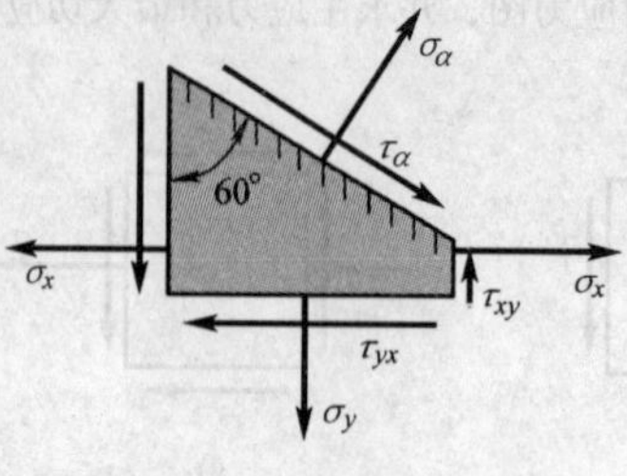

图 7-30

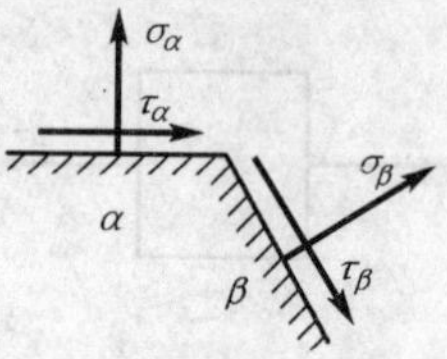

图 7-31

7-14 现测得如图 7-32 所示受拉圆截面杆表面上某点 K 任意两互相垂直方向的线应变 ε' 和 ε''。试求所受拉力 F。已知材料的弹性模量 E、泊松比 ν 以及圆杆直径 d。

7-15 现测得如图 7-33 所示圆轴受扭时，圆轴表面 K 点与轴线成 $-30°$ 方向的线应变 $\varepsilon_{-30°}$。试求外力偶矩 T。已知圆轴直径 d，弹性模量 E 和泊松比 ν。

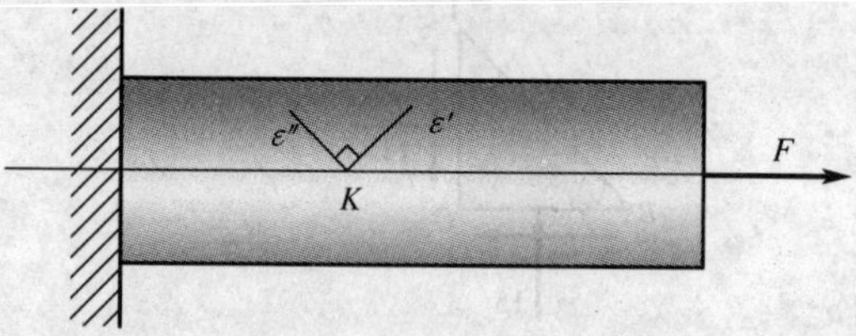

图 7-32

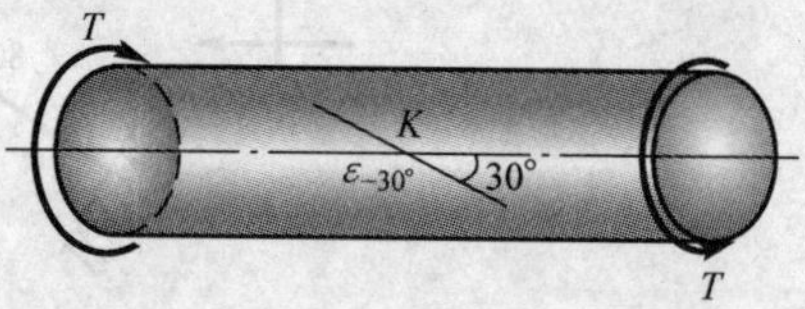

图 7-33

7-16 一刚性槽如图 7-34 所示。在槽内紧密地嵌入一铝质立方块，其尺寸为 10mm × 10mm × 10mm，铝材的弹性模量 E = 70GPa，泊松比 ν = 0.33。试求当铝块受到 F = 6kN 作用时，铝块的三个主应力及相应的变形。

7-17 现测得如图 7-35 所示受扭空心圆轴表面与轴线成 $-45°$ 方向的线应变 $\varepsilon_{-45°}$，空心圆轴外径为 D，内外径之比为 α。试求外力偶矩 T。材料的弹性模量 E、泊松比 ν 均为已知。

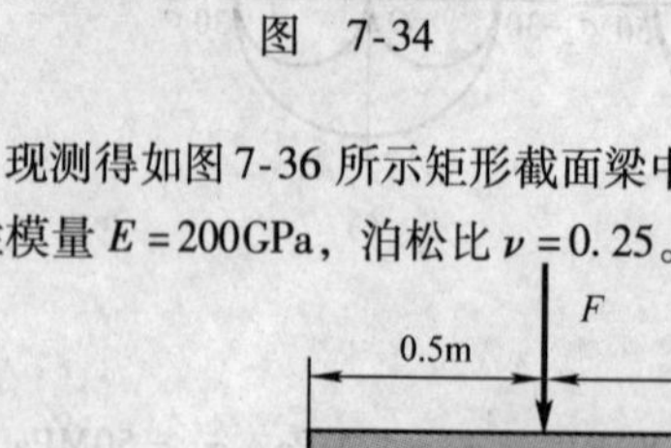

图 7-34

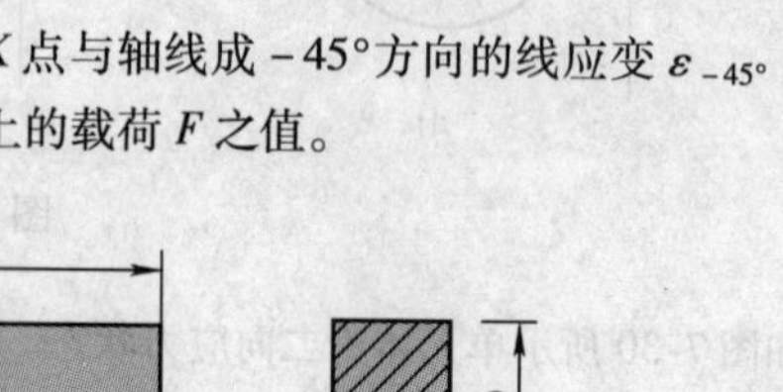

图 7-35

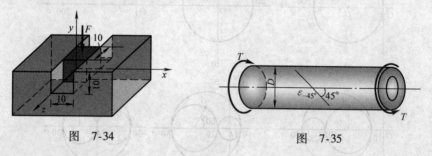

7-18 现测得如图 7-36 所示矩形截面梁中性层上 K 点与轴线成 $-45°$ 方向的线应变 $\varepsilon_{-45°} = 50 \times 10^{-6}$，材料的弹性模量 E = 200GPa，泊松比 ν = 0.25。试求梁上的载荷 F 之值。

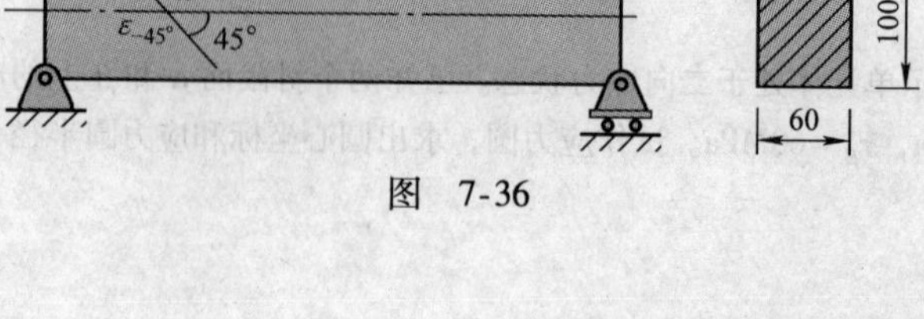

图 7-36

7-19 如图7-37所示为受拉圆截面杆。已知 A 点在与水平线成60°方向上的正应变 $\varepsilon_{60^\circ}=4.0\times10^{-4}$，直径 $d=20\text{mm}$，材料的弹性模量 $E=200\text{GPa}$，泊松比 $\nu=0.3$。试求载荷 F。

7-20 试求如图7-38所示矩形截面梁在纯弯曲时 AB 线段长度的变形量。已知：AB 原长为 a，与轴线成45°角，B 点在中性层上，梁高为 h，宽为 b，弹性模量为 E，泊松比为 ν，弯矩为 M。

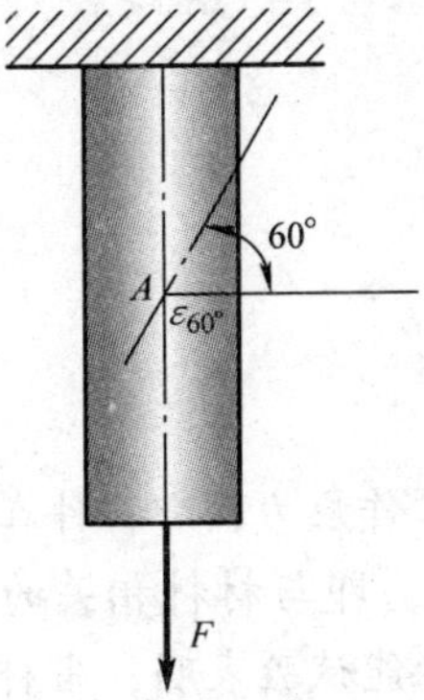

图 7-37

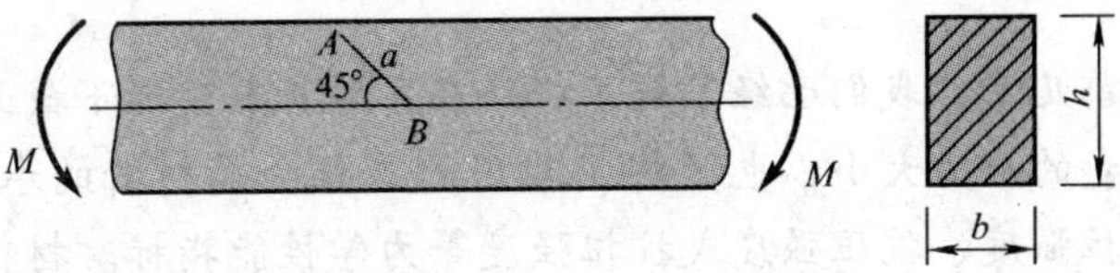

图 7-38

第 8 章 构件的强度设计

在前几章，我们已经了解了杆件在各种基本变形下截面上的工作应力，即杆件在工作状态所承受的应力大小；也了解了常用的工程金属材料的承载极限，即与材料相关的屈服强度、抗拉强度、抗压强度或抗扭强度等力学性能指标。材料力学性能试验表明，当杆件上的工作应力超过了材料的承载极限时，杆件将会发生屈服或者断裂。在实际工程中，由于杆件所受到的载荷的形式不同、环境条件不同、杆件材料有可能存在缺陷等诸多因素，当杆件上的实际工作应力还未达到理想条件下的屈服极限或强度极限时，杆件就已经发生破坏，因此需要对杆件是否能够正常使用建立起合理的判断准则。依据准则，完成杆件的强度校核、尺寸设计、确定杆件所能承受的许可载荷大小等工作，而这也是工程力学研究的主要目的。本章将首先讨论基本变形情况下的杆件强度问题，进而由浅入深，讨论复杂变形情况下的强度问题。

8.1 强度条件与许用应力

8.1.1 失效及其分类

要使工程结构能够正常使用，必须满足强度、刚度和稳定性要求，如果结构在工作中丧失了它们应有的功能，称之为**失效**。强度失效是指由于杆件材料屈服或断裂引起的失效。工程中对于塑性材料制成的杆件，一般因为其在断裂之前已经存在塑性变形，故将材料屈服视为失效。如果工程中允许杆件存在一定的塑性变形，则可以考虑直接将杆件的最后断裂视为失效。刚度失效是指当杆件存在过量的变形而引起的失效。稳定性失效是由于杆件平衡状态的突然转变而引起的失效。工程中还有一些其他的失效形式，如疲劳失效、蠕变失效等。

结构的失效轻则影响到整个机器或其零部件的正常使用，重则可能引发灾难性的后果。例如 1995 年在韩国首尔，三丰百货大楼楼板因贯穿剪力作用发生强度失效而断裂，导致整个建筑物坍塌，造成 500 余人死亡；又如 1998 年在德国，由于高铁车轮金属外圈发生疲劳失效导致列车出轨，造成 100 余人丧生。这些由于构件失效导致的灾难在工程界不胜枚举。

本章将着重讨论杆件的强度失效。刚度失效问题，将在下一章叙述。稳定性失效和疲劳失效将分别在第 11 章和第 18 章进行讨论。

8.1.2　强度条件与许用应力

杆件在单向拉伸或压缩时强度失效的正应力称为极限应力。当材料脆性断裂时的极限应力是强度极限 σ_b，塑性屈服时的极限应力是屈服极限 σ_s。考虑到实际情况下的不利因素，需要给予杆件必要的强度储备，因此在设计时应使杆件的最大工作应力在一定程度上小于极限应力。将极限应力除以一个大于 1 的数 n 得到的应力 $[\sigma]$ 称为许用应力，n 称为**安全因数**。将许用应力作为杆件工作应力的最高限度，于是得到单向应力状态下的强度条件：

$$\sigma_{max} \leqslant [\sigma] \tag{8-1}$$

对于塑性材料，

$$[\sigma] = \frac{\sigma_s}{n_s} \tag{8-2}$$

对于脆性材料，

$$[\sigma] = \frac{\sigma_b}{n_b} \tag{8-3}$$

式中，大于 1 的数 n_s 和 n_b 分别是对应塑性材料屈服失效和脆性材料断裂失效的安全因数。

同样，对于材料单纯受剪切时，也可以通过扭转试验得到塑性材料的剪切屈服极限 τ_s 和脆性材料的剪切强度极限 τ_b，将它们除以相应的安全因数得到相应的许用切应力 $[\tau]$。由此得到纯剪切状态下的强度条件

$$\tau_{max} \leqslant [\tau] \tag{8-4}$$

复杂应力状态下的强度条件，单纯依靠试验是不可行的，需要通过综合的科学方法加以建立，本章 8.4 节将对此详细阐述。

举例来说，受单向拉伸的直杆，要求其横截面上的应力 $\sigma = F_N/A \leqslant [\sigma]$，当许用应力较大时，即采用较小的安全因数时，横截面的面积可以设计得较小，设计的经济性比较好；反之，当许用应力较小，即采用较大的安全因数时，截面面积就需要加大，设计的安全性较好。为了达到安全与经济的均衡，合理选择安全因数显得至关重要。

确定安全因数需要考虑的因素，大致上有且不限于以下几点：①材料的素质，包括材料的均匀程度，质地好坏，塑性还是脆性等；②载荷情况，包括对载荷的估计是否准确，动载荷还是静载荷；③实际杆件简化过程和计算方法的精确程度；④零件在设备中的重要性、工作条件、损坏后造成后果的严重程度、制造和修配的难易程度等；⑤对减轻设备自重和提高设备机动性能的要求。安全因数和许用应力的具体数值通常可在各不同业务部门的设计规范中查询。随着人们在工程实践中不断加深对客观世界的认识，安全因数、许用应力的取值也在不断修正和趋于合理。

8.2　基本变形状态下的杆件强度

8.2.1　强度计算的类型

根据工程问题的不同，强度计算一般有以下几种类型。**截面设计**：在外载荷以及材料的

许用应力已知的情况下，设计杆件的横截面几何尺寸；**强度校核**：在外载荷、材料的许用应力以及杆件的几何尺寸已知的情况下，验证危险点处的工作应力是否满足强度条件。（在工程中，若杆件的最大应力超过许用应力，但不超过许用应力的 5%，可以认为是安全的）；许用**载荷确定**：当杆件几何尺寸、材料许用应力已知时，确定杆件或结构能够承受的最大载荷；**材料选择**：当杆件的横截面尺寸及所受外力已知时，根据经济性和安全性均衡的原则以及其他工程要求，选择合适的材料。

在工程实际问题中，构件所受到的载荷种类很多，也可能出现不同的载荷组合。一般称杆件正常工作条件下的载荷组合为设计工况，杆件的横截面几何尺寸通常是在设计工况下根据强度条件来确定的；杆件在极限工作条件，即可能出现的最不利工作条件下受到的载荷组合称为极限工况，通常需要校核所设计的杆件几何尺寸是否满足极限工况下的强度条件。

8.2.2 基本变形情况下的强度条件

杆件在基本变形情况下，危险点处一般只有正应力或切应力，属于单向拉伸（压缩）应力状态或者纯剪切应力状态，其强度失效的极限应力可以通过材料力学性能试验直接得到，选定合适的安全因数以后，就可以得到许用应力，因此可以直接使用式（8-1）或式（8-4）进行强度计算。为了便于理解和查阅，表 8-1 给出了几种基本变形情况下的横截面上的应力计算公式、应力分布和相应的强度条件。

表 8-1　基本变形情况下的强度条件

基本变形	计算简图	横截面 I－I 上的应力分布	最大应力公式	强度条件
单向拉伸（压缩）	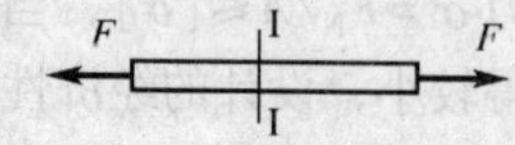	正应力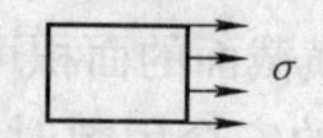	$\sigma=\dfrac{F_N}{A}$	$\sigma_{max}\leqslant[\sigma]$
圆轴受扭	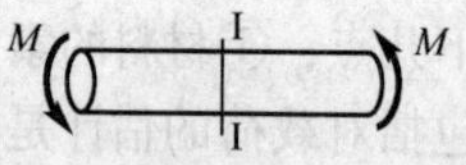	切应力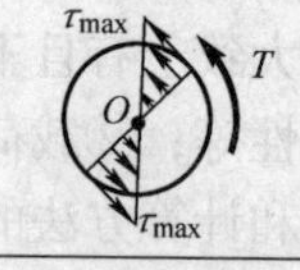	$\tau_{max}=\dfrac{T}{W_P}$	$\tau_{max}\leqslant[\tau]$
细长梁弯曲	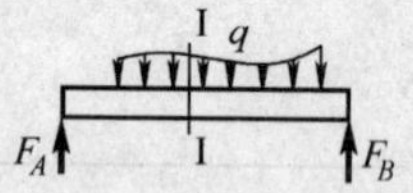	正应力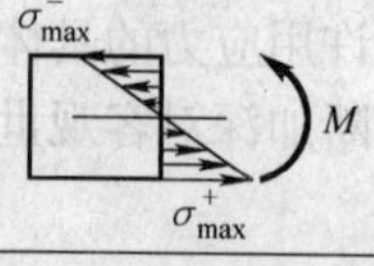	$\sigma_{max}=\dfrac{M}{W_z}$	$\sigma_{max}\leqslant[\sigma]$
		切应力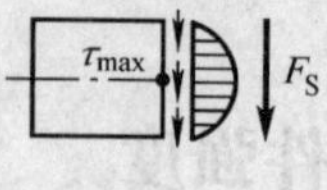	$\tau=\dfrac{F_sS^*}{I_zb}$ 矩形截面 $\tau_{max}=\dfrac{3}{2}\dfrac{F_s}{A}$	$\tau_{max}\leqslant[\tau]$

需要说明的是，细长梁平面弯曲情况下，横截面上距离中性轴最远的两侧各点的正应力最大，是单向拉伸（压缩）应力状态，中性轴上各点的切应力最大，为纯剪切应力状态，这些位置都可能成为危险点。请读者结合弯曲正应力分布以及弯曲切应力分布加以考虑。

例题8-1　两杆支撑结构如图8-1a所示，约束A，B，C均可简化为圆柱铰链约束，所受的集中力大小为$F=40\text{kN}$。圆截面杆AB材料为Q235，直径$d=20\text{mm}$，许用应力$[\sigma]=160\text{MPa}$，杆BC是木材，横截面为正方形，边长$a=60\text{mm}$，许用压应力$[\sigma^-]=12\text{MPa}$。试校核结构的强度。

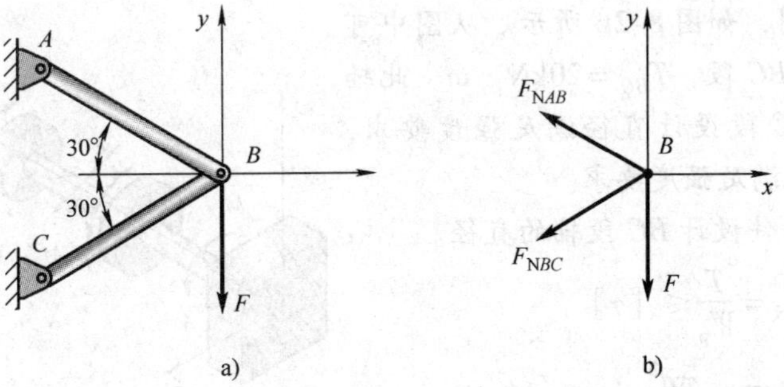

图　8-1

分析：首先计算各杆所受的内力和应力，并与许用应力作比较，只有当两杆的应力都小于各自相应的许用应力，即都满足$\sigma_{\max}\leqslant[\sigma]$，结构才满足强度要求。

解：1）计算杆AB和杆BC的轴力。

取图8-1b所示坐标系，以铰链B为研究对象画出受力分析图，设F_{NAB}，F_{NBC}均为拉伸内力，则点B的静力平衡方程是

$$\sum F_x=0,\ -F_{NAB}\cos 30°-F_{NBC}\cos 30°=0$$

$$\sum F_y=0,\ F_{NAB}\sin 30°-F_{NBC}\sin 30°-F=0$$

求得$F_{NBC}=-F=-40\text{kN}$，$F_{NAB}=F=40\text{kN}$。可见杆AB受拉，而杆BC受压。

2）计算杆AB和杆BC的应力，注意到$1\text{N/mm}^2=1\text{MPa}$的换算关系。

$$\sigma_{AB}=\frac{F_{NAB}}{A_{AB}}=\frac{F_{NAB}}{\frac{\pi d^2}{4}}=\frac{4F_{NAB}}{\pi d^2}=\frac{4\times 40\times 1000\text{N}}{\pi\times 20^2\ \text{mm}^2}=127.32\text{MPa}$$

$$\sigma_{BC}=\frac{F_{NBC}}{A_{BC}}=\frac{F_{NBC}}{a^2}=\frac{-40\times 1000\text{N}}{60^2\ \text{mm}^2}=-11.11\text{MPa}$$

3）校核。

显然，$\sigma_{AB}=127.32\text{MPa}<[\sigma]=160\text{MPa}$，$|\sigma_{BC}|=11.11\text{MPa}<[\sigma^-]=12\text{MPa}$，两杆均满足强度条件，结构校核安全。

思考：若将杆AB和BC位置对调，且木材的许用拉应力$[\sigma^+]=10\text{MPa}$，则结构是否满足强度要求？为什么？

例题8-2　直径为d的实心圆截面传动轴，其各部分传递的外力矩均已在图8-2a中标出，固定端A处约束转动。若轴的许用切应力$[\tau]=65\text{MPa}$，试设计其直径。

分析：首先应计算出固定端A处的约束力偶矩，进而分析各段的扭矩，求出最大扭矩所在的位置，并以此设计直径。

解：1）计算固定端A处的约束力偶矩。

根据对轴 x 的力矩平衡，有

$$\sum M_x = 0, M_{eA} + M_{eB} + M_{eC} + M_{eD} = 0$$

即 $M_{eA} + 14\text{kN} \cdot \text{m} - 26\text{kN} \cdot \text{m} + 6\text{kN} \cdot \text{m} = 0$

求得 $M_{eA} = 6\text{kN} \cdot \text{m}$。

2）画出扭矩图，如图 8-2b 所示。从图中可知，最大扭矩位于 BC 段，$T_{BC} = 20\text{kN} \cdot \text{m}$。此轴为等直径轴，若 BC 段设计直径满足强度要求，自然 AB 和 CD 段也满足强度要求。

3）按照强度条件设计 BC 段轴的直径。

$$\tau_{\max} = \frac{T}{W_p} \leqslant [\tau]$$

$$W_p = \frac{\pi d^3}{16}$$

$$d \geqslant \sqrt[3]{\frac{16T}{\pi[\tau]}} = \sqrt[3]{\frac{16 \times 20 \times 10^6 \text{N} \cdot \text{mm}}{\pi \times 65\text{MPa}}} = 116.15\text{mm}$$

为考虑制造方便，取设计直径 $d = 116\text{mm}$，则最大切应力

$$\tau_{\max} = \frac{16 \times 20 \times 10^6 \text{N} \cdot \text{mm}}{\pi \times 116^3 \text{ mm}^3} = 65.26\text{MPa}$$

$$\tau_{\max} < 1.05[\tau] = 1.05 \times 65\text{MPa} = 68.25\text{MPa}$$

虽然按照设计直径得到的最大切应力超过了许用切应力，但是不超过许用应力的5%，可以认为是适当的。

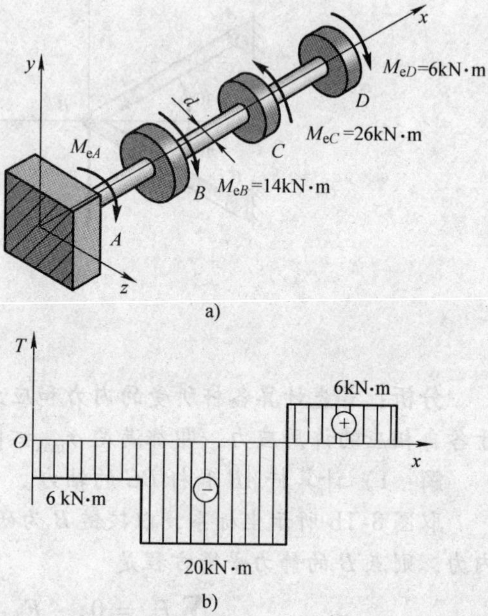

图 8-2

例题 8-3 某游乐场设计一种旋转游乐设施，如图 8-3a 所示，其中的钢直杆可视为一外伸梁。为确保人身安全，材料的许用应力设定为较低的数值，$[\sigma] = 50\text{MPa}$，试问该旋转游乐设施能承受的许可人体重量 $[W]$ 为多少？

分析：将实际问题简化为力学模型，如图 8-3b 所示。通过内力分析，判断危险截面。考虑危险截面上的最大弯曲正应力应满足强度条件以确定许可载荷，即最重人体重量。

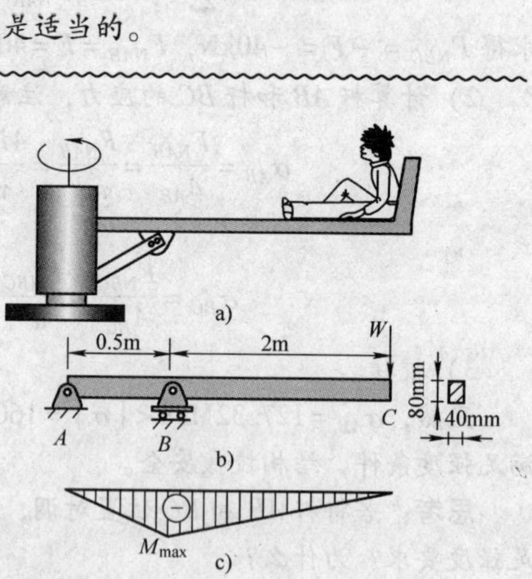

图 8-3

解：1）画出梁的弯矩图，可知最大弯矩位于 B 截面。

$$M_{\max} = 2W \ (\text{N} \cdot \text{m})$$

2）计算截面的抗弯截面系数：

$$W_z = \frac{bh^2}{6} = \frac{40 \times 80^2 \text{ mm}^3}{6} = 42\,667\text{mm}^3$$

3）按照强度条件确定许可载荷

$$\sigma_{\max}=\frac{M_{\max}}{W_z}\leqslant[\sigma]$$

$$M_{\max}=2W\leqslant[\sigma]\ W_z=50\text{MPa}\times42\,667\text{mm}^3=2130\text{N}\cdot\text{m}$$

得到 $W\leqslant1065\text{N}$，即许可重量 $[W]=1065\text{N}$。

思考：在真实的旋转木马设计中，其支撑臂往往设计成变截面的形状，如图8-4所示。请读者思考这种设计的合理性和优越性。

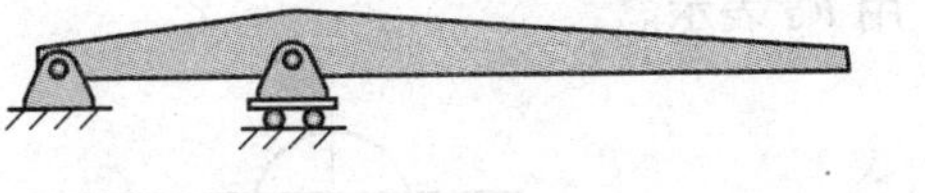

图　8-4

梁在受到载荷作用时，当梁的横截面非对称于中性轴时且弯矩有正有负的情况下，最大拉应力危险点所在的截面和最大压应力所在的截面可能并不是同一截面，如例题6-8所述的T形截面梁问题。如果梁的材料是铸铁，由于铸铁的抗拉强度小于抗压强度，因此需要考虑抗拉强度和抗压强度是否都满足要求。

若在例题6-8中假定许用拉应力 $[\sigma^+]=28\text{MPa}$，许用压应力 $[\sigma^-]=50\text{MPa}$，截面 B 的下边缘最大压应力 $\sigma_B^-=46.1\text{MPa}<[\sigma^-]$，上边缘最大拉应力 $\sigma_B^+=27.2\text{MPa}<[\sigma^+]$，则虽然截面 B 具有最大的弯矩，但其强度是满足要求的。反观截面 C，虽然其弯矩不是最大弯矩，但是该截面上的最大拉应力 $\sigma_C^+=28.8\text{MPa}>[\sigma^+]$，反而并不满足强度条件。从上例可以看出，对于脆性材料梁，且其横截面对于中性轴又是非对称的情况下，真正的危险点未必就在弯矩最大截面处，这一点需要引起读者注意。

8.3　连接件的强度实用计算

8.3.1　剪切与挤压的概念

工程结构是由很多构件通过某些形式互相连接组成的。最常见的有螺栓连接、铆接、榫接、焊接等，其中起到连接作用的螺栓、铆钉、销、键等统称为连接件。例如图8-5a法兰上的连接螺栓，其失效的形式如图8-5b所示。

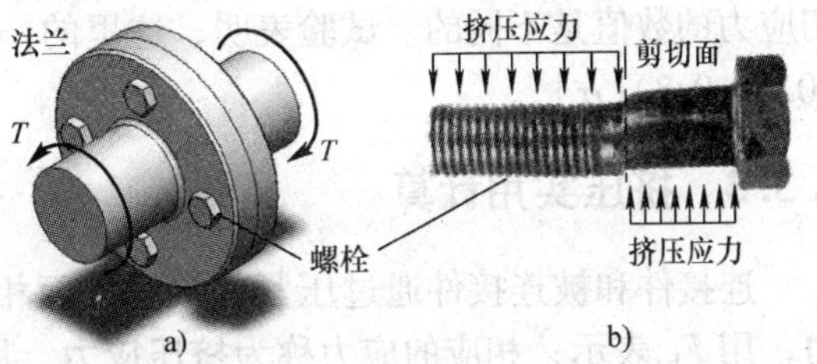

图　8-5

连接件的变形和受力特点是：作用在构件两侧面上分布力的合力大小相等、方向相反，作用线垂直杆轴线且相距很近，构件沿着与力平行的截面发生相对错动。这种变形形式称为**剪切**。发生相对错动的截面称为**剪切面**。当连接件和被连接件的接触面上压力过大时，也可能在接触面上发生局部压陷的塑性变形而导致破坏，称为**挤压破坏**。因此，通常需要进行剪切强度和挤压强度的计算。由于连接件的几何形状、受力和变形情况复杂，在工程设计中，为了简化计算，易于设计，对连接件的受力根据其实际破坏情况作了一些假设，再根据这些假设利用试验的方法确定极限应力，据此建立强度条件，这种计算我们称之为**“实用计算”**。

8.3.2 剪切实用计算

考虑图 8-6a 所示的两块钢板通过铆钉连接的情况，铆钉的受力如图 8-6b 所示。利用截面法，从铆钉的剪切面，即 $m-n$ 截面截开，剪切面上存在与截面相切的内力，即为**剪力**，用 F_S 表示。

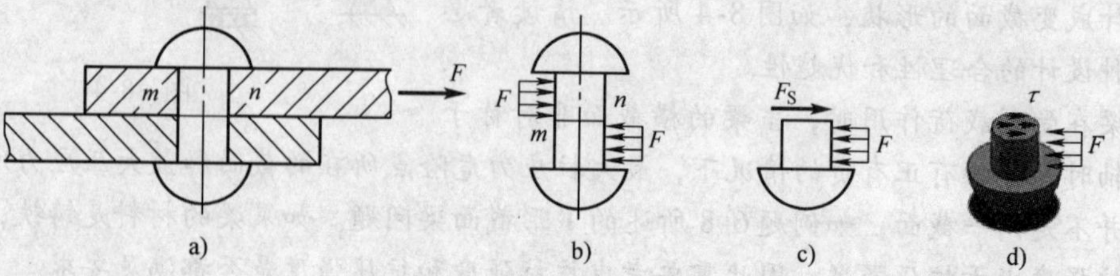

图 8-6

由图 8-6c，根据力平衡，可得剪力

$$F_S = F$$

连接件发生剪切变形时，其剪切面上的切应力并非均匀分布，但是在实用计算中，我们假设切应力在剪切面上均匀分布，如图 8-6d 所示。因此平均切应力，也称**名义切应力**，可按式（8-5）计算

$$\tau = \frac{F_S}{A} \tag{8-5}$$

相应的强度条件为

$$\tau = \frac{F_S}{A} \leqslant [\tau] \tag{8-6}$$

式（8-5）、式（8-6）中的 A 是剪切面的面积。

这里的$[\tau]$是根据连接件实物或模拟剪切破坏试验，测出连接件在剪切破坏时的剪力，然后除以剪切面的面积得到极限切应力，再除以安全因数得到的，它和式（8-4）中的许用切应力的数值是不同的。试验表明，这里的$[\tau]$与许用拉应力$[\sigma]$大致有如下关系：$[\tau]=(0.6\sim0.8)[\sigma]$。

8.3.3 挤压实用计算

连接件和被连接件通过压紧的接触表面相互传递力。接触表面上总的压紧力称为**挤压力**，用 F_{bs}表示；相应的应力称为**挤压应力**，用 σ_{bs} 表示。实际的挤压应力在连接件上分布相当复杂，在工程中通常采用简化计算，即假设挤压应力在**计算挤压面**上是均匀分布的，于是有

$$\sigma_{bs} = \frac{F_{bs}}{A_{bs}} \tag{8-7}$$

相应的强度条件为

$$\sigma_{bs} = \frac{F_{bs}}{A_{bs}} \leqslant [\sigma_{bs}] \tag{8-8}$$

式（8-7）、式（8-8）中的 A_{bs}是计算挤压面的面积；$[\sigma_{bs}]$是许用挤压应力。

对于键连接、榫齿连接，其挤压面是平面，计算挤压面积取为实际的挤压面，例如图8-7a所示的齿轮连接，键和轴连接的挤压面是图8-7b所示的阴影面积，$A_{bs}=bl$；对于铆钉、销轴、螺栓等圆柱形连接件，由于轴孔配合的关系，实际接触面为半圆面，而挤压力在接触面上并非均匀分布，因此在实用计算中，取计算挤压面积为实际接触面在直径平面上的正投影面积，如图8-8b所示的阴影面积，$A_{bs}=d\delta$；对于钢板、轴套等被连接件，实际挤压面为半圆孔壁，计算挤压面取其正投影面，如图8-8a所示，$A_{bs}=d\delta$。

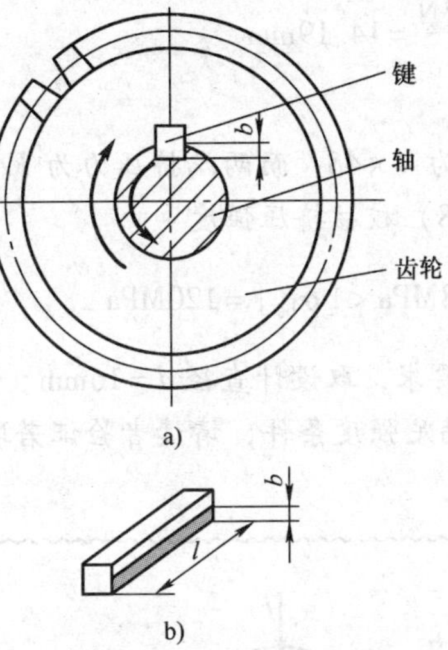

图　8-7

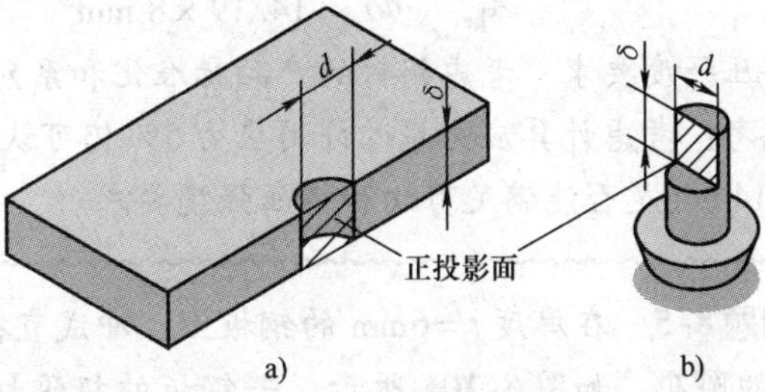

图　8-8

许用挤压应力$[\sigma_{bs}]$的确定方法和本节中的许用切应力$[\tau]$类似。对于钢材，许用挤压应力$[\sigma_{bs}]$和许用拉应力$[\sigma]$之间存在如下的经验关系：$[\sigma_{bs}]=(1.7\sim2.0)[\sigma]$。

例题8-4　如图8-9a所示的拖车挂钩用销钉连接，销钉的许用切应力$[\tau]=60\text{MPa}$，许用挤压应力$[\sigma_{bs}]=120\text{MPa}$，挂钩部分的钢板厚度$\delta=8\text{mm}$，拖车的拉力$F=19\text{kN}$，选择销钉的直径$d$。

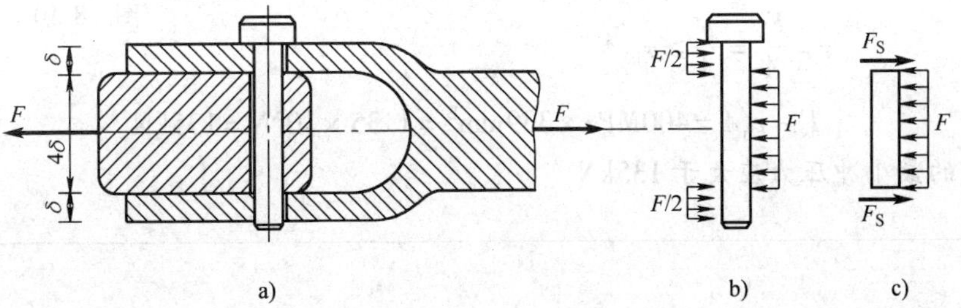

图　8-9

分析：取销钉为研究对象，其受力如图8-9b所示，可见销钉有两个剪切面，根据图8-9c计算出剪力，并进一步按照剪切强度条件设计直径，对设计结果进行挤压强度的校核。

解：1）按照剪切强度条件进行设计。

取销钉的中段为研究对象，利用截面法，并假设两个剪切面上的剪力相等，可得剪力

$$F_s = \frac{F}{2} = \frac{19\text{kN}}{2} = 9.5\text{kN}$$

销钉的剪切面积为 $A = \pi d^2/4$，由剪切强度条件式（8-6）有

$$\tau = \frac{F_s}{A} = \frac{F_s}{\pi d^2/4} \leqslant [\tau]$$

则直径需满足

$$d \geqslant \sqrt{\frac{4F_s}{\pi[\tau]}} = \sqrt{\frac{4 \times 9.5 \times 10^3\text{N}}{\pi \times 60\text{MPa}}} = 14.19\text{mm}$$

2）挤压强度校核。

销钉的中段受到的挤压力为 F，其计算挤压面积为 $d \times 4\delta$，而两端挤压力为 $F/2$，计算挤压面积为 $d\delta$，两端所受挤压应力较大，故按式（8-8）校核挤压强度

$$\sigma_{bs} = \frac{F_{bs}}{A_{bs}} = \frac{F/2}{d\delta} = \frac{9.5 \times 10^3\text{N}}{14.19 \times 8\ \text{mm}^2} = 83.68\text{MPa} < [\sigma_{bs}] = 120\text{MPa}$$

满足挤压强度要求。考虑销钉的产品标准化和系列化要求，取设计直径 $d = 16\text{mm}$。

思考：考虑计算应力超过许用应力 5% 仍可认为满足强度条件，请读者验证若取设计直径 $d = 14\text{mm}$ 是否能满足剪切和挤压强度要求。

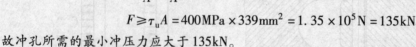

例题 8-5 在厚度 $t = 6\text{mm}$ 的钢板上，冲成直径 $d = 18\text{mm}$ 的圆孔，如图 8-10a 所示。若钢板的极限切应力 $\tau_u = 400\text{MPa}$，试计算能成功冲孔所需的冲压力。

分析：钢板的剪切面等于所冲圆孔侧面的面积，如图 8-10b 所示的阴影面积，在此剪切面上若平均切应力大于钢板的极限切应力，则能成功冲孔。

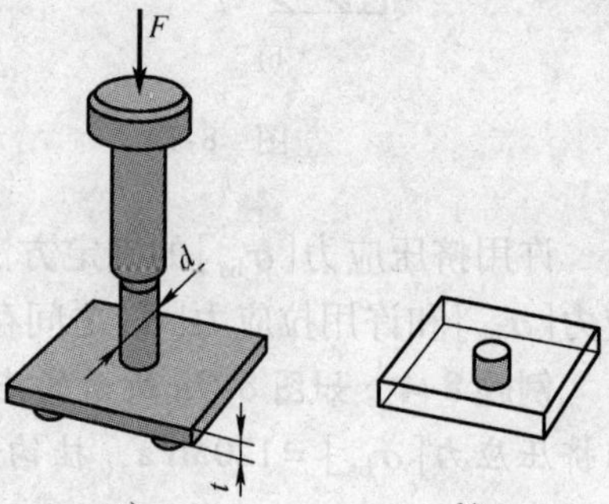

图 8-10

解：1）求剪切面面积。

$$A = \pi dt = \pi \times 18 \times 6\text{mm}^2 = 339\text{mm}^2$$

2）求冲压力

$$\tau = \frac{F_s}{A} = \frac{F}{A} \geqslant \tau_u$$

$$F \geqslant \tau_u A = 400\text{MPa} \times 339\text{mm}^2 = 1.35 \times 10^5\text{N} = 135\text{kN}$$

故冲孔所需的最小冲压力应大于 135kN。

8.4 强度理论

8.4.1 强度理论的概念

8.2 节建立的强度条件是在简单应力状态下，通过材料试验直接测定极限应力，8.3 节剪切和挤压实用计算中的许用应力也是通过材料试验确定极限应力得到的。在工程实际中，

很多构件受力情况复杂，构件的危险点往往处于复杂应力状态，要通过试验的方法完全实现实际工程中的复杂应力状态是非常困难的。再者，复杂应力状态下单元体的三个主应力 σ_1，σ_2 和 σ_3 可以有无限多种不同比例的组合，如果要通过试验来建立强度条件，就必须要对各种不同的组合来一一试验，这显然是不现实的。因此，人们在长期的生产实践中，根据一些试验的结果以及对破坏现象的观察和分析，提出了一些关于材料在复杂应力状态下发生破坏的假说，这些假说通常被称为**强度理论**。

常用的强度理论的基本观点认为，**无论何种应力状态，也无论何种材料，如果其失效形式相同，那么其失效原因就是相同的**。这个原因可以是应力、应变或变形能。**按照这种基本观点，造成失效的原因就和应力状态无关，从而可以由简单应力状态的试验结果，来建立复杂应力状态的强度条件**。

8.4.2　常用的四种强度理论

材料强度失效的主要形式分为断裂失效和屈服失效，因此相应的强度理论大致也分为两类：解释断裂失效的强度理论和解释屈服失效的强度理论。限于篇幅，本书只介绍经典的四种强度理论。

1. 最大拉应力理论（第一强度理论）

这一理论认为：**无论材料处于何种应力状态，只要最大拉应力 σ_1 达到材料单向拉伸时的强度极限 σ_b，材料即发生脆性断裂**。铸铁、石料等脆性材料单向拉伸时的破坏试验表明，断裂面总是垂直于最大拉应力的方向，与这一理论相符。17 世纪，意大利科学家伽利略开始意识到最大拉应力是导致这些材料破坏的主要因素，19 世纪，英国的兰金正式提出这一理论。按照这一假说，可以得到依据最大拉应力理论的强度条件：

$$\sigma_1 \leqslant [\sigma] = \frac{\sigma_b}{n} \tag{8-9}$$

试验表明，对于铸铁、石块、玻璃等脆性材料，当应力状态以拉为主时，采用该理论是合理的，但是最大拉应力理论没有考虑其他两个主应力 σ_2 和 σ_3 对断裂的影响，同时，对没有拉应力的状态，例如单向压缩、双向压缩等问题也无法得到应用。

2. 最大拉应变理论（第二强度理论）

这一理论认为：**无论材料处于何种应力状态，只要最大拉应变 ε_1 达到材料单向拉伸断裂时的最大拉应变 ε_u，材料即发生脆性断裂**。单向拉伸断裂时的应变 $\varepsilon_u = \varepsilon_1 = \sigma_b/E$，由广义胡克定律，$\varepsilon_1 = [\sigma_1 - \nu(\sigma_2 + \sigma_3)]/E$，代入前式，可以得到最大拉应变理论的失效准则：$\sigma_1 - \nu(\sigma_2 + \sigma_3) = \sigma_b$，由此得到第二强度理论的强度条件：

$$\sigma_1 - \nu(\sigma_2 + \sigma_3) \leqslant [\sigma] = \frac{\sigma_b}{n} \tag{8-10}$$

第二强度理论是由 19 世纪法国科学家圣维南提出的。这一理论对于石块、混凝土、铸铁等脆性材料在受压为主的应力状态下开裂有较好的适应性。第一强度理论适用于拉应力大于或等于压应力绝对值的脆性材料，第二强度理论适用于拉应力小于压应力绝对值的脆性材料。

3. 最大切应力理论（第三强度理论）

这一理论认为：**无论材料处于何种应力状态，只要最大切应力 τ_{max} 达到材料单向拉伸**

屈服时的最大切应力 τ_u，材料即发生塑性屈服。通过对低碳钢单向拉伸试验的观察，我们发现在试样的屈服阶段，其表面会出现45°角的滑移线。根据应力状态分析，滑移线的位置正好是最大切应力所在的斜面，相应的最大切应力 $\tau_{max}=\sigma_s/2$。因此，$\sigma_s/2$ 就是导致屈服的最大切应力的极限值。在任意应力状态下，$\tau_{max}=(\sigma_1-\sigma_3)/2$，代入前式，可以得到以主应力表示的强度条件：

$$\sigma_1-\sigma_3\leqslant[\sigma]=\frac{\sigma_s}{n} \tag{8-11}$$

第三强度理论是由19世纪科学家特雷斯卡提出的，故又称为特雷斯卡理论。该理论是基于金属材料屈服行为的试验研究提出的，因此适用于多数金属类的塑性材料，且该理论形式简单，概念明确，计算结果偏于安全，因此在工程中得到广泛应用。

4. 畸变能理论（第四强度理论）

这一理论认为：**无论材料处于何种应力状态，只要畸变能密度达到材料单向拉伸屈服时的畸变能密度，材料即发生塑性屈服**。对金属材料的试验表明，在塑性屈服阶段，材料的体积几乎不发生变化，而只发生形状改变，而形状改变所对应的是畸变能密度。因此畸变能密度可以用来判断材料是否进入屈服。通过对畸变能密度的计算和推导，最终可以得到该强度理论下以主应力表示的强度条件：

$$\sqrt{\frac{1}{2}[(\sigma_1-\sigma_2)^2+(\sigma_2-\sigma_3)^2+(\sigma_3-\sigma_1)^2]}\leqslant[\sigma]=\frac{\sigma_s}{n} \tag{8-12}$$

该理论是由冯·米泽斯在第三强度理论的基础上，考虑第二、第三主应力对材料屈服的影响后改进得到的强度理论，故又称为米泽斯理论，式（8-12）的左端项被称为米泽斯应力（von Mises 应力）。该理论与第三强度理论适用条件完全相同。值得注意的是，该理论由于考虑了第二、第三主应力，其数学形式也不复杂，因此在数值计算（有限元法）中得到广泛采用。在一些工程文献中所说的“折算应力”有时也指米泽斯应力。

5. 相当应力

上述四个强度理论的强度条件可以写成统一的形式：

$$\sigma_r\leqslant[\sigma] \tag{8-13}$$

式中，σ_r 称为相当应力。按照顺序，相当应力分别为

$$\left.\begin{aligned}&\sigma_{r1}=\sigma_1\\&\sigma_{r2}=\sigma_1-\nu(\sigma_2+\sigma_3)\\&\sigma_{r3}=\sigma_1-\sigma_3\\&\sigma_{r4}=\sqrt{\frac{1}{2}[(\sigma_1-\sigma_2)^2+(\sigma_2-\sigma_3)^2+(\sigma_3-\sigma_1)^2]}\end{aligned}\right\} \tag{8-14}$$

相当应力是为了表示方便而引进的量，没有具体的物理意义。

8.4.3 强度理论的选择

在工程实际问题中，具体应该选择哪个强度理论，首先应当正确判断失效的形式，辅之以考虑材料的性质、受力的情况等因素。脆性材料多发生脆性断裂，因而选用第一、第二理论，但并不是说脆性材料在任何应力状态下都要使用第一或第二强度理论，例如铸铁在三向

受压情况下，特别是三向压应力相近时，呈现屈服失效，这时就要采用第三或第四强度理论。同样当塑性材料在三向受拉情况下，呈现出脆性断裂，此时，应采用第一强度理论。由上面的分析可知，即使是同一种材料，在不同的应力状态下，也不能单一地采用同一种强度理论。

除了以上的四种强度理论，还有摩尔强度理论、我国学者提出的双剪强度理论等。以上介绍的强度理论都只适用于常温、静载以及均匀、连续、各向同性材料。对于不满足上述条件的情况，另外有专门的理论研究。现有的一些强度理论虽然在工程中得到广泛应用，但还不能说强度理论已经圆满地解决了工程中所有的强度问题，这方面还有待进一步的研究和发展。

例题 8-6　如图 8-11 所示为两端受外力偶矩 M_e 作用的铸铁圆轴，其直径为 d，材料的许用拉应力为 $[\sigma]$，选择合适的强度理论，确定其不发生强度失效的外力偶矩所需满足的条件，并指出其许用切应力 $[\tau]$ 和许用拉应力 $[\sigma]$ 的关系。

分析：受扭铸铁圆轴失效的形式为断裂，因此应选用第一强度理论。根据第 7 章，圆轴的危险点位于其表面，应力状态为纯剪切状态，如图 8-11b 所示，求出其三个主应力后，根据第一强度理论的强度条件确定极限力偶矩。

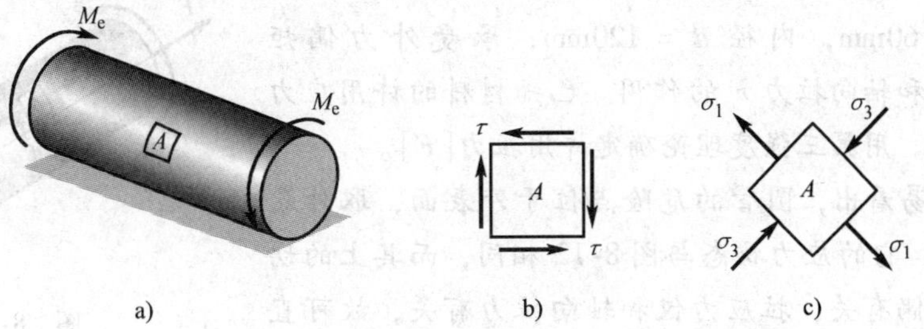

图　8-11

解：1）求主应力。由图 8-11b 所示纯剪切状态的单元体 A，按照第 7 章知识，可知其主单元体如图 8-11c 所示，且三个主应力分别为

$$\sigma_1=\tau,\ \sigma_2=0,\ \sigma_3=-\tau$$

2）确定极限外力偶矩 M_e 值。易知圆轴横截面上的扭矩 $T=M_e$，根据第一强度理论，$\sigma_1\leqslant[\sigma]$，而 $\sigma_1=\tau=\dfrac{T}{W_p}=\dfrac{T}{\pi d^3/16}$，因此有

$$\sigma_1=\frac{T}{\pi d^3/16}=\frac{M_e}{\pi d^3/16}\leqslant[\sigma]$$

不发生强度失效的外力偶矩应满足

$$M_e\leqslant\frac{\pi d^3}{16}[\sigma]$$

3）许用切应力 $[\tau]$ 和许用拉应力 $[\sigma]$ 的关系。式（8-4）给出的切应力强度条件为 $\tau\leqslant[\tau]$，而根据第一强度理论有 $\sigma_1=\tau\leqslant[\sigma]$，故可知本问题情况下 $[\tau]=[\sigma]$。

思考：本问题是否可选择第二强度理论或第三、第四强度理论，说明理由。

例题 8-7　塑性材料制成的构件的危险点如图 8-12 所示，按照第三强度理论和第四强度理论推出其等效应力 σ_{r3} 和 σ_{r4}。

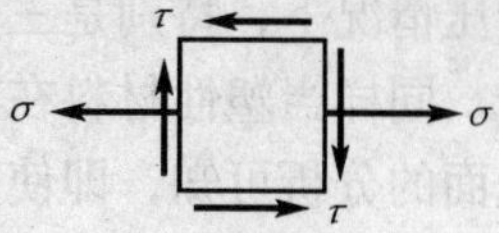

图 8-12

解：1）求主应力。根据式（7-7）有

$$\left.\begin{matrix}\sigma_{max}\\ \sigma_{min}\end{matrix}\right\} = \frac{\sigma}{2} \pm \sqrt{\left(\frac{\sigma}{2}\right)^2 + \tau^2}$$

则主应力分别为

$$\sigma_1 = \frac{\sigma}{2} + \sqrt{\left(\frac{\sigma}{2}\right)^2 + \tau^2},\ \sigma_2 = 0,\ \sigma_3 = \frac{\sigma}{2} - \sqrt{\left(\frac{\sigma}{2}\right)^2 + \tau^2}$$

2）计算等效应力。根据式（8-14），得

$$\sigma_{r3} = \sigma_1 - \sigma_3 = \sqrt{\sigma^2 + 4\tau^2} \tag{8-15}$$

$$\sigma_{r4} = \sqrt{\frac{1}{2}[(\sigma_1 - \sigma_2)^2 + (\sigma_2 - \sigma_3)^2 + (\sigma_3 - \sigma_1)^2]} = \sqrt{\sigma^2 + 3\tau^2} \tag{8-16}$$

图 8-12 是工程力学中常见的一种二向应力状态，对于这种应力状态，可以直接采用式（8-15）、式（8-16）计算其第三、第四强度理论的相当应力。

例题 8-8 如图 8-13 所示的低碳钢材料制成的圆管，其外径 D = 160mm，内径 d = 120mm，承受外力偶矩 M_e = 20kN·m和轴向拉力 F 的作用。已知材料的许用应力 $[\sigma]$ = 150MPa。用第三强度理论确定许用拉力 $[F]$。

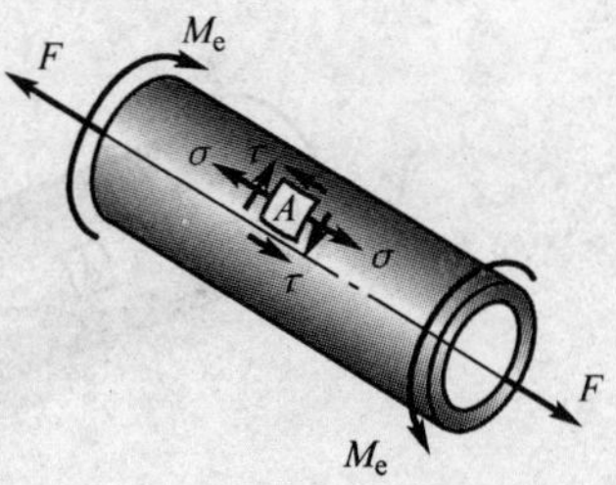

图 8-13

分析：容易看出，圆管的危险点位于外表面，取外表面的单元体 A，它的应力状态与图 8-12 相同，而其上的切应力仅和外力偶有关，拉应力仅和轴向拉力有关，故可直接利用式（8-15）计算相当应力，并根据强度条件确定许可拉力 $[F]$。

解：1）计算圆管表面的单元体 A 上的正应力 σ 和切应力 τ，取拉力 F 的单位为 N。

$$\sigma = \frac{F_N}{A} = \frac{F}{A} = \frac{F}{\frac{\pi}{4}(D^2 - d^2)} = \frac{F}{\frac{\pi}{4}(160^2 - 120^2)\ \text{mm}^2} = \frac{F}{8796}\text{MPa}$$

$$\tau = \frac{T}{W_p} = \frac{M_e}{\frac{1}{16}\pi D^3\left[1 - \left(\frac{d}{D}\right)^4\right]} = \frac{20 \times 10^6\ \text{N}\cdot\text{mm}}{\frac{1}{16}\pi \times 160^3\left[1 - \left(\frac{120}{160}\right)^4\right]\text{mm}^3} = 36.38\text{MPa}$$

2）计算相当应力，并按照强度条件计算许可拉力。

$$\sigma_{r3} = \sqrt{\sigma^2 + 4\tau^2} = \sqrt{\left(\frac{F}{8796}\right)^2 + 4 \times 36.38^2}\ \text{MPa} \leqslant [\sigma] = 150\text{MPa}$$

得到 $F \leqslant 1.154 \times 10^6$N = 1154kN。取第三强度理论条件下的许可拉力 $[F]$ = 1154kN。

思考：作为练习，请读者用第四强度理论确定许用拉力 $[F]$。

8.5　组合变形

8.5.1　组合变形与叠加原理

工程中的构件往往同时承受不同类型的载荷，发生两种或两种以上的基本变形，当每一种变形所对应的应力或变形处于同一量级时，就无法忽略其中较小的部分，此时我们称构件发生了**组合变形**。图 8-14a 所示的厂房牛腿立柱，是拉伸（压缩）与弯曲的组合，图 8-14b 所示的皮带轮传动轴，承受的是弯曲与扭转的组合，若该轴还受到轴向拉压的作用，则是拉伸（压缩）、扭转和弯曲的组合问题。

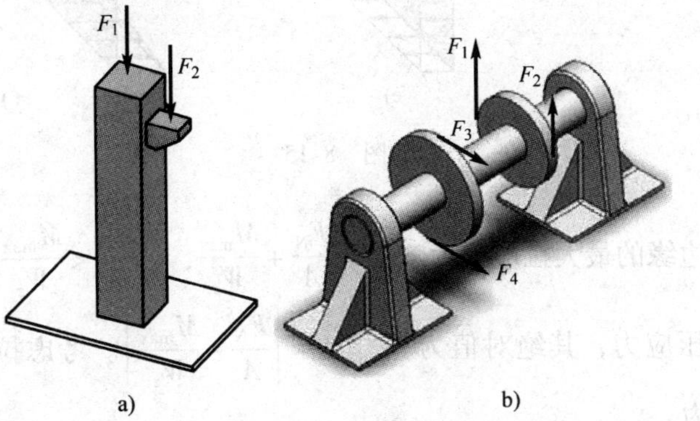

图　8-14

当工程构件在线弹性、小变形条件下时，组合变形中各个基本变形引起的应力和变形可以认为是相互独立、互不影响的。这时可以先将外力进行简化或分解，把构件上的外力转化为几组静力等效的载荷，其中每一组载荷对应一种基本变形，然后分别计算每一基本变形各自引起的应力、内力、变形和位移，然后将所得结果叠加，得到构件在组合变形下的应力、内力、变形和位移，这就是在工程力学中处理组合变形问题常用的**叠加原理**。

本章讨论在工程中常见的拉伸（压缩）与弯曲、弯曲与扭转两种组合变形的应力分析和强度计算。解决其他形式的组合变形强度问题的方法和步骤与之类似，详细内容可参考有关的材料力学教材。

8.5.2　拉伸（压缩）与弯曲的组合变形

如图 8-15a 所示为矩形截面悬臂梁，当其自由端受到轴向力 F_x、横向力 F_y 的作用时，在其横截面上的内力分量有轴力、弯矩和剪力，细长梁情况下若忽略剪力的影响，则它是拉伸（压缩）与弯曲的组合变形。

轴向力 F_x 单独作用下，梁各横截面上的轴力均相等，即 $F_N = F_x$。横向力 F_y 单独作用下，容易判断在固定端截面 A 上弯矩达到最大，即 $|M_A| = |M|_{max} = F_y l$。故可判断固定端截面 A 是该梁的危险截面。轴力 F_N 在截面 A 上形成的拉伸正应力为均匀分布，$\sigma_N = F_N/A$，如图 8-15e 所示；弯矩引起的正应力分布为线性分布，$\sigma_M = My/I_z$，上边缘是最大的拉伸正

应力，当最大弯曲正应力大于轴力引起的正应力时，下边缘达到最大压缩正应力，如图 8-15f 所示。利用叠加原理，可得到轴力和弯矩共同作用下截面 A 上的正应力分布，$\sigma = \sigma_N + \sigma_M$，如图 8-15d 所示。

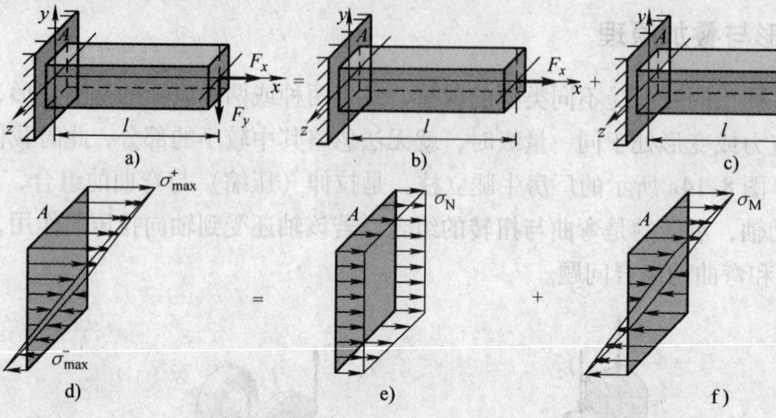

图 8-15

危险截面 A 上边缘的最大拉应力为 $\sigma^+_{max} = \dfrac{F_N}{A} + \dfrac{M_{max}}{W_z}$，若 $\dfrac{F_N}{A} < \dfrac{M_{max}}{W_z}$，则在危险截面 A 的下边缘形成最大的压应力，其绝对值为 $|\sigma^-_{max}| = \left|\dfrac{F_N}{A} - \dfrac{M_{max}}{W_z}\right|$。考虑拉压强度相等的材料，则可建立强度条件为

$$\sigma^+_{max} = \frac{F_N}{A} + \frac{M_{max}}{W_z} \leqslant [\sigma] \tag{8-17}$$

若材料的抗拉强度和抗压强度不等，而危险截面上又同时存在最大拉应力和最大压应力，则需分别建立强度条件。

由式（8-17）可以看出，截面面积 A 是长度的平方项，而抗弯截面系数 W_z 是长度的三次方，直接利用该公式设计构件的截面尺寸略有一些数学上的困难。一般来说，对于细长构件受弯矩和轴力共同作用的问题，弯曲正应力往往是引起强度问题的主要因素，故可在设计时先不考虑轴力引起的正应力项，仅考虑弯曲正应力来设计截面，然后再考虑轴力引起的正应力并适当修改截面尺寸，最后代入式（8-17）加以校核。

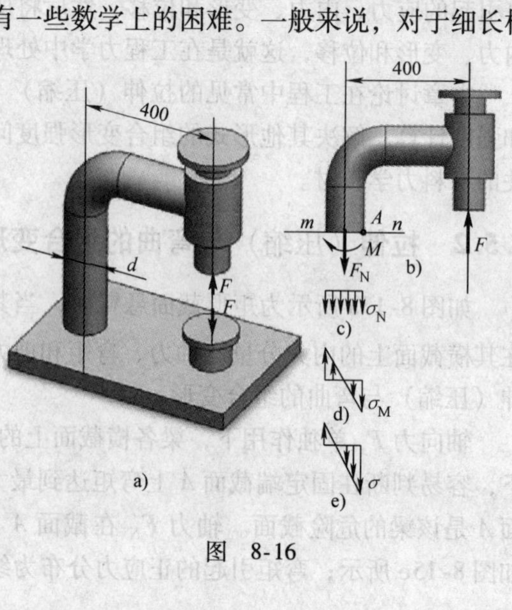

图 8-16

例题 8-9 如图 8-16a 所示的钻床，其立柱为实心圆截面，材料为铸铁，许用拉应力 $[\sigma^+] = 35\text{MPa}$。若 $F = 15\text{kN}$，试设计钻床立柱的直径。

解：1）取立柱上的 $m-n$ 横截面，如图 8-16b 所示，分析其上的内力分量。

由力平衡，$F_N = F = 15\text{kN}$，由力偶矩平

衡，可知截面上的弯矩为

$$M = F \times 400\text{mm} = 15 \times 10^3\text{N} \times 400\text{mm} = 6 \times 10^6\text{N} \cdot \text{mm}$$

2）分析横截面上的应力。

横截面上由轴力、弯矩引起的正应力分布分别如图 8-16c、d 所示，其共同作用下的正应力分布如图 8-16e 所示。从应力分布可以看出，立柱的危险点位于其内侧的点 A，其上的正应力大小为 $\sigma = \sigma_N + \sigma_M = \frac{F_N}{A} + \frac{M}{W_z}$。

3）根据强度条件设计立柱的直径。由式（8-17）得

$$\sigma_A = \frac{F_N}{A} + \frac{M}{W_z} = \frac{F_N}{\frac{\pi d^2}{4}} + \frac{M}{\frac{\pi d^3}{32}} \leqslant [\sigma]$$

代入数据，经整理后，可得以下的不等式

$$d^3 - 546d - 1.75 \times 10^6 \geqslant 0$$

解以上不等式，可得 $d \geqslant 122\text{mm}$。

按照上述方法直接设计直径需要求解一个略为复杂的不等式。为避免数学上的困难，可以在设计时先不考虑轴力引起的正应力，则有

$$\frac{M}{W_z} = \frac{6 \times 10^6\text{N} \cdot \text{mm}}{\frac{\pi d^3}{32}\text{mm}^3} \leqslant [\sigma]$$

$$d \geqslant \sqrt[3]{\frac{32 \times 6 \times 10^6\text{N} \cdot \text{mm}}{\pi \times 35\text{MPa}}} = 120\text{mm}$$

取设计直径 $d = 120\text{mm}$。将结果代入式（8-17）进行校核，可得

$$\sigma_A = \frac{F_N}{\frac{\pi d^2}{4}} + \frac{M}{\frac{\pi d^3}{32}} = \frac{15 \times 10^3\text{N}}{\frac{\pi \times 120^2}{4}\text{mm}^2} + \frac{6 \times 10^6\text{N} \cdot \text{mm}}{\frac{\pi \times 120^3}{32}\text{mm}^3}$$

$$= 1.33\text{MPa} + 35.36\text{MPa} = 36.69\text{MPa} > [\sigma] = 35\text{MPa}$$

强度略微不足，可适当增大设计直径，取 $d = 122\text{mm}$ 进行校核，得

$$\sigma_A = \frac{F_N}{\frac{\pi d^2}{4}} + \frac{M}{\frac{\pi d^3}{32}} = \frac{15 \times 10^3\text{N}}{\frac{\pi \times 122^2}{4}\text{mm}^2} + \frac{6 \times 10^6\text{N} \cdot \text{mm}}{\frac{\pi \times 122^3}{32}\text{mm}^3}$$

$$= 1.28\text{MPa} + 33.66\text{MPa} = 34.94\text{MPa} < [\sigma] = 35\text{MPa}$$

强度符合要求，故取设计直径 $d = 122\text{mm}$ 是合理的。

有一些受轴向拉伸或压缩的杆件，由于功能要求或制造、装配误差等方面的原因，其所受轴向外力 F 与杆的轴线有所偏离，这种情况称为**偏心拉压**。如图 8-17a 所示。

处理偏心拉压的情况，可以考虑将偏心力向轴心进行静力等效的简化处理，如图 8-17b 所示。此时偏心力 F 可以用一个等值的轴向力 F' 和一个附加力偶 $M' = Fe$ 代替，其中 e 是偏心矩。根据圣维南原理，虽然两者在载荷作用的附近应力分布是不同的，但是在离开载荷作用处的稍远位置，两者在杆件内所产生的应力分布基本相同。通过截面法，可以得到横截面 $m-n$ 上的内力分量和应力分布，如图 8-17c，d 所示。类似地，按照式（8-17）进行强度计算，这里不再赘述。

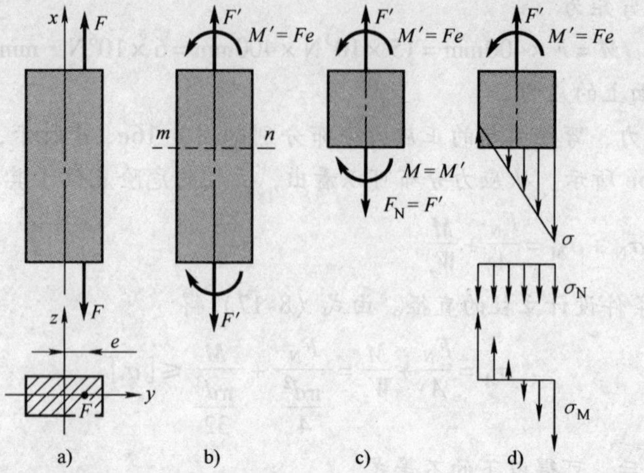

图 8-17

8.5.3 弯曲与扭转组合变形

传动轴、齿轮轴等轴类构件，在传递扭矩的同时，往往还会发生弯曲变形。轴的横截面上存在由弯矩引起的正应力和由扭矩引起的切应力，这时候需要分析轴上的危险点的应力状态进行应力和强度的计算。以下以图 8-18a 所示的操作手柄为例，说明弯曲和扭转组合变形下的强度计算。

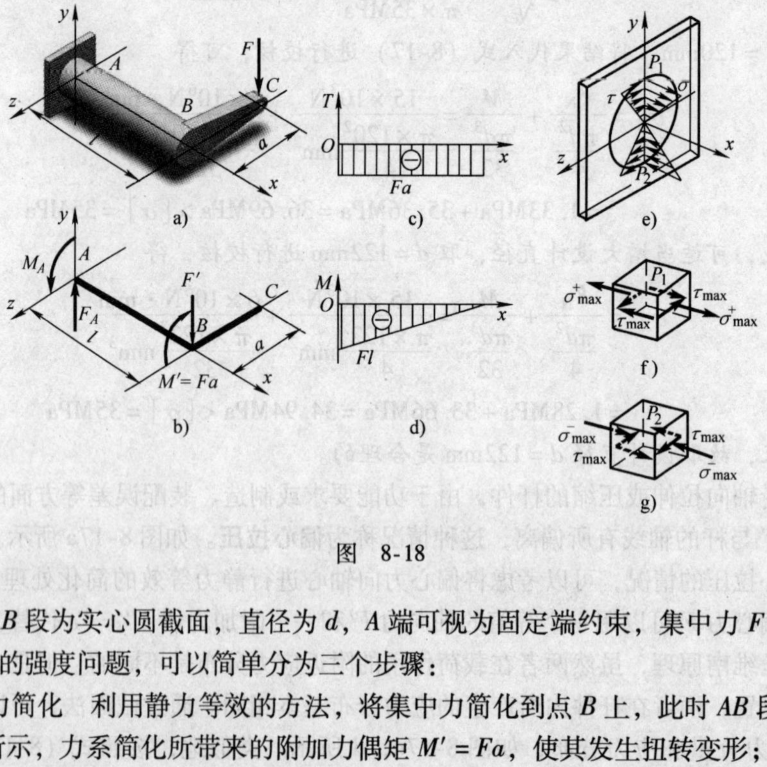

图 8-18

手柄的 AB 段为实心圆截面，直径为 d，A 端可视为固定端约束，集中力 F 作用在点 C。若考虑 AB 段的强度问题，可以简单分为三个步骤：

（1）外力简化　利用静力等效的方法，将集中力简化到点 B 上，此时 AB 段的受力简图如图 8-18b 所示，力系简化所带来的附加力偶矩 $M'=Fa$，使其发生扭转变形；集中力 $F'=F$，使其发生弯曲变形。

（2）内力分析　分别画出附加力偶矩 M' 单独作用下 AB 段的扭矩图和集中力 F' 单独作用下 AB 段的弯矩图，如图8-18c、d所示。显然，截面 A 上的内力最大，是危险截面。其扭矩和弯矩分别为 $T_A=-Fa$，$M_A=-Fl$。

（3）应力分析　画出弯曲正应力 σ 和扭转切应力 τ 在危险截面 A 上的分布，如图8-18e所示。显然，截面在 y 方向上的两个端点 P_1 和 P_2 处，σ、τ 均达到最大值，所不同的是点 P_1 为最大拉应力，而点 P_2 为最大压应力。对于抗拉能力和抗压能力相同的材料，这两点都是危险点。分别画出这两点的单元体，如图8-18f、g所示。两个单元体上的正应力，切应力分别按下式计算：

$$\sigma_{\max}=\frac{M_A}{W_z}=\frac{Fl}{\pi d^3/32}=\frac{32Fl}{\pi d^3},\ \tau_{\max}=\frac{T_A}{W_p}=\frac{Fa}{\pi d^3/16}=\frac{16Fa}{\pi d^3}$$

（4）强度分析　危险点 P_1 或 P_2 既不是单向拉压问题，也不是纯剪切问题，显然不能简单地使用 $\sigma_{\max}\leqslant[\sigma]$，$\tau_{\max}\leqslant[\tau]$ 这样的强度条件，即便上面两个条件都满足，也不一定能够保证构件的强度安全。事实上，危险点 P_1 和 P_2 的应力状态与图8-12所示的单元体应力状态是相同的，而传动轴、齿轮轴等通常都采用结构钢制成，其主要失效形式是塑性屈服，因此可按照式（8-15）、式（8-16）分别计算其第三强度理论、第四强度理论的相当应力，由此建立强度条件：

$$\sigma_{r3}=\sqrt{\sigma^2+4\tau^2}\leqslant[\sigma] \tag{8-18}$$

$$\sigma_{r4}=\sqrt{\sigma^2+3\tau^2}\leqslant[\sigma] \tag{8-19}$$

若杆件为圆截面，注意到有 $W_p=2W_z$，而 $\sigma=M/W_z$，$\tau=T/W_p$，将上述关系代入式（8-18）、式（8-19），则可得以内力表示的强度条件：

$$\sigma_{r3}=\frac{1}{W_z}\sqrt{M^2+T^2}\leqslant[\sigma] \tag{8-20}$$

$$\sigma_{r4}=\frac{1}{W_z}\sqrt{M^2+0.75T^2}\leqslant[\sigma] \tag{8-21}$$

式中，M 和 T 分别是危险截面上的弯矩和扭矩；W_z 为抗弯截面系数。应用式（8-20）、式（8-21）时需要注意的是，杆件的横截面必须是圆截面或空心圆截面；杆件仅受弯扭组合的作用，如果杆件还承受轴向力，则应考虑将轴向力引起的正应力和弯矩引起的正应力进行叠加得到 σ，然后利用式（8-18）或式（8-19）进行强度计算。

例题8-10　如图8-19a所示的电动机的功率 $P=9\text{kW}$，匀速转动的传动轴转速 $n=715\text{r/min}$，皮带轮的直径 $D=250\text{mm}$，皮带轮松边张力为 F，紧边张力为 $2F$。电动机外伸部分长度 $l=120\text{mm}$，轴的直径 $d=40\text{mm}$，若许用应力 $[\sigma]=60\text{mm}$，用第四强度理论校核电动机轴的强度。

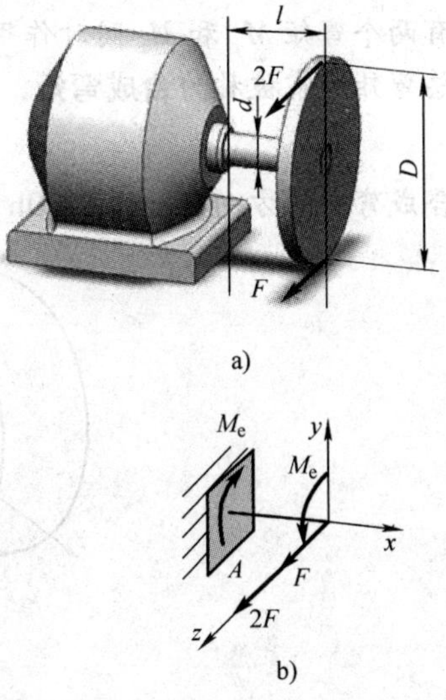

图　8-19

分析：电动机传动轴受到带轮松紧边的张力作用，因此有弯曲变形；松紧边张力不同，对轴有外加力偶矩，轴有扭转变形，故电动机轴是弯扭组合变形。轴做匀速转动，根据对轴线的力矩平衡方程计算出皮带上的张力。做内力分析，确定危险截面。传动轴是实心圆截面，故可按式（8-21）进行强度校核。

解：1）计算带的拉力。由电机的功率和转速，计算作用在轴上的外力偶矩

$$M_e = 9549\frac{P}{n} = 9549 \times \frac{9\text{kW}}{715\text{r/min}} = 120.2\text{N}\cdot\text{m}$$

轴做匀速转动，根据 $\sum M_x = 0$，有

$$2F \times \frac{D}{2} - F \times \frac{D}{2} - M_e = 0$$

计算得

$$F = \frac{2M_e}{D} = \frac{2 \times 120.2\text{N}\cdot\text{m}}{250 \times 10^{-3}\text{m}} = 961.6\text{N}$$

2）内力分析。将作用在带轮上的力向轴线进行简化，轴右端视为自由端而左端为固定端，得到其受力简图如图 8-19b 所示。其中附加力偶矩 $M_e = 120.2\text{N}\cdot\text{m}$。由于问题比较简单，可以不必画出弯矩图和扭矩图，直接判断固定端截面 A 是危险截面，其上的弯矩和扭矩分别为

$$M_A = (2F + F) \times l = 3 \times 961.6 \times 120\text{N}\cdot\text{mm} = 3.462 \times 10^5\text{N}\cdot\text{mm}$$

$$T_A = M_e = 120.2\text{N}\cdot\text{m} = 1.202 \times 10^5\text{N}\cdot\text{mm}$$

3）强度校核。应用第四强度理论，由式（8-21）有

$$\sigma_{r4} = \frac{1}{W_z}\sqrt{M^2 + 0.75T^2} = \frac{32}{\pi d^3}\sqrt{M^2 + 0.75T^2}$$

$$= \frac{32}{\pi \times 40^3\ \text{mm}^3}\sqrt{(3.462 \times 10^5\text{N}\cdot\text{mm})^2 + 0.75 \times (1.202 \times 10^5\text{N}\cdot\text{mm})^2}$$

$$= 57.53\text{MPa} < [\sigma] = 60\text{MPa}$$

所以电动机轴满足强度要求。

在本例中，电动机轴仅在 xz 平面内发生弯曲，又如图 8-16a 所示的问题也只是在 xy 平面内发生弯曲，它们的危险截面上都只有作用在一个平面内的弯矩。实际工程中，传动轴的危险截面上可能存在作用于两个相互垂直平面内的弯矩，如图 8-20a 所示。若轴的横截面是圆截面，对任意过圆心与横截面平行的轴线的抗弯截面系数都是相同的，因此当危险截面上有两个弯矩 M_y 和 M_z 同时作用时，可采用矢量求和的方法，确定危险面上总弯矩 M，这个总弯矩通常被称为**合成弯矩**，其大小

$$M = \sqrt{M_y^2 + M_z^2} \tag{8-22}$$

合成弯矩的方向，如图 8-20b 所示。

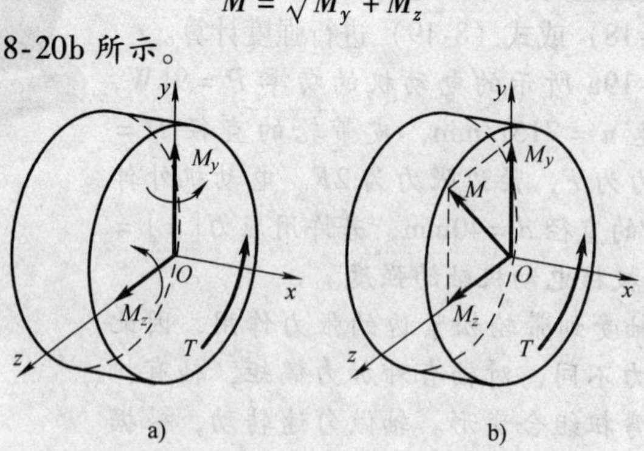

图 8-20

例题 8-11　如图 8-21a 所示的钢轴有两个皮带轮 A 和 B，两个轮的直径均为 800mm，轮的自重 $W=4\text{kN}$，轴的许用应力 $[\sigma]=80\text{MPa}$，试按照第三强度理论设计轴的直径 d。

分析：轮轴为弯扭组合变形。首先将所有外力向轴线简化，通过向两个垂直平面进行投影，计算支座反力，并绘制相应的内力图，确定危险截面。按照强度条件设计轴的直径。

解：1）确定受力简图。将各力向轴线简化，得到图 8-21b 所示的受力简图。其中，

$$M_{eA}=M_{eB}=(5\text{kN}-2\text{kN})\times\frac{D}{2}$$

$$=3\text{kN}\times\frac{0.8\text{m}}{2}=1.2\text{kN}\cdot\text{m}$$

2）内力分析。由图可知，AB 段有扭矩作用，扭矩图如图 8-21e 所示，扭矩 $T=1.2\text{kN}\cdot\text{m}$。将外力向 xy 平面投影，得到图 8-21c 所示的受力简图，根据平衡方程，可求得约束力 $F_{Cy}=10.7\text{kN}$，$F_{Dy}=4.3\text{kN}$。画出 xAy 平面内的弯矩图，如图 8-21f 所示。同样地，将外力向 xAz 平面投影，得到约束力 $F_{Cz}=9.1\text{kN}$，$F_{Dz}=-2.1\text{kN}$，进而得到如图 8-21g 所示的 xz 平面内的弯矩图。从内力图可以看出，截面 B、C 有可能是危险截面，由于存在两个平面内的弯矩，同时轴是圆截面，故可计算出截面 B、C 上的合成弯矩

$$M_B=\sqrt{(2.15\text{kN}\cdot\text{m})^2+(1.05\text{kN}\cdot\text{m})^2}$$
$$=2.39\text{kN}\cdot\text{m}$$

$$M_C=\sqrt{(1.2\text{kN}\cdot\text{m})^2+(2.1\text{kN}\cdot\text{m})^2}$$
$$=2.42\text{kN}\cdot\text{m}$$

计算结果表明截面 C 是危险截面。

3）设计轴的直径。本问题满足使用式（8-20）的条件，故可直接采用该式。

$$\sigma_{r3}=\frac{1}{W_z}\sqrt{M^2+T^2}=\frac{32}{\pi d^3}\sqrt{M^2+T^2}\leqslant[\sigma]$$

$$d\geqslant\sqrt[3]{\frac{32\sqrt{M^2+T^2}}{\pi[\sigma]}}$$

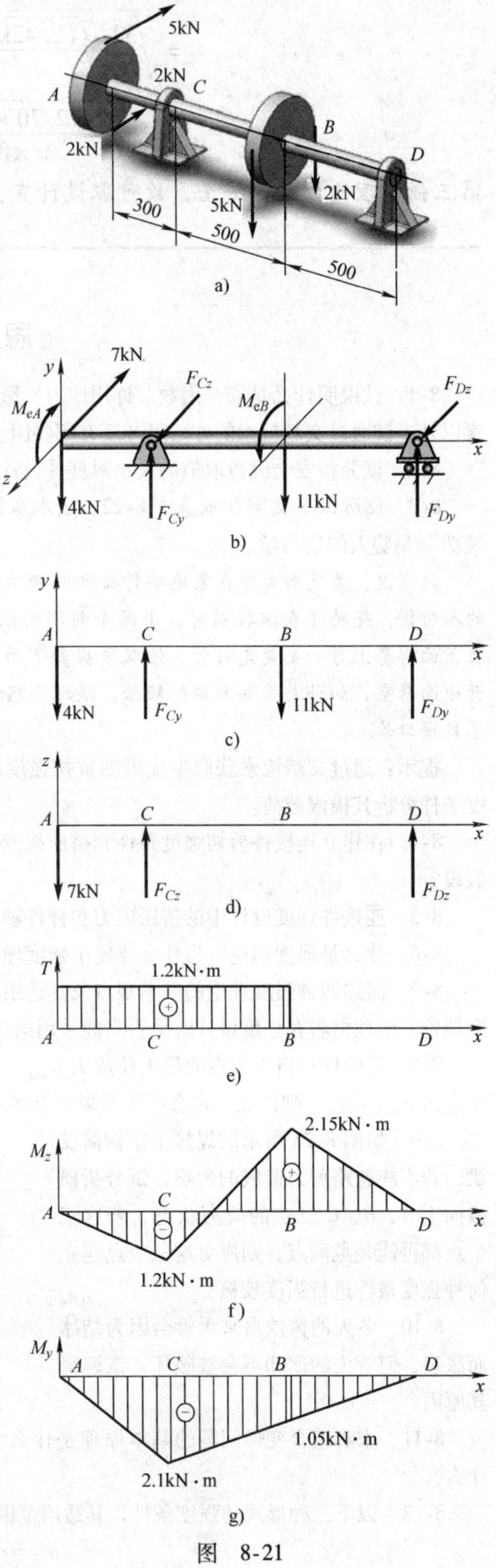

图　8-21

$$=\sqrt[3]{\frac{32\sqrt{(2.42\mathrm{kN\cdot m})^2+(1.2\mathrm{kN\cdot m})^2}}{\pi\times 80\mathrm{MPa}}}$$

$$=\sqrt[3]{\frac{32\times 2.70\times 10^6\mathrm{N\cdot mm}}{\pi\times 80\mathrm{MPa}}}=70.06\mathrm{mm}$$

第三强度理论设计偏安全，故可取设计直径 $d=70\mathrm{mm}$。

思 考 题

8-1 试说明什么是安全因数、许用应力？影响安全因数的主要因素有哪些？除了本书上提及的那些因素以外，试通过文献检索的方法思考还有哪些因素会影响安全因数或许用应力的取值。

8-2 试分析安全因数取值的大小对杆件设计尺寸的影响。

8-3 阅读以下文字和示意图 8-22，用本章知识揭露所谓的“大师轻功”是骗人的伪科学。

记者说，某气功大师在某地举行公开的轻功展示报告，有成千上万的人听讲。气功师表演轻功时，用两个封闭的纸环套在荧光灯的两端，在下面再套上另一支荧光灯管。他双手握着下面的荧光灯管，整个人离开地面悬空，如孙大圣腾云似的轻松，纸环竟然不被拉断。所有观众无不目瞪口呆。

提示：通过文献检索获取牛皮纸的抗拉强度和厚度范围，再根据强度条件分析其极限载荷。

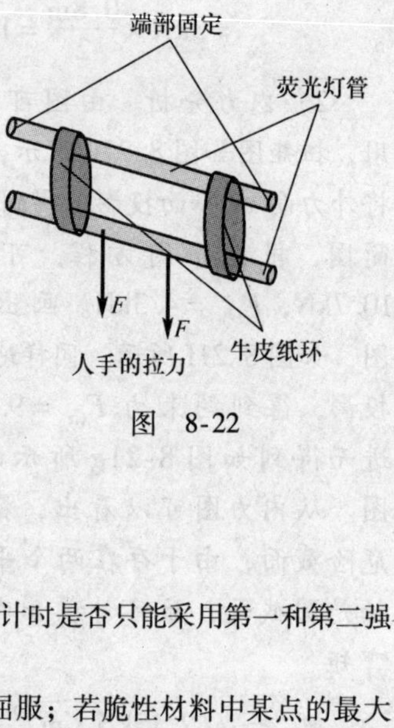

图 8-22

8-4 在建立连接件剪切强度条件和挤压强度条件时，分别做了哪种假设？

8-5 连接件强度设计中的挤压应力和杆件轴向压缩应力有什么区别？

8-6 什么是强度理论？为什么要提出强度理论？

8-7 简述四种强度理论的基本观点及其适用条件。脆性材料在强度设计时是否只能采用第一和第二强度理论？塑性材料在强度设计时是否只能采用第三和第四强度理论？

8-8 若塑性材料中某点的最大拉应力 $\sigma_{\max}=\sigma_s$，则该点一定会产生屈服；若脆性材料中某点的最大拉应力 $\sigma_{\max}=\sigma_b$，则该点一定会产生断裂。上述两种说法是否正确？为什么？

8-9 如图 8-23 所示的焊接工字钢简支梁，若不能忽略剪力造成的影响，试分析横截面上 A、B、C 三点的应力状态，若这三个点都可能是危险点，则应对这三个点建立何种强度条件进行强度校核？

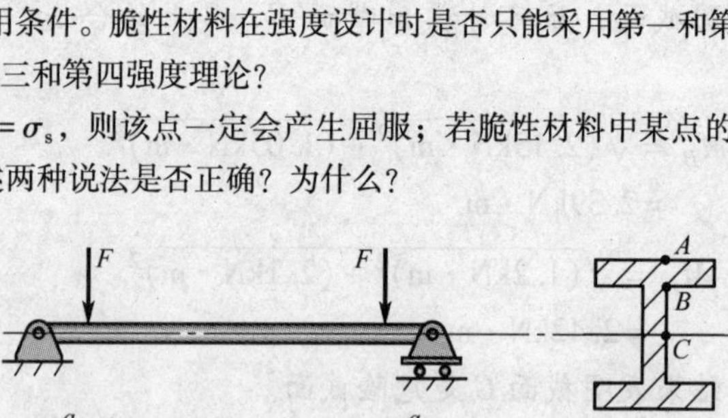

图 8-23

8-10 冬天的铸铁自来水管会因为结冰而胀裂，但管内的冰却不会被破坏，试解释其原因。

8-11 求解组合变形问题的基本原理是什么？其适用条件是什么？求解组合变形问题的基本步骤是什么？

8-12 以下三种形式的强度条件，其适用范围有何区别？原因是什么？

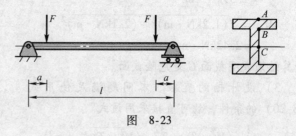

$$\sigma_{r3}=\sigma_1-\sigma_3\leqslant[\sigma]$$

$$\sigma_{r3} = \sqrt{\sigma^2 + 4\tau^2} \leqslant [\sigma]$$

$$\sigma_{r3} = \frac{1}{W_z}\sqrt{M^2 + T^2} \leqslant [\sigma]$$

8-13　若钢质圆截面杆件的横截面上存在弯矩、轴力和扭矩，且三者引起的正应力和切应力处于同一量级，此时应如何建立强度条件？

习　　题

8-1　简易儿童秋千由两根尼龙绳吊挂，若考虑尼龙绳露天使用存在的磨损、老化等多种不利因素后，取其许用应力为 $[\sigma] = 4\text{MPa}$。若尼龙绳的直径 $d = 10\text{mm}$，试确定能够玩耍该秋千的儿童的体重限定值。

8-2　如图 8-24 所示结构，杆 AC 为钢质圆截面，其直径为 16mm，许用应力 $[\sigma] = 160\text{MPa}$，杆 BC 为铜质正方形截面，边长为 20mm，许用拉应力为 $[\sigma^+] = 100\text{MPa}$。结构所受的拉力 $F = 40\text{kN}$，校核该结构的安全性。

8-3　如图 8-25 所示为雨篷结构简图，假定梁 AB 是刚性的，上面受到均布载荷 $q = 2\text{kN/m}$ 的作用。梁的 B 端由圆截面钢丝绳 BC 拉住，若钢丝绳的许用应力 $[\sigma] = 120\text{MPa}$，计算钢丝绳所需要的直径 d。

8-4　钢木混合桁架结构如图 8-26 所示，1，2 杆为木质，横截面积 $A_1 = A_2 = 4000\text{mm}^2$。许用应力 $[\sigma_{木}] = 20\text{MPa}$；3，4 杆为钢质，横截面积 $A_3 = A_4 = 800\text{mm}^2$，许用应力 $[\sigma_{钢}] = 120\text{MPa}$，结构尺寸均在图中标出。求结构的许用载荷 $[F]$。

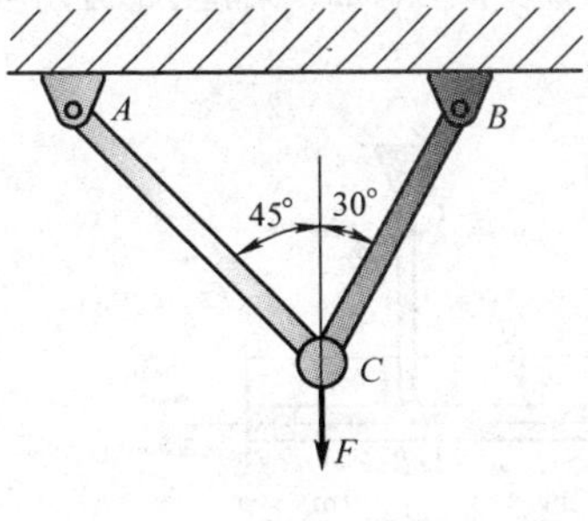

图　8-24

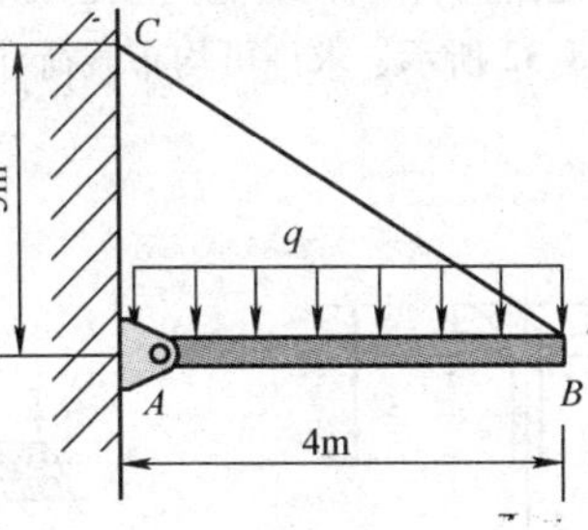

图　8-25

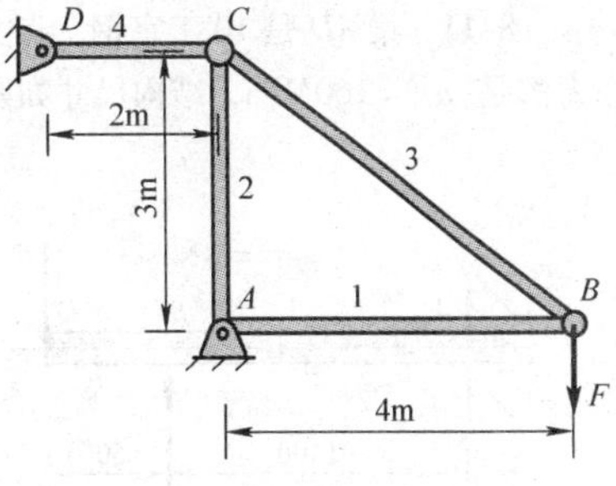

图　8-26

8-5　实心圆轴直径 $d = 50\text{mm}$，材料的许用切应力 $[\tau] = 55\text{MPa}$，轴的转速 $n = 300\text{r/min}$，(1) 试按照扭转强度要求确定该轴能够传递的功率 P。(2) 若转速提高到 $n_1 = 600\text{r/min}$，而传递的功率不变，则此时需要多大的传动轴直径？(3) 减速器有高速输入轴和低速输出轴，为安全起见，需要设置制动器，根据本题的结果，思考制动器应安装在高速轴还是低速轴？

8-6　如图 8-27 所示为牙嵌联轴器，左端空心轴外径 $d_1 = 50\text{mm}$，内径 $d_2 = 30\text{mm}$，右端实心轴直径 $d = 40\text{mm}$。材料的许用切应力 $[\tau] = 80\text{MPa}$，工作力矩 $M_e = 1000\text{N}\cdot\text{m}$，校核轴的扭转强度。

8-7　如图 8-28 所示的变截面轴，已知 $M_e = 2\text{kN}\cdot\text{m}$，$AB$ 段直径 $d_1 = 75\text{mm}$，BC 段直径 $d_2 = 50\text{mm}$，若材料的剪切屈服极限 $\tau_s = 163\text{MPa}$，此结构工作状态下的安全因数最大是多少？

8-8　图 8-29 所示为受均布载荷作用的简支梁，已知 $l = 3\text{m}$，$[\sigma] = 140\text{MPa}$，$q = 2\text{kN/m}$，若截面是矩形截面，且宽高比 $b:h = 1:2$，设计截面的尺寸 b 和 h。

8-9　外伸梁如图 8-30 所示，作用力 $F_1 = 200\text{N}$，$F_2 = 400\text{N}$，梁材料的许用应力 $[\sigma] = 80\text{MPa}$，$a = 1\text{m}$。梁横截面为圆形，直径 $d = 30\text{mm}$，校核该梁的强度。

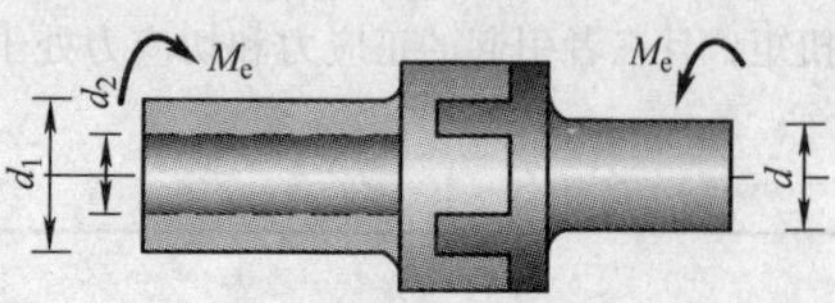

图 8-27

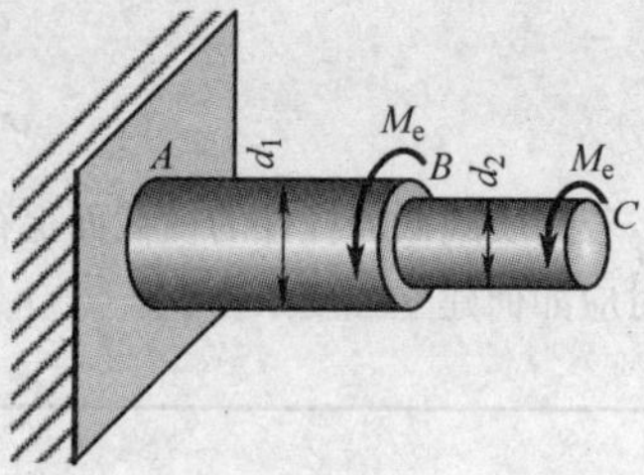

图 8-28

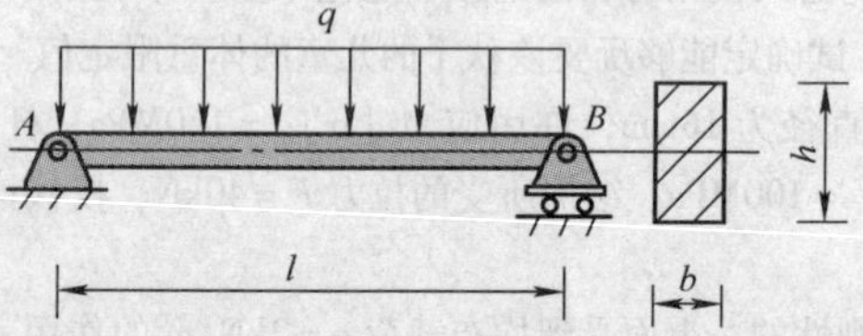

图 8-29

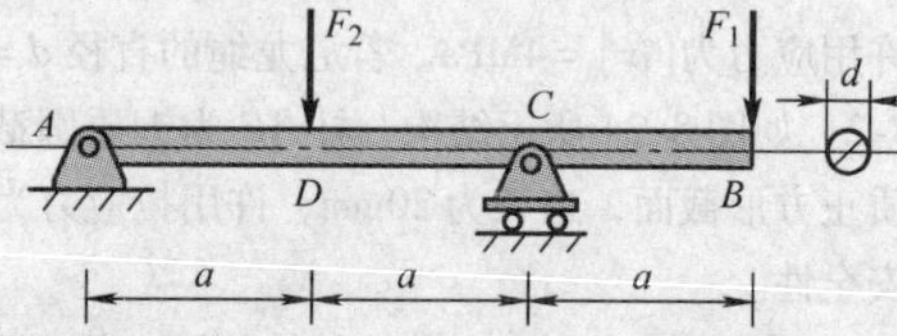

图 8-30

8-10 铸铁悬臂梁的尺寸和受力如图 8-31 所示，其中 $y_1 = 96.4\text{mm}$，$y_2 = 153.6\text{mm}$，$F = 20\text{kN}$。已知材料的许用拉应力 $[\sigma^+] = 25\text{MPa}$，许用压应力 $[\sigma^-] = 40\text{MPa}$。截面对中性轴的惯性矩 $I_z = 1.02 \times 10^8\ \text{mm}^4$，校核该梁的强度。

8-11 梁 AD 是 10 工字钢，点 B 处由钢制圆杆 CB 悬挂。已知圆杆的直径 $d = 20\text{mm}$，梁和杆的许用应力都是 $[\sigma] = 160\text{MPa}$，结构尺寸如图 8-32 所示，求许可均布载荷 $[q]$。

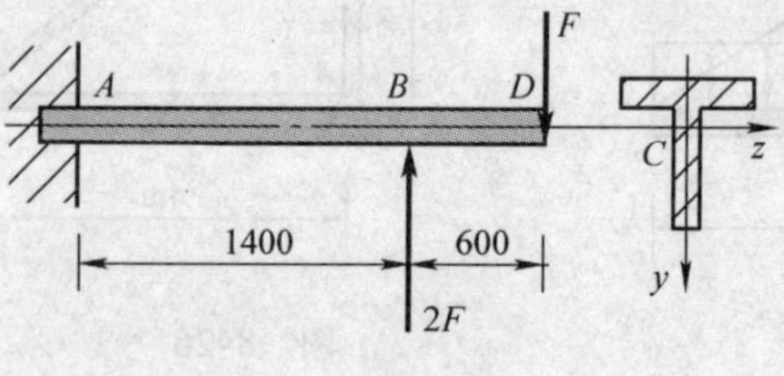

图 8-31

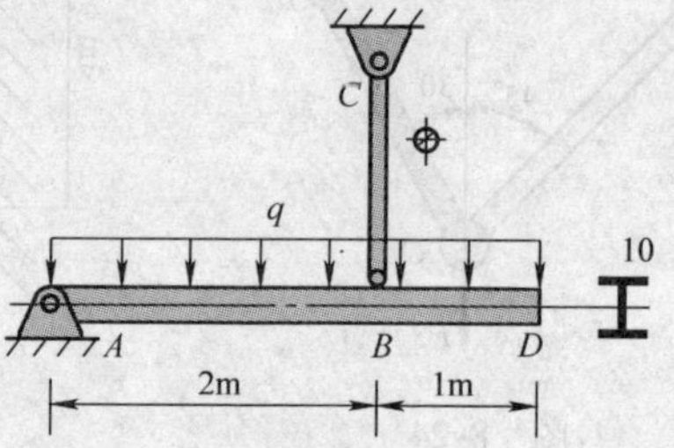

图 8-32

*8-12 如图 8-33 所示简支梁，在 C、D 两点处分别作用有集中力 $F_1 = 110\text{kN}$，$F_2 = 50\text{kN}$。结构的几何尺寸均已在图中标出（长度单位为 mm）。材料的许用拉应力 $[\sigma] = 160\text{MPa}$，许用切应力 $[\tau] = 100\text{MPa}$。(1) 若截面采用正方形截面，设计截面的边长。(2) 若截面选用工字钢，选择适当的工字钢型号。（提示：按照正应力强度条件设计截面，校核切应力强度，若切应力强度条件不满足，则按切应力强度条件设计截面或选择大一型号的型钢进行校核）

8-13 销钉连接如图 8-34 所示，外力 $F = 8\text{kN}$，销钉直径 $d = 8\text{mm}$。材料的许用切应力 $[\tau] = 60\text{MPa}$，校核销钉的抗剪强度，若强度不足，重新选择销钉的直径 d。

8-14 铆钉连接如图 8-35 所示，外力 $F = 5\text{kN}$，$t_1 = t_2 = 10\text{mm}$，铆钉材料的许用切应力 $[\tau] = 60\text{MPa}$，被连接板材的许用挤压应力 $[\sigma_{bs}] = 125\text{MPa}$。若铆钉的直径 $d = 12\text{mm}$，校核该连接处的强度。

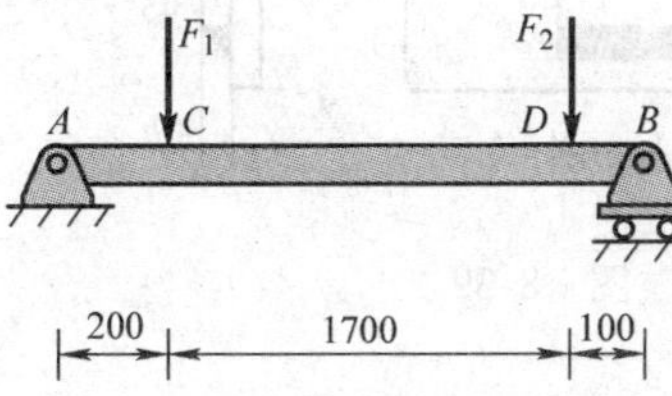

图　8-33

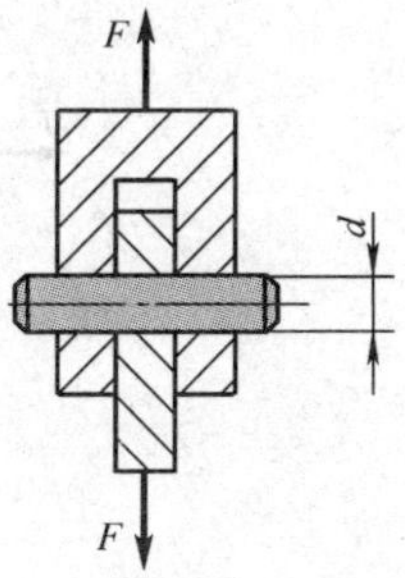

图　8-34

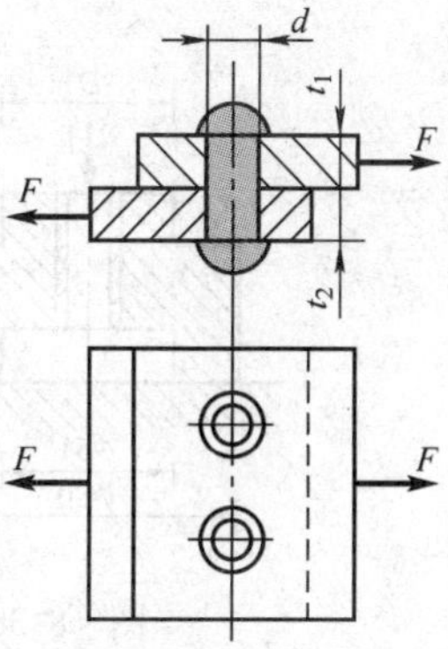

图　8-35

8-15　如图8-36所示的传动轴，直径 $d=50\text{mm}$，用平键传递的力偶矩 $M=1600\text{N}\cdot\text{m}$。已知，键的材料许用切应力 $[\tau]=80\text{MPa}$，许用挤压应力 $[\sigma_{bs}]=240\text{MPa}$，键的尺寸 $b=10\text{mm}$，$h=10\text{mm}$，设计键的长度。

8-16　图8-37所示直径为30mm的心轴上安装一个手摇柄，两者用键 K 联接，键长36mm，截面为边长8mm的正方形。材料的许用切应力 $[\tau]=56\text{MPa}$，许用挤压应力 $[\sigma_{bs}]=200\text{MPa}$，若力 $F=300\text{N}$，校核键的强度。

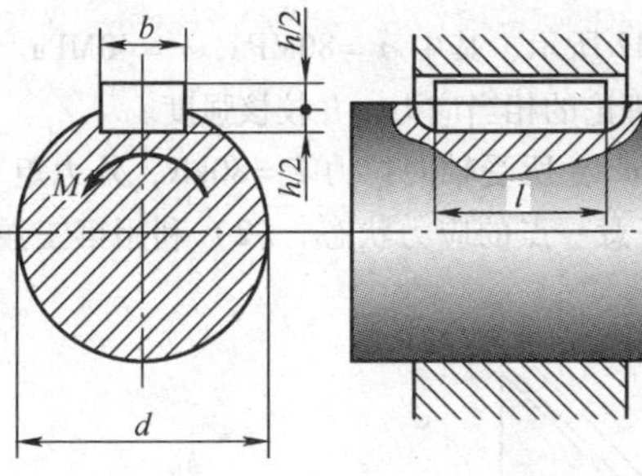

图　8-36

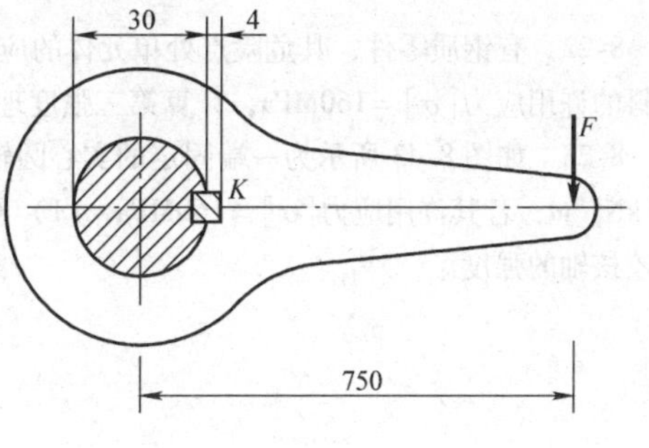

图　8-37

8-17　压力机允许最大载荷 $F=600\text{kN}$，为防止过载而利用图8-38所示环状保险器，当过载时，保险器先被剪断。已知 $D=50\text{mm}$，材料的极限切应力 $\tau_b=200\text{MPa}$，试确定保险器的尺寸 δ。

8-18　如图8-39所示的构件由两块钢板焊接而成。已知作用在钢板上的拉力 $F=300\text{kN}$，焊缝高度 $h=10\text{mm}$，焊缝的许用切应力 $[\tau]=100\text{MPa}$，试求所需焊缝的长度 l。（提示：焊缝破坏时，沿着焊缝最小宽度 $n-n$ 的纵向截面被剪断。焊缝的横截面可视为等腰直角三角形）

8-19　已知某构件上危险点的三个主应力分别为：（1）$\sigma_1=100\text{MPa}$，$\sigma_2=60\text{MPa}$，$\sigma_3=0\text{MPa}$；（2）$\sigma_1=10\text{MPa}$，$\sigma_2=-10\text{MPa}$，$\sigma_3=-50\text{MPa}$。分别就上述两种情况计算第一强度理论、第三强度理论和第四强度理论的相当应力。

8-20　有一铸铁零件，其危险点处单元体的应力状态如图8-40所示，已知材料的许用应力 $[\sigma^+]=35\text{MPa}$，$[\sigma^-]=105\text{MPa}$，泊松比 $\nu=0.3$，试用第二强度理论校核其强度。

8-21　如图8-41所示的压力容器，壁厚为 δ，内径为 D，受内压 p 作用。其外表面上一点的应力状态已给出，其中 $\sigma_1=\dfrac{pD}{2\delta}$，$\sigma_2=\dfrac{pD}{4\delta}$。试按第一、第三、第四强度理论建立强度条件，并讨论应用哪种强度条件更为合理。

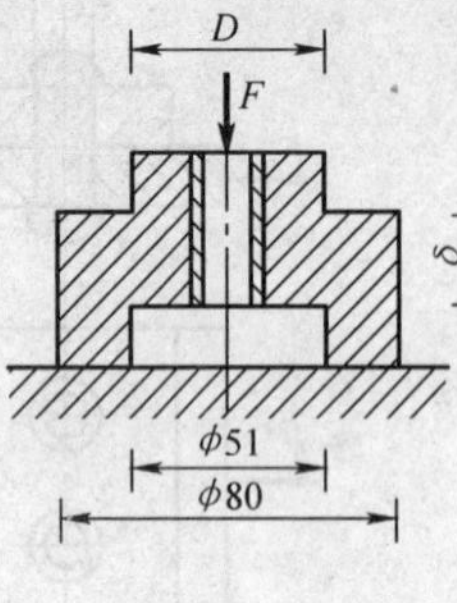

图 8-38

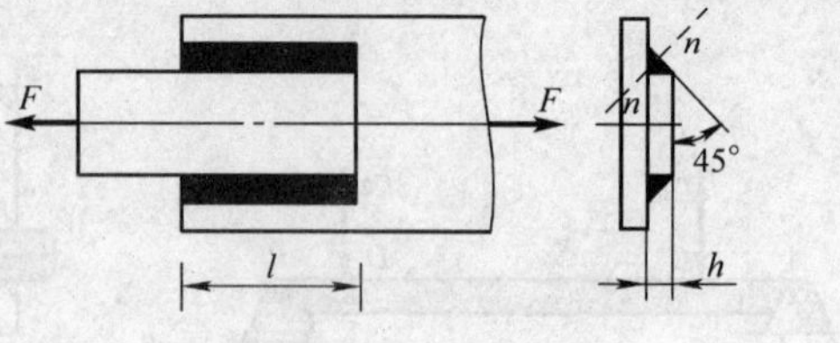

图 8-39

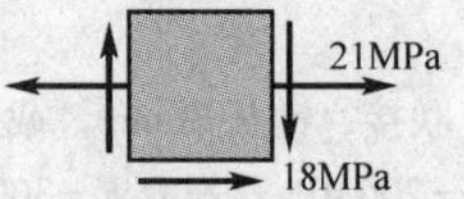

图 8-40

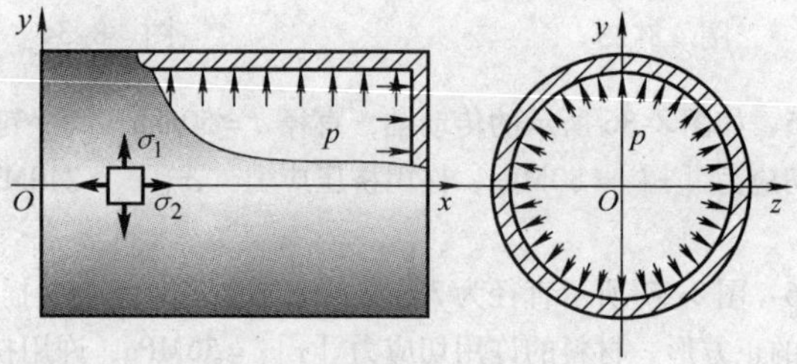

图 8-41

8-22 有钢质零件，其危险点处单元体的应力状态如图 8-42 所示，其中 $\sigma = 80\text{MPa}$，$\tau = 40\text{MPa}$。已知材料的许用应力$[\sigma] = 160\text{MPa}$，计算第三强度理论和第四强度理论的相当应力，并校核强度。

8-23 如图 8-43 所示为一端固定的实心圆轴，直径 $d = 42\text{mm}$，所受轴向拉力 $F = 80\text{kN}$，外力矩 $M_e = 1.1\text{kN}\cdot\text{m}$，若其许用应力$[\sigma] = 160\text{MPa}$，(1) 画出轴外表面任意一点的应力状态。(2) 利用第三强度理论校核轴的强度。

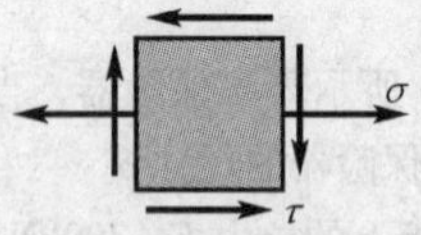

图 8-42

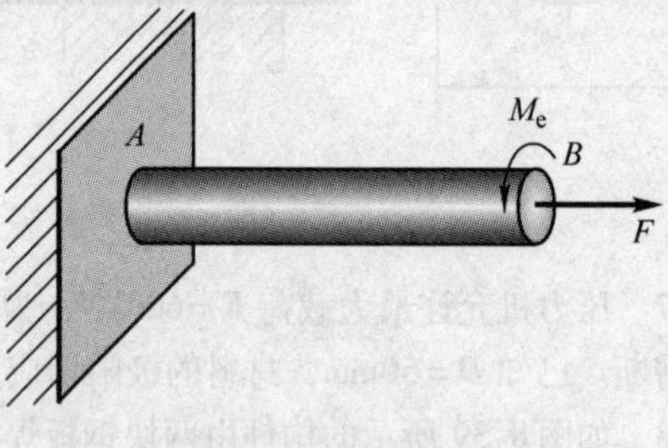

图 8-43

8-24 如图 8-44 所示的链环，其直径 $d = 4\text{mm}$，$a = 12\text{mm}$，材料的许用应力$[\sigma] = 100\text{MPa}$，试求许可载荷 $[F]$。

8-25 铸铁材料制成的压力机框架，其 $[\sigma^+] = 30\text{MPa}$，$[\sigma^-] = 80\text{MPa}$，立柱截面尺寸如图 8-45 所示。压力机的工作载荷 $F = 12\text{kN}$。已知截面对 z 轴的惯性矩 $I_z = 488\text{cm}^4$，截面的面积 $A = 48\text{cm}^2$，$y_1 = 40.5\text{mm}$，$y_2 = 59.5\text{mm}$，校核框架立柱的强度。

8-26 如图 8-46 所示的起重支架，梁 AB 采用两根槽钢对面布置，其材料的许用应力$[\sigma] = 140\text{MPa}$。已知 $a = 3\text{m}$，$b = 1\text{m}$，$F = 36\text{kN}$。试选择槽钢的型号。

8-27 矩形截面的偏心拉杆如图 8-47 所示。已知拉杆的弹性模量 $E = 200\text{GPa}$，拉力 F 的偏心距 $e =$

1cm，$b=2\text{cm}$，$h=6\text{cm}$。在拉杆下侧与轴线平行的方向贴有电阻应变片，测得应变 $\varepsilon=100\times10^{-6}$，求拉力 F 的大小。

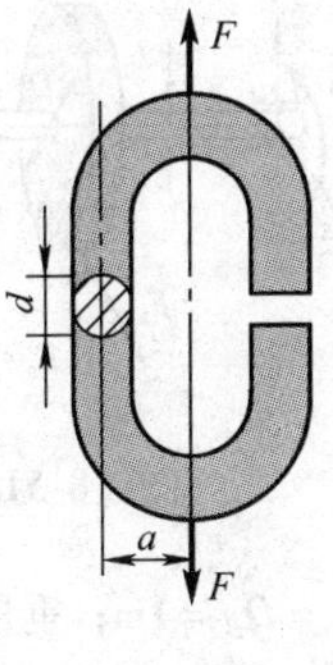

图　8-44

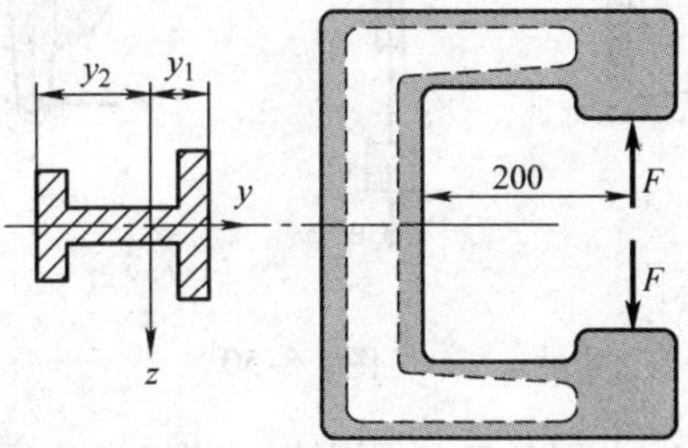

图　8-45

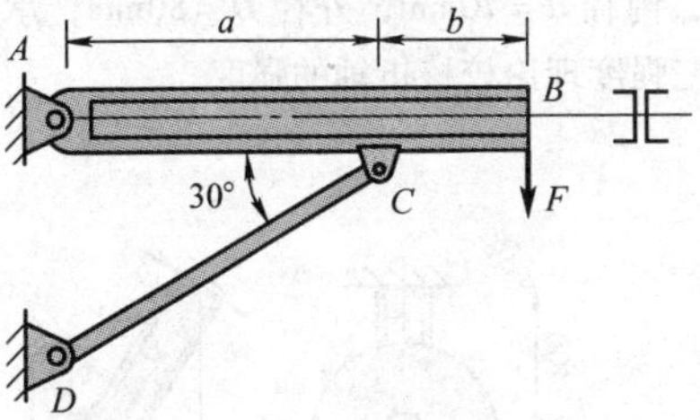

图　8-46

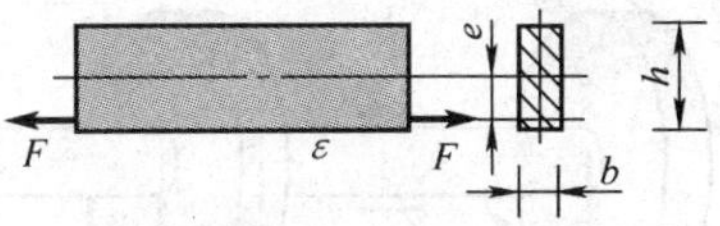

图　8-47

*8-28　如图8-48所示，固定在地面上的铝管受到拉力 F 的作用，力作用点位于管的外表面，作用线与管壁成 α 角。已知 $\alpha=30°$，$L=2\text{m}$，$d_1=200\text{mm}$，$d_2=250\text{mm}$，铝管的许用压应力 $[\sigma^-]=80\text{MPa}$，试确定许可载荷［F］的大小。

8-29　如图8-49所示曲轴的 AB 段直径 $d=12\text{mm}$，尺寸 $l=80\text{mm}$，$a=60\text{mm}$。材料的许用应力 $[\sigma]=120\text{MPa}$，载荷 $F=200\text{N}$，不考虑 BC 部分的强度，利用第四强度理论校核曲轴的强度。

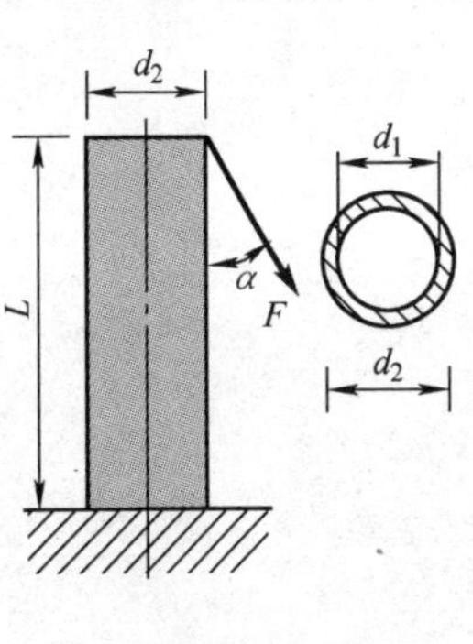

图　8-48

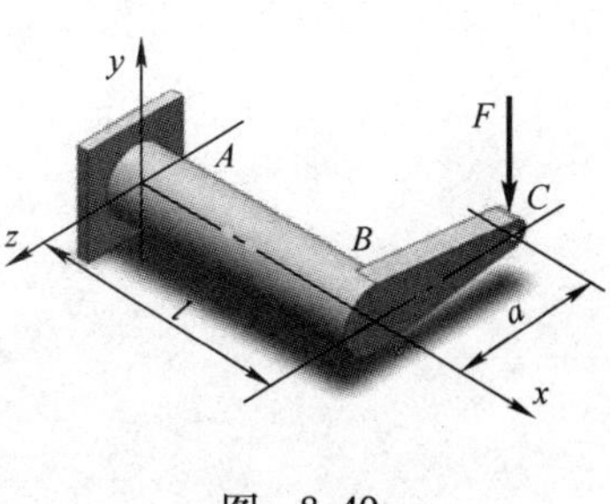

图　8-49

8-30　手摇起升装置如图8-50所示（长度单位为mm），轴的直径 $d=30\text{mm}$，材料为Q235，许用应力 $[\sigma]=100\text{MPa}$，按照第三强度理论确定该装置的最大起吊重量 W。

8-31　如图8-51所示为圆盘铣刀机刀杆结构简图，电动机的驱动力矩为 M_0，铣刀片直径 $D=90\text{mm}$，铣刀切向切削力 $F_t=2.2\text{kN}$，径向切削力 $F_r=0.7\text{kN}$。$a=160\text{mm}$。刀杆材料的许用应力 $[\sigma]=80\text{MPa}$，按照第三强度理论设计刀杆的直径 d。

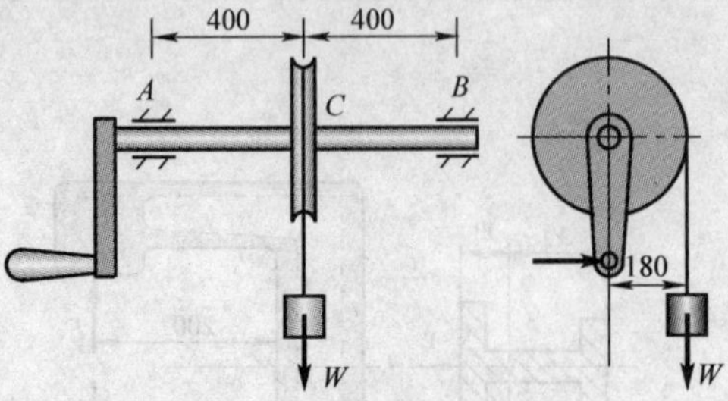

图 8-50

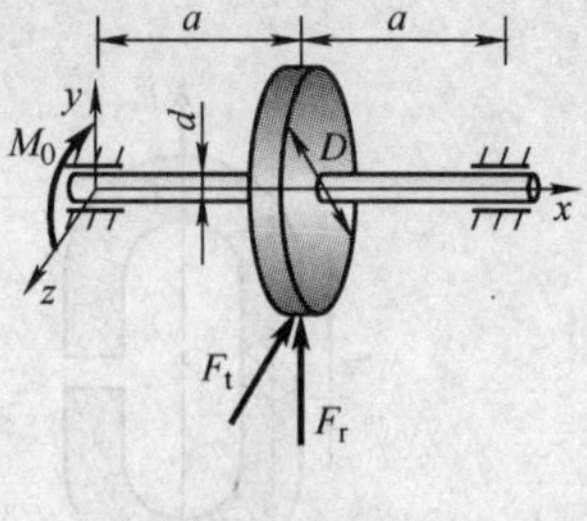

图 8-51

8-32 如图 8-52 所示圆轴，装有 2 个直径相同的皮带轮 A 和 B，$D_A = D_B = 1\text{m}$；重量 $W_A = W_B = 5\text{kN}$。轮 A 上的皮带拉力沿水平方位，轮 B 上的皮带拉力沿铅直方位，拉力的大小为 $F_A = F_B = 5\text{kN}$，$F'_A = F'_B = 2\text{kN}$。设许用应力 $[\sigma] = 80\text{MPa}$，试按第三强度理论确定圆轴直径 d。

*8-33 如图 8-53 所示，飞机起落架的折轴为管状截面，内径 $d = 70\text{mm}$，外径 $D = 80\text{mm}$，承受载荷 $F_1 = 1\text{kN}$，$F_2 = 4\text{kN}$，材料的许用应力 $[\sigma] = 100\text{MPa}$，试按第三强度理论校核折轴的强度。

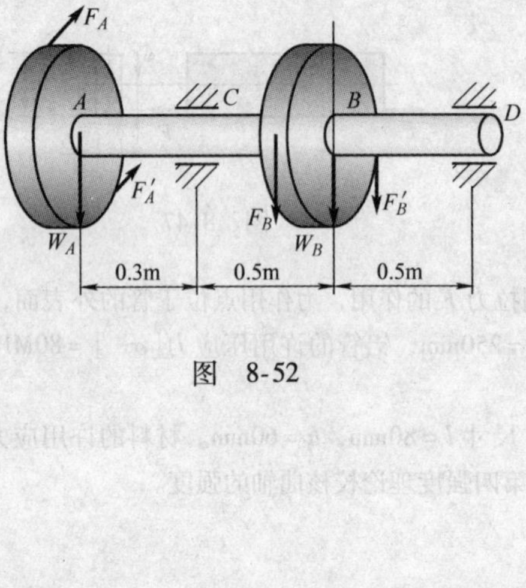

图 8-52

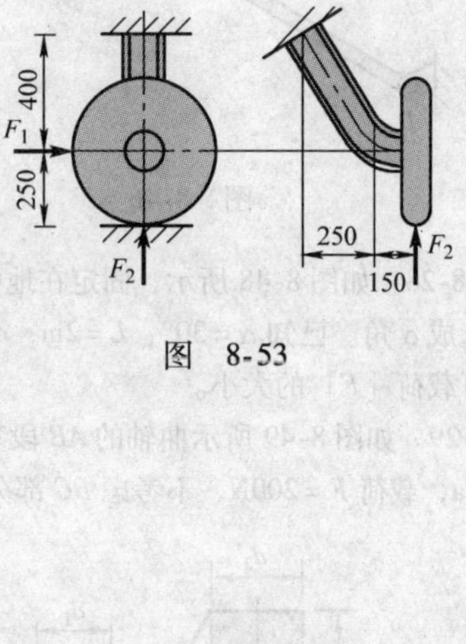

图 8-53

第 9 章

杆件的变形分析及刚度设计

杆件在受到外力的作用下，都会发生变形，不同的内力会引起不同的变形。过大的变形会影响结构或机构的正常使用，例如齿轮轴产生过大的变形会影响齿间的啮合。因此工程上对受力构件的变形有一定的限制。当然，在一些特定的场合又需要较大的位移，因此计算杆件在不同内力下的变形位移是有实际意义的。

本章主要讨论杆件在基本变形中的位移计算，并结合强度和刚度问题，讨论提高构件强度和刚度的措施。

9.1 拉（压）杆的变形与位移

在轴向外力的作用下，杆件的内力是轴力，会使杆沿其轴向尺寸伸长或缩短，同时其横向尺寸将缩短或伸长，轴向尺寸的变化称为轴向变形 Δl，横向尺寸的变化称为横向变形 Δd，如图 9-1a、b 所示。可知

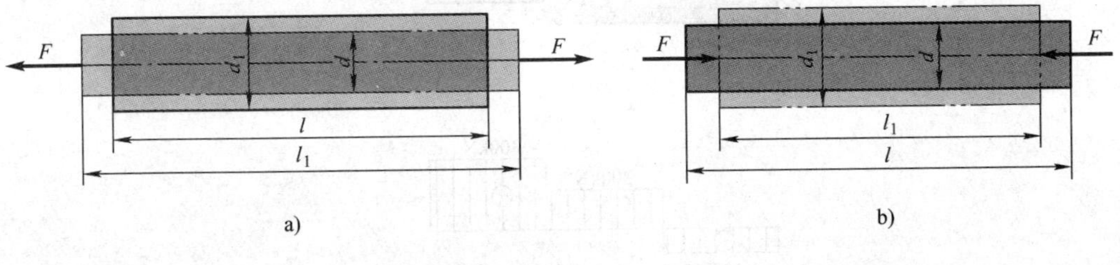

图 9-1

a）拉伸 b）压缩

$$\Delta l = l_1 - l,\ \Delta d = d_1 - d$$

根据拉压杆的实验现象和圣维南原理，杆件在轴向受力下轴向和横向都处于均匀变形状态，则杆件的轴向应变和横向应变可以分别表示为

$$\varepsilon = \frac{\Delta l}{l},\ \varepsilon' = \frac{\Delta d}{d}$$

实验研究表明，在线弹性范围内，其横向线应变 ε' 与轴向线应变 ε 的绝对值之比为一

常数。这个比值称为**横向变形因数**或**泊松比**，以符号 ν 表示，则有

$$\nu = \left|\frac{\varepsilon'}{\varepsilon}\right| \tag{9-1}$$

ν 是一个无量纲的量，与材料性质有关，其数值随材料而异，由实验确定。

对于各向同性材料来说，拉压弹性模量 E、泊松比 ν 及剪切弹性模量 G 之间有如下关系

$$G = \frac{E}{2(1+\nu)} \tag{9-2}$$

弹性模量 E 和泊松比 ν 都是材料的弹性常数。常用材料的 E 和 ν 值可查阅相关手册。

根据胡克定律 $\sigma = E\varepsilon$，其中 $\sigma = \frac{F_N}{A}$，则有

$$\Delta l = \frac{F_N l}{EA} \tag{9-3}$$

式中，F_N 为长度为 l 的杆内的轴力。利用式（9-3）计算杆的变形量时，应将 F_N 的符号代入，Δl 的正负与轴力 F_N 一致，计算结果的正负表明了杆件伸长或缩短。EA 称为杆的**抗拉刚度**，对于长度相等且受力相同的杆件，其拉伸（压缩）刚度越大则杆件的变形越小。

当拉、压杆有两个以上的外力作用时，或者截面形状发生变化时，需根据具体情况分段研究，按式（9-3）分段计算各段的变形，各段变形的代数和即为杆的总变形：

$$\Delta l = \sum_i \frac{F_{Ni} l_i}{(EA)_i} \tag{9-4}$$

例题 9-1 已知阶梯形直杆受力如图 9-2a 所示，材料的弹性模量 $E = 200\text{GPa}$，杆各段的横截面面积分别为 $A_{AB} = A_{BC} = 1500\text{mm}^2$，$A_{CD} = 1000\text{mm}^2$。要求：作轴力图；计算杆的总伸长量。

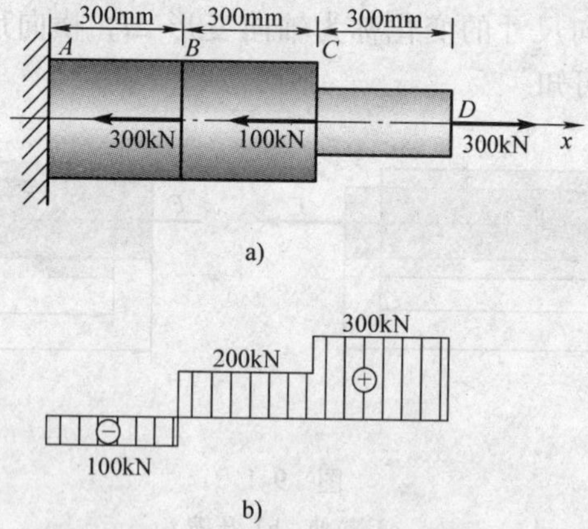

图 9-2

解：1）画轴力图如图 9-2b 所示。

2）求杆的总伸长量。因为杆各段轴力不等，且横截面面积也不完全相同，因而必须分段计算各段的变形，然后求和。各段杆的轴向变形分别为

$$\Delta l_{AB} = \frac{F_{NAB} l_{AB}}{EA_{AB}} = \frac{-100 \times 10^3 \text{N} \times 300\text{mm}}{200 \times 10^3 \text{MPa} \times 1500\ \text{mm}^2} = -0.1\text{mm}$$

$$\Delta l_{BC} = \frac{F_{NBC} l_{BC}}{EA_{BC}} = \frac{200 \times 10^3 \text{N} \times 300\text{mm}}{200 \times 10^3 \text{MPa} \times 1500\ \text{mm}^2} = 0.2\text{mm}$$

$$\Delta l_{CD} = \frac{F_{NCD} l_{CD}}{EA_{CD}} = \frac{300 \times 10^3 \text{N} \times 300\text{mm}}{200 \times 10^3 \text{MPa} \times 1000\ \text{mm}^2} = 0.45\text{mm}$$

杆的总伸长量为

$$\Delta l = \sum_{i=1}^{3} \Delta l_i = (-0.1 + 0.2 + 0.45)\text{mm} = 0.55\text{mm}$$

例题9-2　如图9-3a所示，实心圆钢杆AB和AC在杆端A由销钉连接，在点A作用有铅垂向下的力F。已知$F=30\text{kN}$，$d_{AB}=10\text{mm}$，$d_{AC}=14\text{mm}$，钢的弹性模量$E=200\text{GPa}$。试求A点在铅垂方向的位移。

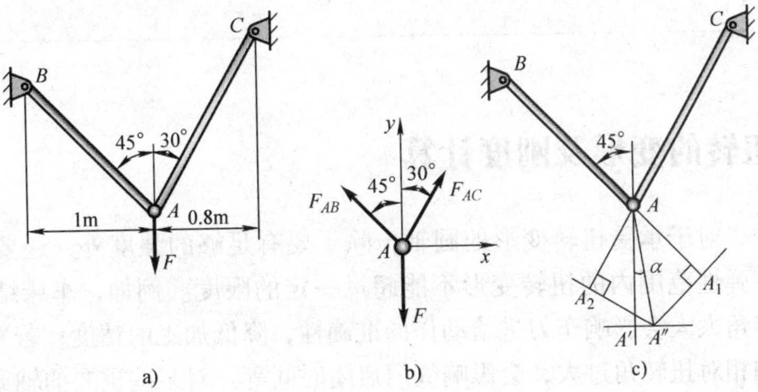

图　9-3

解：1）利用静力平衡条件求二杆的轴力。根据小变形假设，可以由变形前的尺寸计算杆件的内力。以节点A为研究对象，其受力如图9-3b所示，由节点A的平衡条件，有

$$\sum F_x = 0, F_{AC}\sin 30° - F_{AB}\sin 45° = 0$$

$$\sum F_y = 0, F_{AC}\cos 30° + F_{AB}\cos 45° - F = 0$$

解得各杆的轴力为

$$F_{AB} = 0.518F = 15.53\text{kN},\quad F_{AC} = 0.732F = 21.96\text{kN}$$

2）计算杆AB和AC的伸长。根据式9-3，有

$$\Delta l_B = \frac{F_{AB} l_B}{EA_B} = \frac{15.53 \times 10^3 \text{N} \times \sqrt{2}\text{m}}{200 \times 10^9 \text{Pa} \times \frac{\pi}{4} \times (0.01)^2\ \text{m}^2} = 1.399\text{mm}$$

$$\Delta l_C = \frac{F_{AC} l_C}{EA_C} = \frac{21.96 \times 10^3 \text{N} \times 0.8 \times 2\text{m}}{200 \times 10^9 \text{Pa} \times \frac{\pi}{4} \times (0.014)^2 \text{m}^2} = 1.142\text{mm}$$

3）求点A在铅垂方向的位移。若杆AB受拉后长度变为$\overline{A_1B}$，杆AC受拉后长度变为$\overline{A_2C}$，则点A在受力变形后其位置应是以点B为圆心、以$\overline{A_1B}$为半径的圆弧和以点C为圆心、

以$\overline{A_2C}$为半径的圆弧的交点。但在小变形假设条件下，计算可采用“以弦代弧”的方法加以简化。如图 9-3c 所示，分别在点 A_1 和 A_2 作$\overline{A_1B}$和$\overline{A_2C}$的垂线以代替相应的圆弧，则其交点 A''可近似视为点 A 受力变形后的位置。再过点 A''作水平线，与过点 A 的铅垂线交于点 A'，则$\overline{AA'}$便是点 A 的铅垂位移。由图中的几何关系得

$$\frac{\Delta l_B}{AA''}=\cos\ (45^\circ-\alpha),\quad \frac{\Delta l_C}{AA''}=\cos(30^\circ+\alpha)$$

可得

$$\tan\alpha=0.12,\qquad \alpha=6.87^\circ$$
$$AA''=1.778\text{mm}$$

则点 A 的铅垂位移为

$$\Delta=AA''\cos\alpha=1.778\cos6.87^\circ\text{mm}=1.765\text{mm}$$

从上述计算可见，变形与位移既有联系又有区别。位移是指其位置的移动，而变形是指构件尺寸的改变量。

9.2 圆轴扭转的变形及刚度计算

工程设计中，对于承受扭转变形的圆轴，除了要有足够的强度外，还要求有足够的刚度，即要求轴在弹性范围内的扭转变形不能超过一定的限度。例如，车床结构中的传动丝杠，若相对扭转角太大会影响车刀进给动作的准确性，降低加工的精度；若发动机中控制气门动作的凸轮轴相对扭转角过大，会影响气门启闭时间等。对某些重要的轴或者传动精度要求较高的轴，均要进行扭转刚度计算。

由式（6-9）可得两个相距 dx 的横截面的相对转动的计算公式：

$$\mathrm{d}\varphi=\frac{T}{GI_\mathrm{p}}\mathrm{d}x \tag{9-5}$$

若圆轴沿轴长受到多个外力偶作用，可由下式确定两端的相对扭转角：

$$\varphi=\sum_{i=1}^{n}\varphi_i=\sum_{i=1}^{n}\frac{T_i l_i}{G_i I_{\mathrm{p}i}} \tag{9-6}$$

式中，T_i 为第 i 段轴的扭矩；l_i 为第 i 段相应两横界面间的距离；G_i 为第 i 段轴材料的切变模量；$I_{\mathrm{p}i}$为第 i 段横截面的极惯性矩。GI_p 反映了材料及轴的截面形状和尺寸对弹性扭转变形的影响，称为圆轴的**抗扭刚度**。GI_p 越大，则相对扭转角越小。

为了消除轴的长度对变形的影响，引入单位长度的扭转角 θ：

$$\theta=\frac{\mathrm{d}\varphi}{\mathrm{d}x}=\frac{T}{GI_\mathrm{p}}\times\frac{180^\circ}{\pi} \tag{9-7}$$

等截面圆轴扭转时的刚度条件为

$$\theta_{\max}=\frac{|T_{\max}|}{GI_\mathrm{p}}\cdot\frac{180^\circ}{\pi}\leqslant[\theta] \tag{9-8}$$

$[\theta]$ 称为许用单位长度扭转角（可查有关手册）。

例题9-3 如图9-4所示，轴AB段是空心轴，内外径之比$\alpha=d/D=0.8$，BC段是实心轴，承受的外力偶矩及其长度如图所示，已知轴材料的$G=80\text{GPa}$，许用应力为$[\tau]=80\text{MPa}$，许用单位长度扭转角$[\theta]=1(°)/\text{m}$，试根据强度条件和刚度条件设计空心轴的外径D和实心轴的直径d。

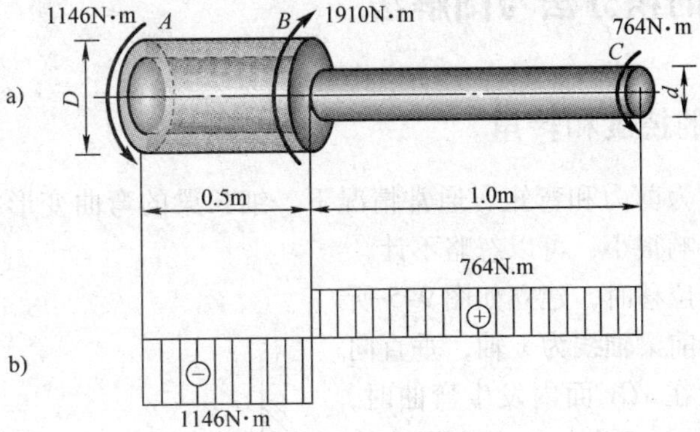

图 9-4

解：1）作扭矩图，如图9-4b所示。

2）根据强度条件进行设计。

AB段：

$$\tau_{\max}=\frac{T_{AB}}{W_{p空}}=\frac{1146}{\frac{\pi}{16}D^3(1-\alpha^4)}\leqslant[\tau]=80\text{MPa}$$

$$D\geqslant\sqrt[3]{\frac{16|T_{AB}|}{\pi(1-\alpha^4)[\tau]}}=\sqrt[3]{\frac{16\times1146\times10^3\text{N}\cdot\text{mm}}{\pi(1-0.8^4)\times80\text{MPa}}}=49.8\text{mm}$$

BC段：

$$\tau_{\max}=\frac{T_{BC}}{W_p}=\frac{764}{\frac{\pi d^3}{16}}\leqslant[\tau]=80\text{MPa}$$

$$d\geqslant\sqrt[3]{\frac{16|T_{BC}|}{\pi[\tau]}}=\sqrt[3]{\frac{16\times764\times10^3\text{N}\cdot\text{mm}}{\pi\times80\text{MPa}}}=36.5\text{mm}$$

3）根据刚度条件进行设计。

AB段：

$$\theta=\frac{T_{AB}}{GI_{pAB}}\cdot\frac{180°}{\pi}=\frac{1146}{80\times10^9\times\frac{\pi}{32}D^4(1-\alpha^4)}\cdot\frac{180°}{\pi}\leqslant[\theta]=1(°)/\text{m}$$

$$D\geqslant\sqrt[4]{\frac{32|T_{AB}|\times180°}{G\pi^2(1-\alpha^4)[\theta]}}=\sqrt[4]{\frac{32\times1146\text{N}\cdot\text{m}\times180°}{80\times10^9\text{Pa}\times(1-0.8^4)\times1°/\text{m}}}=0.06134\text{m}=61.34\text{mm}$$

BC段：

$$\theta=\frac{|T_{BC}|}{GI_{pBC}}\times\frac{180°}{\pi}=\frac{|T_{BC}|}{G\frac{\pi d^4}{32}}\times\frac{180°}{\pi}\leqslant[\theta]$$

$$d\geqslant\sqrt[4]{\frac{32|T_{BC}|\times180°}{G\pi^2[\theta]}}=\sqrt[4]{\frac{32\times764\text{N}\cdot\text{m}\times180°}{80\times10^9\text{Pa}\times1°/\text{m}}}=0.04858\text{m}=48.58\text{mm}$$

为使轴同时满足强度条件和刚度条件，轴的直径应选取较大值，考虑机械加工需要圆整，可

取设计 $D=62\text{mm}$，$d=49\text{mm}$。

9.3 弯曲变形的积分法与图解法

9.3.1 弯曲变形的挠度和转角

梁弯曲时的内力为剪力和弯矩，通常情况下，细长梁的弯曲变形主要是由于弯矩引起的，剪力对变形的影响很小，可以忽略不计。

在研究梁的变形位移时，建立如图 9-5 所示的坐标系，取变形前梁轴线为 x 轴，垂直向上的轴为 y 轴。当梁在 xOy 面内发生弯曲时，梁的轴线由直线变为 xy 面内的一条光滑连续曲线，称为梁的挠曲线。梁的每一个截面不仅发生了线位移，而且还绕中性轴偏转产生了角位移。

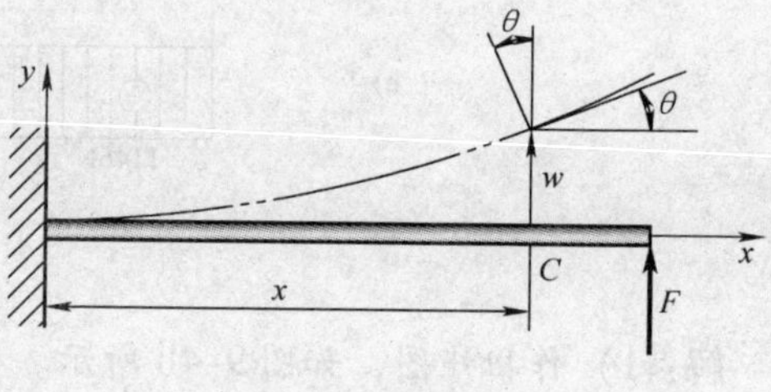

图 9-5

横截面的形心沿 y 轴的线位移，称为横截面的**挠度**，并用符号 w 表示。规定挠度向上（与 y 轴同向）为正，向下（与 y 轴反向）为负。在小变形条件下，忽略沿 x 轴即梁轴线方向的线位移。

横截面绕中性轴的转动角度 θ，称为截面的**转角**，以逆时针的转角 θ 为正，反之为负。

显然，梁弯曲时，各个截面的挠度和转角均是截面形心坐标 x 的函数。将挠度记为 $w=w(x)$。工程实际中，小变形情形下，有

$$\tan\theta\approx\theta \tag{9-9}$$

于是可以得到小变形下挠度和转角之间的关系：

$$\frac{\mathrm{d}w}{\mathrm{d}x}=w'=\theta \tag{9-10}$$

即将挠度方程 $w=w(x)$ 对 x 求一次导数即可以得到转角方程 $\theta=\theta(x)$。

9.3.2 挠曲线近似微分方程

对于细长梁，根据微积分中函数与曲率之间的关系以及弯矩 M 的正负符号规定，在小变形情况下，有

$$EI_z w''=M(x) \tag{9-11}$$

上式称为梁平面弯曲时挠曲线近似微分方程，EI 称为抗弯刚度。实践表明，由此方程求得的挠度和转角，对工程计算来说，已足够精确。

9.3.3 积分法求弯曲变形

梁的挠曲线近似微分方程可用直接积分的方法求解。将挠曲线近似微分方程积分，可得

梁的转角方程，再积分一次，即可得梁的挠曲线方程：

$$EI_z\theta = EIw' = \int M(x)\mathrm{d}x + C \tag{9-12}$$

$$EI_zw = \int(\int M(x)\mathrm{d}x)\mathrm{d}x + Cx + D \tag{9-13}$$

式中，C 和 D 为积分常数，它们可由梁的边界条件或光滑连续条件来确定。

当梁的载荷发生变化，或截面的形状、尺寸沿梁轴改变时，各段梁的弯矩不同，挠曲线近似微分方程也不相同。此时，需要根据具体情况分段写出不同的挠曲线近似微分方程。

例题9-4　图9-6所示简支梁 AB 受集中力 F 的作用，试求该梁的挠曲线方程和转角方程。

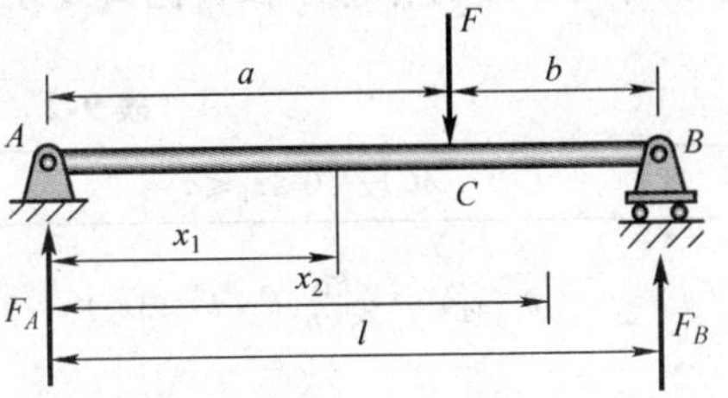

图 9-6

解：1）求约束力并列梁的弯矩方程。简支梁 AB 的支座约束力为

$$F_A = \frac{b}{l}F,\ F_B = \frac{a}{l}F$$

按图9-6所示建立坐标系，分两段列出 AB 梁的弯矩方程为

AC 段　　$$M_1(x_1) = \frac{b}{l}Fx_1 \quad (0 \leqslant x_1 \leqslant a)$$

CB 段　　$$M_2(x_2) = \frac{b}{l}Fx_2 - F(x_2 - a) \quad (a \leqslant x_2 \leqslant l)$$

2）列出梁各段的挠曲线近似微分方程并积分。将 AC 和 CB 两段的挠曲线近似微分方程及积分结果，列表如下（见表9-1）。

表9-1　梁 AB 的挠曲线近似微分方程

AC 段（$0 \leqslant x_1 \leqslant a$）	CB 段（$a \leqslant x_2 \leqslant l$）
$EIw''_1 = \frac{Fb}{l}x_1$	$EIw''_2 = \frac{Fb}{l}x_2 - P(x_2 - a)$
$EIw'_1 = \frac{Fb}{2l}x_1^2 + C_1$	$EIw'_2 = \frac{Fb}{2l}x_2^2 - \frac{P}{2}(x_2 - a)^2 + C_2$
$EIw_1 = \frac{Fb}{6l}x_1^3 + C_1x_1 + D_1$	$EIw_2 = \frac{Fb}{6l}x_2^3 - \frac{P}{6}(x_2 - a)^3 + C_2x_2 + D_2$

在 CB 梁段，对含有（$x_2 - a$）的项积分时，就以（$x_2 - a$）作为自变量进行积分，这样可以使确定积分常数的计算得到简化。

3）确定积分常数。由于 AB 梁的挠曲线应该是一条光滑连续的曲线，因此，在 AC 和 CB 两段挠曲线的交界截面 C 处，挠曲线应**有相同的挠度和转角**，这样的条件称为**光滑连续条件**。

当 $x_1 = x_2 = a$ 时，$\theta_1 = \theta_2$，$w_1 = w_2$，即

$$\frac{Fb}{6l}a^2 + C_1 = \frac{Fb}{6l}a^2 - \frac{F}{2}(l-a)^2 + C_2$$

$$\frac{Fb}{6l}a^3 + C_1a + D_1 = \frac{Fb}{6l}a^3 - \frac{F}{6}(l-a)^3 + C_2a + D_2$$

由上两式解得

$$C_1 = C_2,\ D_1 = D_2$$

此外，梁在约束 A、B 两端的挠度为零，**约束处的已知转角和挠度称为边界条件**。

$$x_1 = 0\ 时，\quad w_1 = 0$$
$$x_2 = l\ 时，\quad w_2 = 0$$

分别代入两段梁的挠度方程和转角方程，可得

$$D_1 = D_2 = 0,\qquad C_1 = C_2 = -\frac{Pb}{6l}(l^2 - b^2)$$

梁 AC 和 CB 段的转角方程和挠曲线方程列于表 9-2。

表 9-2 梁的转角方程和挠曲线方程

AC 段 $0 \leqslant x_1 \leqslant a$	CB 段 $a \leqslant x_2 \leqslant l$
$\theta_1(x_1) = -\frac{Pb}{6EIl}(l^2 - b^2 - 3x_1^2)$	$\theta_2(x_2) = -\frac{Pb}{6EIl}\left[(l^2 - b^2 - 3x_1^2) + \frac{3l}{b}(x_2 - a)^2\right]$
$w_1(x_1) = -\frac{Pbx_1}{6EIl}(l^2 - b^2 - x_1^2)$	$w_2(x_2) = -\frac{Pb}{6EIl}\left[(l^2 - b^2 - x_2^2) + \frac{l}{b}(x_2 - a)^3\right]$

需要说明的是，光滑条件和连续条件是不同的，如图 9-7 所示梁，梁 AC 与梁 CB 在 C 铰接，两段梁在 C 处的挠度相同（满足连续条件），但在 C 处的转角不相同（不满足光滑条件）。

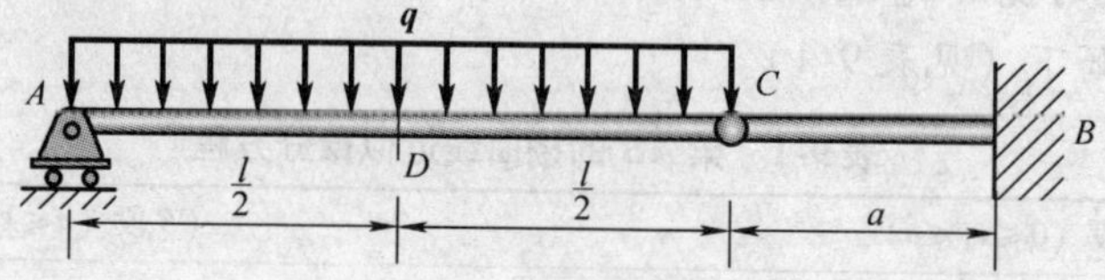

a)

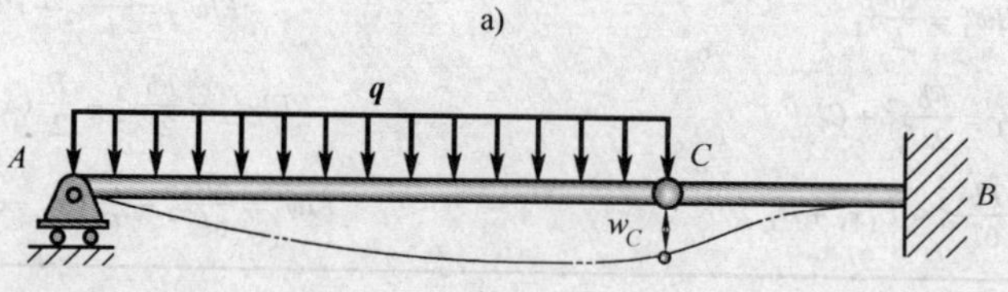

b)

图 9-7

9.3.4 叠加法求弯曲变形

在线弹性及小变形条件下，梁的位移与载荷之间成齐次线性关系，即任一载荷使杆件产生的变形均与其他载荷无关。此时，可以将每一个载荷单独作用得到的在同一梁相同位置的位移进行叠加，即为**梁位移的叠加法**。

叠加法是计算结构特殊点处转角和挠度的简便方法，表 9-3 给出的就是一些常见和简单梁的转角和挠度计算公式。查表时应注意载荷的类型和方向及边界条件一一对应。

表 9-3　常见和简单梁的转角和挠度计算公式

序号	梁的简图	挠曲线方程	转角	挠度
1	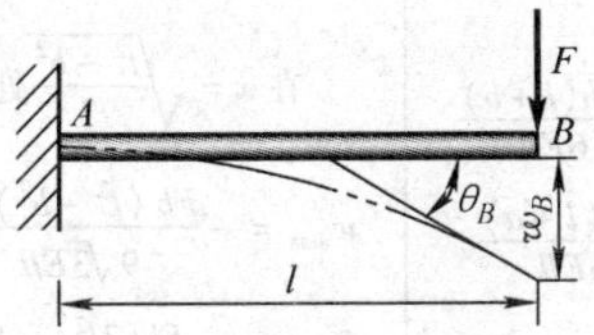	$w=-\dfrac{Fx^2}{6EI}(3l-x)$	$\theta_B=-\dfrac{Fl^2}{2EI}$	$w_B=-\dfrac{Fl^3}{3EI}$
2	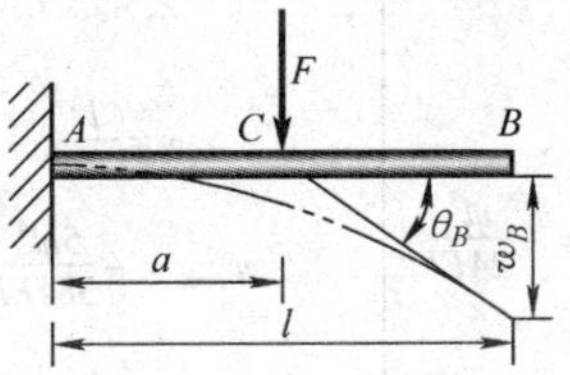	$w=-\dfrac{Fx^2}{6EI}(3a-x)$ $0\leqslant x\leqslant a$ $w=-\dfrac{Fa^2}{6EI}(3x-a)$ $a\leqslant x\leqslant l$	$\theta_B=-\dfrac{Fa^2}{2EI}$	$w_B=-\dfrac{Fa^2}{6EI}(3l-a)$
3	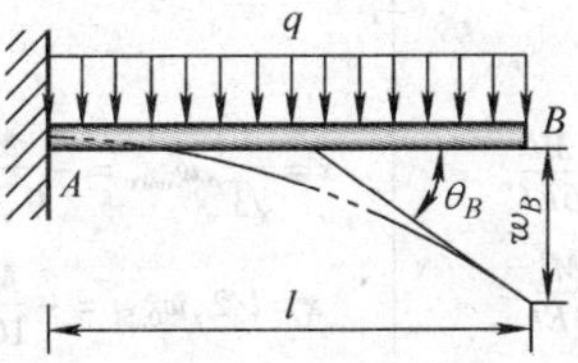	$w=-\dfrac{qx^2}{24EI}$ $(x^2-4lx+6l^2)$	$\theta_B=-\dfrac{ql^3}{6EI}$	$w_B=-\dfrac{ql^4}{8EI}$
4	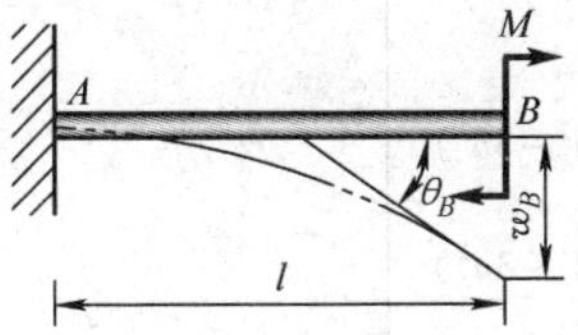	$w=-\dfrac{Mx^2}{2EI}$	$\theta_B=-\dfrac{Ml}{EI}$	$w_B=-\dfrac{Ml^2}{2EI}$
5	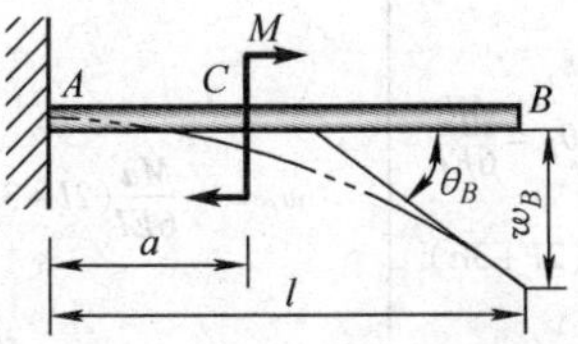	$w=-\dfrac{Mx^2}{2EI}$ $0\leqslant x\leqslant a$ $w=-\dfrac{Ma}{EI}(x-\dfrac{a}{2})$ $a\leqslant x\leqslant l$	$\theta_B=-\dfrac{Ma}{EI}$	$w_B=-\dfrac{Ma}{EI}(l-\dfrac{a}{2})$
6	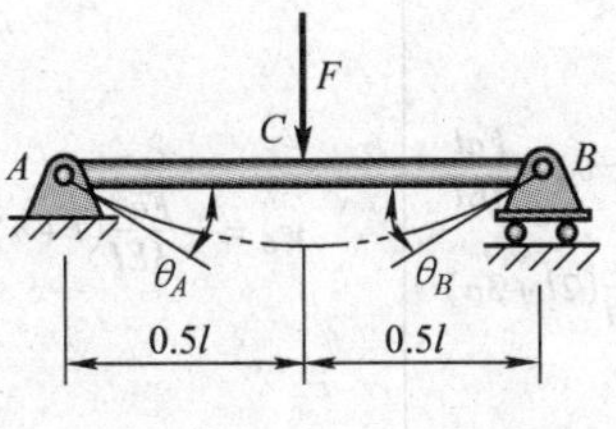	$w=-\dfrac{Fx}{48EI}(3l^2-4x^2)$ $0\leqslant x\leqslant \dfrac{l}{2}$	$\theta_A=-\theta_B=-\dfrac{Fl^2}{16EI}$	$w_C=-\dfrac{Fl^3}{48EI}$

（续）

序号	梁的简图	挠曲线方程	转角	挠度
7	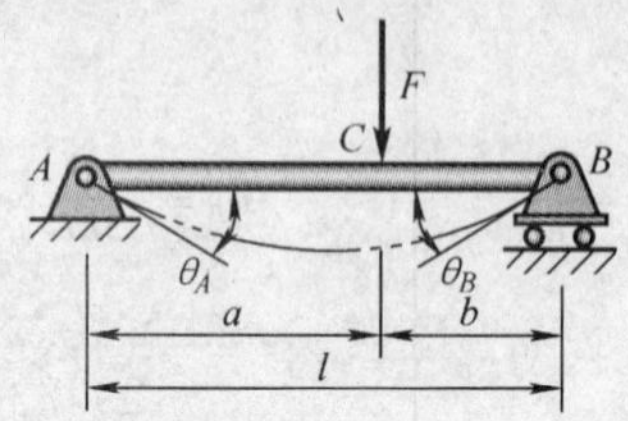	$w=-\frac{Fbx}{6EIl}(l^2-x^2-b^2)$ $0\leqslant x\leqslant a$ $w=-\frac{Fb}{6EIl}[\frac{l}{b}(x-a)^3+x(l^2-b^2)-x^3]$ $a\leqslant x\leqslant l$	$\theta_A=-\frac{Fab(l+b)}{6EIl}$ $\theta_B=\frac{Fab(l+a)}{6EIl}$	设 $a>b$， 在 $x=\sqrt{\frac{l^2-b^2}{3}}$ 处 $w_{\max}=-\frac{Fb(l^2-b^2)^{\frac{3}{2}}}{9\sqrt{3}EIl}$， $w_{0.5l}=-\frac{Fb(3l^2-4b^2)}{48EI}$
8	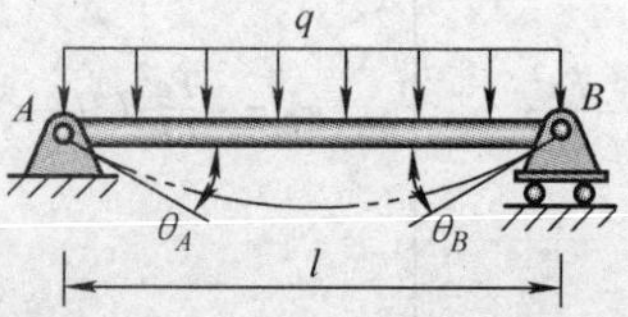	$w=-\frac{qx}{24EI}(l^3-2lx^2+x^3)$	$\theta_A=-\theta_B=-\frac{ql^3}{24EI}$	$x=\frac{l}{2}$ $w_{\max}=-\frac{5ql^4}{384EI}$
9	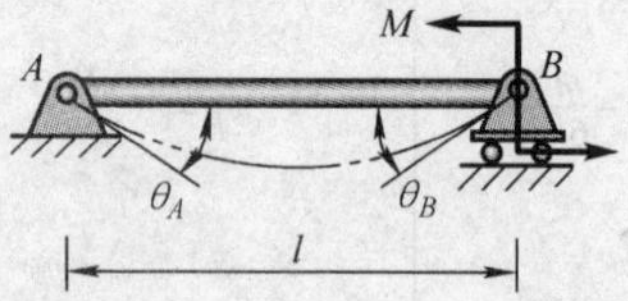	$w=-\frac{Mx}{6EIl}(l^2-x^2)$	$\theta_A=-\frac{Ml}{6EI}$， $\theta_B=\frac{Ml}{3EI}$	$x=\frac{l}{\sqrt{3}},w_{\max}=-\frac{Ml^2}{9\sqrt{3}EI}$ $x=l/2,w_{0.5l}=-\frac{Ml^2}{16EI}$
10	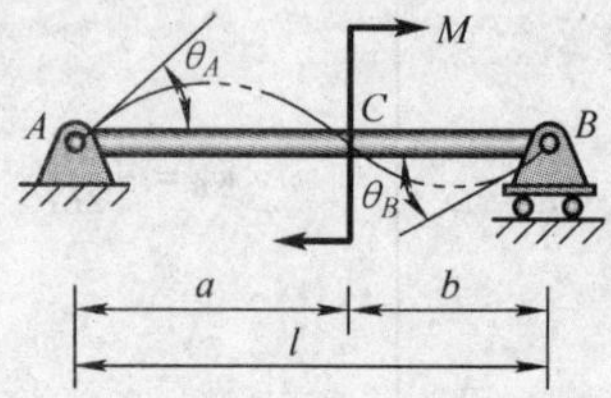	$w=\frac{Mx}{6EIl}(l^2-x^2-3b^2)$ $0\leqslant x\leqslant a$ $w=\frac{M}{6EIl}[-x^3+3l(x-a)^2+(l^2-3b^2)x]$ $a\leqslant x\leqslant l$	$\theta_A=\frac{M}{6EIl}(l^2-3b^2)$ $\theta_B=\frac{M}{6EIl}(l^2-3a^2)$	
11	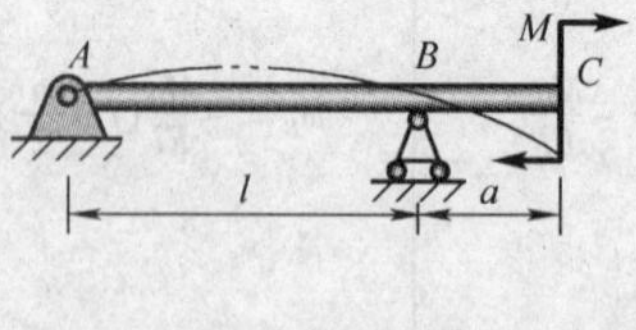	$w=-\frac{Mx}{6EIl}(x^2-l^2)$ $0\leqslant x\leqslant l$ $w=-\frac{Mx}{6EIl}(3x^2-4xl+l^2)$ $l\leqslant x\leqslant l+a$	$\theta_A=-\frac{1}{2}\theta_B=\frac{Ml}{6EI}$ $\theta_C=-\frac{M}{6EI}(2l+3a)$	$w_C=-\frac{Ma}{6EI}(2l+3a)$
12	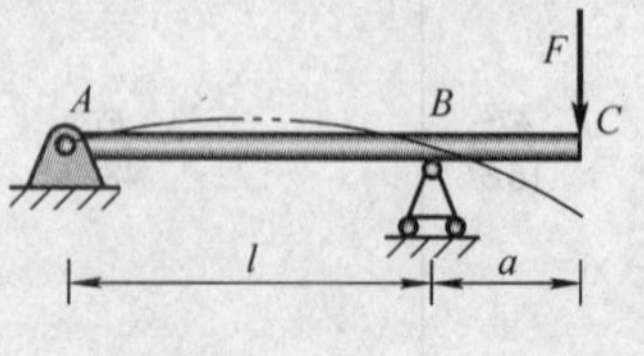	$w=\frac{Fax}{6EIl}(l^2-x^2)$ $0\leqslant x\leqslant l$ $w=-\frac{F(x-l)}{6EI}\cdot[a(3x-l)-(x-l)^2]$ $l\leqslant x\leqslant l+a$	$\theta_A=-\frac{1}{2}\theta_B=\frac{Fal}{6EI}$ $\theta_C=-\frac{Fa}{6EI}(2l+3a)$	$w_C=-\frac{Fa^2}{3EI}(l+a)$

（续）

序号	梁的简图	挠曲线方程	转角	挠度
13	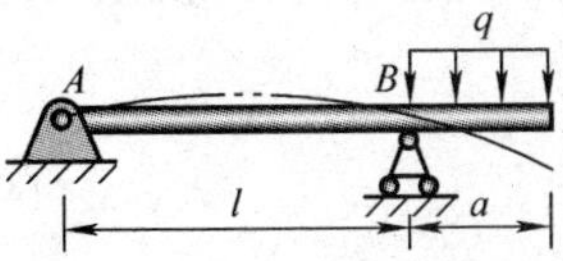	$w=\frac{qa^2x}{12EIl}(l^2-x^2)$ $0\leqslant x\leqslant l$ $w=-\frac{q(x-l)}{24EI}\cdot$ $[2a^2(3x-l)+(x-l^2)\cdot$ $(x-l-4a)]$ $l\leqslant x\leqslant l+a$	$\theta_A=-\frac{1}{2}\theta_B=\frac{qa^2l}{12EI}$ $\theta_C=-\frac{qa^2}{6EI}(l+a)$	$w_C=-\frac{qa^3}{24EI}(3a+4l)$

需要注意的是，将构件视为变形体进行研究时，分布载荷与其静力等效的合力对构件的变形效应并不相同，因此不能随意互相替换。

例题 9-5　如图 9-8 所示外伸梁，简支段 AB 受均布载荷 q 的作用，而外伸段自由端 C 上作用有一集中力 F，求 C 点的挠度和转角。梁的抗弯刚度为 EI。

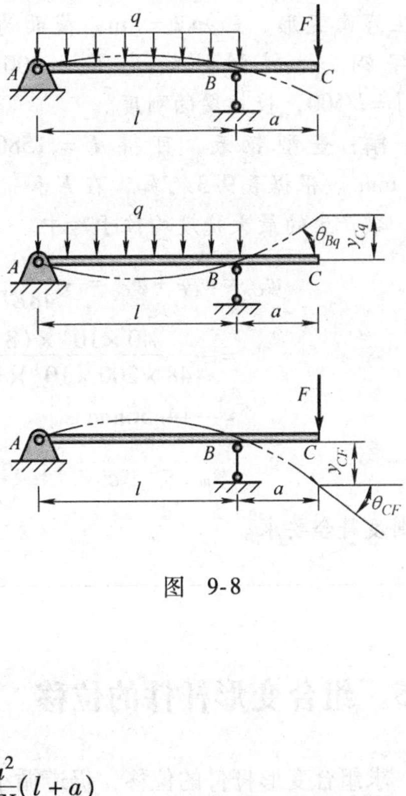

图　9-8

解：分别考虑 q 和 F 单独作用时截面 C 的挠度和转角。

查表 9-1 第 8 项，可以得到均布载荷作用下截面 B 的转角 $\theta_{Bq}=\frac{ql^3}{24EI}$，由于 BC 段上并无载荷作用，因此它在变形后应保持直线。同时考虑小变形条件，则相应的截面 C 的挠度为

$$y_{Cq}=\theta_{Bq}a=\frac{ql^3}{24EI}a$$

截面 C 的转角与截面 B 的相同。查表 9-1 第 12 项，可以得到外伸梁在集中力作用下，截面 C 的挠度和转角：

$$y_{CF}=-\frac{Fa^2}{3EI}(l+a),\ \theta_{CF}=-\frac{Fa}{6EI}(2l+3a)$$

根据叠加原理，C 点的挠度可由下式求解：

$$y_C=y_{Cq}+y_{CF}=\frac{ql^3}{24EI}a-\frac{Fa^2}{3EI}(l+a)$$

由于

$$\theta_{Cq}=\theta_{Bq}=\frac{ql^3}{24EI}$$

C 点的转角可由下式求解：

$$\theta_C=\theta_{Cq}+\theta_{CF}=\frac{ql^3}{24EI}-\frac{Fa}{6EI}(2l+3a)$$

9.4 弯曲梁的刚度计算

对于工程中承受弯曲的构件，除了强度要求以外，常常还有刚度要求，即使梁的最大挠度和最大转角不超过某一规定的限度：

$$\begin{cases} w_{\max} \leqslant [w] \\ \theta_{\max} \leqslant [\theta] \end{cases} \tag{9-14}$$

式中，$[w]$，$[\theta]$分别是**许可挠度**和**许可转角**，它们由工程实际情况确定。一般来说在这两个条件中，挠度的刚度条件是主要的，相对而言转角的刚度条件是次要的。与拉伸压缩及扭转类似，根据梁的刚度条件可以进行刚度校核、截面设计和确定许用载荷。

例题 9-6 如图 9-9 所示简支梁，受载荷 $F=40\text{kN}$，$q=0.6\text{N/mm}$ 共同作用而发生弯曲变形，已知 $l=8\text{m}$，截面为 36a 工字钢，材料弹性模量 $E=200\text{GPa}$，$[w]=l/500$，校核梁的刚度。

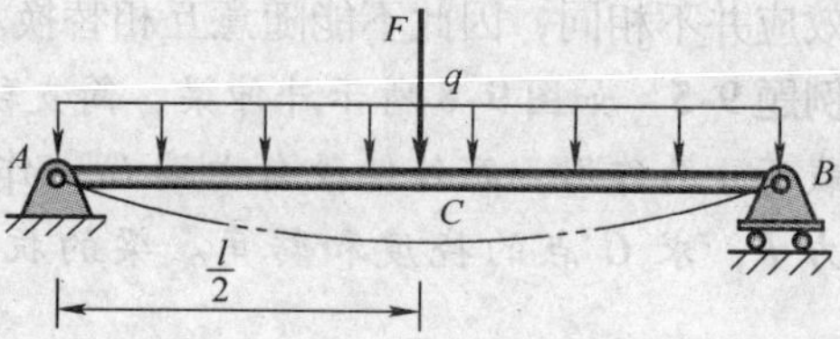

图 9-9

解：查型钢表，可得 $I=15800\times10^4\ \text{mm}^4$。根据表 9-3 可知，在 F 和 q 作用下，梁产生的最大挠度均位于跨中。

$$\begin{aligned} w_C &= w_{CF}+w_{Cq} = -\frac{Fl^3}{48EI}+\left(-\frac{5ql^4}{384EI}\right) \\ &= -\frac{40\times10^3\times(8\times10^3)^3}{48\times200\times10^3\times15800\times10^4}\text{mm}-\frac{5\times0.6\times(8\times10^3)^4}{384\times200\times10^3\times15800\times10^4}\text{mm} \\ &= -14.56\text{mm} \end{aligned}$$

$$w_{\max}=|w_C|=14.52\text{mm}<[w]=\frac{l}{500}=\frac{8\times10^3}{500}\text{mm}=16\text{mm}$$

故刚度符合要求。

9.5 组合变形杆件的位移

求组合变形杆件的位移，仍遵循小变形、线弹性变形范围和叠加原理适用的原则，将组合变形分解为几个基本变形，分别计算后叠加。根据位移的情况可代数叠加或矢量叠加。下面以弯扭组合构件为例，介绍组合变形杆件的位移计算。

弯曲、扭转组合变形杆件的主要内力是扭矩 $T(x)$ 和弯矩 $M(x)$，可采用叠加法求其位移。

例题 9-7 图 9-10 所示为一摇臂轴 ABC，在自由端受铅垂力 F 作用，已知轴长为 l，臂长为 a，轴的抗弯刚度和抗扭刚度分别为 EI_z 和 GI_p，臂的抗弯刚度为 EI_x，求 C 端的铅垂位移。

解：摇臂 BC 在力 F 作用下产生弯曲变形，将 F 自点 C 平移至点 B，则需附加一力偶矩

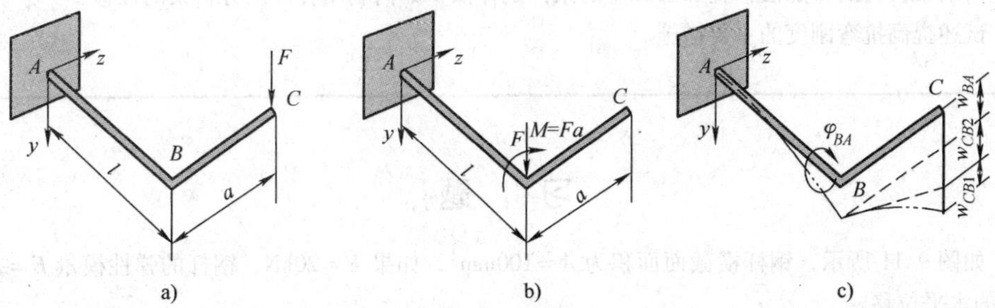

图　9-10

$M=Fa$，如图9-10b所示。因此轴AB将产生弯曲、扭转的组合变形。整体变形如图9-10c所示。由叠加法不难求得截面B相对于截面A的垂直位移w_{BA}和相对转角φ_{BA}。考虑作用在点B的集中力F和附加力偶矩M单独作用下的变形计算，求得

$$w_{BA}=\frac{Fl^3}{3EI_z}\quad \varphi_{BA}=\frac{Ml}{GI_p}=\frac{Fal}{GI_p}$$

截面C相对于截面B的垂直位移w_{CB}包括两部分构成，一部分是假定截面B固定，集中力作用于截面C，则可根据表9-3第1项有$w_{CB1}=\dfrac{Fa^3}{3EI_x}$，第二部分是考虑截面$B$相对于截面$A$转动后导致截面$C$的位移，即$w_{CB2}=\varphi_{BA}\cdot a=\dfrac{Fal}{GI_p}\cdot a=\dfrac{Fa^2l}{GI_p}$。两者叠加，得到截面$C$相对于截面$B$的垂直位移$w_{CB}$，即

$$w_{CB}=w_{CB1}+w_{CB2}=\frac{Fa^3}{3EI_x}+\frac{Fa^2l}{GI_p}$$

则截面C的垂直位移

$$w_C=w_{CB}+w_{BA}=\frac{Fa^3}{3EI_x}+\frac{Fa^2l}{GI_p}+\frac{Fl^3}{3EI_z}$$

思　考　题

9-1　何谓小变形？如何利用切线代替圆弧方法确定点的位移？

9-2　何谓扭转角？其单位是什么？如何计算圆轴的扭转角？何谓抗扭刚度？圆轴扭转刚度条件是如何建立的？应用该条件时应该注意什么？

9-3　弯曲变形的基本公式是什么？何为抗弯刚度？

9-4　如何计算简单截面的惯性矩与抗弯截面系数，它们的量纲是什么？圆截面的惯性矩与极惯性矩之间有何关系？

9-5　何谓挠曲线？何谓挠度？何谓转角？挠度与转角之间的关系是什么？该关系成立的条件是什么？

9-6　挠曲线近似微分方程是如何建立的？该方程的应用条件是什么？关于坐标轴x，y有何规定？

9-7　如何根据弯矩沿梁轴的变化及梁的支持条件画出挠曲线的大致形状？如何判断挠曲线的凹、凸与拐点的位置？

9-8 何谓梁位移的叠加法？叠加法成立的条件是什么？如何利用叠加法分析梁的位移？

9-9 试述提高抗弯刚度的主要措施。

习 题

9-1 如图 9-11 所示，钢杆横截面面积为 $A=100\text{mm}^2$，如果 $F=20\text{kN}$，钢杆的弹性模量 $E=200\text{GPa}$，求端面 A 的水平位移。

9-2 图 9-12 所示短柱中，上段为钢制，长 200mm，截面尺寸为（100×100）mm^2；下段为铝制，长 300mm，截面尺寸为（200×200）mm^2。已知 $E_{钢}=200\text{GPa}$，$E_{铝}=70\text{GPa}$，当柱顶受 F 力作用时，柱子总长度减少了 0.4mm，试求 F 的值。

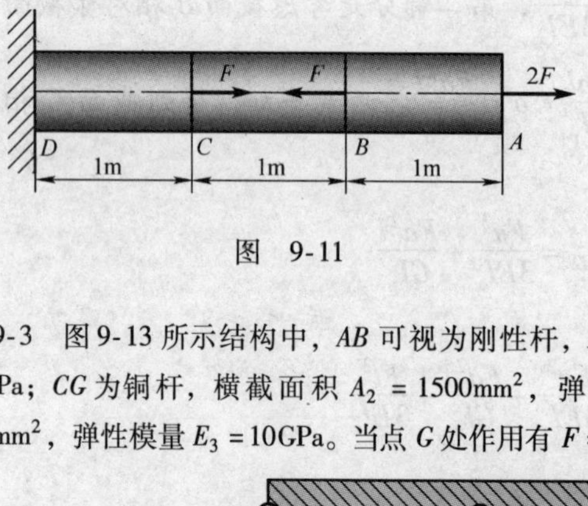

图 9-11

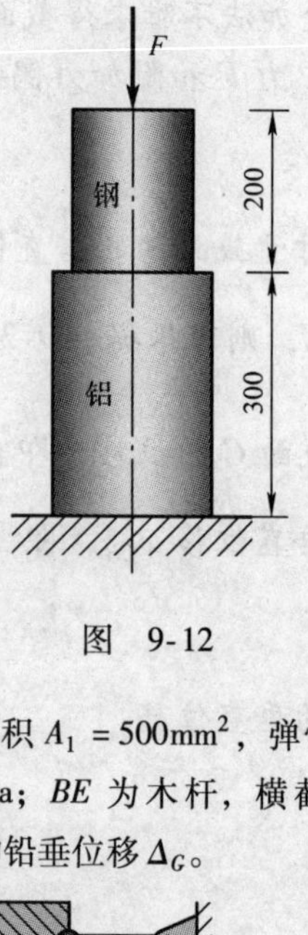

图 9-12

9-3 图 9-13 所示结构中，AB 可视为刚性杆，AD 为钢杆，横截面积 $A_1=500\text{mm}^2$，弹性模量 $E_1=200\text{GPa}$；CG 为铜杆，横截面积 $A_2=1500\text{mm}^2$，弹性模量 $E_2=100\text{GPa}$；BE 为木杆，横截面积 $A_3=3000\text{mm}^2$，弹性模量 $E_3=10\text{GPa}$。当点 G 处作用有 $F=60\text{kN}$ 时，求该点的铅垂位移 Δ_G。

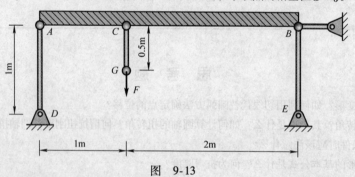

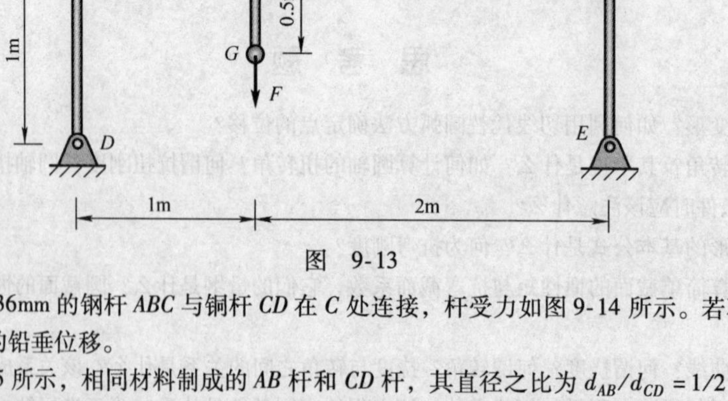

图 9-13

9-4 直径 $d=36\text{mm}$ 的钢杆 ABC 与铜杆 CD 在 C 处连接，杆受力如图 9-14 所示。若不考虑杆的自重，试求 C、D 二截面的铅垂位移。

9-5 如图 9-15 所示，相同材料制成的 AB 杆和 CD 杆，其直径之比为 $d_{AB}/d_{CD}=1/2$，若使刚性杆 BD 保持水平位置，试求 x 的大小。

9-6 一端固定、一端自由的圆截面钢轴，若 $G=80\text{GPa}$，其直径为 50mm，内径为 25mm，其他几何尺寸及受力情况如图 9-16 所示（长度单位为 mm），试求：两端截面的相对扭转角。

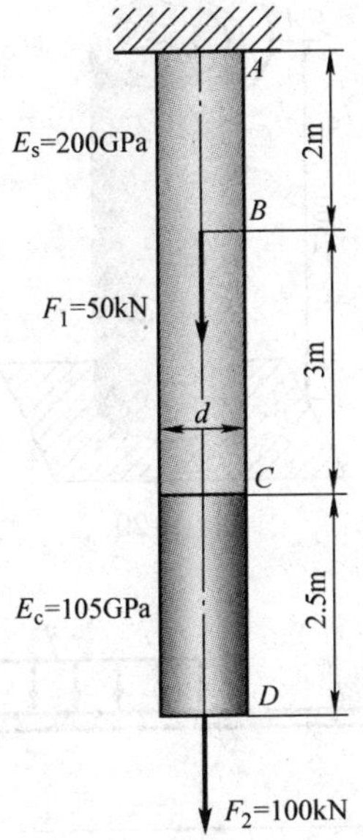

图　9-14

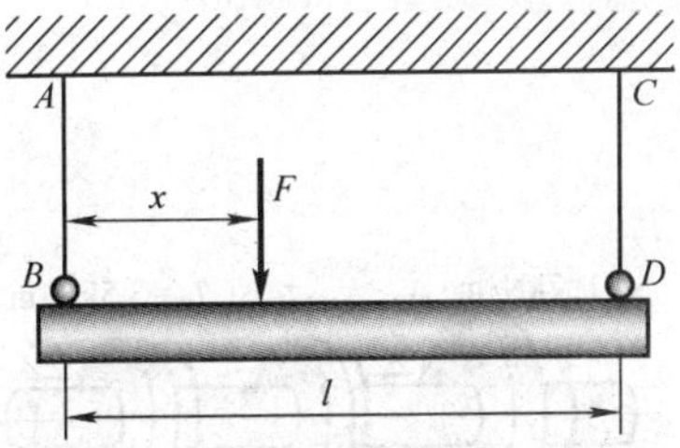

图　9-15

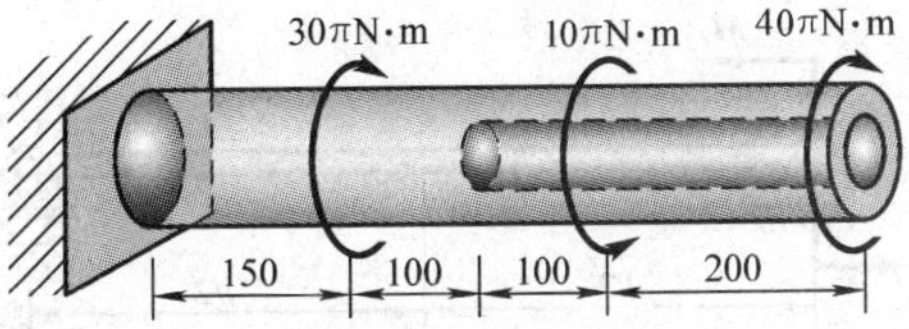

图　9-16

9-7　如图 9-17 所示，传动的转速为 $n=500\text{r/min}$，主动轮 1 输入功率 $P_1=500\text{kW}$，从动轮 2、3 分别输出功率 $P_2=200\text{kW}$，$P_3=300\text{kW}$。已知 $[\tau]=70\text{MPa}$，$[\theta]=1(°)/\text{m}$，$G=80\text{GPa}$，确定 AB 段的直径 d_1 和 BC 段的直径 d_2；若 AB 和 BC 两段选用同一直径，试确定直径 d。

9-8　如图 9-18 所示一实心圆钢杆，直径 $d=100\text{mm}$，$G=80\text{GPa}$，受外力偶矩 M_1 和 M_2 作用。若杆的许用切应力 $[\tau]=80\text{MPa}$；900mm 长度内容许的最大相对扭转角 $[\varphi]=0.014\text{rad}$。求 M_1 和 M_2 的值。

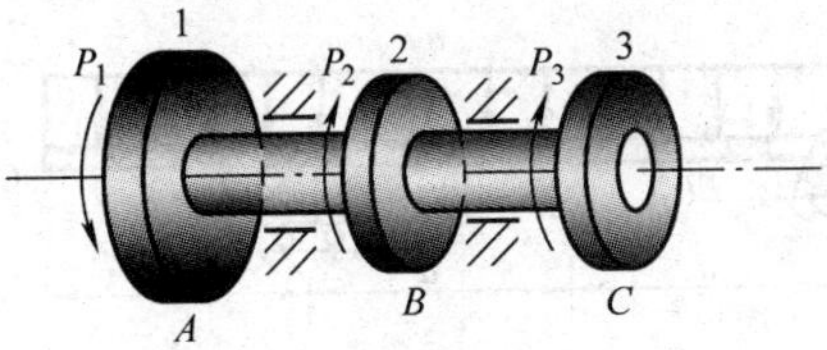

图　9-17

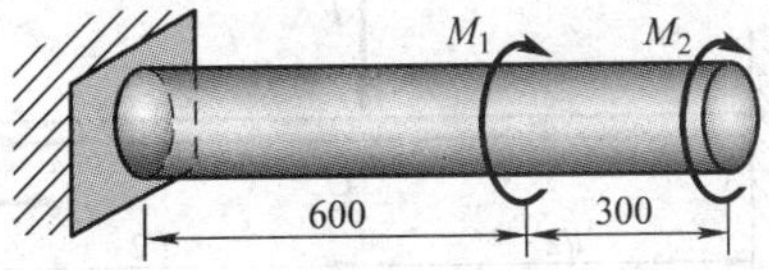

图　9-18

9-9　一传动轴如图 9-19 所示。设材料的许用切应力 $[\tau]=40\text{MPa}$，切变模量 $G=80\text{GPa}$，轴的许用单位长度扭转角 $[\theta]=0.2(°)/\text{m}$。试确定轴的直径。

9-10　一直径 $d=25\text{mm}$ 的钢圆杆，受轴向拉力 60kN 作用时，在标距为 200mm 的长度内伸长了 0.113mm。当它受一对外力偶矩 0.2kN · m 作用而扭转时，在标距 200mm 长度内相对扭转了 0.732°的角，求钢杆的弹性模量 E、切变模量 G、泊松比 ν。

9-11　空心铝管受扭矩作用如图 9-20 所示，已知该管端部的扭转角为 2°，铝材的 $G=27\text{GPa}$。(1) 试求该铝管所受的力偶矩 M_e。(2) 如果在相同 M_e 作用下，将铝管换成铝棒，横截面面积和杆长都与铝管相同，则其杆端的扭转角是多少？

9-12　试用积分法求图 9-21 所示各梁的转角方程、挠度方程及指定截面的转角和挠度（在各图下方括号内）。并画出梁挠曲线的大致形状。梁抗弯刚度 EI 为常数。

9-13　图 9-22 所示简支梁，已知 $F=20\text{kN}$，$E=200\text{GPa}$。若该梁的最大弯曲正应力不得超过 160MPa，最大挠度不得超过跨度的 1/400。试选择工字钢型号。

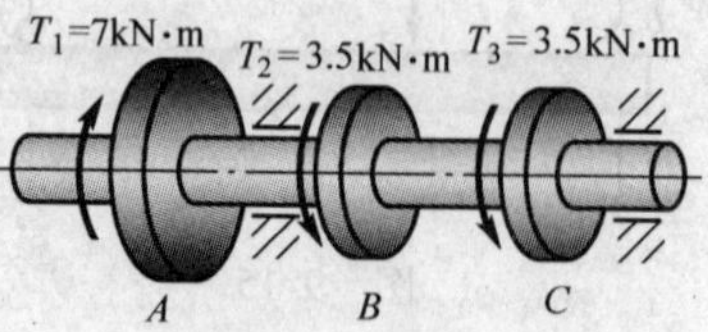

图 9-19

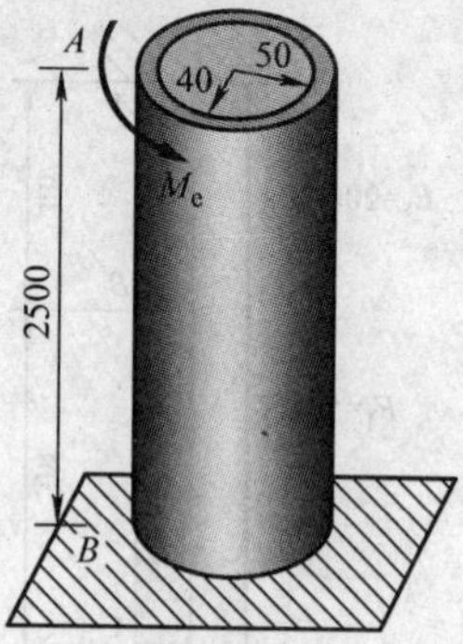

图 9-20

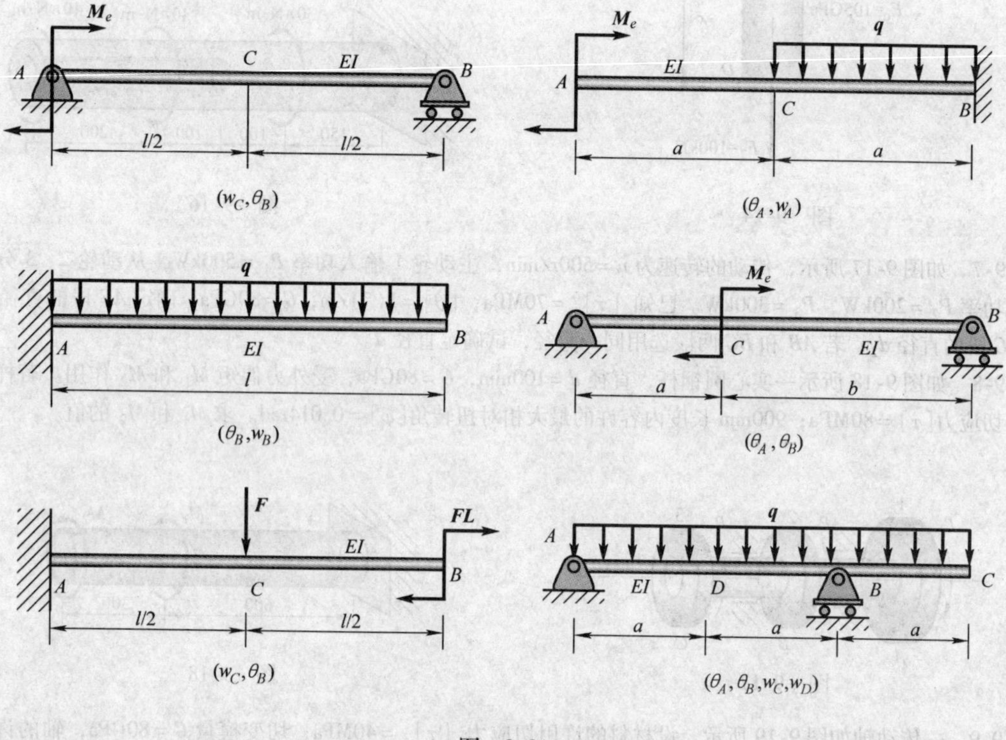

图 9-21

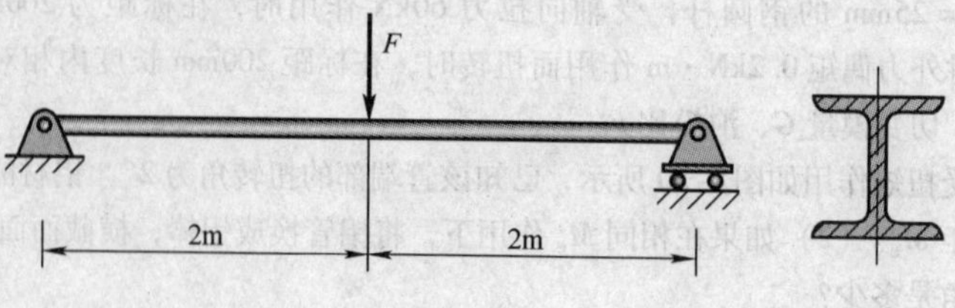

图 9-22

9-14　图9-23所示梁的B截面置于弹簧上，弹簧的刚度系数（即引起单位变形所需的力）为k，试求A截面的挠度。EI为已知常数。

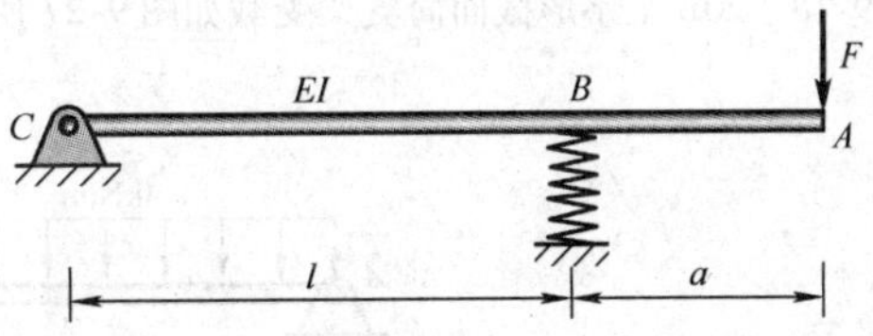

图　9-23

9-15　试用叠加法求图9-24所示各梁指定截面的转角和挠度。EI为已知常数。

9-16　图9-25所示结构承受均布载荷q，试求截面D的挠度和转角。AB杆的抗拉刚度EA和梁BC的抗弯刚度EI均为已知的常数。

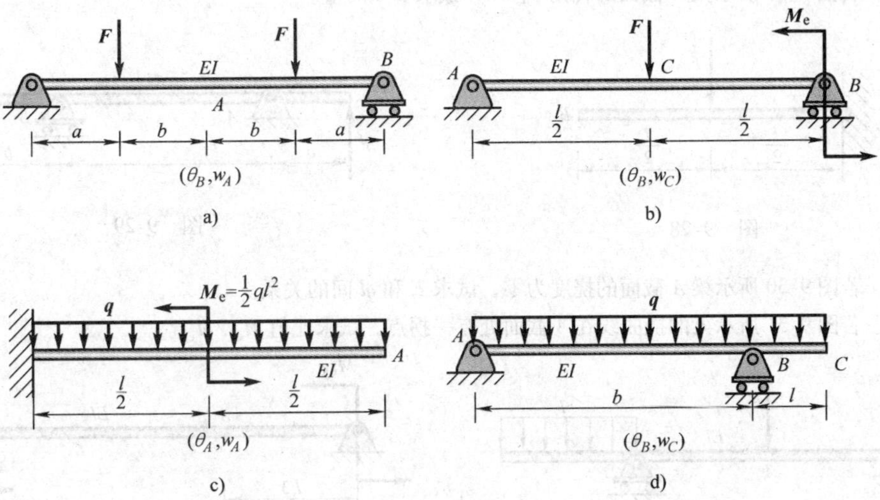

图　9-24

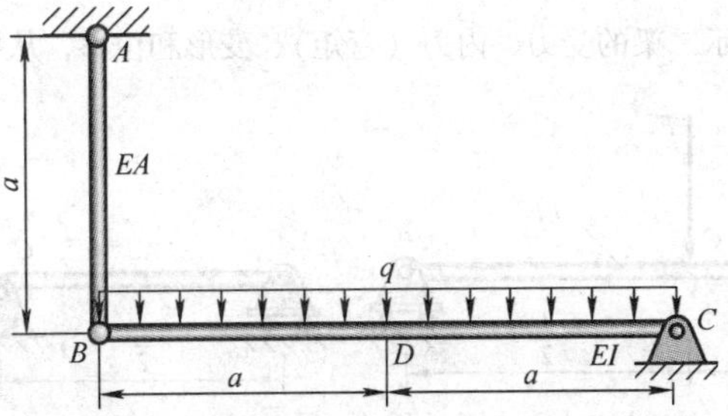

图　9-25

9-17　悬臂梁如图9-26所示。已知$q=10\text{kN/m}$，$l=3\text{m}$，$E=200\text{GPa}$，若最大弯曲应力不得超过120MPa，最大挠度不得超过$l/250$，$h=2b$。试选定矩形截面的最小尺寸。

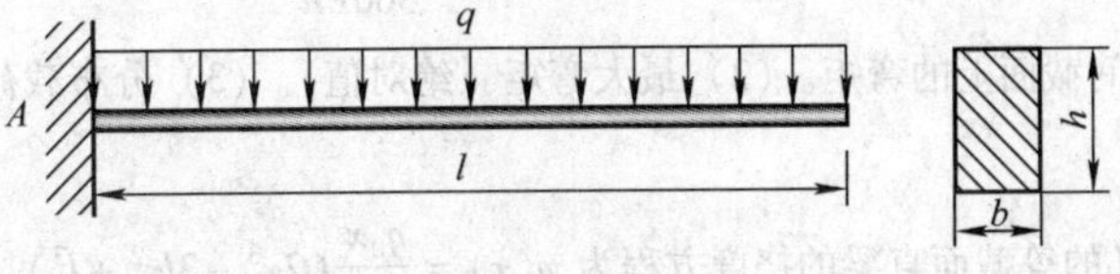

图　9-26

9-18　20b 工字形截面简支梁受载如图 9-27 所示，$E=200\text{GPa}$，求最大挠度。

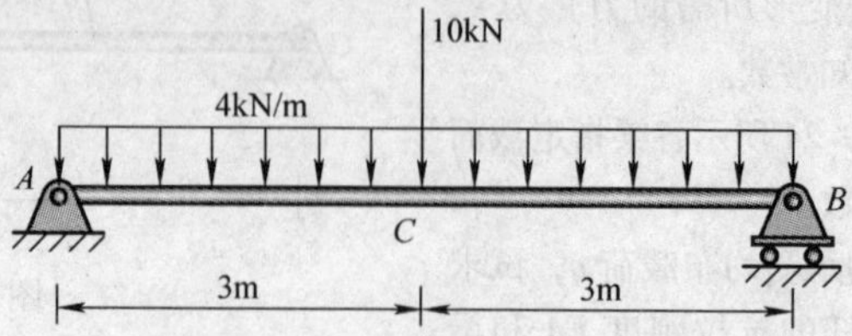

图　9-27

9-19　求图 9-28 所示悬臂梁自由端的挠度和转角，梁的抗弯刚度为 EI。

9-20　若图 9-29 所示梁 A 截面的转角 $\theta_A=0$，试求 a/b 的值。

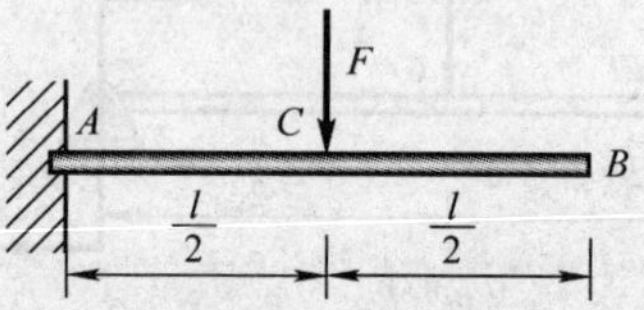

图　9-28

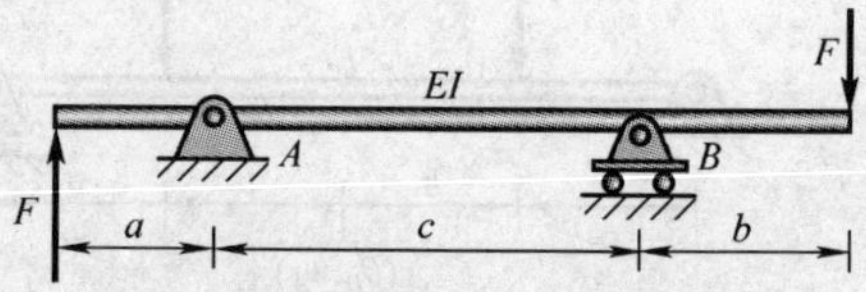

图　9-29

9-21　若图 9-30 所示梁 A 截面的挠度为零，试求 F 和 ql 间的关系。

9-22　若图 9-31 所示梁的挠曲线在 A 截面处有一拐点，试求比值 M_{e1}/M_{e2}。

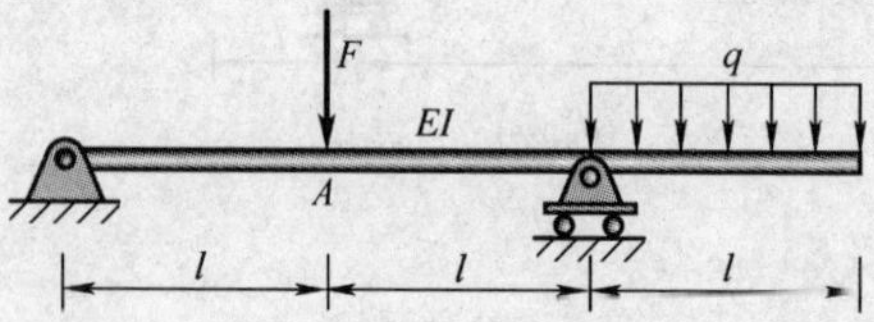

图　9-30

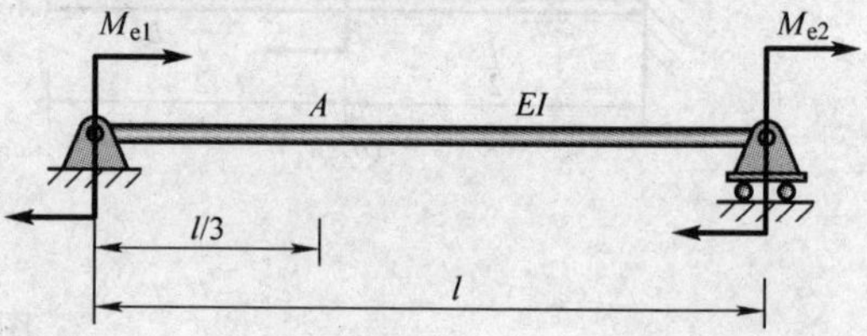

图　9-31

9-23　试比较图 9-32 所示二梁的受力、内力（弯矩）、变形和位移，从中总结所得到的结论。

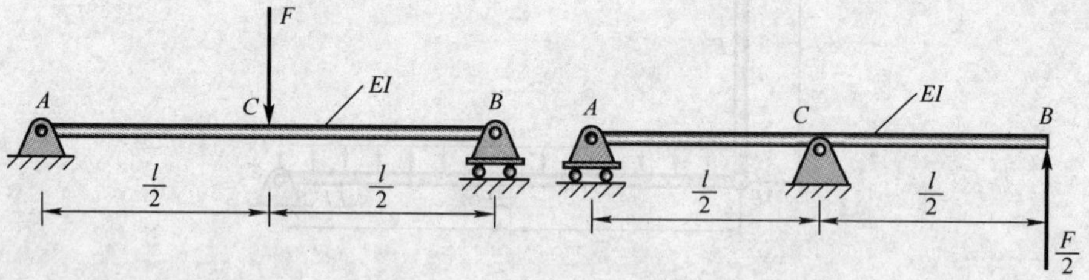

图　9-32

9-24　已知长度为 l 的等截面直梁的挠度方程为 $w(x)=\dfrac{q_0 x}{360EIl}(3x^4-10l^2x^2+7l^4)$，

试求：(1) 梁的中间截面上的弯矩。(2) 最大弯矩（绝对值）。(3) 分布载荷的变化规律。(4) 梁的支承状况。

9-25　已知长度为 l 的等截面直梁的挠度方程为 $w(x)=\dfrac{q_0 x}{48EI}(2x^3-3lx^2+l^3)$，试求：(1) 梁内绝对值最大的弯矩和剪力值。(2) 端点 $x=0$ 和 $x=l$ 处的支承状况。

9-26 如图 9-33 所示，矩形截面简支梁受 10kN 力作用，若 $E = 10\text{GPa}$，试求：(1) 梁内最大正应力。(2) 梁中点 C 的总挠度及其方向（与截面对称轴 y 的夹角）。

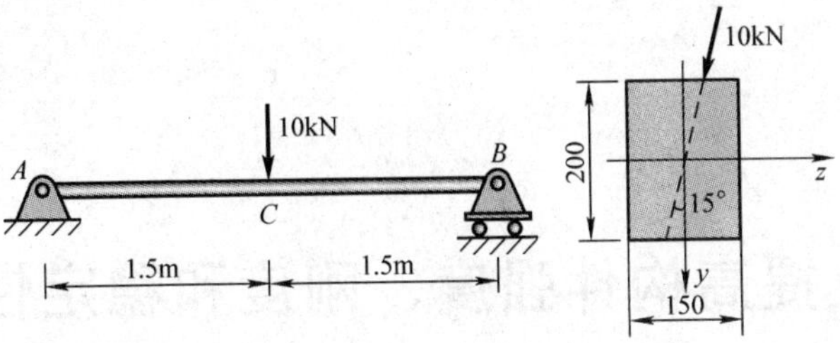

图 9-33

9-27 矩形截面杆受载如图 9-34 所示。已知杆的上下表面沿轴向的正应变分别为 $\varepsilon_a = 1.0 \times 10^{-4}$，$\varepsilon_b = 3.0 \times 10^{-4}$，截面尺寸为 $b = 40\text{mm}$，$E = 200\text{GPa}$，试求 M_e 和 F。

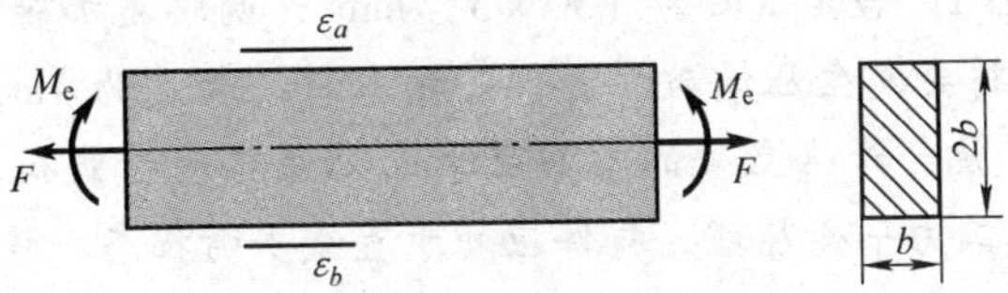

图 9-34

第 10 章 压杆稳定及提高构件强度、刚度和稳定性的措施

按照强度理论，当受拉杆件或受压的短粗杆件的应力达到屈服极限或者强度极限时，会引起塑性变形或者断裂。但细长杆件受压时，却会表现出与强度失效不同的性质。例如松木的压缩强度极限为40MPa，若其截面为（30×5）mm^2，两端施加轴向压力时，根据强度条件，当 $P=6kN$ 时杆件将会发生压缩破坏。但若松木杆的长度为1m，实际情况中当轴向压力接近30N时，松木杆就会产生显著的弯曲变形而无法再承受载荷。一般地，在杆件两端施加轴向压力时，根据二力平衡原理，杆件应处于直线平衡状态。施加横向干扰力使杆件发生弯曲（见图10-1a），当两端压力较小时，解除横向干扰力，杆件可以恢复直线的平衡状态（见图10-1b，F_{cr}的定义见10.1节）。这表明，压杆原有直线状态的平衡是稳定的。逐渐增大两端载荷，当载荷超过某一个值时，施加横向干扰力使之弯曲，干扰力解除后，杆件不能恢复原有的直线形状进而过渡为曲线平衡（见图10-1c），这种现象称为**失稳**。构件失稳后，压力的微小增加将引起弯曲变形的显著增加，因此构件丧失了承载能力。工程中的压构件，如简易起重机的起重臂（见图10-2），桁架桥中的受压杆件（见图10-3）等，其轴线总会存在一定的初始曲率，从而压力不可避免地存在偏心，材料也不可能做到绝对的均匀，且工程中诸如风载荷等其他因素会引起横向扰动。由于杆件发生失稳时的应力值远小于材料受压时的屈服极限或强度极限，因此受压构件的失效通常都是由于其失稳而引起的。失稳通常突然发生，会导致整个结构物的破坏，造成严重的后果。因此对于受压构件，需要考虑其受轴向压力时的稳定性问题。

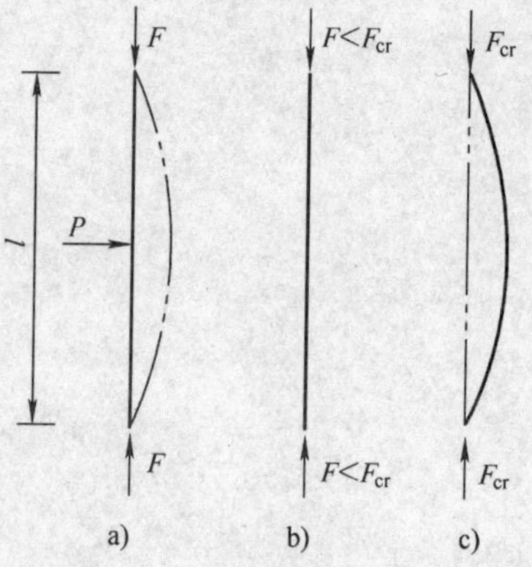

图 10-1

由保持杆件直线稳定平衡的“小载荷”到引起杆件失稳的“大载荷”之间，必然存在一个极限值，当载荷超过这一极限值时，压杆就进入失稳状态，称这一极限值为**临界压力**或**临界载荷**，它表明了杆件承受压力而不丧失稳定性的能力，记为 F_{cr}。实验表明临界压力与杆件的材料、尺寸、截面形状、两端的约束形式有关。

其他形状的受力构件也会发生失稳现象，例如狭长的板条式梁在平面内弯曲时（见图10-4），会因载荷达到临界值而发生侧向弯曲，并伴随扭转，这也是稳定性不足而引起的失效。

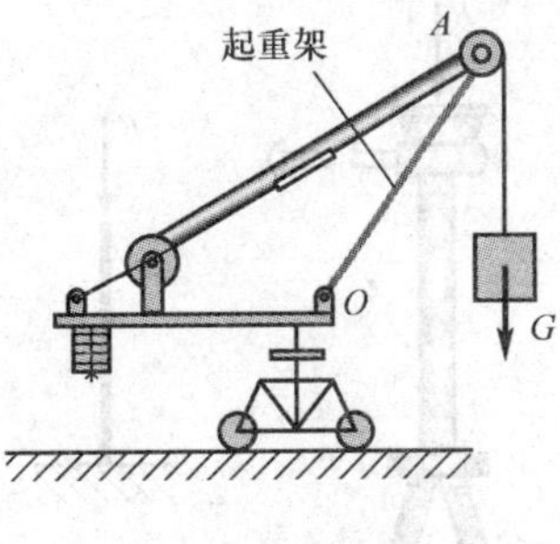

图　10-2

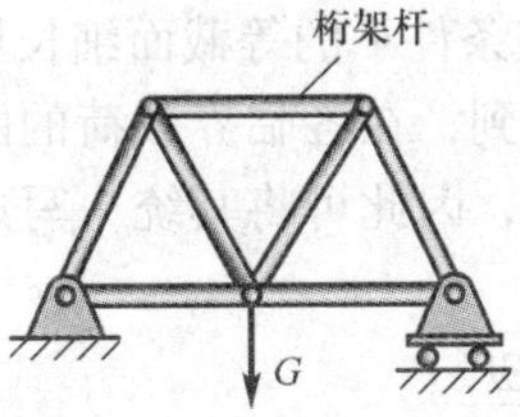

图　10-3

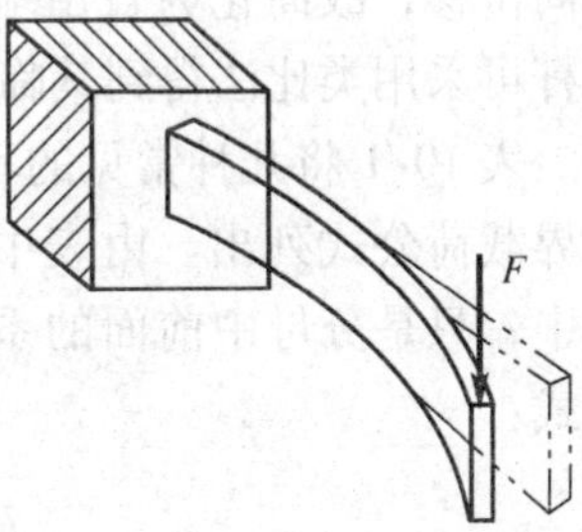

图　10-4

10.1　压杆的稳定性分析　欧拉公式

10.1.1　两端铰支细长压杆的临界压力

如图 10-5 所示，设压杆 AB 在轴向压力 F 作用下处于微弯平衡状态，则当杆内应力不超过材料的比例极限时，压杆挠度方程 $w=w(x)$ 满足下述关系式：

$$w''EI=M(x)=-Fw$$

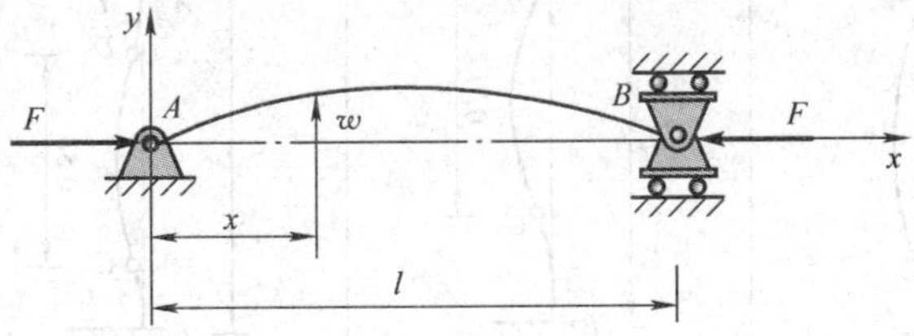

图　10-5

上式是一个二阶常微分方程，解方程并代入位移边界条件可得

$$F=\frac{n^2\pi^2EI}{l^2}\quad(n=0,\ 1,\ 2,\ \cdots)$$

上式表明，使杆件为曲线平衡的压力，理论上是多值的。其中，能使杆件保持微小弯曲的最小压力为临界压力，即

$$F_{cr}=\frac{\pi^2EI}{l^2}\tag{10-1}$$

式（10-1）为欧拉于 1884 年用“静力方法”导出的两端铰支等截面细长压杆的临界压力的计算公式，称为欧拉公式。

在工程实际中，除上述两端为铰支的压杆外，还可能遇到有其他支座形式的压杆。例如千斤顶的受压螺杆（见图 10-6），其下端可简化为固定端，而上端因可与顶起的重物一同做侧向位移，故简化为自由端。若两端处在其他约束情形下，则压杆可采用类比法得到其临界压力。

表 10-1 将几种常见的不同支座条件下的等截面细长压杆的临界载荷公式列出。由表中可以看到，在各临界载荷的欧拉公式中，只是分母中前面的系数不同，因此可将其统一写成如下形式：

$$F_{cr}=\frac{\pi^2 EI}{(\mu l)^2}$$

式中，μl 称为相当长度；μ 称为长度因数。

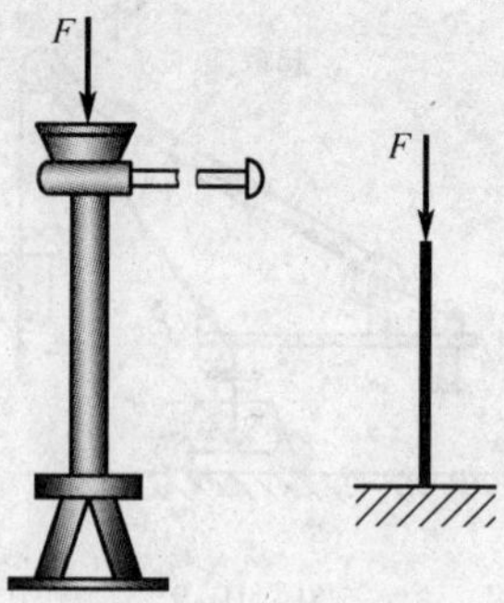

图 10-6

上式为欧拉公式的普遍形式。表 10-1 中所列出的结果是在理想情况下得到的，工程实际的情况要复杂很多，例如两端的约束在不同平面内性质不同，或杆端与其他弹性构件固接，因为弹性构件会变形，则压杆的端部约束就是介于固定端和铰支座之间的弹性支座。此外，压杆上的载荷也有多种形式，例如压力可能沿轴线分布而不是集中于两端。这些不同的情况可以用不同的长度系数来体现，长度系数可以查阅有关的设计手册，或者通过实验来测定。

表 10-1 压杆的临界压力和长度系数 μ 的取值

约束条件	两端铰支	一端固定 另一端铰支	两端固定	一端固定 另一端自由
失稳时挠曲线形状		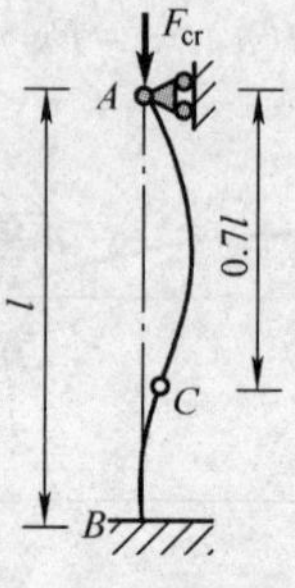	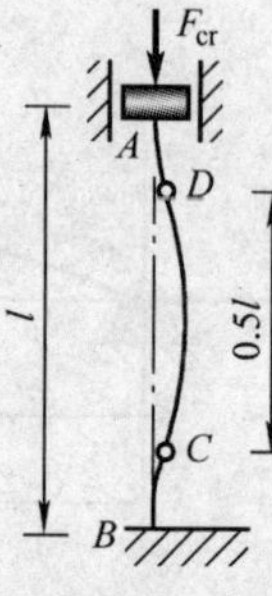	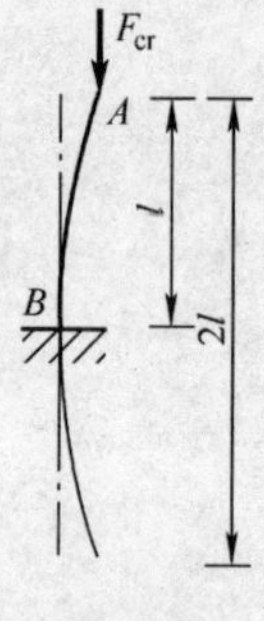
欧拉公式	$F_{cr}=\frac{\pi^2 EI}{l^2}$	$F_{cr}\approx\frac{\pi^2 EI}{(0.7l)^2}$	$F_{cr}=\frac{\pi^2 EI}{(0.5l)^2}$	$F_{cr}=\frac{\pi^2 EI}{(2l)^2}$
长度因数	$\mu=1.0$	$\mu\approx0.7$	$\mu=0.5$	$\mu=2$

10.1.2 临界应力的欧拉公式

压杆在临界载荷的作用下保持直线平衡状态时，其横截面上的平均应力可用临界压力和杆件横截面面积之比来表示，称为压杆的临界应力 σ_{cr}，即

$$\sigma_{cr}=\frac{F_{cr}}{A}=\frac{\pi^2 E}{(\mu l)^2}\cdot\frac{I}{A}$$

令$\frac{I}{A}=i^2$，称 i 为**惯性半径**，引用无量纲记号 λ，令

$$\lambda = \frac{\mu l}{i} \tag{10-2}$$

将计算临界应力的公式改写为

$$\sigma_{cr} = \frac{\pi^2 E}{\lambda^2} \tag{10-3}$$

上式为欧拉公式的另一种形式，其中 λ 称为**柔度**（或长细比）。柔度综合地反映了压杆长度、截面形状与尺寸以及支承情况对临界应力的影响。由上式可知，当 E 值一定时，σ_{cr} 与 λ^2 成反比，这表明由同一材料制成的压杆，临界载荷仅仅决定于长细比，λ 值越大，σ_{cr} 越小。

10.1.3　欧拉公式的适用范围

由于欧拉公式是根据挠曲线近似微分方程建立的，只有在线弹性范围内才是适用的，即该方程仅适用于压杆横截面上的应力不超过材料的比例极限 σ_p 的情况，所以欧拉公式的适用范围为

$$\sigma_{cr} = \frac{\pi^2 E}{\lambda^2} \leqslant \sigma_p \text{ 或 } \lambda \geqslant \pi \sqrt{\frac{E}{\sigma_p}}$$

令

$$\lambda_p = \pi \sqrt{\frac{E}{\sigma_p}} \tag{10-4}$$

则上述适用范围又可写成

$$\lambda \geqslant \lambda_p$$

λ_p 是对应于材料的比例极限 σ_p 的柔度值，不同材料的压杆，其 λ_p 数值不同。例如对于 Q235 钢，已知 $E = 2.06 \times 10^5$MPa，$\sigma_p = 200$MPa，将其代入上式得

$$\lambda_p = \pi \sqrt{\frac{E}{\sigma_p}} = \pi \sqrt{\frac{2.06 \times 10^5}{200}} \approx 100$$

即由 Q235 钢制成的压杆，只有当 $\lambda_p \geqslant 100$ 时，才可以使用欧拉公式。其他材料的 λ_p 值可参见表 10-2。

10.1.4　压杆的分类及临界应力的经验公式

满足 $\lambda \geqslant \lambda_p$ 的杆件称为**大柔度杆**，也称为细长压杆。工程中有些柔度小于 λ_p 的压杆也会发生失稳，虽然是稳定性问题，但此时临界应力已经超过比例极限，不适用于欧拉公式。内燃机的连杆、千斤顶的螺杆等多属于这类压杆。这些压杆称为**中柔度杆**，工程上常用经验公式来进行计算，常用的有直线型和抛物线型经验公式。直线型公式为

$$\sigma_{cr} = a - b\lambda \tag{10-5a}$$

式（10-5a）适用材料包括合金钢、铝合金、灰口铸铁与松木等。

式中，a、b 为与材料力学性能有关的常数，单位为 MPa，几种常用材料的 a、b 值见表 10-2。

抛物线型经验公式为

$$\sigma_{cr} = a_1 - b_1 \lambda^2 \tag{10-5b}$$

抛物线型公式适用材料包括结构钢与低合金结构钢等。

表 10-2 常用材料直线型经验公式的系数 a、b 值

材料	a/MPa	b/MPa	λ_p	λ_s
Q235 钢	304	1.12	100	61.6
硅钢	577.0	3.740	100	60
优质碳钢	461.0	2.568	86	44
铬钼钢	980.0	5.290	55	0
硬铝	372.0	2.140	50	0
铸铁	332.2	1.453	—	—
松木	28.7	0.199	59	0

而当 λ 小于某一数值时，压杆的破坏主要是因为发生屈服（塑性材料）或者发生断裂（脆性材料），此时不再是稳定性问题而成为强度问题，因此其临界应力为屈服极限或强度极限，这类压杆称为**小柔度杆**。对于塑性材料，在式（10-5a）中，令 $\sigma_{cr}=\sigma_s$，得

$$\lambda_s=\frac{a-\sigma_s}{b} \tag{10-6}$$

式中，σ_s 为材料的屈服极限。

据此，根据柔度的大小，将压杆分为大柔度杆、中柔度杆和小柔度杆，其各自对应的柔度范围和临界应力的计算方法列于表 10-3 中。表中，σ_s 为材料的屈服极限。

表 10-3 不同柔度下压杆临界载荷的计算公式

种类	柔度	临界应力计算公式	临界柔度计算公式
大柔度杆	$\lambda\geqslant\lambda_p$	$\sigma_{cr}=\dfrac{\pi^2E}{\lambda^2}$	$\lambda_p=\pi\sqrt{\dfrac{E}{\sigma_p}}$
中柔度杆	$\lambda_s\leqslant\lambda<\lambda_p$	$\sigma_{cr}=a-b\lambda$	$\lambda_s=\dfrac{a-\sigma_s}{b}$
小柔度杆	$\lambda<\lambda_s$	$\sigma_{cr}=\sigma_s$（塑性材料） $\sigma_{cr}=\sigma_b$（脆性材料）	—

将上述三种情况，用临界应力随柔度变化的曲线表示，如图 10-7 所示，称为**临界应力总图**。

例题 10-1 两端铰支压杆的长度 $l=1.2\text{m}$，材料为 Q235 钢，$E=200\text{GPa}$，$\sigma_p=200\text{MPa}$，$\sigma_s=235\text{MPa}$，截面的面积 $A=900\text{mm}^2$。若截面的形状分别为圆形、正方形和内外径之比为 $d/D=0.7$ 的空心管，试分别计算各杆的临界压力。

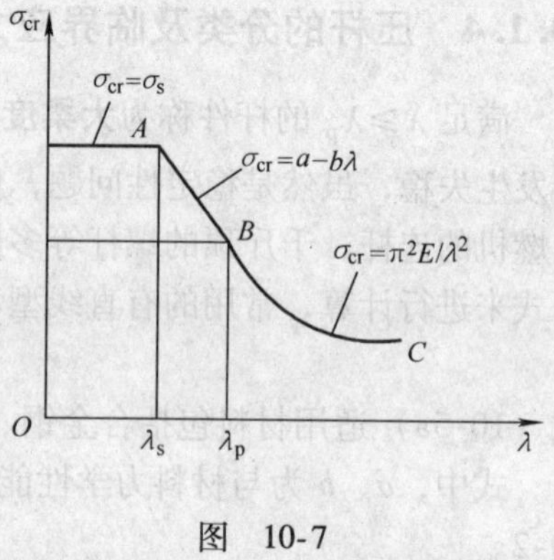

图 10-7

解：1）计算临界柔度。

$$\lambda_s=\frac{a-\sigma_S}{b}=\frac{304-235}{1.12}=61.6,$$

$$\lambda_p=\pi\sqrt{\frac{E}{\sigma_p}}=\pi\sqrt{\frac{200\times10^9}{200\times10^6}}=99.3$$

2）计算各杆柔度，确定压杆的类型。

① 圆形截面：直径　$D=\sqrt{\dfrac{4A}{\pi}}=\sqrt{\dfrac{4\times 900\text{mm}^2}{\pi}}=33.85\text{mm}$

惯性半径　$i=\sqrt{\dfrac{I}{A}}=\sqrt{\dfrac{\pi D^4/64}{\pi D^2/4}}=\dfrac{D}{4}=\dfrac{33.85\text{mm}}{4}=8.46\text{mm}$

柔度　$\lambda=\dfrac{\mu l}{i}=\dfrac{1\times 1.2}{8.46\times 10^{-3}}=142>\lambda_p=99.3$

为细长压杆，用欧拉公式计算临界压力

$$F_{cr}=\frac{\pi^2 EI}{(\mu l)^2}=\frac{\pi^2\times 200\times 10^3\text{MPa}\times\dfrac{\pi}{64}\times(33.85\text{m})^4}{(1\times 1.2\text{m})^2}=88.3\text{kN}$$

② 正方形截面

截面边长　$a=\sqrt{A}=\sqrt{900}\text{mm}=30\text{mm}$

惯性半径　$i=\sqrt{\dfrac{I}{A}}=\sqrt{\dfrac{\dfrac{a^4}{12}}{a^2}}=\dfrac{a}{\sqrt{12}}=\dfrac{30\text{mm}}{\sqrt{12}}=8.66\text{mm}$

柔度　$\lambda=\dfrac{\mu l}{i}=\dfrac{1\times 1.2}{8.66\times 10^{-3}}=139>\lambda_p=99.3$

为细长压杆，可用欧拉公式计算临界压力

$$F_{cr}=\frac{\pi^2 EI}{(\mu l)^2}=\frac{\pi^2\times 200\times 10^3\text{MPa}\times\dfrac{1}{12}\times(30\text{mm})^4}{(1\times 1.2\text{m})^2}=92.5\text{kN}$$

③ 空心圆管截面

$$A=\frac{\pi}{4}(D^2-d^2)=\frac{\pi}{4}[D^2-(0.7D)^2]$$

得　$D=47.4\text{mm},\quad d=33.18\text{mm}$

惯性矩　$I=\dfrac{\pi}{64}(D^4-d^4)=1.88\times 10^5\ \text{mm}^4$

惯性半径　$i=\sqrt{\dfrac{I}{A}}=\sqrt{\dfrac{1.88\times 10^5}{900}}\text{mm}=14.5\text{mm}$

$$\lambda=\frac{\mu l}{i}=\frac{1\times 1200}{14.5}=82.7$$

柔度满足　$\lambda_s<\lambda<\lambda_p$

属中长压杆，可采用直线公式计算临界压力：

$$F_{cr}=(a-b\lambda)A=(304-1.12\times 82.7)\times 10^6\times 900\times 10^{-6}\text{N}=190\text{kN}$$

讨论

三根杆件截面面积相同，但其中空心圆管截面具有最大的临界压力。这说明此种截面较为合理，具有较大的惯性矩和惯性半径，从而使得柔度 λ 值比较小。

例题 10-2　由 Q235 钢制成的矩形截面杆，其受力和两端约束情况如图 10-8 所示，图中上图为主视图，下图为俯视图。在杆的两端 A、B 处为销钉连接。若已知 $l=2300\text{mm}$，$b=40\text{mm}$，$h=$

60mm，材料的弹性模量 $E=205\text{GPa}$，$\sigma_p=200\text{MPa}$，试求此杆的临界压力。

解：1）计算临界柔度。

$$\lambda_s=\frac{a-\sigma_s}{b}=\frac{304-235}{1.12}=61.6$$

$$\lambda_p=\pi\sqrt{\frac{E}{\sigma_p}}=\pi\sqrt{\frac{205\times10^9}{200\times10^6}}=101$$

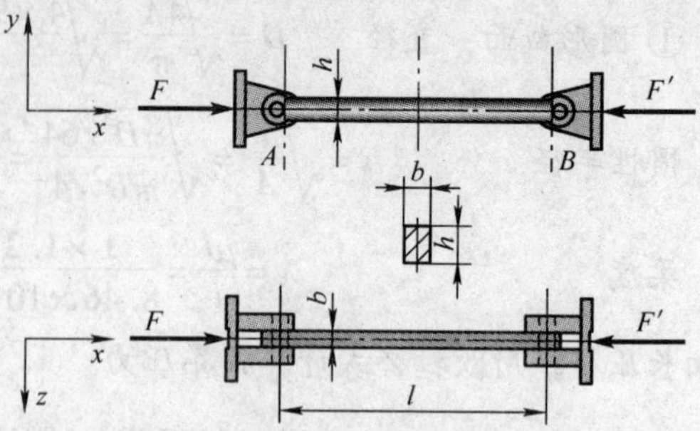

图 10-8

2）压杆在正视图和俯视图中，都有可能失稳。需通过计算两个面内的柔度，以确定压杆会在哪一个平面内失稳。因为压杆是矩形截面，故在主视图平面内失稳时，截面将绕 z 轴转动；而在俯视图平面内失稳时，截面将绕 y 轴转动。因此先计算压杆在两个平面内的柔度，以确定在哪一个平面内失稳。

在主视图平面内，两端约束相当于铰链，取长度系数 $\mu=1$，截面将绕轴 z 转动，惯性半径为 i_z，压杆的柔度为

$$\lambda_z=\frac{\mu l}{i_z}=\frac{\mu l}{\sqrt{\frac{I_z}{A}}}=\frac{\mu l}{\frac{h}{2\sqrt{3}}}=\frac{1\times2300\times10^{-3}\times2\sqrt{3}}{60\times10^{-3}}=132.8$$

在俯视图平面内，两端不能转动，近似视为固定端。取长度系数 $\mu=0.5$。截面将绕轴 y 转动，惯性半径为 i_y，压杆的柔度为

$$\lambda_y=\frac{\mu l}{i_y}=\frac{\mu l}{\sqrt{\frac{I_y}{A}}}=\frac{\mu l}{\frac{b}{2\sqrt{3}}}=\frac{0.5\times2300\times10^{-3}\times2\sqrt{3}}{40\times10^{-3}}=99.6$$

$\lambda_z>\lambda_y$，柔度越大，临界应力越小，因此压杆首先在主视图内失稳。又因为 $\lambda_z>\lambda_p$，为细长压杆，故临界压力为

$$F_{cr}=\sigma_{cr}A=\frac{\pi^2E}{\lambda^2}bh=\frac{\pi^2\times205\times10^{-9}\times40\times10^{-3}\times60\times10^{-3}}{132.8^2}\text{N}=275.1\text{kN}$$

10.2 压杆稳定实用计算

在掌握了各种柔度压杆的临界压力 F_{cr} 的计算方法以后，就可以在此基础上建立压杆的稳定性安全条件，进行压杆的稳定计算。

由临界压力的定义可知，为了保证压杆正常工作时不发生失稳，必须使压杆所承受的压力小于该杆的临界压力，而且还应使压杆具有足够的稳定安全储备。工程上常用的稳定性设计准则有安全因数法和折减因数法。

1. 安全因数法。压杆的稳定条件可表示为

$$F\leqslant\frac{F_{cr}}{[n_{st}]} \tag{10-7a}$$

或

$$n_{st}=\frac{F_{cr}}{F}\geqslant[n_{st}] \tag{10-7b}$$

式中，F 为压杆的工作压力；F_{cr}为压杆的临界压力；$[n_{st}]$ 为规定的安全因数；n_{st}为压杆实际的安全因数。工程实际中，压杆总是不可避免地存在初曲率、载荷的偏心以及材料的不均匀等不利因素，它们对稳定的影响是比较大的，并且柔度越大，这些因数的影响也越大。因此在一般情况下，稳定的安全因数比强度安全因数大。关于稳定安全因数的选取，可在有关的设计规范或手册中查到，也可直接用实验来分析测定。

2. 折减因数法。工程中常采用折减因数法进行稳定性校核。其稳定条件为

$$\frac{F}{A}\leqslant\varphi[\sigma] \tag{10-8}$$

式中，φ 称为稳定因数或折减因数，通常小于 1。φ 不是一个定值，它是随实际压杆的柔度而变化的，工程实用上常将各种材料的 φ 值随 λ 而变化的关系绘成曲线或列成数据表以便应用。

压杆稳定性计算包括稳定性校核、截面设计和确定许可载荷三方面。

在实际的工程应用中，常会遇到压杆在其某一局部受到削弱的情况，比如钢结构的螺栓孔以及铆钉孔等。由于压杆稳定性取决于整个杆件的抗弯刚度，因此对于压杆进行稳定性分析时，可按未削弱的截面计算截面惯性矩和面积。但被削弱的截面应进行强度校核。

例题 10-3　一个两端球铰的等截面圆柱压杆，受轴向压力 $F=41.6\text{kN}$。若长度 $l=703\text{mm}$，直径 $d=45\text{mm}$，材料为优质碳钢，$\sigma_s=306\text{MPa}$，$\sigma_p=280\text{MPa}$，$E=210\text{GPa}$，稳定安全因数$[n_{st}]=10$。试校核其稳定性。

解：1）计算柔度，判断压杆的类型。查表得 $a=461\text{MPa}$，$b=2.57\text{MPa}$，有

$$\lambda_p=\sqrt{\frac{\pi^2E}{\sigma_p}}=\sqrt{\frac{\pi^2\times210\times10^9\text{Pa}}{280\times10^6\text{Pa}}}=86$$

$$\lambda_s=\frac{a-\sigma_s}{b}=\frac{461\times10^6\ \text{Pa}-306\times10^6\ \text{Pa}}{2.57\times10^6\ \text{Pa}}=60.3$$

压杆为两端铰支，因此取 $\mu=1$。对于圆截面杆，有

$$i=\sqrt{\frac{I}{A}}=\sqrt{\frac{\frac{\pi d^4}{64}}{\frac{\pi d^2}{4}}}=\frac{d}{4}$$

则有

$$\lambda=\frac{\mu l}{i}=\frac{\mu l}{\frac{d}{4}}=\frac{1\times703\times10^{-3}\text{m}}{\frac{1}{4}\times45\times10^{-3}\text{m}}=62.5$$

即 $\lambda_s<\lambda<\lambda_p$，为中柔度杆。

2）求临界压力。应用直线型公式可得

$$\sigma_{cr}=a-b\lambda=(461-2.57\times62.5)\text{MPa}=300\text{MPa}$$

$$F_{cr}=\sigma_{cr}A=300\times10^6\text{Pa}\times\frac{\pi}{4}\times(45\times10^{-3})^2\text{m}^2=477\text{kN}$$

3）校核稳定性。

$$n_{st}=\frac{F_{cr}}{F}=\frac{477\text{kN}}{41.6\text{kN}}=11.5>[n_{st}]=10$$

该压杆满足稳定安全要求。

例题 10-4 三脚架受力如图 10-9a 所示，其中 AB 杆长 l 为 1.5m，BC 杆为 10 工字钢，参数为 $i_{min}=i_z=15.2\text{mm}$，$A=1434.5\text{mm}^2$，弹性模量 $E=200\text{GPa}$，比例极限 $\sigma_p=200\text{MPa}$，若稳定安全因数 $[n_{st}]=2.2$，试从 BC 杆的稳定考虑，求结构的许用载荷 $[F]$。

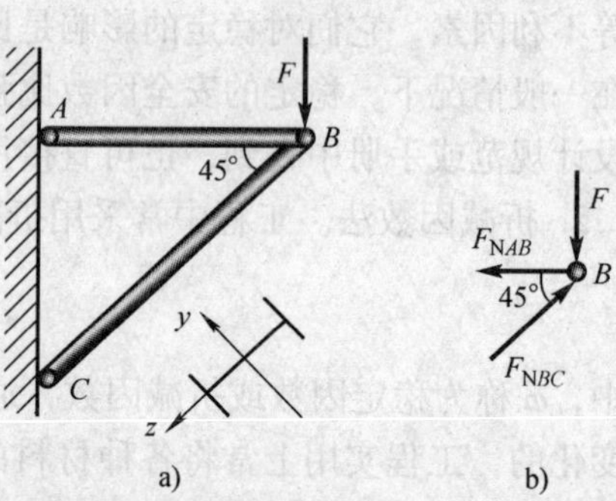

图 10-9

解：1）计算柔度，确定 BC 杆的类型。

$$\lambda_p=\sqrt{\frac{\pi^2E}{\sigma_p}}=\sqrt{\frac{\pi^2\times200\times10^3\text{MPa}}{200\text{MPa}}}=99.3$$

其杆端约束为两端铰支，柔度 λ 为

$$\lambda=\frac{\mu l}{i_z}=\frac{1\times(\sqrt{2}\times1.5\times10^3)}{15.2}=139.6$$

2）计算临界力

由于 $\lambda>\lambda_p$，可以用欧拉公式计算其临界压力，故 BC 杆能承受的最大载荷为

$$F_{NBC}=\frac{F_{cr}}{[n_{st}]}=\frac{\pi^2EA}{\lambda^2[n_{st}]}=\frac{\pi^2\times200\times10^3\text{MPa}\times1434.5\text{ mm}^2}{139.6^2\times2.2}=66\text{kN}$$

3）确定结构的许用载荷。考察节点 B 的平衡，如图 10-9b 所示，由平衡方程可得

$$F=\frac{\sqrt{2}}{2}F_{NBC}$$

因此有

$$[F]=\frac{\sqrt{2}}{2}[F_{NBC}]=46.7\text{kN}$$

例题 10-5 如图 10-10 所示的压杆，两端为球铰约束，杆长 $l=2400\text{mm}$，压杆由两根 $125\text{mm}\times125\text{mm}\times12\text{mm}$ 的等边角钢铆接而成，参数为 $i_{z1}=38.3\text{mm}$，$A_1=2.89\times10^3\text{mm}^2$。铆钉孔直径为 23mm。已知压杆所受压力 $F=800\text{kN}$，材料为 Q235 钢，许用应力 $[\sigma]=160\text{MPa}$，稳定安全因数 $[n_{st}]=1.48$。试校核此压杆是否安全。

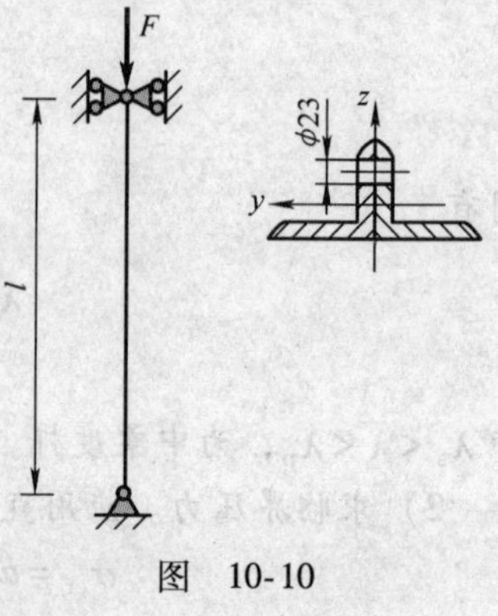

图 10-10

解：铆接是在角钢上开孔，所以此例中的压杆可能发生稳定性失效和强度失效两种可能。

1）稳定性校核。

由型钢表，一个角钢的惯性矩为 $I_{z1}=423.16\text{ cm}^4$，

$I_{y1}=783.42\ \mathrm{cm}^4$。由于 $I_{z1}<I_{y1}$，因此可以确定，若压杆失稳，将会在 xy 面内发生。

杆件由两个角钢铆接而成，因此有

$$I_z=2I_{z1},A=2A_1,i_z=\sqrt{\frac{I_z}{A}}=\sqrt{\frac{2I_{z1}}{2A_1}}=\sqrt{\frac{I_{z1}}{A_1}}=i_{z1}$$

$$\lambda_z=\frac{\mu l}{i_{z1}}=\frac{1\times2400\mathrm{mm}}{38.3\ \mathrm{mm}}=62.66$$

根据 Q235 钢的临界柔度可知，$\lambda_s<\lambda_z<\lambda_p$，属于中柔度杆。根据抛物线型经验公式，有

$$\sigma_{cr}=a-b\lambda=304\mathrm{MPa}-1.12\times62.66^2\mathrm{MPa}=233.82\mathrm{MPa}$$

$$F_{cr}=\sigma_{cr}A=233.82\times10^6\mathrm{Pa}\times2\times2.89\times10^3\ \mathrm{mm}^2=1351.5\mathrm{kN}$$

由

$$n_{st}=\frac{F_{cr}}{F}=1.69>[n_{st}]=1.48$$

可知，压杆的稳定性满足要求。

2）强度校核。角钢由于铆钉孔削弱后的面积为

$$A_n=2\times2.89\times10^{-3}\mathrm{m}^2-2\times23\times10^{-3}\mathrm{m}\times12\times10^{-3}\mathrm{m}=5.288\times10^{-3}\mathrm{m}^2$$

该截面上的应力

$$\sigma=\frac{F}{A_n}=\frac{800\times10^3\mathrm{N}}{5.288\times10^{-3}\mathrm{m}^2}=151\mathrm{MPa}<[\sigma]=160\mathrm{MPa}$$

可知强度也满足要求。因此，该压杆安全。

10.3　提高杆件强度、刚度和稳定性的一些措施

设计构件时既要节省材料、减轻构件的自重以达到经济的目的，又要尽量提高构件的安全性能。从构件的强度、刚度和稳定性的相关计算中可知，构件的截面形状和尺寸、构件的受力情况、约束条件及材料的性质都会影响到构件的强度、刚度和稳定性。因此可以依据相关的计算方法，采取针对性的措施以提高构件的强度、刚度和稳定性。

从强度方面考虑，弯曲变形和扭转变形有如下要求：

$$\sigma_{max}=\frac{M_{max}}{W_z}\leqslant[\sigma] \tag{a}$$

$$\tau_{max}=\frac{T}{W_p}\leqslant[\tau] \tag{b}$$

从刚度方面考虑，弯曲变形和扭转变形有如下要求：

$$w''=\frac{M(x)}{EI}\leqslant[w] \tag{c}$$

$$\theta=\frac{\mathrm{d}\varphi}{\mathrm{d}x}=\frac{T}{GI_p}\times\frac{180°}{\pi}\leqslant[\theta] \tag{d}$$

降低杆内最大应力即可提高强度，减小挠度和扭转角即可提高刚度。从以上四个式子可

知，提高构件的强度、刚度，就是要在条件允许的情况下，通过减小弯矩或扭矩、增大截面惯性矩或极惯性矩、合理选用材料等办法来达到目的。

10.3.1 选择合理的截面

1. 提高构件的惯性矩和极惯性矩

截面积相同时，空心构件的惯性矩和极惯性矩要比实心构件的大，弯曲梁和扭转轴常常使用空心截面杆。比较合理的截面形状，是使用较小的横截面面积，却能获得较大的抗弯截面系数 W_z 的截面。表 10-4 列举了几种常用截面的有关几何性质。由表可知，对于受弯构件来讲，工字型截面的 W_z/A 最大。

在不增加截面面积的情况下，尽可能增大截面的惯性矩，可以做到既经济又安全。例如将受扭的实心圆截面轴改为相同截面的空心圆截面轴，将受弯梁中性轴附近的材料尽可能布置到远离中性轴处等。

表 10-4 截面 W_z/A 数值表

	矩形	圆形	槽钢	工字钢
截面形状	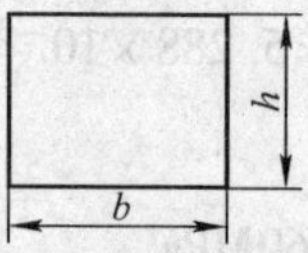	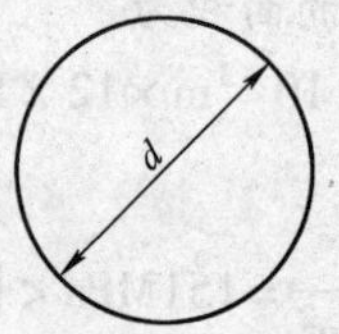	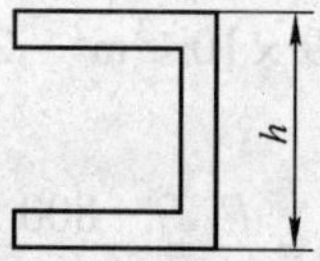	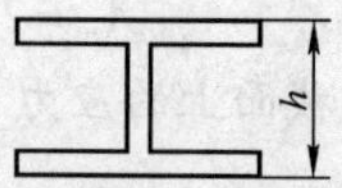
W_z/A	$0.167h$	$0.123d$	$(0.27\sim0.31)\ h$	$(0.27\sim0.31)\ h$

当压杆的材料和相当长度 μl 一定时，压杆的临界应力是随杆截面惯性半径的增加而提高的。所以，压杆截面形状的选择应以不增加横截面面积，提高横截面惯性矩，从而提高截面惯性半径为原则。为此，应尽量使截面材料远离截面的中性轴。如用空心圆管以及用角钢、槽钢等型钢和它们组成的组合柱做压杆，就要比用实体截面的稳定性高。还应当指出，压杆总是在柔度最大的平面内失稳，因此合理的选择是尽量使压杆在各个纵向平面内的柔度相等，使压杆在各纵向平面内具有相同的稳定性，从而提高压杆的承载能力。例如对相同的横截面面积，在杆端各方向约束相同的情况下，正方形截面就比矩形截面好。由两槽钢组合的压杆，采用图 10-11b 所示的组合形式，其稳定性要比图 10-11a 所示的形式好。

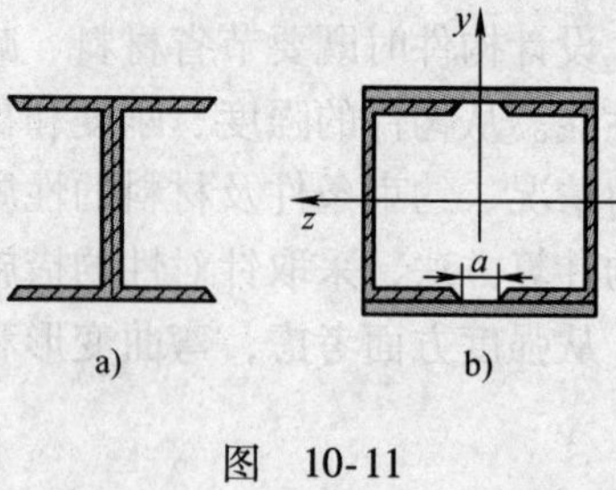

图 10-11

2. 充分考虑材料的性能

若工字梁材料的抗拉、抗压性能相同，则应采用对中性轴对称的截面，这样可以使得截面上下边缘处的最大拉应力与最大压应力同时达到材料的许用值。对于抗拉和抗压强度不相等的材料（如铸铁），应使中性轴偏于强度较弱（受拉）的一边，使其边缘处的拉应力与压应力同时达到许用值。如图 10-12 所示。

10.3.2 改善构件的受力情况

从式（a）~式（d）可知，降低构件的内力亦可提高构件的强度和刚度。以受弯梁为

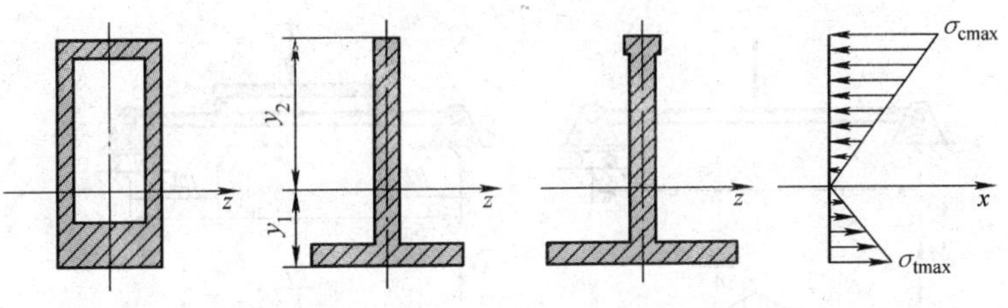

图　10-12

例，可以通过合理安排支座和合理配置载荷来改善梁的受力情况，以降低梁内最大弯矩。

1. 合理安排支座

如图 10-13a 所示，将支座移动 0.2l 后（见图 10-13b），梁内的最大弯矩是移动之前的 1/5。工程上常用减小梁的跨度来减小最大弯矩。在跨度不能减小的情况下，可采取增加支承的方法提高梁的刚度。如车削细长工件时，除用尾顶针外，有时还加用中心架或跟刀架，以减小工件的变形，提高加工精度，减小表面粗糙度。对较长的传动轴，有时采用三支承以提高轴的刚度。

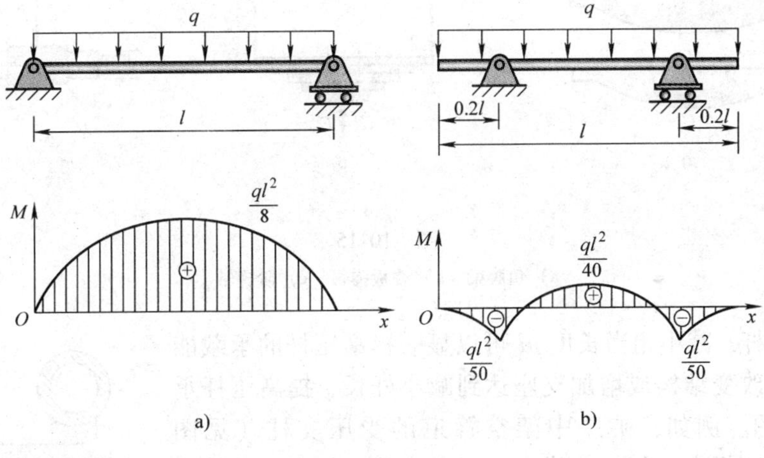

图　10-13

2. 合理配置载荷

在情况允许的条件下，可以通过把较大的集中力分散成较小的力来降低最大弯矩。如图 10-14a 所示简支梁，跨度中心作用有集中力，梁的最大弯矩为 $M_{max}=0.25Fl$。如果将集中力 F 分散成图 10-14b 所示的两个集中力，梁的最大弯矩降低为 $M_{max}=0.125Fl$。因此在条件允许的情况下，通过合理安排约束和加载方式，可以显著减小梁内的最大弯矩。

梁在各截面上的弯矩随截面的位置而变化，若梁各截面的抗弯截面系数 W_z 相等，除了最大弯矩所在截面，其他截面处的材料没有充分利用。为了节约材料，减轻自重，若使梁各个截面上的最大应力均为许用应力，即

$$\sigma(x)=\frac{M(x)}{W_z(x)}=[\sigma]$$

满足这个条件的梁称为等强度梁，工业厂房中的鱼腹梁（见图 10-15a）和机械上常用的叠

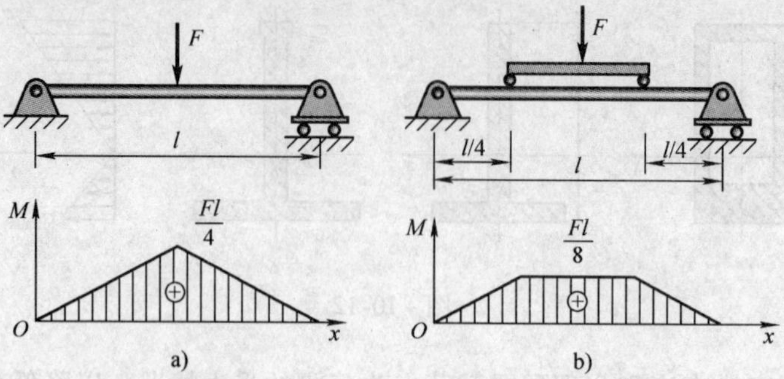

图 10-14

板弹簧（见图 10-15b）就是利用等强度的概念设计的。理想等强度梁的形状有时可能不便于制造、加工、安装，因此工程实际中常将梁设计成变截面的，即在弯矩较大处采用较大截面，而在弯矩较小处采用较小截面，例如，大型机械设备中的阶梯轴，如图 10-15c 所示。

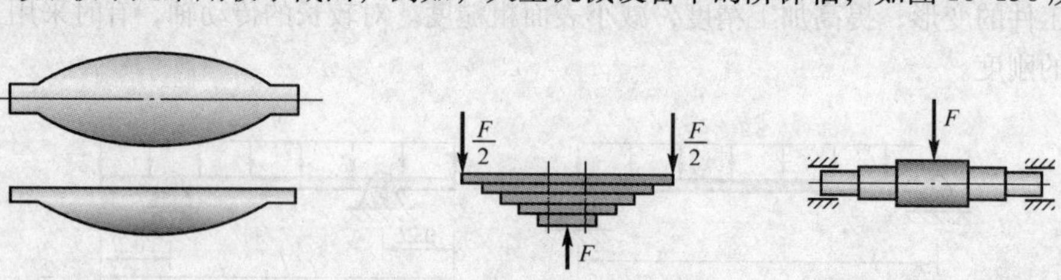

图 10-15
a）鱼腹梁 b）叠板弹簧 c）阶梯轴

对于细长杆，减小相当长度 μl 可以显著提高压杆的承载能力。可以通过改变结构或增加支座达到减小杆长、提高压杆承载能力的目的。例如，矿厂中架空管道的受压支柱（见图 10-16），如在两根支柱间加上横向和斜向支撑，相当于在每个支柱的中间增加了支座，减小了压杆的长度，从而提高了支柱的稳定性。也可以用长度因数小的约束替代长度因数大的约束，如将两端铰支的细长压杆变为两端固定约束的情形，这样可以使临界载荷成倍增加从而提高其稳定性。

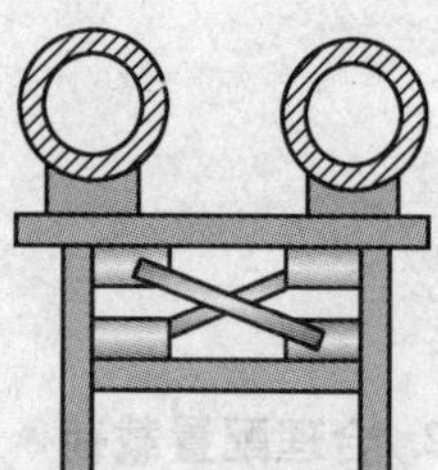

图 10-16

10.3.3 合理地选用材料

合理地选用材料，对提高构件的安全使用也能起到一定的作用。

对于大柔度杆，由欧拉公式可知，材料的弹性模量 E 愈大，压杆的临界应力就愈大。故选用弹性模量较大的材料可以提高压杆的稳定性。但须注意，由于一般钢材的弹性模量大致相同，且临界应力与材料的强度指标无关，因此选用优质高强度钢并不能起到提高细长压杆（大柔度杆）稳定性的作用。

对于中柔度杆，由表 10-2 可知，采用强度高的优质钢，系数 a 显著增大，按经验公式，压杆的临界应力也相应提高，故其稳定性好。至于柔度很小的短杆，优质钢材的强度高，其优越性自然是明显的。

最后指出，构件的弹性模量 E 值越大，弯曲变形越小。由于各种钢材的弹性模量 E 大致相同，所以为提高抗弯刚度而采用高强度钢材，并不会达到预期的效果。

需要指出的是，强度条件是局部条件，刚度和稳定性是整体性质，局部区域的小孔或裂隙可能灾难性地降低杆件的强度，但对刚度和稳定性的影响甚微。变截面梁能够针对性地加强危险的局部，有效提高强度，但要提高刚度和稳定性，需要对整体进行加强。

思　考　题

10-1　何谓失稳？如何区别压杆的稳定平衡和不稳定平衡？

10-2　压杆的失稳与梁的弯曲变形在本质上有何区别？

10-3　何谓临界压力？它的值与哪些因素有关？

10-4　何谓柔度？它与压杆的承载能力有什么关系？

10-5　如图 10-17 所示压杆横截面相同，哪个压杆最容易失稳，哪个压杆的临界压力值最小。

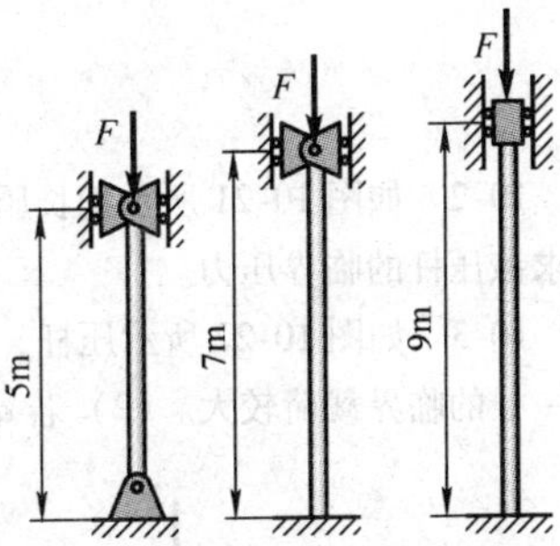

图　10-17

10-6　如图 10-18 所示，在杆件长度、材料、约束条件和横截面面积等条件均相同的情况下，哪种截面形状的压杆稳定性最好？为什么？

10-7　如何绘制某种材料压杆的临界应力总图？

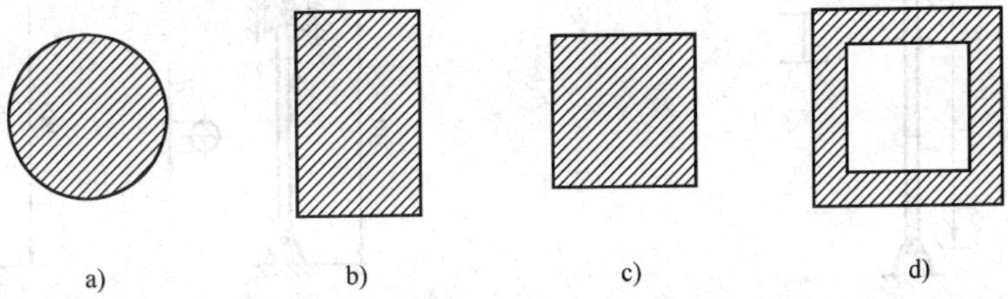

图　10-18

10-8　如何区分大、中、小柔度杆？它们的临界应力如何确定？

10-9　欧拉公式的适用范围是什么？它的根据是什么？

10-10　试归纳计算压杆临界压力的步骤。

10-11　两根细长压杆 a、b 的长度，横截面面积，约束状态及材料均相同，若 a、b 杆的横截面形状分别为正方形和圆形，哪一个压杆的临界压力大？

10-12　如图 10-19 所示一方形截面的压杆，若在其上钻一横向小孔，则该杆与原来相比稳定性会怎样变化，强度会怎样变化？

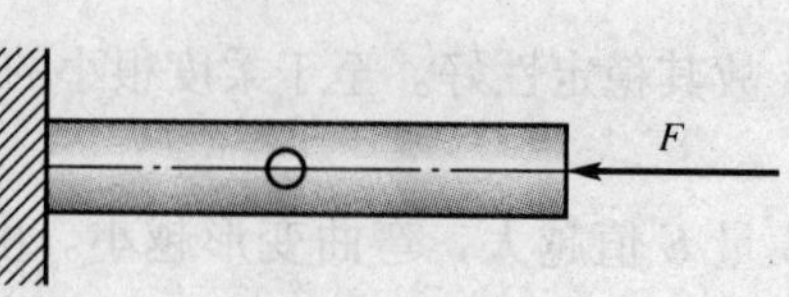

图 10-19

习　题

10-1　两端铰支细长压杆如图 10-20 所示，杆的直径 $d=20\text{mm}$，长度 $l=800\text{mm}$，材料为 Q235 钢，$E=200\text{GPa}$。求压杆的临界载荷。

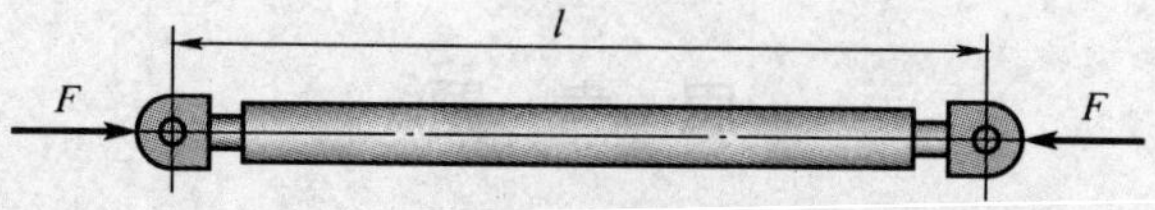

图 10-20

10-2　如图 10-21 所示细长压杆为工字钢，已知其型号为 18，杆长 $l=4\text{m}$，材料弹性模量 $E=200\text{GPa}$，试求该压杆的临界压力。

10-3　如图 10-22 所示压杆，其直径均为 d，材料都是 Q235，但两者的长度和约束都不同。(1) 分析哪一根的临界载荷较大。(2) 若 $d=160\text{mm}$，$E=205\text{GPa}$，计算两杆的临界载荷。

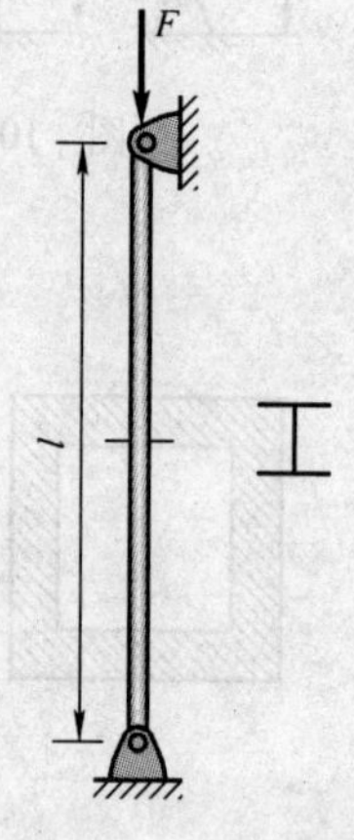

图 10-21

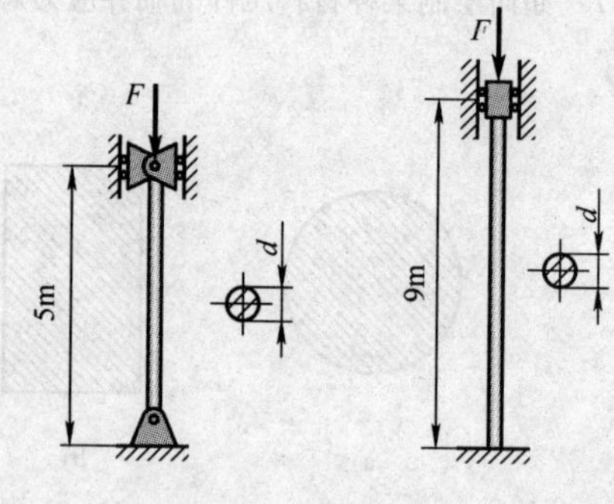

图 10-22

10-4　有一长 $l=300\text{mm}$，截面宽 $b=6\text{mm}$，高 $h=10\text{mm}$ 的压杆。两端铰接，压杆材料为 Q234 钢，$E=200\text{GPa}$，试计算压杆的临界应力和临界压力。

10-5　无缝钢管厂的穿孔顶杆如图 10-23 所示，杆端承受压力。杆长 $l=4.5\text{m}$，横截面直径 $d=15\text{cm}$，材料为低合金钢，$E=210\text{GPa}$。两端可简化为铰支座，规定的稳定安全因数为 $[n_{st}]=3.3$。试求顶杆的许用载荷。

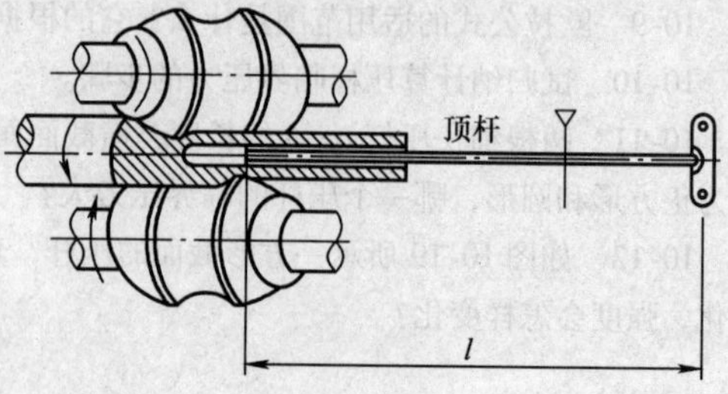

图 10-23

10-6　两端球铰铰支等截面圆柱压杆，长度 $l=703\text{mm}$，直径 $d=45\text{mm}$，材料为优质碳钢，$\sigma_s=306\text{MPa}$，$\sigma_p=280\text{MPa}$，$E=210\text{GPa}$。最大轴向压力

$F_{max}=41.6\text{kN}$，稳定安全因数$[n_{st}]=10$。试校核其稳定性。

10-7　如图 10-24 所示的油缸直径 $D=45\text{mm}$，油压 $p=1.2\text{MPa}$。活塞杆长度 $l=1250\text{mm}$，材料的 $\sigma_p=220\text{MPa}$，$E=210\text{GPa}$，稳定安全因数$[n_{st}]=6$。试确定活塞杆的直径 d。

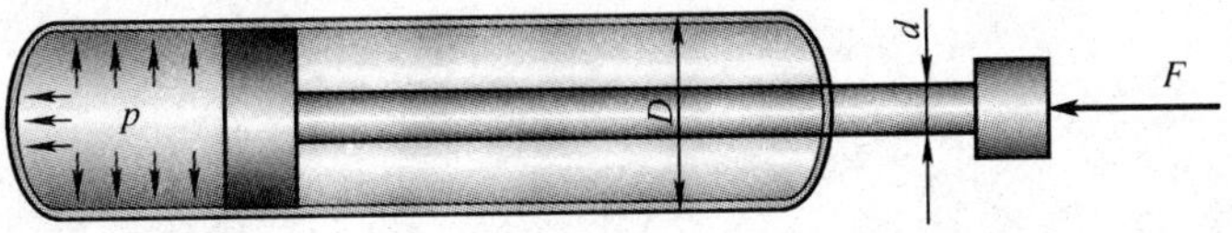

图　10-24

10-8　两端球铰铰支圆截面木柱，高 $l=6\text{m}$，直径 $d=20\text{cm}$，承受轴向压力 $F=50\text{kN}$，已知木材的临界应力$[\sigma_{cr}]=2.08\text{MPa}$，试校核其稳定性。

10-9　外径与内径之比 $D/d=1.2$ 的两端固定压杆，材料为 Q235 钢，$E=200\text{GPa}$，$\lambda_p=100$。试求能应用欧拉公式时，压杆长度与外径的最小比值，以及这时的临界压应力。

10-10　如图 10-25 所示为槽形型钢受压杆，两端均为球铰。已知槽钢的型号为 16a，材料的比例极限 $\sigma_p=200\text{MPa}$，弹性模量 $E=200\text{GPa}$。试求可用欧拉公式计算临界压力的最小长度。

10-11　由 Q235 钢制成的压杆，两端铰支，屈服强度 $\sigma_s=235\text{MPa}$，比例极限 $\sigma_p=200\text{MPa}$，弹性模量 $E=200\text{GPa}$，杆长 $l=700\text{mm}$，截面直径 $d=45\text{mm}$，杆承受轴向压力 $F=100\text{kN}$。稳定安全因数$[n_{st}]=2.5$。试校核此杆的稳定性。

10-12　如图 10-26 所示结构，材料为 Q235 的 14 工字钢。已知其 $W_z=102\text{cm}^3$，$A=21.5\text{cm}^2$，$F=25\text{kN}$，$\alpha=30°$，$a=1250\text{mm}$，$l=550\text{mm}$，$d=20\text{mm}$，$E=206\text{GPa}$，$[\sigma]=160\text{MPa}$，$[n_{st}]=2$。试校核此结构是否安全。

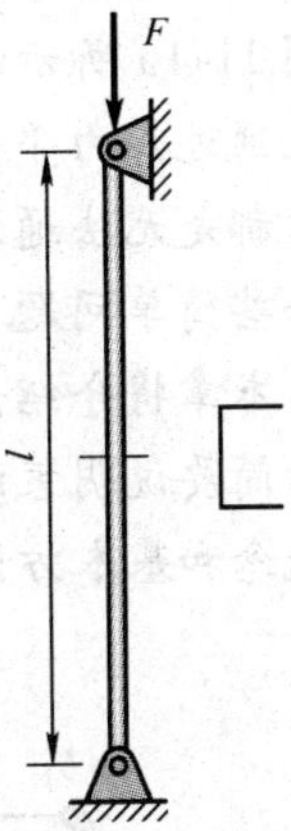

图　10-25

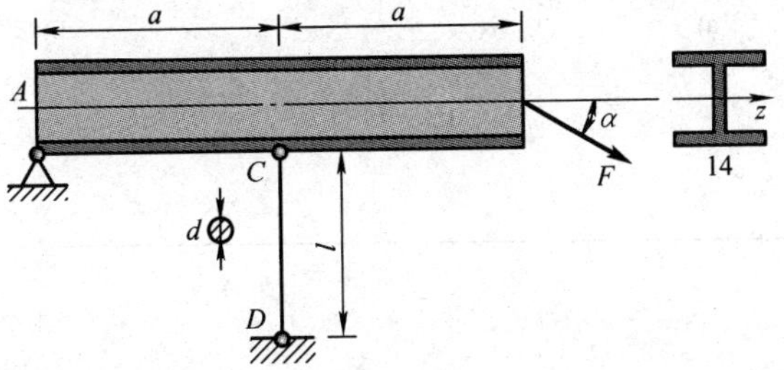

图　10-26

第 11 章 简单超静定问题

在前述各章中，我们已经了解了如何通过静力学平衡方程来求解结构的约束力和内力。如图 11-1a 所示的简支梁，若在其上增加一个可动铰支座，如图 11-1b 所示，这时可以验证无法通过静力平衡方程求出其所有的约束力。虽然在工程实际中，很多复杂结构的约束力或内力都是无法通过静力平衡方程直接求得的，如何求解属于结构力学或弹性力学的内容，但是一些简单问题我们依然可以通过已有的材料力学知识加以解决。

本章将介绍静定结构和超静定结构的一些基本概念，讨论简单超静定结构问题的求法，最后简要说明装配应力和温度应力的概念。本章意图为读者建立起超静定结构问题求解的基本概念和基本方法，为进一步深入学习打下基础。

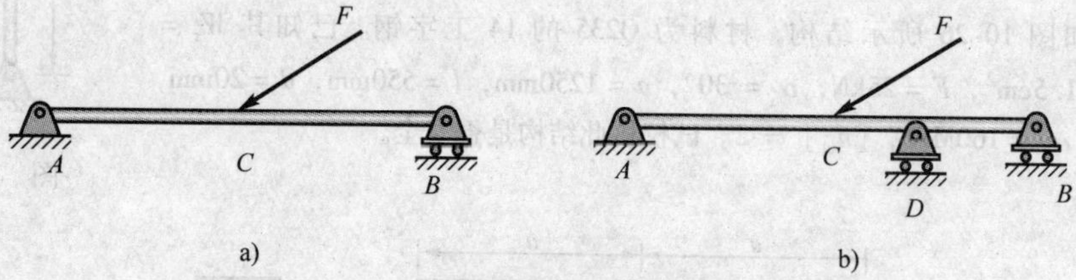

图 11-1

11.1 超静定结构的基本概念

若结构的全部约束力和内力均可以通过静力平衡方程求得，称为**静定结构**。图 11-1a 的平面结构共有三个约束力，可通过三个独立平衡方程求解全部的约束力，是静定结构。若结构无法通过静力平衡方程求出全部的约束力或内力，则称为**超静定结构**。如图 11-1b 的平面结构，有四个约束力，但是只能列出三个独立平衡方程，无法求出铅垂方向的约束力，因此是超静定结构。

根据结构的约束特点，超静定结构大致可以分成三类，支座约束力不能全部由静力平衡方程求出，称为外力超静定结构，如图 11-1b、图 11-2a 所示；结构内力不能全部由静力平衡方程求出，称为内力超静定结构，如图 11-2b、c 所示；约束力、内力均无法全部由静力平衡方程求出，称为混合超静定结构，如图 11-2d 所示。

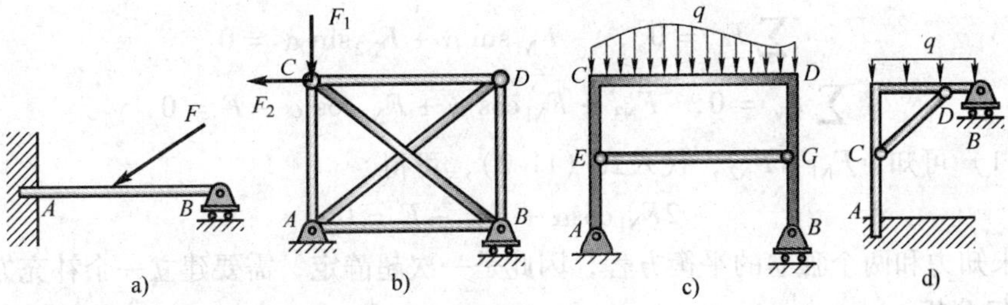

图　11-2

在静定结构上增加的约束称为**多余约束**，相应的约束力称为**多余约束力**。图 11-1b 中增加的可动铰支座 D，图 11-2b 中杆 CB 就是多余约束。在工程结构中，为了提高安全度或者增加结构刚性等其他原因，往往需要增加一些额外的约束，这些约束虽然被称为“多余”，但是在工程意义上并非多余。举例来说，图 11-1b 中增加了 D 处的可动铰支座使梁的整体变形大幅度减小；又如在图 11-2b 中，如果没有杆 BC 这一多余约束，则一旦受力过大导致杆 AD 发生强度失效，结构将演变成几何构型可变的机构，这在工程中是非常危险的。

超静定结构的内外约束力总数或者内力数与可列的独立静力平衡方程的个数的差值称为**超静定次数**。图 11-2a、b、c 是一次超静定，而图 11-2d 是两次超静定结构。以上不难得出结构的超静定次数就等于它的多余约束力的个数。

由于存在多余约束力，可列的独立静力平衡方程个数要少于未知量的个数。为求解全部的未知量，还需要建立与超静定次数相等数量的补充方程，这是求解超静定问题的关键所在。对于不同的问题，建立补充方程的方法也略有差异，以下各节将进行展开讨论。

11.2　拉压超静定问题

如图 11-3a 所示的三杆桁架，设杆 1 和杆 2 的横截面积、杆长、材料均相同，即 $A_1 = A_2$，$l_1 = l_2$，$E_1 = E_2$，杆 3 的横截面积和弹性模量分别为 A_3 和 E_3，分析在垂直作用载荷 F 下各杆的轴力。

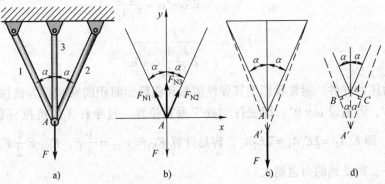

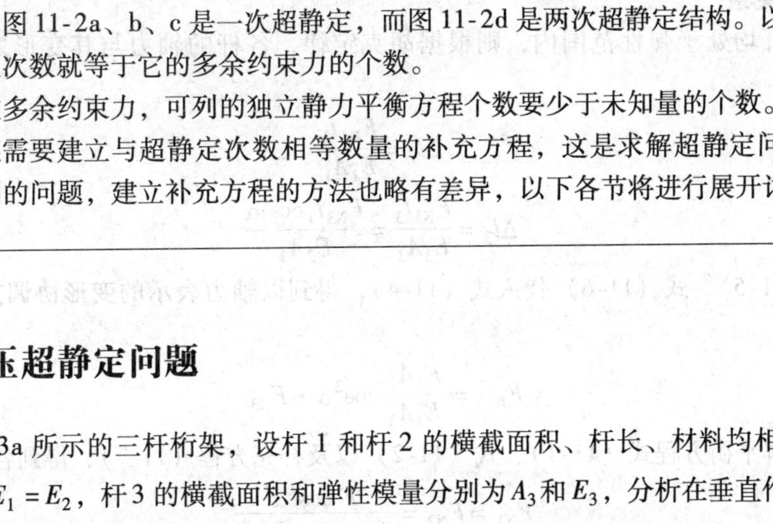

图　11-3

1. 静力分析

以 A 为研究对象，画出受力分析图，如图 11-3b 所示，列出平衡方程：

$$\sum F_x = 0, \quad -F_{N1}\sin\alpha + F_{N2}\sin\alpha = 0 \tag{11-1}$$

$$\sum F_y = 0, \quad F_{N3} + F_{N1}\cos\alpha + F_{N2}\cos\alpha - F = 0 \tag{11-2}$$

由式（11-1）可知，$F_{N1}=F_{N2}$，代入式（11-2），可得

$$2F_{N1}\cos\alpha + F_{N3} - F = 0 \tag{11-3}$$

存在三个未知力和两个独立的平衡方程，因此是一次超静定，需要建立一个补充方程。

2. 几何分析

如图 11-3c 所示，三杆原交于点 A，受力作用后，由于结构对称、刚度对称、受力对称，节点 A 只能沿垂直方向发生位移。考虑结构只发生非常微小的变形，即小变形假设，可以认为 $\angle BA'A=\angle AA'C=\alpha$，如图 11-3d 所示。受力以后，杆 3 的轴向变形 $\Delta l_3=AA'$，杆 1 和杆 2 的变形可近似为 $\Delta l_1=BA'$，$\Delta l_2=CA'$，此处采用了“以弦代弧”的近似方法。由于三杆变形后仍交于一点 A'，因此必须满足以下关系：

$$\Delta l_1 = \Delta l_2 = \Delta l_3\cos\alpha \tag{11-4}$$

式（11-4）是变形几何关系，也称为**变形协调关系**。

3. 物理关系

考虑三杆均处于弹性范围内，则根据胡克定律，各杆的轴力与其变形之间存在以下关系：

$$\Delta l_1 = \frac{F_{N1}l_1}{E_1A_1} \tag{11-5}$$

$$\Delta l_3 = \frac{F_{N3}l_3}{E_3A_3} = \frac{F_{N3}l_1\cos\alpha}{E_3A_3} \tag{11-6}$$

将式（11-5）、式（11-6）代入式（11-4），得到以轴力表示的**变形协调方程**，即补充方程为

$$F_{N1} = \frac{E_1A_1}{E_3A_3}\cos^2\alpha\cdot F_{N3} \tag{11-7}$$

联立求解平衡方程式（11-1）、式（11-2）以及补充方程（11-7），得到各杆轴力：

$$F_{N1} = F_{N2} = \frac{F\cos^2\alpha}{2\cos^3\alpha + \dfrac{E_3A_3}{E_1A_1}} \tag{11-8}$$

$$F_{N3} = \frac{F}{1 + 2\dfrac{E_1A_1}{E_3A_3}\cos^3\alpha} \tag{11-9}$$

受轴向拉压的杆件，通常我们把其弹性模量和横截面面积的乘积称为抗拉（压）刚度。在上述问题中，若假设 $\alpha=0°$，即三杆均处于垂直位置，且令杆 3 的抗拉（压）刚度是杆 1，2 的两倍，即 $E_3A_3=2E_1A_1=2E_2A_2$，容易计算 $F_{N1}=F_{N2}=\dfrac{1}{4}F$，$F_{N3}=\dfrac{1}{2}F$，这说明了刚度越大的杆件，所受到的力也越大。

对于 n 次超静定系统，多余杆件的变形必须与其他杆件的变形相协调，分析表明，总可

以找到 n 个变形协调关系，相应建立起 n 个补充方程。

综上所述，一般求解拉压超静定问题的基本步骤如下：

1）列出静力学平衡方程；

2）根据变形与约束应相互协调的要求列出变形几何方程；

3）列出物理关系，通常是胡克定律；

4）由 2）、3）两项得到补充方程；

5）联立求解平衡方程和补充方程，得到问题的解答。

例题 11-1　如图 11-4a 所示的结构，设横梁 AB 为刚杆（没有变形，只存在刚体位移），杆 1，2 的横截面积相等，均为 A，材料相同，弹性模量均为 E，试求杆 1，2 的内力。

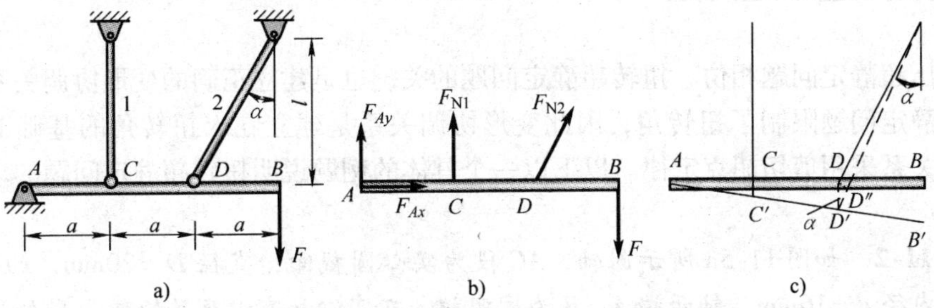

图　11-4

分析：根据题意，可假设刚杆在受到外力 F 作用后发生微小的绕点 A 转动的刚体位移，如图 11-4c 所示，这时可以判断杆 1、2 受拉，于是取刚杆作为研究对象，画出受力分析图如图 11-4b 所示，在此基础上建立平衡方程，分析其超静定次数，并根据变形协调关系列出补充方程，并求解。

解：1）静力平衡方程。

取刚性杆为研究对象，画出受力分析图如图 11-4b 所示，建立平衡方程：

$$\sum M_A = 0,\quad F_{N1}\cdot a + F_{N2}\cos\alpha\cdot 2a - F\cdot 3a = 0 \tag{a}$$

$$\sum F_x = 0,\quad F_{Ax} + F_{N2}\sin\alpha = 0 \tag{b}$$

$$\sum F_y = 0,\quad F_{Ay} + F_{N1} + F_{N2}\cos\alpha - F = 0 \tag{c}$$

本问题有 4 个未知量，只能列出 3 个独立平衡方程，是一次超静定问题。

2）变形协调关系。

考虑图 11-4c，杆轴线处于 AB'，且仍然为直线，杆 1 的变形 $\Delta l_1 = CC'$，根据“以弦代弧”的方法，杆 2 的变形 $\Delta l_2 = D'D''$，如图 11-4c 所示。由变形几何关系，$DD' = 2CC'$，又因为 $D'D'' = DD'\cos\alpha$，可得到杆 1、2 的变形应满足以下关系：

$$\frac{\Delta l_2}{\cos\alpha} = 2\Delta l_1 \tag{d}$$

3）物理关系。

由胡克定律，$\Delta l_1 = \dfrac{F_{N1} l}{EA}$，$\Delta l_2 = \dfrac{F_{N2} l}{EA\cos\alpha}$，代入式（d），得

$$\frac{F_{N2}l}{EA\cos^2\alpha}=2\frac{F_{N1}l}{EA} \tag{e}$$

由式（e）和式（a）解出

$$F_{N1}=\frac{3F}{4\cos^3\alpha+1},\ F_{N2}=\frac{6F\cos^2\alpha}{4\cos^3\alpha+1}$$

将上述结果代入式（b）、式（c）可解出 A 处的约束力。

11.3 扭转超静定问题

和拉压超静定问题相仿，扭转超静定问题的关键也是建立正确的变形协调关系。一般来说扭转超静定问题限制了扭转角，因此变形协调关系是建立在求扭转角的基础上的；类似地，物理关系采用剪切胡克定律。以下以一个具体的例题说明扭转超静定问题的求解过程和方法。

例题 11-2 如图 11-5a 所示圆轴，AC 段为实心圆截面，直径 $D=20\text{mm}$，CB 段为空心圆截面，内径 $d=16\text{mm}$。轴两端 A，B 为固定端，在实心和空心交界的截面 C 处受外力偶矩 $M_e=120\text{N}\cdot\text{m}$ 作用，已知材料的切变模量 $G=80\text{GPa}$，求轴两端的约束力偶矩的大小。

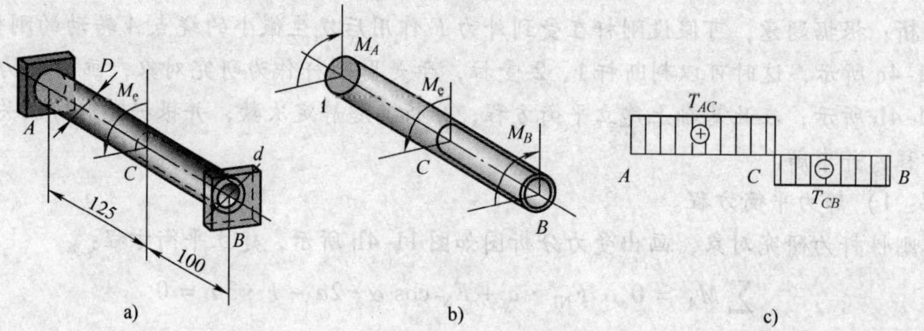

图 11-5

解：1）静力平衡方程。

将轴两端的约束去掉，取而代之以待求的约束力偶矩 M_A 和 M_B，如图 11-5b 所示。可得平衡方程为

$$\sum M_{AB}=0,\quad -M_A+M_e-M_B=0 \tag{a}$$

为一次超静定问题，可大致得到轴的扭矩图，且 $T_{AC}=M_A$，$T_{CB}=-M_B$，如图 11-5c 所示。

2）变形协调关系。

由于轴两端 A，B 固定，因此 A，B 的相对扭转角 $\varphi_{AB}=0$，即变形协调条件为

$$\varphi_{AB}=\varphi_{AC}+\varphi_{CB}=0 \tag{b}$$

3）物理关系。

根据相对扭转角 $\varphi_{AC}=\dfrac{T_{AC}l_{AC}}{GI_{pAC}}$，$\varphi_{CB}=\dfrac{T_{CB}l_{CB}}{GI_{pCB}}$，代入式（b），得

$$\frac{T_{AC}l_{AC}}{GI_{pAC}}+\frac{T_{CB}l_{CB}}{GI_{pCB}}=\frac{M_A l_{AC}}{GI_{pAC}}-\frac{M_B l_{CB}}{GI_{pCB}}=0 \tag{c}$$

代入数据得

$$\frac{M_A\times 125\times 10^{-3}}{80\times 10^9\times\dfrac{\pi\times 20^4\times 10^{-12}}{32}}-\frac{M_B\times 100\times 10^{-3}}{80\times 10^9\times\dfrac{\pi\times 20^4}{32}\times 10^{-12}\left[1-\left(\dfrac{16}{20}\right)^4\right]}=0 \tag{d}$$

解得

$$M_B=0.738M_A \tag{e}$$

根据式（a）

$$M_A+M_B=120\mathrm{N\cdot m} \tag{f}$$

联立（e）、（f）两式，解得

$$M_A=69\mathrm{N\cdot m},\ M_B=51\mathrm{N\cdot m}$$

11.4 超静定梁

在工程中有大量超静定梁结构，例如多跨连续梁，水利工程中的钢闸门的主梁都可以视为多跨连续梁，这些都属于多次超静定结构。在结构力学中有专门的章节讲述多跨连续梁的求解方法，比如力法、位移法、三弯矩方程等，通过已有的一些结构力学求解器，也可以很方便地直接求出多跨连续梁的剪力图和弯矩图。在本节，我们仅介绍可以用已有的材料力学知识解决的简单超静定梁问题。

和拉压及扭转超静定问题相仿，对于超静定梁的求解，除应建立平衡方程以外，还需要利用变形协调条件以及力与位移之间的物理关系，建立补充方程。现以图 11-6a 所示梁为例，说明求解超静定问题的方法。

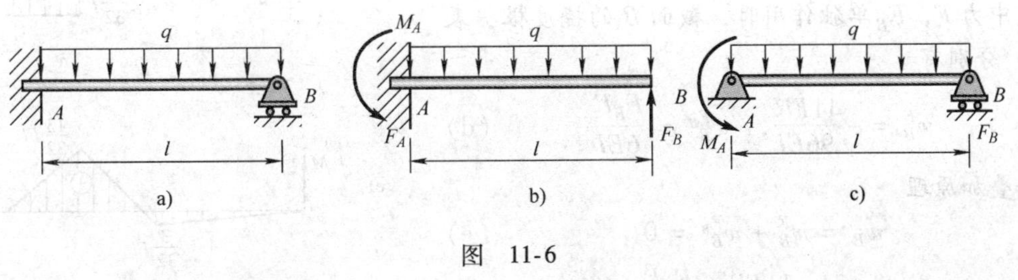

图 11-6

这是一个一次超静定梁问题，设想去掉多余约束支座 B，相应地在 B 处施加多余约束力 F_B，系统的受力不变，如图 11-6b 所示，此时系统变为静定结构，考虑原系统支座 B 处挠度必定为零，即变形协调条件 $w_B=0$，则此静定结构称为原超静定结构的**相当系统**。在图 11-6b 中，由于载荷 q 单独引起的点 B 的挠度 $w_B^q=-\dfrac{ql^4}{8EI}$，由于集中力 F_B 单独引起的点 B 的

挠度 $w_B^F=\dfrac{F_Bl^3}{3EI}$。根据叠加原理，有

$$w_B = w_B^q + w_B^F = -\frac{ql^4}{8EI}+\frac{F_Bl^3}{3EI}=0 \tag{11-10}$$

求解式 (11-10)，得到多余约束力 $F_B=\dfrac{3ql}{8}$。求得多余约束力后，截面 A 的约束力 F_A，M_A 可由静力平衡方程计算得到，进而可以画出梁的剪力图和弯矩图，计算应力、挠度，进行强度和刚度分析。

需要注意的是，超静定结构的相当系统通常并不是唯一的，若以图 11-6c 所示的简支梁为该结构的相当系统，则对应的变形协调条件为 $\theta_A=0$。

例题 11-3 如图 11-7a 所示的双跨简支梁，受到集中力 F 作用，求约束力，并画出剪力图和弯矩图，设梁的抗弯刚度 EI 为常数。

解：1) 相当系统。

容易判断，本问题是一次超静定梁。以支座 B 为多余约束，解除约束 B，代之以多余未知力 F_B，得到相当系统，如图 11-7b 所示。

2) 静力平衡方程。

取梁为研究对象，画出受力分析图如图 11-7c 所示。

$$\sum F_y=0,\quad F_{Ay}+F_B+F_C-F=0 \tag{a}$$

$$\sum M_A=0,\quad F_C\cdot 2l+F_B\cdot l-F\cdot\frac{3l}{2}=0 \tag{b}$$

3) 变形协调条件。

原系统中支座 B 没有铅垂方向的位移，因此有

$$w_B=0 \tag{c}$$

在集中力 F，F_B 单独作用时，截面 B 的挠度根据表 9-3，分别有

$$w_B^F=-\frac{11Fl^3}{96EI},\quad w_B^{F_B}=\frac{F_Bl^3}{6EI} \tag{d}$$

根据叠加原理

$$w_B=w_B^F+w_B^{F_B}=0 \tag{e}$$

将式 (d) 代入，得 $-\dfrac{11Fl^3}{96EI}+\dfrac{F_Bl^3}{6EI}=0$，计算可得 $F_B=\dfrac{11}{16}F$。将 F_B 的计算结果依次代入式 (b)、式 (a)，可计算出约束力

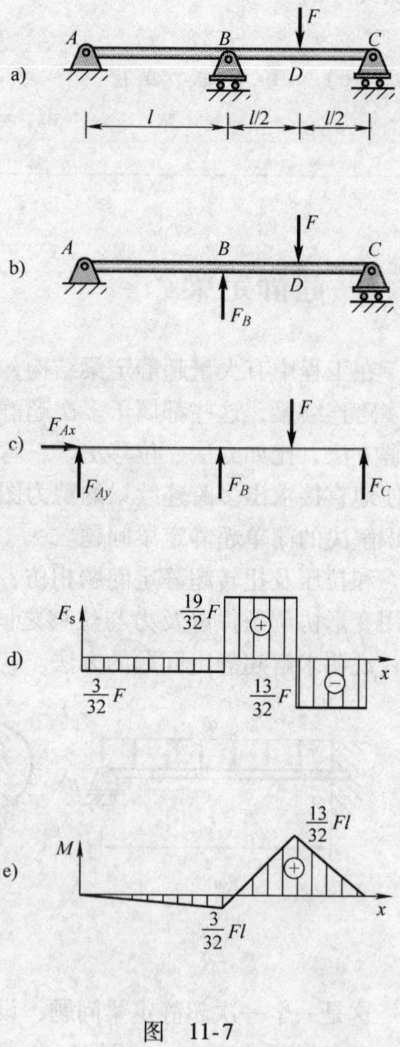

图 11-7

$$F_{Ay} = -\frac{3}{32}F, \quad F_C = \frac{13}{32}F$$

根据反力结果，绘出梁的剪力图、弯矩图分别如图 11-7d、e 所示。

读者可自行完成没有支座 B 情况下的梁，即静定梁情况下的剪力图和弯矩图，并与本例中的剪力图和弯矩图相比较，思考其差异。本问题也可解除支座 C，建立不同的相当系统，这时对于截面 C 的挠度计算会略有难度，读者可自行尝试计算。

对于超静定梁的计算，其难度往往并不在于确定相当系统或者建立变形协调条件，而是在于求解截面的挠度。关于梁的挠度计算，第 9 章给出了积分法和叠加法两种方法，但这两种方法都存在一定的劣势，前者通常需要建立分段函数进行积分，计算过程烦琐；后者需要查表。读者可参考其他《材料力学》书中关于能量原理的介绍，并在此基础上学习应用图乘法进行梁挠度的计算。

11.5　温度应力和装配应力

11.5.1　温度应力

众所周知，温度的变化将引起物体的膨胀或收缩。当温度变化 ΔT 时，杆件的温度变形 Δl_T 应为

$$\Delta l_T = \alpha \Delta T \cdot l \tag{11-11}$$

式中，α 为材料的**热膨胀系数**，其单位为 K^{-1}；l 是杆件的长度。

静定结构由于可以自由变形，因此，当温度均匀变化时，并不会引起构件的内力（见图 11-8a）。但是超静定结构的热变形由于受到部分或全部约束，不能自由变形，往往就要引起内力（见图 11-8b）。由于温度变化引起的杆件内部的应力称为**温度应力**。

如图 11-8b 所示的超静定梁，当环境温度升高 ΔT 后，由平衡方程，只能得出

$$F_A = F_B \tag{11-12}$$

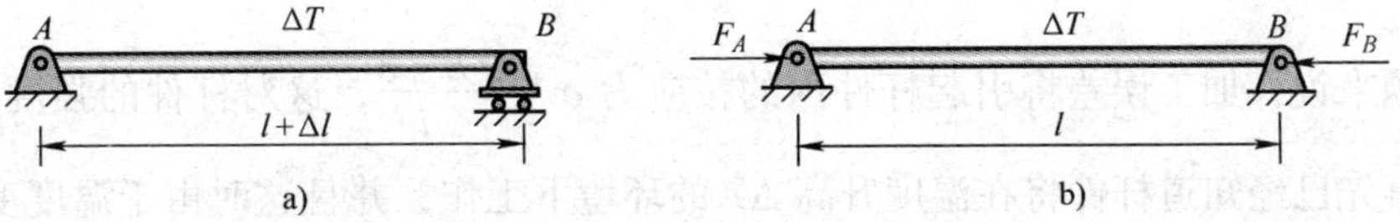

图　11-8

这并不能确定约束力的数值，拆除约束 B，允许杆件自由伸缩，杆件的温度变形应为 $\Delta l_T = \alpha \Delta T \cdot l$，然后再在右端作用 F_B，杆件因为 F_B 作用发生的变形为 $\Delta l = -\dfrac{F_B l}{EA}$，负号表示缩短。实际上，由于两端都是固定支座，杆件长度不能变化，必须有

$$\Delta l + \Delta l_T = 0 \tag{11-13}$$

这就是补充的变形协调方程。式（11-13）亦可写为

$$-\frac{F_B l}{EA}+\alpha\Delta T\cdot l=0 \tag{11-14}$$

由此求出

$$F_B=EA\alpha\Delta T \tag{11-15}$$

温度应力

$$\sigma_T=\frac{F_N}{A}=\frac{F_B}{A}=E\alpha\Delta T \tag{11-16}$$

碳钢的 $\alpha=12.5\times10^{-6}K^{-1}$，弹性模量一般为 $E=200GPa$，代入式（11-16），有

$$\sigma_T=200\times10^3\times12.5\times10^{-6}\Delta T=2.5\Delta T(MPa) \tag{11-17}$$

可见，当温度变化较大时，温度应力便非常可观。在我国大部分地区，一年中的最高温度和最低温度相差30℃以上，按照式（11-17），超静定结构中的碳钢构件由于温度变化引起的应力变化可达到75MPa！在日常生活中，为了避免过高的温度应力，我们通常在管道中增加伸缩节，在钢轨各段之间留有伸缩缝，以保证削弱对膨胀自由变形的约束，从而降低温度应力。

11.5.2 装配应力

加工构件时，不可避免地存在一些微小的加工误差。对于静定结构，加工误差只不过会引起结构几何形状的微小变化，并不会引起内力；但是对于超静定结构，加工误差往往会引起内力。如图11-9所示，如果杆件的名义长度为 l，加工误差为 $-\delta$，加工后杆件的实际长度为 $l-\delta$，强行将这个杆件装进距离为 l 的固定支座之间，必然引起杆件内的拉应力，这种应力称为**装配应力**。强行装配后，内力引起的变形必须要和原有的加工误差相抵消，因此容易算出此时

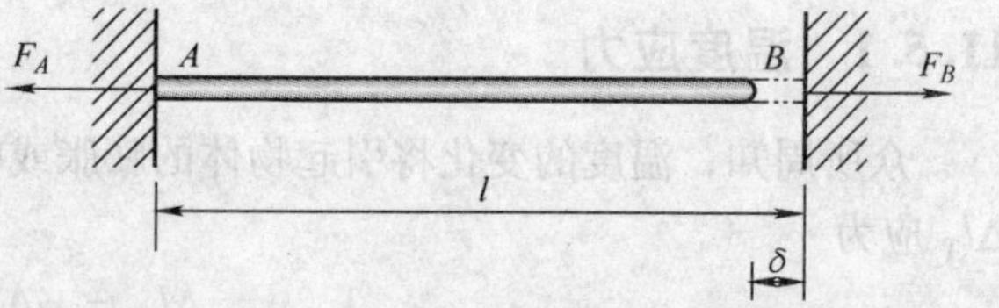

图 11-9

$$F_A=F_B=\frac{EA\cdot\delta}{l} \tag{11-18}$$

对于本问题来说，加工误差将引起杆件内的拉应力 $\sigma^+=\frac{E\cdot\delta}{l}$，这对杆件的强度是不利的，但是如果事先已经知道杆件将在温度升高 ΔT 的环境下工作，并且这时由于温度变化引起的杆件内的压应力为 $\sigma^-=E\alpha\Delta T$，若加工误差引起的拉应力和温度变化引起的压应力在数值上正好相等，则此时杆件在工作环境下由于温度和装配因素引起的附加应力将相互抵消，这显然对杆件的安全是有利的。工程中有时会有意制造这种加工误差，使杆件在实际受工作载荷之前内部先存在一定的应力，这种应力常常被称为**预应力**。在机械、建筑工程中，为了增强连接的可靠性和紧密性，在受到工作载荷之前，预先增加一部分力，使得构件先发生一定的变形，并在内部产生一定的应力，从而防止结构在受到工作载荷后连接件间出现缝隙或者相对滑移，这种预先增加的力，我们称为**预紧力**。其对构件产生的应力实际上就是装配应力。我国古代建筑工匠中流传这样一句俗话："紧车铆子邋遢房，桌子板凳手摁上"，也是

指在工作中容易松动的连接部位应该施加预紧力。

例题 11-4　吊桥链条的一节由三根长 l 的钢杆组成，简化为如图 11-10a 所示的超静定结构，两端约束视为不变形的刚体，若三杆的横截面积 A 相等，材料弹性模量 E 相同，中间钢杆略短于名义长度，且加工误差为 $\delta = l/2000$，求各杆的装配应力。

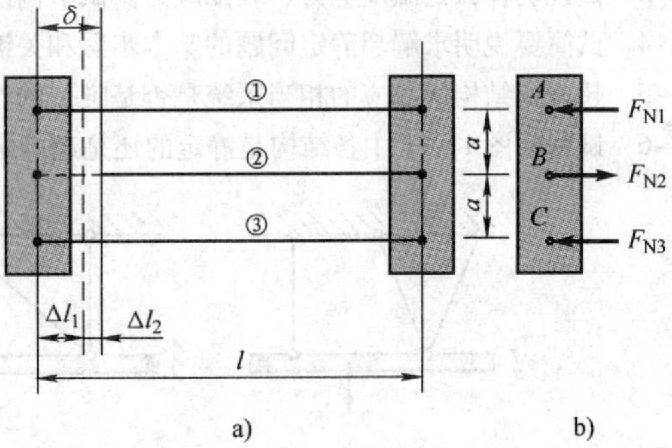

图　11-10

分析：当把较短的中间杆与两侧杆一同固定于两端的刚体之间时，中间杆将受到拉伸，两端杆将受到压缩，最后在图中虚线所示位置变形相互协调。由此建立变形协调关系。

解：1）静力平衡方程。

取左侧的刚体作为研究对象，画出受力分析图如图 11-10b 所示，建立平衡方程

$$\sum F_x = 0, \quad -F_{N1} + F_{N2} - F_{N3} = 0 \tag{a}$$

$$\sum M_B = 0, \quad F_{N1} \cdot a - F_{N3} \cdot a = 0 \tag{b}$$

可得

$$F_{N1} = F_{N3} = \frac{F_{N2}}{2}$$

2）变形协调关系。

由于结构对称，材料刚度相同，因此杆①和杆③的变形也应相同，取为 Δl_1；杆②的变形取为 Δl_2。参考图 11-10a，有

$$\Delta l_1 + \Delta l_2 = \delta \tag{c}$$

3）物理关系。

显然，$\Delta l_1 = \dfrac{F_{N1} l}{EA}$，$\Delta l_2 = \dfrac{F_{N2} l}{EA}$，代入式（c），并略加整理，有

$$F_{N1} + F_{N2} = \frac{EA}{l}\delta = \frac{EA}{l} \cdot \frac{l}{2000} = \frac{1}{2000}EA \tag{d}$$

因 $F_{N1} = F_{N3} = \dfrac{F_{N2}}{2}$，代入式（d），可求得

$$F_{N1} = F_{N3} = \frac{EA}{6000}, \qquad F_{N2} = \frac{EA}{3000}$$

思　考　题

11-1　试说明什么是静定结构、超静定结构，两者的区别和联系是什么？

11-2　试说明什么是多余约束？多余约束与超静定次数的关系是什么？多余约束在工程实际中是否多

余？试举例说明多余约束的作用。

11-3 试说明什么是温度应力、装配应力。试举例说明存在装配应力或温度应力对工程结构的利弊。

11-4 试简要说明求解超静定问题的基本步骤和关键点。

11-5 超静定结构所对应的相当系统是否是唯一的？其解答是否是唯一的？

11-6 试判断图 11-11 中各结构是静定的还是超静定的？如果是超静定的，那么它是几次超静定？

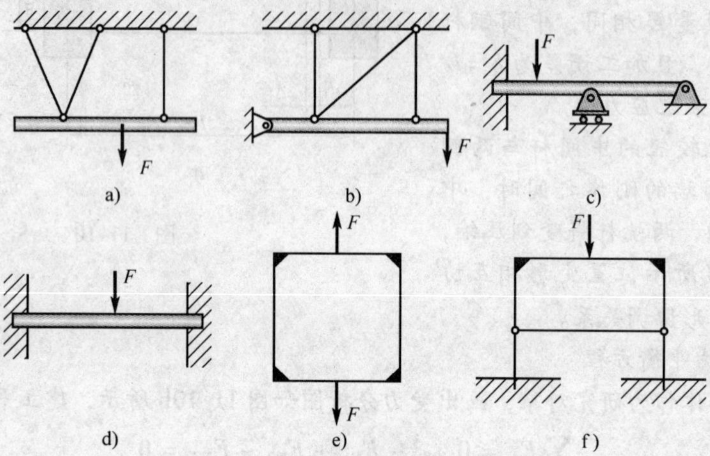

图 11-11

11-7 试对图 11-12 中的超静定梁给出至少三种不同的相当系统，并给出对应相当系统下的变形协调条件。

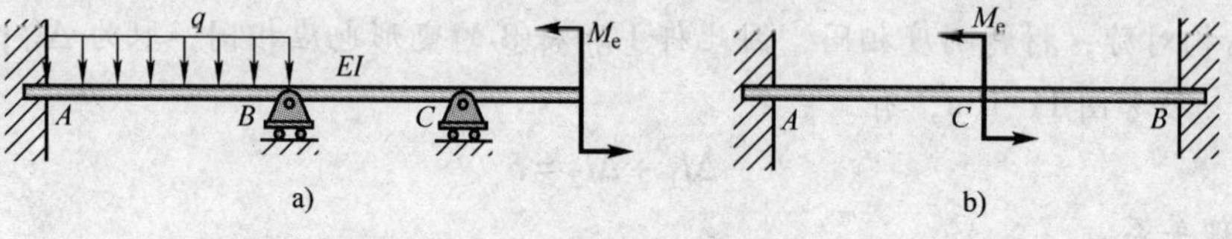

图 11-12

11-8 试针对图 11-13 的多跨连续梁，通过文献检索的方式，了解多跨多次超静定梁的求解方法，并撰写一份小报告。

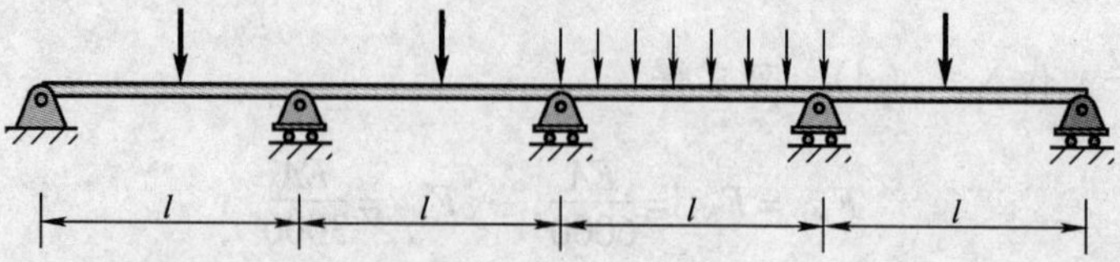

图 11-13

习 题

11-1 如图 11-14 所示的两端固定杆件，承受轴向载荷作用，求约束力及杆内的最大轴力。设 AB 段抗拉（压）刚度为 $2EA$，BC 段抗拉（压）刚度为 EA。

11-2　横截面为 250mm × 250mm 的短木柱，用四根 40mm × 40mm × 5mm 的等边角钢加固，并承受压力 F，如图 11-15 所示。已知角钢的许用应力 $[\sigma]_s = 160\text{MPa}$，弹性模量 $E_s = 200\text{GPa}$，木材的许用应力 $[\sigma]_w = 12\text{MPa}$，弹性模量 $E_w = 10\text{GPa}$。试求短木柱的许用载荷 $[F]$。

11-3　图 11-16 所示结构中，杆 1，2 的弹性模量 E 相同，横截面积 A 也相同，梁 AB 视为刚性杆，载荷 $F = 20\text{kN}$。杆 1，2 的许用拉应力 $[\sigma^+] = 30\text{MPa}$，许用压应力 $[\sigma^-] = 90\text{MPa}$，试确定杆的横截面面积。

11-4　如图 11-17 所示的刚性杆 AB 悬挂于杆 1，2 之上。杆 1 的横截面积为 60mm^2，杆 2 的横截面积为 120mm^2，且两杆材料相同。若载荷 $F = 6\text{kN}$，试求杆 1，2 的内力及支座 A 的约束力。

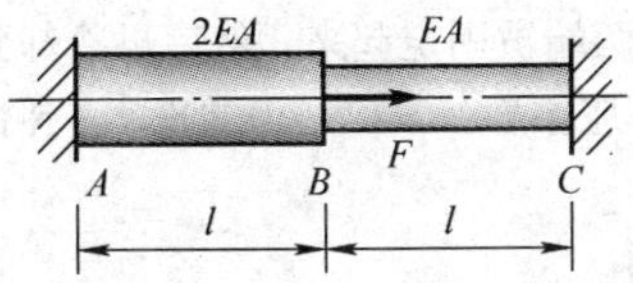

图　11-14

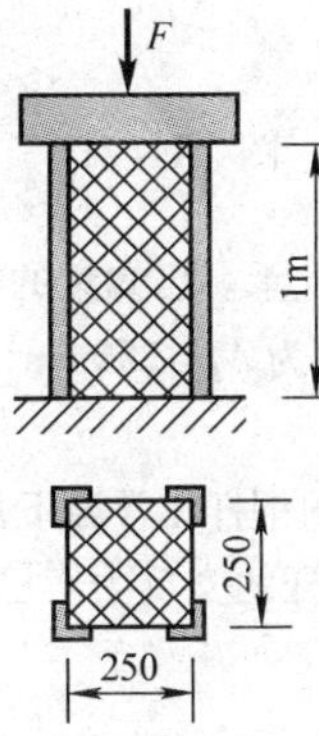

图　11-15

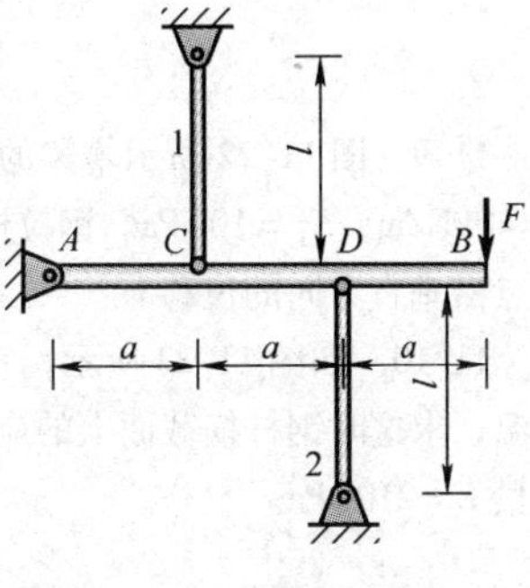

图　11-16

11-5　如图 11-18 所示，芯轴和套管用胶牢固地黏合在一起，成为一受扭圆轴。已知芯轴和套管的抗扭刚度分别为 G_1I_{p1}，G_2I_{p2}，试求在外力偶矩 M_e 作用下，芯轴和套管所受到的扭矩。

11-6　如图 11-19 所示，已知外力偶矩 $M_{e1} = 400\text{N}\cdot\text{m}$，$M_{e2} = 600\text{N}\cdot\text{m}$，许用切应力 $[\tau] = 40\text{MPa}$，单位长度许用扭转角 $[\theta] = 0.25°/\text{m}$，切变模量 $G = 80\text{GPa}$，试确定图示轴的直径。

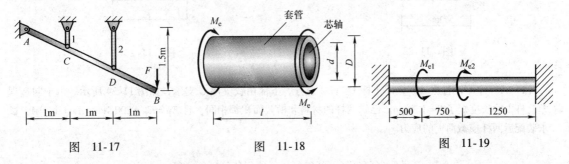

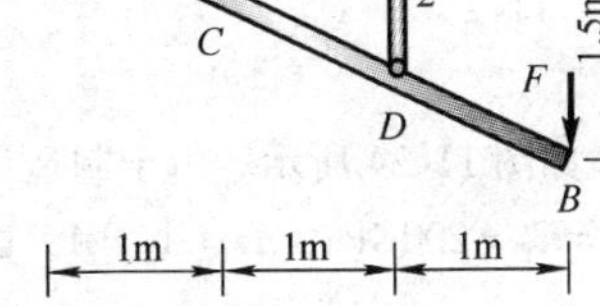

图　11-17

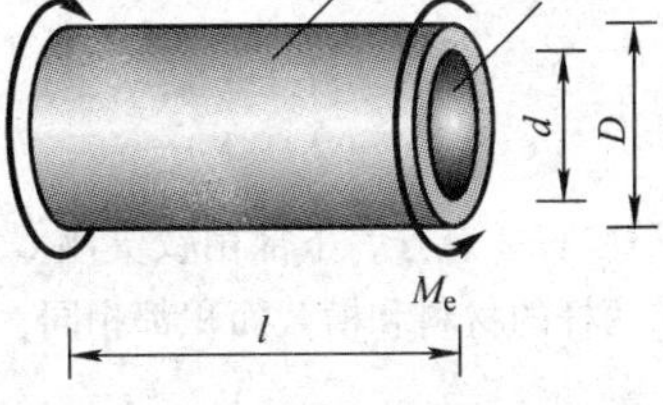

图　11-18

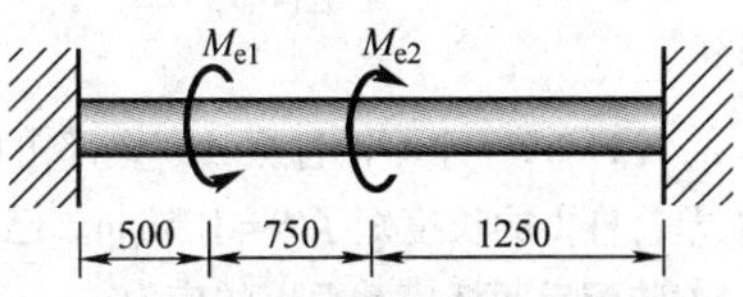

图　11-19

11-7　求图 11-20 所示各超静定梁的约束力（忽略轴向变形），画出梁的剪力图和弯矩图。设各梁的抗弯刚度 EI 均为常数。

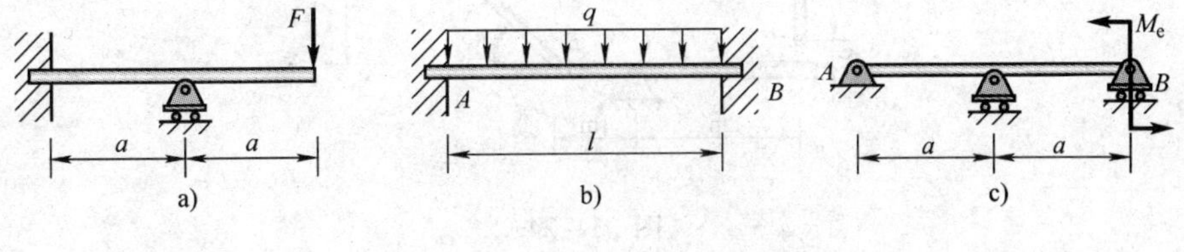

图　11-20

11-8　在伽利略的一篇论文中讲述了一个故事，古罗马在运输大石柱时，先前是把石柱对称地支承在两根圆木上，如图 11-21a 所示，结果石柱往往在其中一个滚子的上方遭到破坏。后来，为避免发生破坏，古罗马人增加了第三根圆柱，如图 11-21b 所示。伽利略指出，石柱将在中间支承处遭到破坏，试证明伽利略论述的正确性。

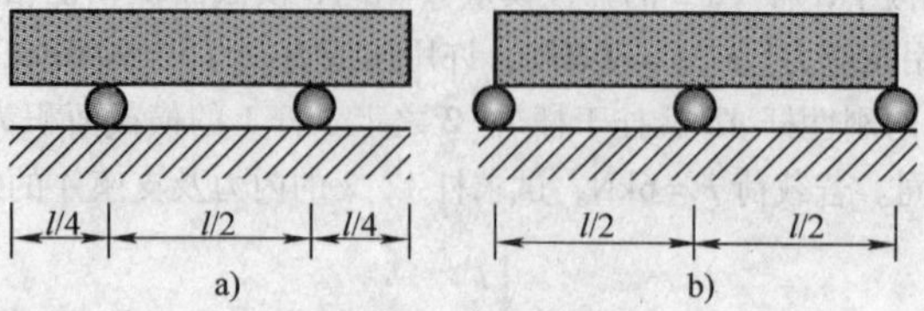

图　11-21

11-9　图 11-22 所示木梁的右端由钢拉杆支承。已知梁的横截面为边长为 200mm 的正方形，均布载荷 $q=40\text{kN/m}$，$E_1=10\text{GPa}$。钢拉杆的横截面面积为 $A_2=250\text{mm}^2$，$E_2=200\text{GPa}$。求拉杆的伸长量 Δl，以及梁中点沿垂直方向的位移 w。

11-10　如图 11-23 所示，直径 $d=25\text{mm}$ 的钢杆在常温下加热 30℃ 后两端被固定起来，然后再冷却到常温，求这时钢杆横截面上的应力以及两端对杆的支反力。已知钢的热膨胀系数 $\alpha=12\times10^{-6}\text{K}^{-1}$，弹性模量 $E=210\text{GPa}$。

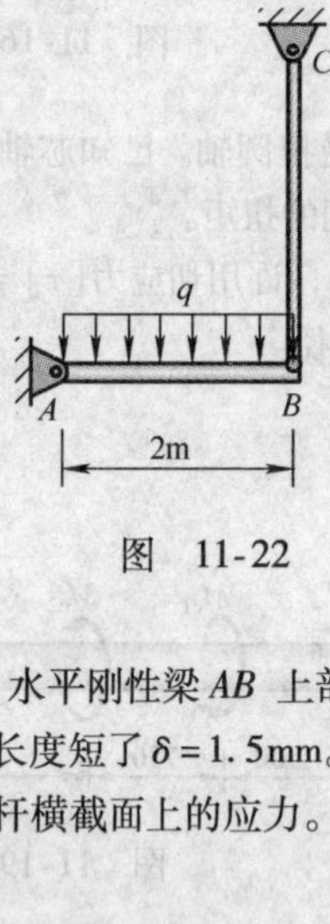

图　11-22

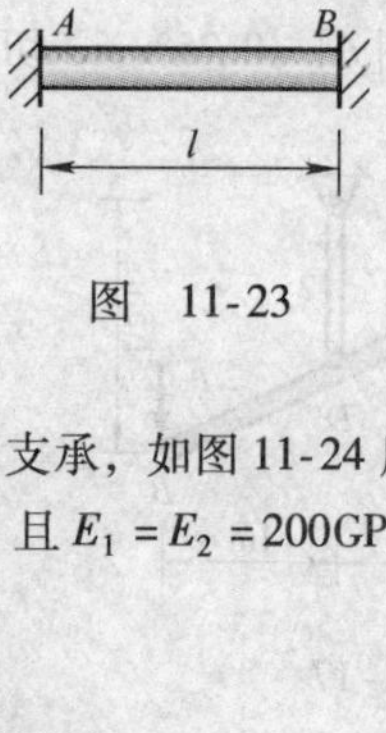

图　11-23

11-11　水平刚性梁 AB 上部由杆 1、杆 2 悬挂，下部由铰支座 C 支承，如图 11-24 所示。由于制造误差，杆 1 的长度短了 $\delta=1.5\text{mm}$。已知两杆的材料和横截面积都相同，且 $E_1=E_2=200\text{GPa}$，$A_1=A_2=A$。试求装配后两杆横截面上的应力。

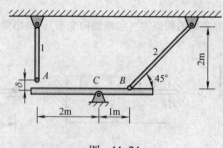

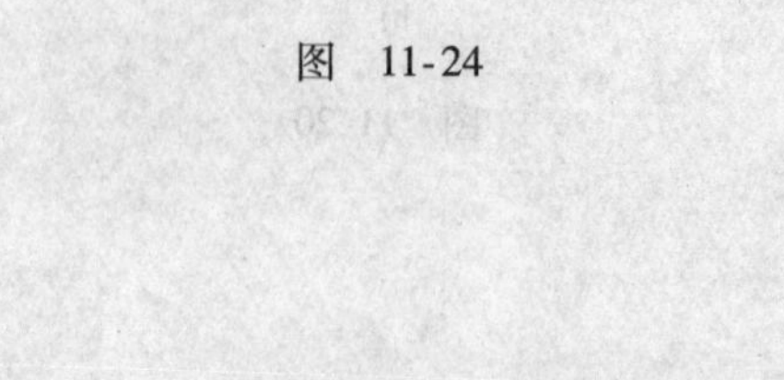

图　11-24

＊11-12　如图 11-25 所示，在直径为 25mm 的钢轴上，有凸缘 A 和 B，凸缘相距长度为 600mm，一外径为 50mm，壁厚 2mm 的钢管置于两个凸缘之间，在装配时，轴被 200N · m 的扭矩扭着与钢管焊接在一起，然后将作用在轴上的扭矩去除，求此时钢管内切应力的大小。钢的切变模量 $G=80\text{GPa}$，并假定凸缘不变形。

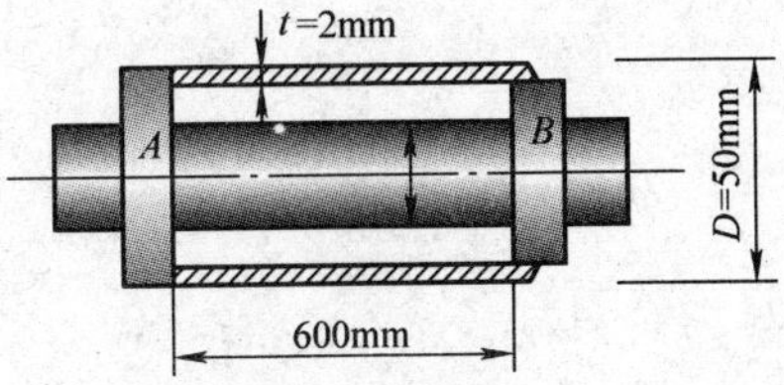

图　11-25

11-13　如图 11-26 所示的直梁 ABC 在承受载荷前搁置在支座 A 和 C 上，梁和支座 B 之间有间隙 δ。当加载均布载荷后，梁在中点处与支座 B 相接触，因而三个支座均产生约束力。为使三个约束力相等，求间隙 δ 的值。

＊11-14　如图 11-27 所示，梁 AB 的两端均为固定端。当其左端转动了一个微小的角度 θ 时，求梁的约束力。

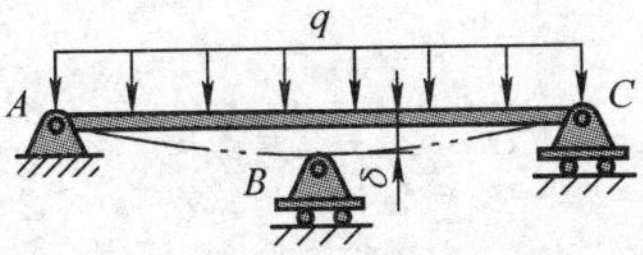

图　11-26

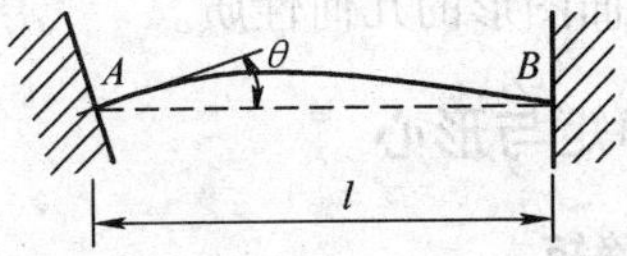

图　11-27

附　　录

附录 A　平面图形的几何性质

本部分主要介绍平面图形的静矩、形心、惯性矩、极惯性矩、惯性积、平行移轴公式、转轴公式、主惯性轴、主惯性矩等定义和计算方法。这些与图形形状及尺寸有关的几何量，统称为平面图形的几何性质。

A.1　静矩与形心

A.1.1　静矩

设任意形状平面图形如图 A-1 所示，其面积为 A，建立图示 Oyz 直角坐标系。任取微面积 dA，其坐标为（y，z），则积分

$$S_y = \int_A z\mathrm{d}A,\ S_z = \int_A y\mathrm{d}A \tag{A-1}$$

分别称为平面图形对轴 y 与轴 z 的静矩或 1 次矩。

从式（A-1）可知，同一平面图形对不同的坐标轴，其静矩也就不同。因此，静矩的数值可能为正，可能为负，也可能为零。静矩的量纲为长度的 3 次方。

A.1.2　形心

均质薄板形状如图 A-1 所示。根据合力矩定理可知，该均质薄板的重心在 Oyz 坐标系中的坐标为

$$y_C = \frac{\int_A y\mathrm{d}A}{A},\ z_C = \frac{\int_A z\mathrm{d}A}{A} \tag{A-2}$$

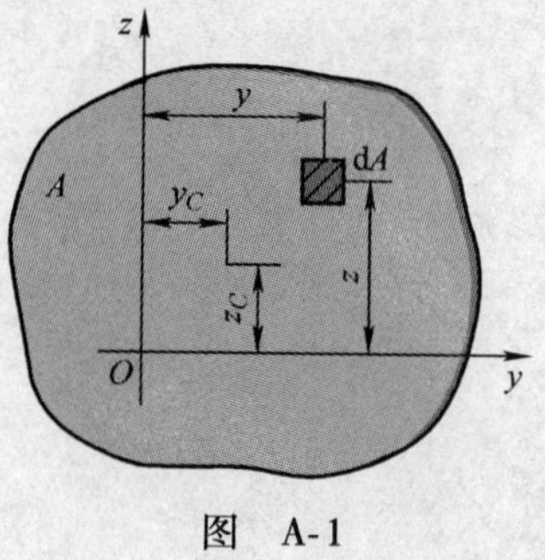

图　A-1

对均质板，该板的重心与其平面图形的形心 C 相重合。

由式（A-1）可得

$$z_C = \frac{S_y}{A},\ y_C = \frac{S_z}{A} \tag{A-3}$$

或

$$S_y = Az_C,\ S_z = Ay_C \tag{A-4}$$

由上式可知，当坐标轴 z 或 y 通过形心时，平面图形对该轴的静矩等于零；反之，若平面图形对某一轴的静矩等于零，则该轴必然通过平面图形的形心。通过平面图形形心的坐标

轴称为**形心轴**。

A.1.3　组合图形的静矩与形心

当一个平面图形是由几个简单图形（例如矩形、圆形、三角形等）组成时，根据静矩的定义可得

$$S_z = \sum_{i=1}^{n} A_i y_{C_i},\ S_y = \sum_{i=1}^{n} A_i z_{C_i} \tag{A-5}$$

即图形各组成部分对某一轴的静矩的代数和，等于整个图形对同一轴的静矩。式中，A_i，y_{C_i}，z_{C_i}分别表示任一组成部分的面积及其形心的坐标。n表示图形由n个部分组成。

将式（A-5）代入式（A-3），得组合图形形心坐标的计算公式为

$$y_C = \frac{S_z}{A} = \frac{\sum_{i=1}^{n} A_i y_{C_i}}{\sum_{i=1}^{n} A_i},\ z_C = \frac{S_y}{A} = \frac{\sum_{i=1}^{n} A_i z_{C_i}}{\sum_{i=1}^{n} A_i} \tag{A-6}$$

例题 A-1　试确定图 A-2 所示图形形心 C 的位置（单位：mm）。

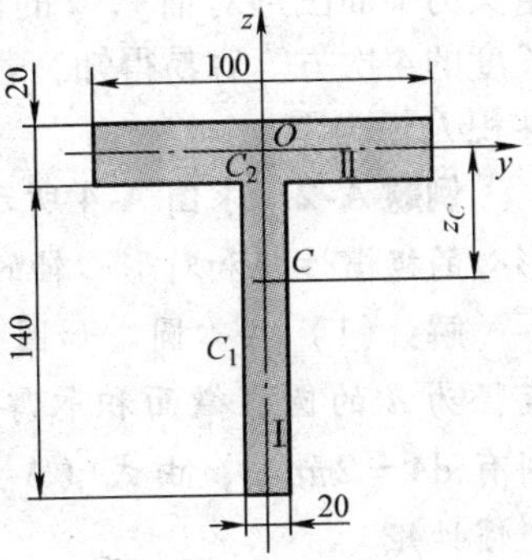

图　A-2

解：选取图示参考坐标系 Oyz，并将图形划分为Ⅰ和Ⅱ两个矩形。矩形Ⅰ的面积与形心的纵坐标分别为

$A_1 = 0.14\text{m} \times 0.02\text{m} = 2.8 \times 10^{-3}\text{m}^2$，$(0,\ -8.0 \times 10^{-2}\text{m})$

矩形Ⅱ的面积与形心纵坐标分别为

$A_2 = 0.02\text{m} \times 0.1\text{m} = 2.0 \times 10^{-3}\text{m}^2$，$(0,\ 0)$

由式（A-6），得组合图形形心 C 的纵坐标为

$$z_C = \frac{2.8 \times 10^{-3} \times (-8.0 \times 10^{-2}) + 2.0 \times 10^{-3} \times 0}{2.8 \times 10^{-3} + 2.0 \times 10^{-3}}\text{m} = -0.0467\text{m}$$

因轴 z 通过图形的形心 C，则 $y_C = 0$。

A.2　惯性矩和惯性积

A.2.1　惯性矩

设任意形状平面图形如图 A-3 所示。其图形面积为 A，任取微面积 $\mathrm{d}A$，坐标为 $(y,\ z)$，则积分

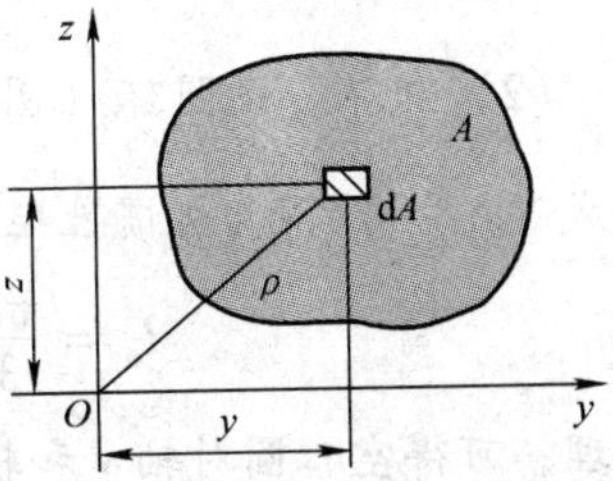

图　A-3

$$I_y = \int_A z^2 \mathrm{d}A,\ I_z = \int_A y^2 \mathrm{d}A \tag{A-7}$$

分别称为平面图形对轴 y 与轴 z 的惯性矩或二次矩。由式（A-7）知，惯性矩 I_y 和 I_z 恒为正，其量纲为长度的 4 次方。

也把惯性矩写成如下形式

$$I_y = A i_y^2,\ I_z = A i_z^2 \tag{A-8}$$

或

$$i_y = \sqrt{\frac{I_y}{A}},\ i_z = \sqrt{\frac{I_z}{A}} \tag{A-9}$$

式中，i_y，i_z 分别称为平面图形对轴 y 和轴 z 的惯性半径，其量纲为长度。

若以 ρ 表示微面积 $\mathrm{d}A$ 到坐标原点的距离，则下述积分

$$I_p = \int_A \rho^2 dA \tag{A-10}$$

定义为平面图形对坐标原点的极惯性矩或二次极矩。由图 A-3 可以看出

$$\rho^2 = y^2 + z^2$$

于是有

$$I_p = \int_A (y^2 + z^2) dA = I_z + I_y \tag{A-11}$$

式（A-11）表明，平面图形对任意两个互相垂直轴的惯性矩之和，等于它对该两轴交点的极惯性矩。

A.2.2 惯性积

在图 A-3 中，下述积分

$$I_{yz} = \int_A yz dA \tag{A-12}$$

定义为平面图形对轴 y，z 的惯性积。由式（A-12）知，I_{yz} 可能为正、为负或为零。量纲是长度的 4 次方。容易得知，若坐标轴 y 或 z 中有一个是平面图形的对称轴，则平面图形的惯性积 I_{yz} 恒为零。

例题 A-2 求图 A-4 所示实心和空心圆对形心的极惯性矩和对形心轴的惯性矩。

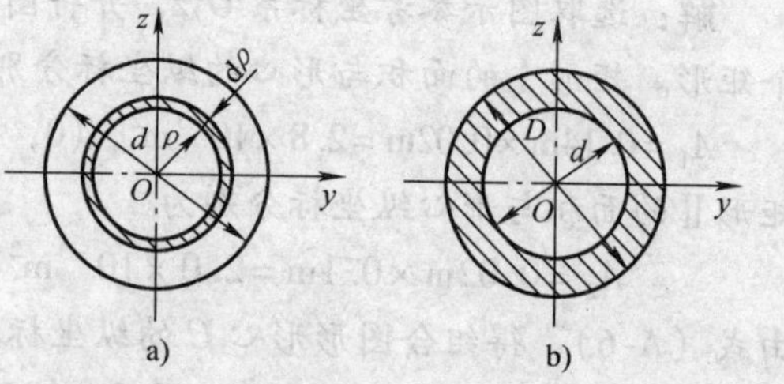

图 A-4

解：（1）实心圆。如图 A-4a 所示，设有直径为 d 的圆，微面积取厚度为 $d\rho$ 的圆环，则有 $dA = 2\pi\rho d\rho$，由式（A-10）得实心圆的极惯性矩

$$I_p = \int_0^{d/2} \rho^2 2\pi\rho d\rho = \frac{\pi d^4}{32} \tag{A-13}$$

由于图形对称于形心轴，有 $I_y = I_z$，由式（A-11），有 $I_p = 2I_y = 2I_z$，可得

$$I_y = I_z = \frac{I_p}{2} = \frac{\pi d^4}{64} \tag{A-14}$$

（2）圆环。设圆环（图 A-4b）的内径为 d，外径为 D，令 $\alpha = \frac{d}{D}$，按实心圆的方法，由式（A-10）得其极惯性矩

$$I_p = \frac{\pi D^4}{32} - \frac{\pi d^4}{32} = \frac{\pi}{32}(D^4 - d^4) = \frac{\pi D^4}{32}(1 - \alpha^4) \tag{A-15}$$

同理，可得空心圆对轴 y 和轴 z 的惯性矩

$$I_y = I_z = \frac{\pi D^4}{64} - \frac{\pi d^4}{64} = \frac{\pi}{64}(D^4 - d^4) = \frac{\pi D^4}{64}(1 - \alpha^4) \tag{A-16}$$

例题 A-3 求图 A-5 所示矩形图形对形心轴的惯性矩。

解：如图 A-5 所示，取宽为 dy，高为 h 且平行于轴 z 的狭长矩形，即 $dA = h dy$。于是，由式（A-7）得矩形图形对轴 z 的惯性矩为

$$I_z = \int_A y^2 dA = \int_{-b/2}^{b/2} y^2 h dy = \frac{hb^3}{12} \tag{A-17}$$

同理，得矩形图形对轴 y 的惯性矩为

$$I_y=\frac{bh^3}{12} \tag{A-18}$$

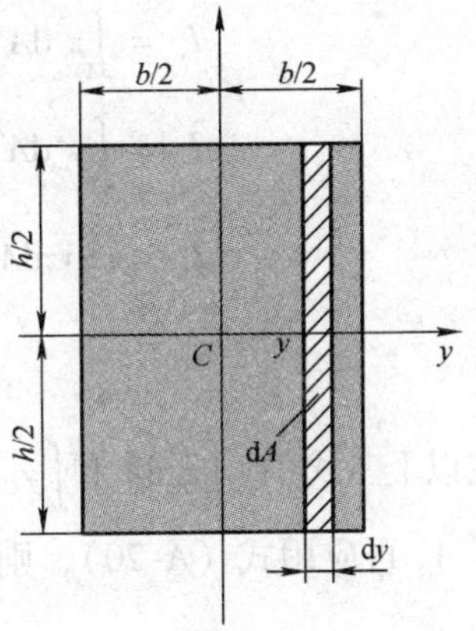

图 A-5

A.2.3 组合图形的惯性矩

当一个平面图形是若干个简单的图形组成时，根据惯性矩的定义，可先计算出每一个简单图形对同一轴的惯性矩，然后求其总和，即得整个图形对于这一轴的惯性矩。用公式表达为

$$I_y=\sum_{i=1}^{n} I_{y_i},\ I_z=\sum_{i=1}^{n} I_{z_i} \tag{A-19}$$

例题 A-4 计算图 A-6a 所示工字形图形对形心轴 y 的惯性矩。

解：如图 A-6b 所示的边长为 $b\times h$ 的矩形图形，可视为由工字形图形与阴影部分矩形图形的组合。设边长为 $b\times h$ 的矩形图形对形心轴 y 的惯性矩为 I_{y1}，工字形图形对轴 y 的惯性矩为 I_y，阴影部分矩形对轴 y 的惯性矩为 I_{y2}。有

$$I_{y_1}=I_y+(-I_{y_2})$$

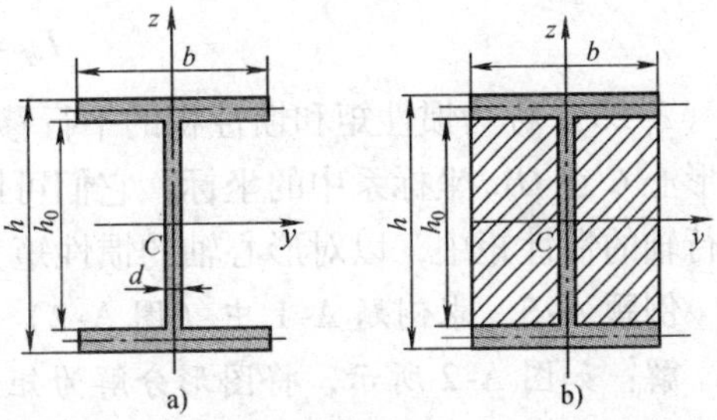

图 A-6

根据例题 A-3 知

$$I_{y_1}=\frac{bh^3}{12},\ I_{y_2}=2\times\frac{\frac{b-d}{2}h_0^3}{12}=\frac{(b-d)h_0^3}{12}$$

可得工字形图形对轴 y 的惯性矩

$$I_y=\frac{bh^3}{12}-\frac{(b-d)h_0^3}{12}$$

A.3 平行移轴公式

如图 A-7 所示，设 C 为平面图形的形心，y_C 和 z_C 是通过形心的坐标轴，图形对形心轴的惯性矩和惯性积已知，分别记为

$$I_{y_C}=\int_A z_C^2\mathrm{d}A,\ I_{z_C}=\int_A y_C^2\mathrm{d}A,\ I_{y_Cz_C}=\int_A y_Cz_C\mathrm{d}A \tag{A-20}$$

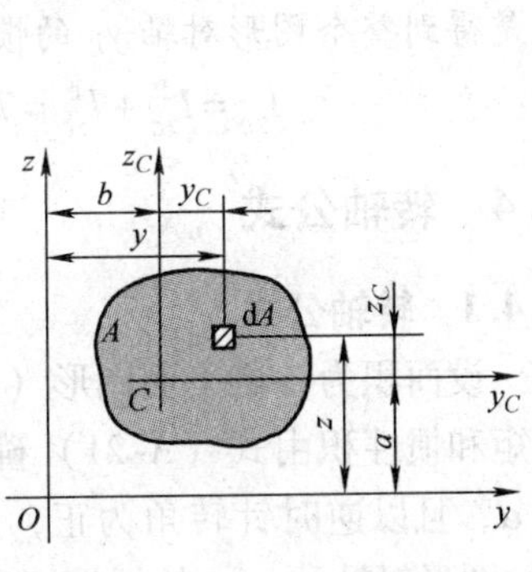

图 A-7

若轴 y 平行于轴 y_C，且两者的距离为 a；轴 z 平行于轴 z_C，且两者的距离为 b。按照定义，图形对轴 y 和轴 z 的惯性矩和惯性积分别为

$$I_y=\int_A z^2\mathrm{d}A,\ I_z=\int_A y^2\mathrm{d}A,\ I_{yz}=\int_A yz\mathrm{d}A \tag{A-21}$$

由图 A-7 可以看出

$$y=y_C+b,\ z=z_C+a \tag{A-22}$$

代入式（A-21）得

$$I_y = \int_A z^2 \mathrm{d}A = \int_A (z_C + a)^2 \mathrm{d}A = \int_A z_C^2 \mathrm{d}A + 2a\int_A z_C \mathrm{d}A + a^2\int_A \mathrm{d}A$$

$$I_z = \int_A y^2 \mathrm{d}A = \int_A (y_C + b)^2 \mathrm{d}A = \int_A y_C^2 \mathrm{d}A + 2b\int_A y_C \mathrm{d}A + b^2\int_A \mathrm{d}A$$

$$I_{yz} = \int_A yz \mathrm{d}A = \int_A (y_C + b)(z_C + a)\mathrm{d}A$$

$$= \int_A y_C z_C \mathrm{d}A + a\int_A y_C \mathrm{d}A + b\int_A z_C \mathrm{d}A + ab\int_A \mathrm{d}A$$

在以上三式中，$\int_A z_C \mathrm{d}A$ 和 $\int_A y_C \mathrm{d}A$ 分别为图形对形心轴 y_C 和 z_C 的静矩，故其值为零。而 $\int_A \mathrm{d}A = A$，再应用式（A-20），则以上三式简化为

$$\left.\begin{aligned} I_y &= I_{y_C} + a^2 A \\ I_z &= I_{z_C} + b^2 A \\ I_{yz} &= I_{y_C z_C} + abA \end{aligned}\right\} \tag{A-23}$$

式（A-23）称为惯性矩和惯性积的平行移轴公式。应用式（A-23）时要注意 a 和 b 是图形的形心 C 在 Oyz 坐标系中的坐标，它们可以为正，也可以为负。容易得知，平面图形对所有平行轴的惯性矩中，以对形心轴的惯性矩为最小。

例题 A-5 求例题 A-1 中（图 A-2）T 形图形对水平形心轴 y_C 的惯性矩。

解：如图 A-2 所示，将图形分解为矩形Ⅰ和矩形Ⅱ。由平行移轴公式（A-23）知，矩形Ⅰ对轴 y_C 的惯性矩为

$$I_{y_C}^{\mathrm{I}} = \frac{0.02\mathrm{m} \times (0.14\mathrm{m})^3}{12} + (0.08\mathrm{m} - 0.0467\mathrm{m})^2 \times 0.02\mathrm{m} \times 0.1\mathrm{m} = 7.69 \times 10^{-6}\mathrm{m}^4$$

矩形Ⅱ对轴 y_C 的惯性矩为

$$I_{y_C}^{\mathrm{II}} = \frac{0.1\mathrm{m} \times (0.02\mathrm{m})^3}{12} + (0.0467\mathrm{m})^2 \times 0.02\mathrm{m} \times 0.1\mathrm{m} = 4.43 \times 10^{-6}\mathrm{m}^4$$

于是得到整个图形对轴 y_C 的惯性矩为

$$I_{y_C} = I_{y_C}^{\mathrm{I}} + I_{y_C}^{\mathrm{II}} = 7.69 \times 10^{-6}\mathrm{m}^4 + 4.43 \times 10^{-6}\mathrm{m}^4 = 12.12 \times 10^{-6}\mathrm{m}^4$$

A.4 转轴公式

A.4.1 转轴公式

设面积为 A 的平面图形（见图 A-8），对轴 y、轴 z 的惯性矩和惯性积由式（A-21）确定。若将坐标轴绕点 O 旋转角 α，且以逆时针转角为正，旋转后得到新的坐标轴为 y_1，z_1，图形对轴 y_1，z_1 的惯性矩和惯性积分别为

$$I_{y_1} = \int_A z_1^2 \mathrm{d}A, I_{z_1} = \int_A y_1^2 \mathrm{d}A, I_{y_1 z_1} = \int_A y_1 z_1 \mathrm{d}A \tag{A-24}$$

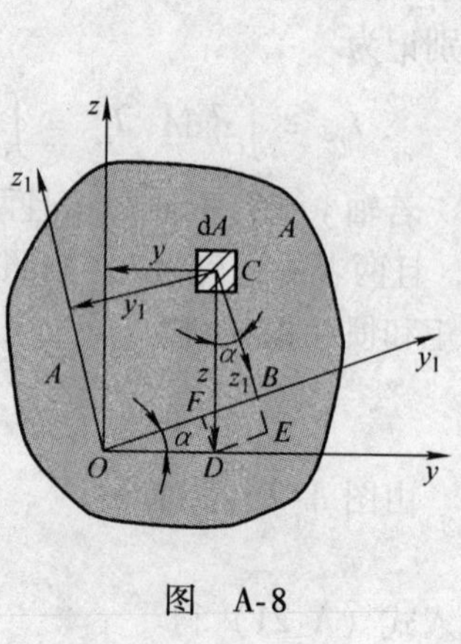

图 A-8

由图 A-8 知，微面积 dA 在新旧两个坐标系中的坐标关系为

$$\left.\begin{aligned} y_1 &= OB = OF + DE = y\cos\alpha + z\sin\alpha \\ z_1 &= CB = CE - BE = z\cos\alpha - y\sin\alpha \end{aligned}\right\} \tag{A-25}$$

将式（A-25）代入式（A-24）中展开，并整理得

$$\left.\begin{aligned} I_{y_1} &= \frac{I_y + I_z}{2} + \frac{I_y - I_z}{2}\cos 2\alpha - I_{yz}\sin 2\alpha \\ I_{z_1} &= \frac{I_y + I_z}{2} - \frac{I_y - I_z}{2}\cos 2\alpha + I_{yz}\sin 2\alpha \\ I_{y_1z_1} &= \frac{I_y - I_z}{2}\sin 2\alpha + I_{yz}\cos 2\alpha \end{aligned}\right\} \tag{A-26}$$

I_{y_1}，I_{z_1}，$I_{y_1z_1}$随角 α 的改变而变化，它们都是 α 的函数。式（A-26）称为惯性矩与惯性积的转轴公式。

将上述 I_{y_1} 与 I_{z_1} 相加得

$$I_{y_1} + I_{z_1} = I_y + I_z = I_{\mathrm{p}} \tag{A-27}$$

即图形对于通过同一点的任意一对直角坐标轴的两个惯性矩之和恒为常数。

A.4.2　主轴与主惯性矩

由式（A-26）的第3式可知，当一对坐标轴绕原点转动时，惯性积随坐标轴的转动而改变。由此，总可以找到一个特殊角度 α_0，以及相应的坐标轴 y_0，z_0，使得图形对这一对坐标轴的惯性积 $I_{y_0z_0}$ 为零，则称这一对坐标轴为图形的**主惯性轴**，简称**主轴**。图形对主惯性轴的惯性矩称为**主惯性矩**。通过图形形心 C 的主惯性轴称为**形心主惯性轴**。图形对形心主惯性轴的惯性矩称为**形心主惯性矩**。

在式（A-26）中令 $\alpha = \alpha_0$ 及 $I_{y_1z_1} = 0$ 有

$$\frac{I_y - I_z}{2}\sin 2\alpha_0 + I_{yz}\cos 2\alpha_0 = 0 \tag{A-28}$$

从而得

$$\tan 2\alpha_0 = -\frac{2I_{yz}}{I_y - I_z} \tag{A-29}$$

由式（A-29）可以求出2个相差$\frac{\pi}{2}$的角度 α_0，从而确定了一对坐标轴 y_0 和 z_0，图形对其中一个轴的惯性矩为最大值 $I_{\max}$，对另一个轴的惯性矩则为最小值 $I_{\min}$。

由式（A-29）求出的角度 α_0 的数值，代入公式（A-26），经简化后得主惯性矩的计算公式为

$$\left.\begin{aligned} I_{y_0} &= \frac{I_y + I_z}{2} + \frac{1}{2}\sqrt{(I_y - I_z)^2 + 4I_{yz}^2} \\ I_{z_0} &= \frac{I_y + I_z}{2} - \frac{1}{2}\sqrt{(I_y - I_z)^2 + 4I_{yz}^2} \end{aligned}\right\} \tag{A-30}$$

由以上分析还可推出：

1）若图形有两个以上（大于二）的对称轴时，任一对称轴都是图形的形心主轴，且图形对任一形心轴的惯性矩都相等。

2）若图形有两个对称轴时，这两个轴都是图形的形心主轴。

3）若图形只有一个对称轴时，则该轴必是一个形心主轴，另一个形心主轴为通过图形形心且与对称轴垂直的轴。

4）若图形没有对称轴，可通过计算得到形心主轴及形心主惯性矩的值。下面通过例题

说明。

例题 A-6 确定图 A-9 所示图形的形心主惯性轴的位置，并计算形心主惯性矩。

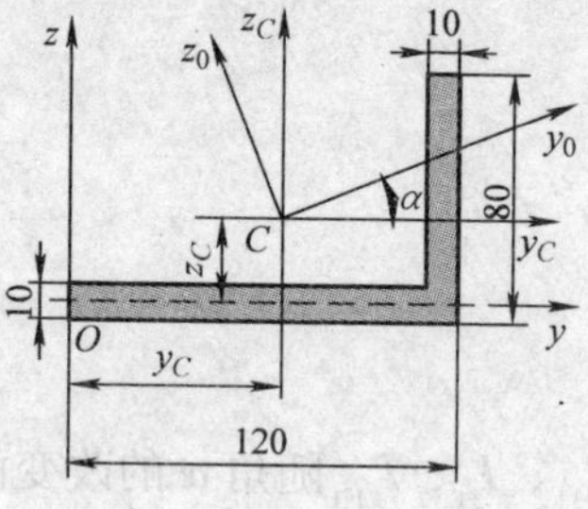

图 A-9

解：1）确定形心位置。如图 A-9 所示，建立 Oyz 坐标系。设图形形心位于点 C，形心坐标为 y_C 和 z_C，则

$$y_C=\frac{S_z}{A}=\frac{0.12\text{m}\times0.01\text{m}\times0.06\text{m}+0.07\text{m}\times0.01\text{m}\times0.115\text{m}}{0.12\text{m}\times0.01\text{m}+0.07\text{m}\times0.01\text{m}}$$
$$=8.0\times10^{-2}\text{m}$$

$$z_C=\frac{S_y}{A}=\frac{0.07\text{m}\times0.01\text{m}\times0.04\text{m}}{0.12\text{m}\times0.01\text{m}+0.07\text{m}\times0.01\text{m}}=1.5\times10^{-2}\text{m}$$

2）求图形对与轴 y，z 平行的形心轴 y_C 和 z_C 的惯性矩 I_{y_C}，I_{z_C}和惯性积 $I_{y_Cz_C}$。利用平行移轴公式得

$$I_{y_C}=\frac{0.12\text{m}\times(0.01\text{m})^3}{12}+0.12\text{m}\times0.01\text{m}\times(0.015\text{m})^2+\frac{0.01\text{m}\times(0.07)\text{m}^3}{12}+$$
$$0.01\text{m}\times0.07\text{m}\times(0.025\text{m})^2=1.003\times10^{-6}\text{m}^4$$

$$I_{z_C}=\frac{0.01\text{m}\times(0.12\text{m})^3}{12}+0.01\text{m}\times0.12\text{m}\times(0.02\text{m})^2+\frac{0.07\text{m}\times(0.01\text{m})^3}{12}+$$
$$0.07\text{m}\times0.01\text{m}\times(0.035\text{m})^2=2.783\times10^{-6}\text{m}^4$$

$$I_{y_Cz_C}=0.01\text{m}\times0.12\text{m}\times(-0.015\text{m})\times(-0.02\text{m})+$$
$$0.07\text{m}\times0.01\text{m}\times0.025\text{m}\times0.035\text{m}=9.725\times10^{-7}\text{m}^4$$

3）确定形心主轴位置。由式（A-29）得

$$\tan2\alpha_0=-\frac{2I_{y_Cz_C}}{I_{y_C}-I_{z_C}}=-\frac{2\times9.725\times10^{-7}}{1.003\times10^{-6}-2.783\times10^{-6}}=1.093$$

由此得

$$2\alpha_0=47.5°\text{或}\quad 227.5°$$
$$\alpha_0=22.8°\text{或}\quad 113.8°$$

结果表明，形心主惯性轴是由轴 y_C，z_C 逆时针转 $\alpha_0=22.8°$得到的。

4）求形心主惯性矩。由式（A-30）得

$$I_{z_0}=I_{\max}=\frac{I_{y_C}+I_{z_C}}{2}+\frac{1}{2}\sqrt{(I_{y_C}-I_{z_C})^2+4I_{y_Cz_C}^2}=\frac{1.003\times10^{-6}\text{m}^4+2.783\times10^{-6}\text{m}^4}{2}+$$
$$\frac{1}{2}\sqrt{(1.003\times10^{-6}\text{m}^4-2.783\times10^{-6}\text{m}^4)^2+4\times(9.725\times10^{-7}\text{m}^4)^2}$$
$$=3.214\times10^{-6}\text{m}^4$$

$$I_{y_0}=I_{\min}=\frac{I_{y_C}+I_{z_C}}{2}-\frac{1}{2}\sqrt{(I_{y_C}-I_{z_C})^2+4I_{y_Cz_C}^2}=\frac{1.003\times10^{-6}\text{m}^4+2.783\times10^{-6}\text{m}^4}{2}-$$
$$\frac{1}{2}\sqrt{(1.003\times10^{-6}\text{m}^4-2.783\times10^{-6}\text{m}^4)^2+4\times(9.725\times10^{-7}\text{m}^4)^2}$$
$$=0.574\times10^{-6}\text{m}^4$$

综上所述，求形心主惯性矩的一般步骤如下。

1）将组合图形分解为若干简单图形，应用式（A-6）确定组合图形的形心位置。

2）以形心 C 为坐标原点，如有可能，使过形心的坐标轴 y_C，z_C 与简单图形的形心主轴平行。确定简单图形对自身形心主轴的惯性矩，利用平行移轴公式（必要时用转轴公式）确定各个简单图形对形心轴 y_C，z_C 的惯性矩和惯性积，相加（空洞时相减）后便得到整个图形的 I_{y_C}，I_{z_C}，$I_{y_C z_C}$。

3）应用式（A-29）确定形心主轴的位置，即形心主轴 z_0 与轴 z_C 的夹角 α_0。

4）利用转轴公式或直接应用式（A-30）计算形心主惯性矩 I_{y_0}，I_{z_0}。

附录 B　常用金属材料的主要力学性能

材料名称	牌　号	σ_s/MPa	σ_b/MPa	δ_5/%
碳素结构钢（GB 700—1988）	Q215	215	335～450	26～31
	Q235	235	375～500	21～26
	Q255	255	410～550	19～24
	Q275	275	490～630	15～20
优质碳素结构钢（GB 699—1988）	25	275	450	23
	35	315	530	20
	45	355	600	16
	55	380	645	13
低合金高强度结构钢（GB/T 1591—1994）	Q345	345	510	21
	Q390	390	530	19
合金结构钢（GB 3077—1988）	20Cr	540	835	10
	40Cr	785	980	9
	30CrMnSiA	885	1080	10
铸钢（GB 11352—1989）	ZG200－400	200	400	25
	ZG270－500	270	500	18
可锻铸铁（GB 9440—1988）	KTZ450－06	270	450	6
	KTZ700－02	530	700	2
球墨铸铁（GB 1348—1988）	QT400－18	250	400	18
	QT600－3	370	600	3
灰铸铁（GB 9439—1988）	HT150	—	150	—
	HT250		250	
铝合金（GB 3191—1982）	LY11	216	373	12
	LY12	275	422	12
铜合金（GB 13808—1992）	QAl 9－2	—	470	24
	QAl 9－4		540	40

注：表中 δ_5 表示标距 $l=5d$ 标准试样的伸长率；σ_b 为拉伸强度极限。

附录C 型 钢 表

附表 C-1 等边角钢截面尺寸、截面面积、理论重量及截面特性

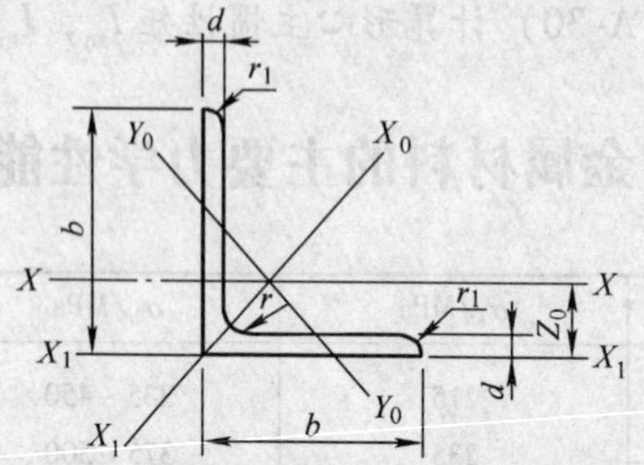

b —边宽度；
d —边厚度；
r —内圆弧半径；
r_1 —边端圆弧半径；
Z_0 —重心距离。

型号	截面尺寸/mm			截面面积/cm²	理论重量/(kg/m)	外表面积/(m²/m)	惯性矩/cm⁴				惯性半径/cm			截面模数/cm³			重心距离/cm
	b	d	r				I_x	I_{x1}	I_{x0}	I_{y0}	i_x	i_{x0}	i_{y0}	W_x	W_{x0}	W_{y0}	z_0
2	20	3	3.5	1.132	0.889	0.078	0.40	0.81	0.63	0.17	0.59	0.75	0.39	0.29	0.45	0.20	0.60
		4		1.459	1.145	0.077	0.50	1.09	0.78	0.22	0.58	0.73	0.38	0.36	0.55	0.24	0.64
2.5	25	3		1.432	1.124	0.098	0.82	1.57	1.29	0.34	0.76	0.95	0.49	0.46	0.73	0.33	0.73
		4		1.859	1.459	0.097	1.03	2.11	1.62	0.43	0.74	0.93	0.48	0.59	0.92	0.40	0.76
3.0	30	3	4.5	1.749	1.373	0.117	1.46	2.71	2.31	0.61	0.91	1.15	0.59	0.68	1.09	0.51	0.85
		4		2.276	1.786	0.117	1.84	3.63	2.92	0.77	0.90	1.13	0.58	0.87	1.37	0.62	0.89
3.6	36	3		2.109	1.656	0.141	2.58	4.68	4.09	1.07	1.11	1.39	0.71	0.99	1.61	0.76	1.00
		4		2.756	2.163	0.141	3.29	6.25	5.22	1.37	1.09	1.38	0.70	1.28	2.05	0.93	1.04
		5		3.382	2.654	0.141	3.95	7.84	6.24	1.65	1.08	1.36	0.70	1.56	2.45	1.00	1.07
4	40	3	5	2.359	1.852	0.157	3.59	6.41	5.69	1.49	1.23	1.55	0.79	1.23	2.01	0.96	1.09
		4		3.086	2.422	0.157	4.60	8.56	7.29	1.91	1.22	1.54	0.79	1.60	2.58	1.19	1.13
		5		3.791	2.976	0.156	5.53	10.74	8.76	2.30	1.21	1.52	0.78	1.96	3.10	1.39	1.17
4.5	45	3		2.659	2.088	0.177	5.17	9.12	8.20	2.14	1.40	1.76	0.89	1.58	2.58	1.24	1.22
		4		3.486	2.736	0.177	6.65	12.18	10.56	2.75	1.38	1.74	0.89	2.05	3.32	1.54	1.26
		5		4.292	3.369	0.176	8.04	15.2	12.74	3.33	1.37	1.72	0.88	2.51	4.00	1.81	1.30
		6		5.076	3.985	0.176	9.33	18.36	14.76	3.89	1.36	1.70	0.8	2.95	4.64	2.06	1.33
5	50	3	5.5	2.971	2.332	0.197	7.18	12.5	11.37	2.98	1.55	1.96	1.00	1.96	3.22	1.57	1.34
		4		3.897	3.059	0.197	9.26	16.69	14.70	3.82	1.54	1.94	0.99	2.56	4.16	1.96	1.38
		5		4.803	3.770	0.196	11.21	20.90	17.79	4.64	1.53	1.92	0.98	3.13	5.03	2.31	1.42
		6		5.688	4.465	0.196	13.05	25.14	20.68	5.42	1.52	1.91	0.98	3.68	5.85	2.63	1.46

（续）

型号	截面尺寸/mm			截面面积/cm^2	理论重量/(kg/m)	外表面积/(m^2/m)	惯性矩/cm^4				惯性半径/cm			截面模数/cm^3			重心距离/cm
	b	d	r				I_x	I_{x1}	I_{x0}	I_{y0}	i_x	i_{x0}	i_{y0}	W_x	W_{x0}	W_{y0}	z_0
5.6	56	3	6	3.343	2.624	0.221	10.19	17.56	16.14	4.24	1.75	2.20	1.13	2.48	4.08	2.02	1.48
		4		4.390	3.446	0.220	13.18	23.43	20.92	5.46	1.73	2.18	1.11	3.24	5.28	2.52	1.53
		5		5.415	4.251	0.220	16.02	29.33	25.42	6.61	1.72	2.17	1.10	3.97	6.42	2.98	1.57
		6		6.420	5.040	0.220	18.69	35.26	29.66	7.73	1.71	2.15	1.10	4.68	7.49	3.40	1.61
		7		7.404	5.812	0.219	21.23	41.23	33.63	8.82	1.69	2.13	1.09	5.36	8.49	3.80	1.64
		8		8.367	6.568	0.219	23.63	47.24	37.37	9.89	1.68	2.11	1.09	6.03	9.44	4.16	1.68
6	60	5	6.5	5.829	4.576	0.236	19.89	36.05	31.57	8.21	1.85	2.33	1.19	4.59	7.44	3.48	1.67
		6		6.914	5.427	0.235	23.25	43.33	36.89	9.60	1.83	2.31	1.18	5.41	8.70	3.98	1.70
		7		7.977	6.262	0.235	26.44	50.65	41.92	10.96	1.82	2.29	1.17	6.21	9.88	4.45	1.74
		8		9.020	7.081	0.235	29.47	58.02	46.66	12.28	1.81	2.27	1.17	6.98	11.00	4.88	1.78
6.3	63	4	7	4.978	3.907	0.248	19.03	33.35	30.17	7.89	1.96	2.46	1.26	4.13	6.78	3.29	1.70
		5		6.143	4.822	0.248	23.17	41.73	36.77	9.57	1.94	2.45	1.25	5.08	8.25	3.90	1.74
		6		7.288	5.721	0.247	27.12	50.14	43.03	11.20	1.93	2.43	1.24	6.00	9.66	4.46	1.78
		7		8.412	6.603	0.247	30.87	58.60	48.96	12.79	1.92	2.41	1.23	6.88	10.99	4.98	1.82
		8		9.515	7.469	0.247	34.46	67.11	54.56	14.33	1.90	2.40	1.23	7.75	12.25	5.47	1.85
		10		11.657	9.151	0.246	41.09	84.31	64.85	17.33	1.88	2.36	1.22	9.39	14.56	6.36	1.93
7	70	4	8	5.570	4.372	0.275	26.39	45.74	41.80	10.99	2.18	2.74	1.40	5.14	8.44	4.17	1.86
		5		6.875	5.397	0.275	32.21	57.21	51.08	13.31	2.16	2.73	1.39	6.32	10.32	4.95	1.91
		6		8.160	6.406	0.275	37.77	68.73	59.93	15.61	2.15	2.71	1.38	7.48	12.11	5.67	1.95
		7		9.424	7.398	0.275	43.09	80.29	68.35	17.82	2.14	2.69	1.38	8.59	13.81	6.34	1.99
		8		10.667	8.373	0.274	48.17	91.92	76.37	19.98	2.12	2.68	1.37	9.68	15.43	6.98	2.03
7.5	75	5	9	7.412	5.818	0.295	39.97	70.56	63.30	16.63	2.33	2.92	1.50	7.32	11.94	5.77	2.04
		6		8.797	6.905	0.294	46.95	84.55	74.38	19.51	2.31	2.90	1.49	8.64	14.02	6.67	2.07
		7		10.160	7.976	0.294	53.57	98.71	84.96	22.18	2.30	2.89	1.48	9.93	16.02	7.44	2.11
		8		11.503	9.030	0.294	59.96	112.97	95.07	24.86	2.28	2.88	1.47	11.20	17.93	8.19	2.15
		9		12.825	10.068	0.294	66.10	127.30	104.71	27.48	2.27	2.86	1.46	12.43	19.75	8.89	2.18
		10		14.126	11.089	0.293	71.98	141.71	113.92	30.05	2.26	2.84	1.46	13.64	21.48	9.56	2.22

（续）

型号	截面尺寸/mm			截面面积/cm^2	理论重量/(kg/m)	外表面积/(m^2/m)	惯性矩/cm^4				惯性半径/cm			截面模数/cm^3			重心距离/cm
	b	d	r				I_x	I_{x1}	I_{x0}	I_{y0}	i_x	i_{x0}	i_{y0}	W_x	W_{x0}	W_{y0}	z_0
8	80	5	9	7.912	6.211	0.315	48.79	85.36	77.33	20.25	2.48	3.13	1.60	8.34	13.67	6.66	2.15
		6		9.397	7.376	0.314	57.35	102.50	90.98	23.72	2.47	3.11	1.59	9.87	16.08	7.65	2.19
		7		10.860	8.525	0.314	65.58	119.70	104.07	27.09	2.46	3.10	1.58	11.37	18.40	8.58	2.23
		8		12.303	9.658	0.314	73.49	136.97	116.60	30.39	2.44	3.08	1.57	12.83	20.61	9.46	2.27
		9		13.725	10.774	0.314	81.11	154.31	128.60	33.61	2.43	3.06	1.56	14.25	22.73	10.29	2.31
		10		15.126	11.874	0.313	88.43	171.74	140.09	36.77	2.42	3.04	1.56	15.64	24.76	11.08	2.35
9	90	6	10	10.637	8.350	0.354	82.77	145.87	131.26	34.28	2.79	3.51	1.80	12.61	20.63	9.95	2.44
		7		12.301	9.656	0.354	94.83	170.30	150.47	39.18	2.78	3.50	1.78	14.54	23.64	11.19	2.48
		8		13.944	10.946	0.353	106.47	194.80	168.97	43.97	2.76	3.48	1.78	16.42	26.55	12.35	2.52
		9		15.566	12.219	0.353	117.72	219.39	186.77	48.66	2.75	3.46	1.77	18.27	29.35	13.46	2.56
		10		17.167	13.476	0.353	128.58	244.07	203.90	53.26	2.74	3.45	1.76	20.07	32.04	14.52	2.59
		12		20.306	15.940	0.352	149.22	293.76	236.21	62.22	2.71	3.41	1.75	23.57	37.12	16.49	2.67
10	100	6	10	11.932	9.366	0.393	114.95	200.07	181.98	47.92	3.10	3.90	2.00	15.68	25.74	12.69	2.67
		7		13.796	10.830	0.393	131.86	233.54	208.97	54.74	3.09	3.89	1.99	18.10	29.55	14.26	2.71
		8		15.638	12.276	0.393	148.24	267.09	235.07	61.41	3.08	3.88	1.98	20.47	33.24	15.75	2.76
		9		17.462	13.708	0.392	164 12	300.73	260.30	67.95	3.07	3.86	1.97	22.79	36.81	17.18	2.80
		10		19.261	15.120	0.392	179.51	334.48	284.68	74.35	3.05	3.84	1.96	25.06	40.26	18.54	2.84
		12		22.800	17.898	0.391	208.90	402.34	330.95	86.84	3.03	3.81	1.95	29.48	46.80	21.08	2.91
		14		26.256	20.611	0.391	236.53	470.75	374.06	99.00	3.00	3.77	1.94	33.73	52.90	23.44	2.99
		16		29.627	23.257	0.390	262.53	539.80	414.16	110.89	2.98	3.74	1.94	37.82	58.57	25.63	3.06
11	110	7	12	15.196	11.928	0.433	177.16	310.64	280.94	73.38	3.41	4.30	2.20	22.05	36.12	17.51	2.96
		8		17.238	13.535	0.433	199.46	355.20	316.49	82.42	3.40	4.28	2.19	24.95	40.69	19.39	3.01
		10		21.261	16.690	0.432	242.19	444.65	384.39	99.98	3.38	4.25	2.17	30.60	49.42	22.91	3.09
		12		25.200	19.782	0.431	282.55	534.60	448.17	116.93	3.35	4.22	2.15	36.05	57.62	26.15	3.16
		14		29.056	22.809	0.431	320.71	625.16	508.01	133.40	3.32	4.18	2.14	41.31	65.31	29.14	3.24
12.5	125	8	14	19.750	15.504	0.492	297.03	521.01	470.89	123.16	3.88	4.88	2.50	32.52	53.28	25.86	3.37
		10		24.373	19.133	0.491	361.67	651.93	573.89	149.46	3.85	4.85	2.48	39.97	64.93	30.62	3.45
		12		28.912	22.696	0.491	423.16	783.42	671.44	174.88	3.83	4.82	2.46	41.17	75.96	35.03	3.53
		14		33.367	26.193	0.490	481.65	915.61	763.73	199.57	3.80	4.78	2.45	54.16	86.41	39.13	3.61
		16		37.739	29.625	0.489	537.31	1048.62	850.98	223.65	3.77	4.75	2.43	60.93	96.28	42.96	3.68

（续）

型号	截面尺寸/mm			截面面积/cm^2	理论重量/(kg/m)	外表面积/(m^2/m)	惯性矩/cm^4				惯性半径/cm			截面模数/cm^3			重心距离/cm
	b	d	r				I_x	I_{x1}	I_{x0}	I_{y0}	i_x	i_{x0}	i_{y0}	W_x	W_{x0}	W_{y0}	z_0
14	140	10	14	27.373	21.488	0.551	514.65	915.11	817.27	212.04	4.34	5.46	2.78	50.58	82.56	39.20	3.82
		12		32.512	25.522	0.551	603.68	1099.28	958.79	248.57	4.31	5.43	2.76	59.80	96.85	45.02	3.90
		14		37.567	29.490	0.550	688.81	1284.22	1093.56	284.06	4.28	5.40	2.75	68.75	110.47	50.45	3.98
		16		42.539	33.393	0.549	770.24	1470.07	1221.81	318.67	4.26	5.36	2.74	77.46	123.42	55.55	4.06
15	150	8		23.750	18.644	0.592	521.37	899.55	827.49	215.25	4.69	5.90	3.01	47.36	78.02	38.14	3.99
		10		29.373	23.058	0.591	637.50	1125.09	1012.79	262.21	4.66	5.87	2.99	58.35	95.49	45.51	4.08
		12		34.912	27.406	0.591	748.85	1351.26	1189.97	307.73	4.63	5.84	2.97	69.04	112.19	52.38	4.15
		14		40.367	31.688	0.590	855.64	1578.25	1359.30	351.98	4.60	5.80	2.95	79.45	128.16	58.83	4.23
		15		43.063	33.804	0.590	907.39	1692.10	1441.09	373.69	4.59	5.78	2.95	84.56	135.87	61.90	4.27
		16		45.739	35.905	0.589	958.08	1806.21	1521.02	395.14	4.58	5.77	2.94	89.59	143.40	64.89	4.31
16	160	10	16	31.502	24.729	0.630	779.53	1365.33	1237.30	321.76	4.98	6.27	3.20	66.70	109.36	52.76	4.31
		12		37.441	29.391	0.630	916.58	1639.57	1455.68	377.49	4.95	6.24	3.18	78.98	128.67	60.74	4.39
		14		43.296	33.987	0.629	1048.36	1914.68	1665.02	431.70	4.92	6.20	3.16	90.95	147.17	68.24	4.47
		16		49.067	38.518	0.629	1175.08	2190.82	1865.57	484.59	4.89	6.17	3.14	102.63	164.89	75.31	4.55
18	180	12		42.241	33.159	0.710	1321.35	2332.80	2100.10	542.61	5.59	7.05	3.58	100.82	165.00	78.41	4.89
		14		48.896	38.383	0.709	1514.48	2723.48	2407.42	621.53	5.56	7.02	3.56	116.25	189.14	88.38	4.97
		16		55.467	43.542	0.709	1700.99	3115.29	2703.37	698.60	5.54	6.98	3.55	131.13	212.40	97.83	5.05
		18		61.055	48.634	0.708	1875.12	3502.43	2988.24	762.01	5.50	6.94	3.51	145.64	234.78	105.14	5.13
20	200	14	18	54.642	42.894	0.788	2103.55	3734.10	3343.26	863.83	6.20	7.82	3.98	144.70	236.40	111.82	5.46
		16		62.013	46.680	0.788	2366.15	4270.39	3760.89	971.41	6.18	7.79	3.96	163.65	265.93	123.96	5.54
		18		69.301	54.401	0.787	2620.64	4808.13	4164.54	1076.74	6.15	7.75	3.94	182.22	294.48	135.52	5.62
		20		76.505	60.056	0.787	2867.30	5347.51	4554.55	1180.04	6.12	7.72	3.93	200.42	322.06	146.55	5.69
		24		90.661	71.168	0.785	3338.25	6457.16	5294.97	1381.53	6.07	7.64	3.90	236.17	374.41	166.65	5.87
22	220	16	21	68.664	53.901	0.866	3187.36	5681.62	5063.73	1310.99	6.81	8.59	4.37	199.55	325.51	153.81	6.03
		18		76.752	60.250	0.866	3534.30	6395.93	5615.32	1453.27	6.79	8.55	4.35	222.37	360.97	168.29	6.11
		20		84.756	66.533	0.865	3871.49	7112.04	6150.08	1592.90	6.76	8.52	4.34	244.77	395.34	182.16	6.18
		22		92.676	72.751	0.865	4199.23	7830.19	6668.37	1730.10	6.78	8.48	4.32	266.78	428.66	195.45	6.26
		24		100.512	78.902	0.864	4517.83	8550.57	7170.55	1865.11	6.70	8.45	4.31	288.39	460.94	208.21	6.33
		26		108.264	84.987	0.864	4827.58	9273.39	7656.98	1998.17	6.68	8.41	4.30	309.62	492.21	220.49	6.41
25	250	18	24	87.842	68.956	0.985	5268.22	9379.11	8369.04	2167.41	7.74	9.76	4.97	290.12	473.42	224.03	6.84
		20		97.045	76.180	0.984	5779.34	10426.97	9181.94	2376.74	7.72	9.73	4.95	319.66	519.41	242.85	6.92
		24		115.201	90.433	0.983	6763.93	12529.74	10742.67	2785.19	7.66	9.66	4.92	377.34	607.70	278.38	7.07
		26		124.154	97.461	0.982	7238.08	13585.18	11491.33	2984.84	7.63	9.62	4.90	405.50	650.05	295.19	7.15
		28		133.022	104.422	0.982	7700.60	14643.62	12219.39	3181.81	7.61	9.58	4.89	433.22	691.23	311.42	7.22
		30		141.807	111.318	0.981	8151.80	15705.30	12927.26	3376.34	7.58	9.55	4.88	460.51	731.28	327.12	7.30
		32		150.508	118.149	0.981	8592.01	16770.41	13615.32	3568.71	7.56	9.51	4.87	487.39	770.20	342.33	7.37
		35		163.402	128.271	0.980	9232.44	18374.95	14611.16	3853.72	7.52	9.46	4.86	526.97	826.53	364.30	7.48

注：截面图中的 $r_1 = d/3$ 及表中 r 的数据用于孔型设计，不做交货条件。

附表 C-2 不等边角钢截面尺寸、截面面积、理论重量及截面特性

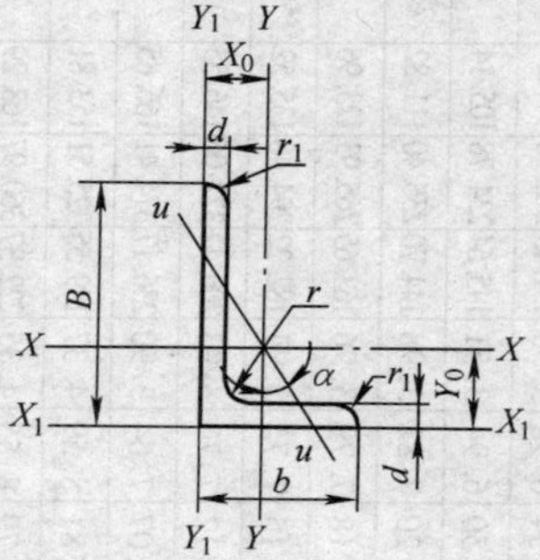

B — 长边宽度；
b — 短边宽度；
d — 边厚度；
r — 内圆弧半径；
r_1 — 边端圆弧半径；
X_0 — 重心距离；
Y_0 — 重心距离。

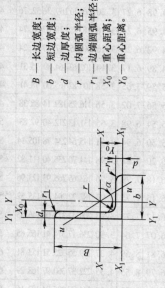

型号	截面尺寸/mm				截面面积/cm²	理论重量/(kg/m)	外表面积/(m²/m)	惯性矩/cm⁴					惯性半径/cm			截面模数/cm³			tgα	重心距离/cm	
	B	b	d	r				I_x	I_{x1}	I_y	I_{y1}	I_u	i_x	i_y	i_u	W_x	W_y	W_u		x_0	y_0
2.5/1.6	25	16	3	3.5	1.162	0.912	0.080	0.70	1.56	0.22	0.43	0.14	0.78	0.44	0.34	0.43	0.19	0.16	0.392	0.42	0.86
			4		1.499	1.176	0.079	0.88	2.09	0.27	0.59	0.17	0.77	0.43	0.34	0.55	0.24	0.20	0.381	0.46	1.86
3.2/2	32	20	3		1.492	1.171	0.102	1.53	3.27	0.46	0.82	0.28	1.01	0.55	0.43	0.72	0.30	0.25	0.382	0.49	0.90
			4		1.939	1.522	0.101	1.93	4.37	0.57	1.12	0.35	1.00	0.54	0.42	0.93	0.39	0.32	0.374	0.53	1.08
4/2.5	40	25	3	4	1.890	1.484	0.127	3.08	5.39	0.93	1.59	0.56	1.28	0.70	0.54	1.15	0.49	0.40	0.385	0.59	1.12
			4		2.467	1.936	0.127	3.93	8.53	1.18	2.14	0.71	1.36	0.69	0.54	1.49	0.63	0.52	0.381	0.63	1.32
4.5/2.8	45	28	3	5	2.149	1.687	0.143	4.45	9.10	1.34	2.23	0.80	1.44	0.79	0.61	1.47	0.62	0.51	0.383	0.64	1.37
			4		2.806	2.203	0.143	5.69	12.13	1.70	3.00	1.02	1.42	0.78	0.60	1.91	0.80	0.66	0.380	0.68	1.47
5/3.2	50	32	3	5.5	2.431	1.908	0.161	6.24	12.49	2.02	3.31	1.20	1.60	0.91	0.70	1.84	0.82	0.68	0.404	0.73	1.51
			4		3.177	2.494	0.160	8.02	16.65	2.58	4.45	1.53	1.59	0.90	0.69	2.39	1.06	0.87	0.402	0.77	1.60
5.6/3.6	56	36	3	6	2.743	2.153	0.181	8.88	17.54	2.92	4.70	1.73	1.80	1.03	0.79	2.32	1.05	0.87	0.408	0.80	1.65
			4		3.590	2.818	0.180	11.45	23.39	3.76	6.33	2.23	1.79	1.02	0.79	3.03	1.37	1.13	0.408	0.85	1.78
			5		4.415	3.466	0.180	13.86	29.25	4.49	7.94	2.67	1.77	1.01	0.78	3.71	1.65	1.36	0.404	0.88	1.82

（续）

型号	截面尺寸/mm				截面面积/	理论重量/	外表面积/	惯性矩/cm^4					惯性半径/cm			截面模数/cm^3			tgα	重心距离/cm	
	B	b	d	r	cm^2	(kg/m)	(m^2/m)	I_x	I_{x1}	I_y	I_{y1}	I_u	i_x	i_y	i_u	W_x	W_y	W_u		x_0	y_0
6.3/4	63	40	4	7	4.058	3.185	0.202	16.49	33.30	5.23	8.63	3.12	2.02	1.14	0.88	3.87	1.70	1.40	0.398	0.92	1.87
			5		4.993	3.920	0.202	20.02	41.63	6.31	10.86	3.76	2.00	1.12	0.87	4.74	2.07	1.71	0.396	0.95	2.04
			6		5.908	4.638	0.201	23.36	49.98	7.29	13.12	4.34	1.96	1.11	0.86	5.59	2.43	1.99	0.393	0.99	2.08
			7		6.802	5.339	0.201	26.53	58.07	8.24	15.47	4.97	1.98	1.10	0.86	6.40	2.78	2.29	0.389	1.03	2.12
7/4.5	70	45	4	7.5	4.547	3.570	0.226	23.17	45.92	7.55	12.26	4.40	2.26	1.29	0.98	4.86	2.17	1.77	0.410	1.02	2.15
			5		5.609	4.403	0.225	27.95	57.10	9.13	15.39	5.40	2.23	1.28	0.98	5.92	2.65	2.19	0.407	1.06	2.24
			6		6.647	5.218	0.225	32.54	68.35	10.62	18.58	6.35	2.21	1.26	0.98	6.95	3.12	2.59	0.404	1.09	2.28
			7		7.657	6.011	0.225	37.22	79.99	12.01	21.84	7.16	2.20	1.25	0.97	8.03	3.57	2.94	0.402	1.13	2.32
7.5/5	75	50	5	8	6.125	4.808	0.245	34.86	70.00	12.61	21.04	7.41	2.39	1.44	1.10	6.83	3.30	2.74	0.435	1.17	2.36
			6		7.260	5.699	0.245	41.12	84.30	14.70	25.37	8.54	2.38	1.42	1.08	8.12	3.88	3.19	0.435	1.21	2.40
			8		9.467	7.431	0.244	52.39	112.50	18.53	34.23	10.87	2.35	1.40	1.07	10.52	4.99	4.10	0.429	1.29	2.44
			10		11.590	9.098	0.244	62.71	140.80	21.96	43.43	13.10	2.33	1.38	1.06	12.79	6.04	4.99	0.423	1.36	2.52
8/5	80	50	5	8	6.375	5.005	0.255	41.96	85.21	12.82	21.06	7.66	2.56	1.42	1.10	7.78	3.32	2.74	0.388	1.14	2.60
			6		7.560	5.935	0.255	49.49	102.53	14.95	25.41	8.85	2.56	1.41	1.08	9.25	3.91	3.20	0.387	1.18	2.65
			7		8.724	6.848	0.255	56.16	119.33	46.96	29.82	10.18	2.54	1.39	1.08	10.58	4.48	3.70	0.384	1.21	2.68
			8		9.867	7.745	0.254	62.83	136.41	18.85	34.32	11.38	2.52	1.38	1.07	11.92	5.03	4.16	0.381	1.25	2.73
9/5.6	90	56	5	9	7.212	5.661	0.287	60.45	121.32	18.32	29.53	10.98	2.90	1.59	1.23	9.92	4.21	3.49	0.385	1.25	2.91
			6		8.557	6.717	0.286	71.03	145.59	21.42	35.58	12.90	2.88	1.58	1.23	11.74	4.96	4.13	0.384	1.29	2.95
			7		9.880	7.756	0.286	81.01	169.60	24.36	41.71	14.67	2.86	1.57	1.22	13.49	5.70	4.72	0.382	1.33	3.00
			8		11.183	8.779	0.286	91.03	194.17	27.15	47.93	16.34	2.85	1.56	1.21	15.27	6.41	5.29	0.380	1.36	3.04

（续）

型号	截面尺寸/mm				截面面积/cm²	理论重量/(kg/m)	外表面积/(m²/m)	惯性矩/cm⁴					惯性半径/cm			截面模数/cm³			tgα	重心距离/cm	
	B	b	d	r				I_x	I_{x1}	I_y	I_{y1}	I_u	i_x	i_y	i_u	W_x	W_y	W_u		x_0	y_0
10/6.3	100	63	6	10	9.617	7.550	0.320	99.06	199.71	30.94	50.50	18.42	3.21	1.79	1.38	14.64	6.35	5.25	0.394	1.43	3.24
			7		11.111	8.722	0.320	113.45	233.00	35.26	59.14	21.00	3.20	1.78	1.38	16.88	7.29	6.02	0.394	1.47	3.28
			8		12.534	9.878	0.319	127.37	266.32	39.39	67.88	23.50	3.18	1.77	1.37	19.08	8.21	6.78	0.391	1.50	3.32
			10		15.467	12.142	0.319	153.81	333.06	47.12	85.73	28.33	3.15	1.74	1.35	23.32	9.98	8.24	0.387	1.58	3.40
10/8	100	80	6		10.637	8.350	0.354	107.04	199.83	61.24	102.68	31.65	3.17	2.40	1.72	15.19	10.16	8.37	0.627	1.97	2.95
			7		12.301	9.656	0.354	122.73	233.20	70.08	119.98	36.17	3.16	2.39	1.72	17.52	11.71	9.60	0.626	2.01	3.0
			8		13.944	10.946	0.353	137.92	266.61	78.58	137.37	40.58	3.14	2.37	1.71	19.81	13.21	10.80	0.625	2.05	3.04
			10		17.167	13.476	0.353	166.87	333.63	94.65	172.48	49.10	3.12	2.35	1.69	24.24	16.12	13.12	0.622	2.13	3.12
11/7	110	70	6	10	10.637	8.350	0.354	133.37	265.78	42.92	69.08	25.36	3.54	2.01	1.54	17.85	7.90	6.53	0.403	1.57	3.53
			7		12.301	9.656	0.354	153.00	310.07	49.01	80.82	28.95	3.53	2.00	1.53	20.60	9.09	7.50	0.402	1.61	3.57
			8		13.944	10.946	0.353	172.04	354.39	54.87	92.70	32.45	3.51	1.98	1.53	23.30	10.25	8.45	0.401	1.65	3.62
			10		17.167	13.476	0.353	208.39	443.13	65.88	116.83	39.20	3.48	1.96	1.51	28.54	12.48	10.29	0.397	1.72	3.70
12.5/8	125	80	7	11	14.096	11.066	0.403	227.98	454.99	74.42	120.32	43.81	4.02	2.30	1.76	26.86	12.01	9.92	0.408	1.80	4.01
			8		15.989	12.551	0.403	256.77	519.99	83.49	137.85	49.15	4.01	2.28	1.75	30.41	13.56	11.18	0.407	1.84	4.06
			10		19.712	15.474	0.402	312.04	650.09	100.67	173.40	59.45	3.98	2.26	1.74	37.33	16.56	13.64	0.404	1.92	4.14
			12		23.351	18.330	0.402	364.41	780.39	116.67	209.67	69.35	3.95	2.24	1.72	44.01	19.43	16.01	0.400	2.00	4.22

（续）

型号	截面尺寸/mm				截面面积/cm²	理论重量/(kg/m)	外表面积/(m²/m)	惯性矩/cm⁴					惯性半径/cm			截面模数/cm³			tgα	重心距离/cm	
	B	b	d	r				I_x	I_{x1}	I_y	I_{y1}	I_u	i_x	i_y	i_u	W_x	W_y	W_u		x_0	y_0
14/9	140	90	8	12	18.038	14.160	0.453	365.64	730.53	120.69	195.79	70.83	4.50	2.59	1.98	38.48	17.34	14.31	0.411	2.04	4.50
			10		22.261	17.475	0.452	445.50	913.20	140.03	245.92	85.82	4.47	2.56	1.96	47.31	21.22	17.48	0.409	2.12	4.58
			12		26.400	20.724	0.451	521.59	1096.09	169.79	296.89	100.21	4.44	2.54	1.95	55.87	24.95	20.54	0.406	2.19	4.66
			14		30.456	23.908	0.451	594.10	1279.26	192.10	348.82	114.13	4.42	2.51	1.94	64.18	28.54	23.52	0.403	2.27	4.74
15/9	150	90	8		18.839	14.788	0.473	442.05	898.35	122.80	195.96	74.14	4.84	2.55	1.98	43.86	17.47	14.48	0.364	1.97	4.92
			10		23.261	18.260	0.472	539.24	1122.85	148.62	246.26	89.86	4.81	2.53	1.97	53.97	21.38	17.69	0.362	2.05	5.01
			12		27.600	21.666	0.471	632.08	1347.50	172.85	297.46	104.95	4.79	2.50	1.95	63.79	25.14	20.80	0.359	2.12	5.09
			14		31.856	25.007	0.471	720.77	1572.38	195.62	349.74	119.53	4.76	2.48	1.94	73.33	28.77	23.84	0.356	2.20	5.17
			15		33.952	26.652	0.471	763.62	1684.93	206.50	376.33	126.67	4.74	2.47	1.93	77.99	30.53	25.33	0.354	2.24	5.21
			16		36.027	28.281	0.470	805.51	1797.55	217.07	403.24	133.72	4.73	2.45	1.93	82.60	32.27	26.82	0.352	2.27	5.25
16/10	160	100	10	13	25.315	19.872	0.512	668.69	1362.89	205.03	336.59	121.74	5.14	2.85	2.19	62.13	26.56	21.92	0.390	2.28	5.24
			12		30.054	23.592	0.511	784.91	1635.56	239.06	405.94	142.33	5.11	2.82	2.17	73.49	31.28	25.79	0.388	2.36	5.32
			14		34.709	27.247	0.510	896.30	1908.50	271.20	476.42	162.23	5.08	2.80	2.16	84.56	35.83	29.56	0.385	0.43	5.40
			16		29.281	30.835	0.510	1003.04	2181.79	301.60	548.22	182.57	5.05	2.77	2.16	95.33	40.24	33.44	0.382	2.51	5.48
18/11	180	110	10	14	28.373	22.273	0.571	956.25	1940.40	278.11	447.22	166.50	5.80	3.13	2.42	78.96	32.49	26.88	0.376	2.44	5.89
			12		33.712	26.440	0.571	1124.72	2328.38	325.03	538.94	194.87	5.78	3.10	2.40	93.53	38.32	31.66	0.374	2.52	5.98
			14		38.967	30.589	0.570	1286.91	2716.60	369.55	631.95	222.30	5.75	3.08	2.39	107.76	43.97	36.32	0.372	2.59	6.06
			16		44.139	34.649	0.569	1443.06	3105.15	411.85	726.46	248.94	5.72	3.06	2.38	121.64	49.44	40.87	0.369	2.67	6.14
20/12.5	200	125	12		37.912	29.761	0.641	1570.90	3193.85	483.16	787.74	285.79	6.44	3.57	2.74	116.73	49.99	41.23	0.392	2.83	6.54
			14		43.687	34.436	0.640	1800.97	3726.17	550.83	922.47	326.58	6.41	3.54	2.73	134.65	57.44	47.34	0.390	2.91	6.62
			16		49.739	39.045	0.639	2023.35	4258.88	615.44	1058.86	366.21	6.38	3.52	2.71	152.18	64.89	53.32	0.388	2.99	6.70
			18		55.526	43.588	0.639	2238.30	4792.00	677.19	1197.13	404.83	6.35	3.49	2.70	169.33	71.74	59.18	0.385	3.06	6.78

注：截面图中的 $r_1 = d/3$ 及表中 r 的数据用于孔型设计，不做交货条件。

附表 C-3 槽钢截面尺寸、截面面积、理论重量及截面特性

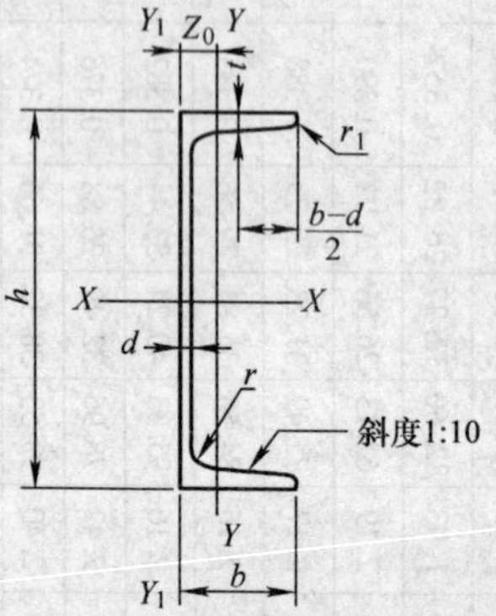

h — 高度；
b — 腿高度；
d — 腰厚度；
t — 平均腿厚度；
r — 内圆弧半径；
r_1 — 腿端圆弧半径；
Z_0 — yy轴与Y_d Y_1轴间距。

型号	截面尺寸/mm						截面面积/cm²	理论重量/(kg/m)	惯性矩/cm⁴			惯性半径/cm		截面模数/cm³		重心距离/cm
	h	b	d	t	r	r_1			I_x	I_y	I_{y1}	i_x	i_y	W_x	W_y	z_0
5	50	37	4.5	7.0	7.0	3.5	6.928	5.438	26.0	8.30	20.9	1.94	1.10	10.4	3.55	1.35
6.3	63	40	4.8	7.5	7.5	3.8	8.451	6.634	50.8	11.9	28.4	2.45	1.19	16.1	4.50	1.36
6.5	65	40	4.3	7.5	7.5	3.8	8.547	6.709	55.2	12.0	28.3	2.54	1.19	17.0	4.59	1.38
8	80	43	5.0	8.0	8.0	4.0	10.248	8.045	101	16.6	37.4	3.15	1.27	25.3	5.79	1.43
10	100	48	5.3	8.5	8.5	4.2	12.748	10.007	198	25.6	54.9	3.95	1.41	39.7	7.80	1.52
12	120	53	5.5	9.0	9.0	4.5	15.362	12.059	346	37.4	77.7	4.75	1.56	57.7	10.2	1.62
12.6	126	53	5.5	9.0	9.0	4.5	15.692	12.318	391	38.0	77.1	4.95	1.57	62.1	10.2	1.59
14a	140	58	6.0	9.5	9.5	4.8	18.516	14.535	564	53.2	107	5.52	1.70	80.5	13.0	1.71
14b		60	8.0				21.316	16.733	609	61.1	121	5.35	1.69	87.1	14.1	1.67
16a	160	63	6.5	10.0	10.0	5.0	21.962	17.24	866	73.3	144	6.28	1.83	108	16.3	1.80
16b		65	8.5				25.162	19.752	935	83.4	161	6.10	1.82	117	17.6	1.75
18a	180	68	7.0	10.5	10.5	5.2	25.699	20.174	1270	98.6	100	7.04	1.96	141	20.0	1.88
18b		70	9.0				29.299	23.000	1370	111	210	6.84	1.95	152	21.5	1.84
20a	200	73	7.0	11.0	11.0	5.5	28.837	22.637	1780	128	244	7.86	2.11	178	24.2	2.01
20b		75	9.0				32.837	25.777	1910	144	268	7.64	2.09	191	25.9	1.95
22a	220	77	7.0	11.5	11.5	5.8	31.846	24.999	2390	158	298	8.67	2.23	218	28.2	2.10
22b		79	9.0				36.246	28.453	2570	176	326	8.42	2.21	234	30.1	2.03

（续）

型号	截面尺寸/mm						截面面积/cm^2	理论重量/(kg/m)	惯性矩/cm^4			惯性半径/cm		截面模数/cm^3		重心距离/cm
	h	b	d	t	r	r_1			I_x	I_y	I_{y1}	i_x	i_y	W_x	W_y	z_0
24a	240	78	7.0	12.0	12.0	6.0	34.217	26.860	3050	174	325	9.45	2.25	254	30.5	2.10
24b		80	9.0				39.017	30.628	3280	194	355	9.17	2.23	274	32.5	2.03
24c		82	11.0				43.817	34.396	3510	213	388	8.96	2.21	293	34.4	2.00
25a	250	78	7.0				34.917	27.410	3370	176	322	9.82	2.24	270	30.6	2.07
25b		80	9.0				39.917	31.335	3530	196	353	9.41	2.22	282	32.7	1.98
25c		82	11.0				44.917	35.260	3690	218	384	9.07	2.21	295	35.9	1.92
27a	270	82	7.5	12.5	12.5	6.2	39.284	30.838	4360	216	393	10.5	2.34	323	35.5	2.13
27b		84	9.5				44.684	35.077	4690	239	428	10.3	2.31	347	37.7	2.06
27c		86	11.5				50.084	39.316	5020	261	467	10.1	2.28	372	39.8	2.03
28a	280	82	7.5				40.034	31.427	4760	218	388	10.9	2.33	340	35.7	2.10
28b		84	9.5				45.634	35.823	5130	242	428	10.6	2.30	366	37.9	2.02
28c		86	11.5				51.234	40.219	5500	268	463	10.4	2.29	393	40.3	1.95
30a	300	85	7.5	13.5	13.5	6.8	43.902	34.463	6050	260	467	11.7	2.43	403	41.1	2.17
30b		87	9.5				49.902	39.173	6500	289	515	11.4	2.41	433	44.0	2.13
30c		89	11.5				55.902	43.883	6950	316	560	11.2	2.38	463	46.4	2.09
32a	320	88	8.0	14.0	14.0	7.0	48.513	38.083	7600	305	552	12.5	2.50	475	46.5	2.24
32b		90	10.0				54.913	43.107	8140	336	593	12.2	2.47	509	49.2	2.16
32c		92	12.0				61.313	48.131	8690	374	643	11.9	2.47	543	52.6	2.09
36a	360	96	9.0	16.0	16.0	8.0	60.910	47.814	11900	455	818	14.0	2.73	660	63.5	2.44
36b		98	11.0				68.110	53.466	12700	497	880	13.6	2.70	703	66.9	2.37
36c		100	13.0				75.310	59.118	13400	536	948	13.4	2.67	746	70.0	2.34
40a	400	100	10.5	18.0	18.0	9.0	75.068	58.928	17600	592	1070	15.3	2.81	879	78.8	2.49
40b		102	12.5				83.068	65.208	18600	640	114	15.0	2.78	932	82.5	2.44
40c		104	14.5				91.068	71.488	19700	688	1220	14.7	2.75	986	86.2	2.42

注：表中r、r_1的数据用于孔型设计，不做交货条件。

附表 C-4 工字钢截面尺寸、截面面积、理论重量及截面特性

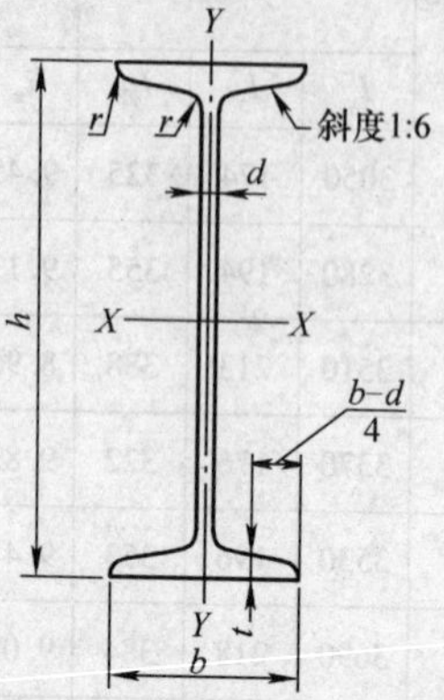

h —高度；
b —腿宽度；
d —腰厚度；
t —平均腿厚度；
r —内圆弧半径；
r_1—腿端圆弧半径。

型号	截面尺寸/mm						截面面积	理论重量	惯性矩/cm^4		惯性半径/cm		截面模数/cm^3	
	h	b	d	t	r	r_1	/cm^2	/(kg/m)	I_x	I_y	i_x	i_y	W_x	W_y
10	100	68	4.5	7.6	6.5	3.3	14.345	11.261	245	33.0	4.14	1.52	49.0	9.72
12	120	74	5.0	8.4	7.0	3.5	17.818	13.987	436	46.9	4.95	1.62	72.7	12.7
12.6	126	74	5.0	8.4	7.0	3.5	18.118	14.223	488	46.9	5.20	1.61	77.5	12.7
14	140	80	5.5	9.1	7.5	3.8	21.516	16.890	712	64.4	5.76	1.73	102	16.1
16	160	88	6.0	9.9	8.0	4.0	26.131	20.513	1130	93.1	6.58	1.89	141	21.2
18	180	94	6.5	10.7	8.5	4.3	30.756	24.143	1660	122	7.36	2.00	185	26.0
20a	200	100	7.0	11.4	9.0	4.5	35.578	27.929	2370	158	8.15	2.12	237	31.5
20b		102	9.0				39.578	31.069	2500	169	7.96	2.06	250	33.1
22a	220	110	7.5	12.3	9.5	4.8	42.128	33.070	3400	225	8.99	2.31	309	40.9
22b		102	9.5				46.528	36.524	3570	239	8.78	2.27	325	42.7
24a	240	116	8.0	13.0	10.0	5.0	47.741	37.477	4570	280	9.77	2.42	381	48.4
24b		118	10.0				52.541	41.245	4800	297	9.57	2.38	400	50.4
25a	250	116	8.0				48.541	38.105	5020	280	10.2	2.40	402	48.3
25b		118	10.0				53.541	42.030	5280	309	9.94	2.40	423	52.4
27a	270	122	8.5	13.7	10.5	5.3	54.554	42.825	6550	345	10.9	2.51	485	56.6
27b		124	10.5				59.954	47.064	6870	366	10.7	2.47	509	58.9
28a	280	122	8.5				55.404	43.492	7110	345	11.3	2.50	508	56.6
28b		124	10.5				61.004	47.888	7480	379	11.1	2.49	534	61.2

（续）

型号	截面尺寸/mm						截面面积 /cm²	理论重量 /(kg/m)	惯性矩/cm⁴		惯性半径/cm		截面模数/cm³	
	h	b	d	t	r	r_1			I_x	I_y	i_x	i_y	I_x	I_y
30a	300	126	9.0	14.4	11.0	5.5	61.254	48.084	8950	400	12.1	2.55	597	63.5
30b		128	11.0				67.254	52.794	9400	422	11.8	2.50	627	65.9
30c		130	13.0				73.254	57.504	9850	445	11.6	2.46	657	68.5
32a	320	130	9.5	15.0	11.5	5.8	67.156	52.717	11100	460	12.8	2.62	692	70.8
32b		132	11.5				73.556	57.741	11600	502	12.6	2.61	726	76.0
32c		134	13.5				79.956	62.765	12200	544	12.3	2.61	760	81.2
36a	360	136	10.0	15.8	12.0	6.0	76.480	60.037	15800	552	14.4	2.69	875	81.2
36b		138	12.0				83.680	65.689	16500	582	14.1	2.64	919	84.3
36c		140	14.0				90.880	71.341	17300	612	13.8	2.60	962	87.4
40a	400	142	10.5	16.5	12.5	6.3	86.112	67.598	21700	660	15.9	2.77	1090	93.2
40b		144	12.5				94.112	73.878	22800	692	15.6	2.71	1140	96.2
40c		146	14.5				102.112	80.158	23900	727	15.2	2.65	1190	99.6
45a	450	150	11.5	18.0	13.5	6.8	102.446	80.420	32200	855	17.7	2.89	1430	114
45b		152	13.5				111.446	87.485	33800	894	17.4	2.84	1500	118
45c		154	15.5				120.446	94.550	35300	938	17.1	2.79	1570	122
50a	500	158	12.0	20.0	14.0	7.0	119.304	93.654	46500	1120	19.7	3.07	1860	142
50b		160	14.0				129.304	101.504	48600	1170	19.4	3.01	1940	146
50c		162	16.0				139.304	109.354	50600	1220	19.0	2.96	2080	151
55a	550	166	12.5	21.0	14.5	7.3	134.185	105.335	62900	1370	21.6	3.19	2290	164
55b		168	14.5				145.185	113.970	65600	1420	21.2	3.14	2390	170
55c		170	16.5				156.185	122.605	68400	1480	20.9	3.08	2490	175
56a	560	166	12.5				135.435	106.316	65600	1370	22.0	3.18	2340	165
56b		168	14.5				146.635	115.108	68500	1490	21.6	3.16	2450	174
56c		170	16.5				157.835	123.900	71400	1560	21.3	3.16	2550	183
63a	630	176	13.0	22.0	15.0	7.5	154.658	121.407	93900	1700	24.5	3.31	2980	193
63b		178	15.0				167.258	131.298	98100	1810	24.2	3.29	3160	204
63c		180	17.0				179.858	141.189	102000	1920	23.8	3.27	3300	214

注：表中 r、r_1 的数据用于孔型设计，不做交货条件。

附录 D　部分习题参考答案

第 1 章

1-8　$F_{1x}=0$，$F_{1y}=2\text{kN}$，$F_{2x}=4\text{kN}$，$F_{2y}=3\text{kN}$；

$F_{3x}=-10\text{kN}$，$F_{3y}=0$，$F_{4x}=4.2\text{kN}$，$F_{4y}=-5.6\text{kN}$

1-9　$M_O(W)=Wc\sin\alpha$，$M_O(F_1)=0$，$M_O(F_2)=F_2\cdot\dfrac{a}{\cos\alpha}$

1-10　(a) $M_A(F)=Fl$；(b) $M_A(F)=0$；(c) $M_A(F)=F\sin\alpha l$；

(d) $M_A(F_1)=Fa$；(e) $M_A(F)=F(l+r)$；(f) $M_A(F)=F\sin\beta\cdot l$

1-11

$M_x(F)=F\sin\alpha\cdot r\cdot\cos\beta-F\cos\alpha\sin\beta\cdot h$；

$M_y(F)=-F\sin\alpha\cdot r\cdot\sin\beta-F\cos\alpha\cos\beta\cdot h$；

$M_z(F)=F\sin\alpha\cdot r$

1-12　$F_{1x}=0$，$F_{1y}=0$，$F_{1z}=6\text{kN}$；$F_{2x}=-1.414\text{kN}$，$F_{2y}=1.414\text{kN}$，$F_{2z}=0$；

$F_{3x}=2.309\text{kN}$，$F_{3y}=-2.309\text{kN}$，$F_{3z}=2.309\text{kN}$

1-13　$M_A(F)=F\cos\alpha\cdot b$，$M_B(F)=F\cos\alpha\cdot b-F\sin\alpha\cdot a$

1-14　$M_O(F)=W\cdot l\sin\theta$，$M_O(F)=0$，$M_O(F)=Wl$

1-15　$M_A(F)=F\cos\alpha\cdot(R-r\cos\alpha)\ -F\sin^2\alpha\cdot r$

第 2 章

2-1　$F_R=750\text{N}$，$\alpha=81.6°$

2-2　$F_R=171.3\text{N}$，$\alpha=40.975°$

2-3　$F_R=280\text{kN}$，$M_O=20.5\text{N}\cdot\text{m}$

2-4　$F_R=0$，$M_O=M_D=3Fl$

2-5　$F_R=42.468\text{N}$，$M_O=23.105\text{N}\cdot\text{m}$

2-6　$F_R=5\text{kN}$

2-7　$M_1=-165\text{N}\cdot\text{m}$，$M_2=220\text{N}\cdot\text{m}$，$M_3=60\text{N}\cdot\text{m}$，$M=115\text{N}\cdot\text{m}$

2-8　$F_R=164\text{N}$，$M_O=-3.132\text{N}\cdot\text{m}$，$\alpha=12°50'$，$d=19.1\text{mm}$

2-9　$M=520\text{N}\cdot\text{m}$

2-10　$F=10\text{N}$

2-11　$F'_R=60\text{N}$，$M(F'_R)_O=192.09\text{N}\cdot\text{mm}$，

$M(F'_R)_A=174.92\text{N}\cdot\text{mm}$，$M(F'_R)_B=192.09\text{N}\cdot\text{mm}$

2-12　$F_{Rx}=\left(0-100\times\dfrac{\sqrt{2}}{2}-100\times\dfrac{\sqrt{2}}{2}+100+100\times\dfrac{\sqrt{3}}{3}\right)\text{N}=131.8\text{N}$；

$F_{Ry}=\left(0+100\times\dfrac{\sqrt{2}}{2}+100\times\dfrac{\sqrt{2}}{2}+0+100\times\dfrac{\sqrt{3}}{3}\right)\text{N}=199.14\text{N}$；

$F_{Rz}=\left(100+100\times\dfrac{\sqrt{3}}{3}\right)\text{N}=157.74\text{N}$；

力系合力为 $|F_R|=\sqrt{131.8^2+199.14^2+157.74^2}\text{N}=286.20\text{N}$，

$\cos(\boldsymbol{F}_R,\boldsymbol{i})=0.4605$，$\cos(\boldsymbol{F}_R,\boldsymbol{j})=0.6958$，$\cos(\boldsymbol{F}_R,\boldsymbol{k})=0.5512$

力系向点 A 简化的矩为

$M_x(F_R)=-2.93\text{N}\cdot\text{m}$，$M_y(F_R)=-7.07\text{N}\cdot\text{m}$，$M_z(F_R)=-4.14\text{N}\cdot\text{m}$

$|M_A(F_R)|=8.65\text{N}\cdot\text{m}$，$\cos[\boldsymbol{M}_A(\boldsymbol{F}_R),\boldsymbol{i}]=0.3385$，$\cos[\boldsymbol{M}_A(\boldsymbol{F}_R),\boldsymbol{j}]=0.8173$

$\cos[\boldsymbol{M}_A(\boldsymbol{F}_R),\boldsymbol{k}]=0.4671$

第3章

3-1 $F_{Ax}=3.54\text{kN}$；$F_{Ay}=10.61\text{kN}$；$F_B=5\text{kN}$

3-2 $F_{BC}=5\text{kN}$；$F_{Ax}=-4.33\text{kN}$；$F_{Ay}=2.5\text{kN}$

3-3

(a) $F_{Ax}=0$，$F_B=0$，$F_{Ay}=1\text{kN}$；(b) $F_{Ax}=0$，$F_B=2.75\text{kN}$，$F_{Ay}=2.25\text{kN}$；

(c) $F_{Ax}=0$，$F_B=\frac{5}{3}\text{kN}$，$F_{Ay}=-\frac{2}{3}\text{kN}$；(d) $F_{Ax}=0$，$F_B=3\text{kN}$，$F_{Ay}=0$；

(e) $F_{Ax}=0$，$F_{Ay}=2\text{kN}$，$M_A=3.5\text{kN}\cdot\text{m}$；(f) $F_{Ax}=0$，$F_{Ay}=3\text{kN}$，$M_A=5\text{kN}\cdot\text{m}$

3-4 $F_{Ax}=0$，$F_{Ay}=600\text{N}$，$M_A=800\text{N}\cdot\text{m}$

3-5 $F_A=F_B=300\text{N}$

3-6 $F_{Ax}=11.55\text{kN}$，$F_{Ay}=46.67\text{kN}$，$F_{BC}=46.19\text{kN}$

3-7 $\dfrac{We+P_{1\max}l}{a+b}\leqslant P_2\leqslant\dfrac{W(e+b)}{a}$

3-8 (a) $F_A=63.22\text{kN}$，$F_C=-30\text{kN}$，$F_B=88.74\text{kN}$；

(b) $F_C=3.45\text{kN}$，$F_B=8.42\text{kN}$，$F_D=57.41\text{kN}$

3-9 $F_{CB}=848.5\text{N}$，$F_{Ax}=2400\text{N}$，$F_{Ay}=1200\text{N}$

3-10 $F_G=1920\text{N}$，$F_{Bx}=600\text{N}$，$F_{By}=1920\text{N}$

3-11 (a) $F_D=5\text{kN}$，$F_B=-5\text{kN}$，$F_{Ay}=10\text{kN}$；

(b) $F_D=8.54\text{kN}$，$F_{Ax}=7.071\text{kN}$，

$F_{Ay}=18.54\text{kN}$，$M_A=27.08\text{kN}\cdot\text{m}$

3-12 $M_2=3\text{N}\cdot\text{m}$，$F_{AB}=5\text{N}$

3-13 $M=34.13\text{N}\cdot\text{m}$

3-14 $F_{Dx}=-2.4\text{kN}$，$F_{Dy}=2\text{kN}$，$F_{Ax}=2.4\text{kN}$，$F_{Ay}=-1\text{kN}$

3-15 $F_{Ex}=-5\text{kN}$，$F_{Ey}=10\text{kN}$，$F_{Ax}=5\text{kN}$，$F_{Ay}=10\text{kN}$，$M_A=0$

3-16 $F_{Dx}=-16.8\text{kN}$，$F_{Dy}=56\text{kN}$

3-17 $F_{Ax}=0$，$F_{Ay}=30\text{kN}$，$F_{Bx}=-20\text{kN}$，$F_{By}=50\text{kN}$

*3-18 $F_C=1\text{kN}$，$M_A=80\text{kN}\cdot\text{m}$，$F_{Ax}=2.5\text{kN}$，$F_{Ay}=33.33\text{kN}$

*3-19 $F_{Dx}=2.25\text{kN}$，$F_{Dy}=4\text{kN}$，$F_{Ax}=-2.25\text{kN}$，$F_{Ay}=-3\text{kN}$

*3-20 $F_{Ex}=5\text{kN}$，$F_{Ey}=-5\sqrt{3}\text{kN}$

3-21 $\dfrac{W(\sin\alpha-\mu_s\cos\alpha)}{(\mu_s\sin\alpha+\cos\alpha)}\leqslant F\leqslant\dfrac{W(\mu_s\cos\alpha+\sin\alpha)}{(\cos\alpha-\mu_s\sin\alpha)}$

3-22 物块 A 将相对于 B 发生滑动，物块 B 相对于地面静止

*3-23 $a<\dfrac{b}{2\mu_s}$

3-24 $F_{AB}=115.47\text{N}$，$F_{BC}=57.74\text{N}$，$F_s=57.74\text{N}$，$F_{\max}=129.9\text{N}$

*3-25 $F_2\tan(\alpha-\varphi_m)\leqslant F_1\leqslant F_2\tan(\alpha+\varphi_m)$，

或$\dfrac{\sin\alpha-\mu_s\cos\alpha}{\cos\alpha+\mu_s\sin\alpha}F_2\leqslant F_1\leqslant\dfrac{\sin\alpha+\mu_s\cos\alpha}{\cos\alpha-\mu_s\sin\alpha}F_2$

3-26 $F_x=-5\text{kN}$，$F_y=-F_2=-4\text{kN}$，$F_z=0$，

$M_x=16\text{kN}\cdot\text{m}$，$M_y=-30\text{kN}\cdot\text{m}$，$M_z=20\text{kN}\cdot\text{m}$

3-27 $F_{BD}=1.155\text{kN}$，$F_{BC}=-0.471\text{kN}$，$F_{BA}=-0.644\text{kN}$

3-28 $F_{OA}=163.3\text{N}$，$F_{OB}=F_{OD}=149\text{N}$

3-29 $F_C=0.5\text{kN}$，$F_A=0.95\text{kN}$，$F_B=0.05\text{kN}$

*3-30 $F_{DE}=26.67\text{kN}$，$F_{BC}=45.76\text{kN}$，$F_{Ax}=8.89\text{kN}$，$F_{Ay}=16.67\text{kN}$，$F_{Az}=40\text{kN}$

3-31 $F_{t2}=2.194\text{kN}$，$F_{Bx}=-1.769\text{kN}$，$F_{Ax}=2.005\text{kN}$，$F_{Bz}=-0.152\text{kN}$，$F_{Az}=0.376\text{kN}$

3-32 $F=207.85\text{N}$，$F_{Az}=183.93\text{N}$，$F_{Bz}=423.93\text{N}$

第 5 章

5-1

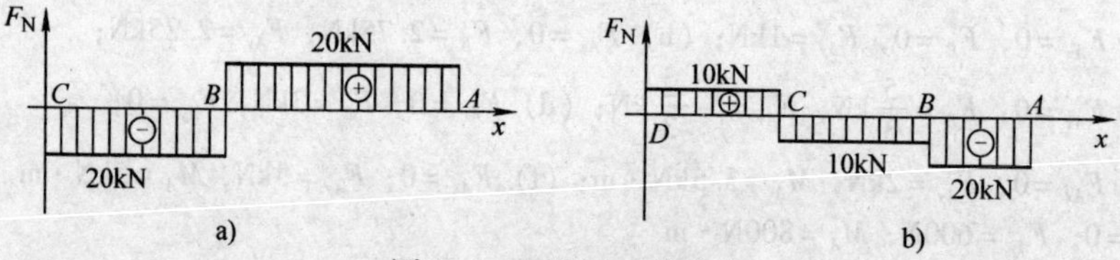

图 D-1 习题 5-1 答案

5-2

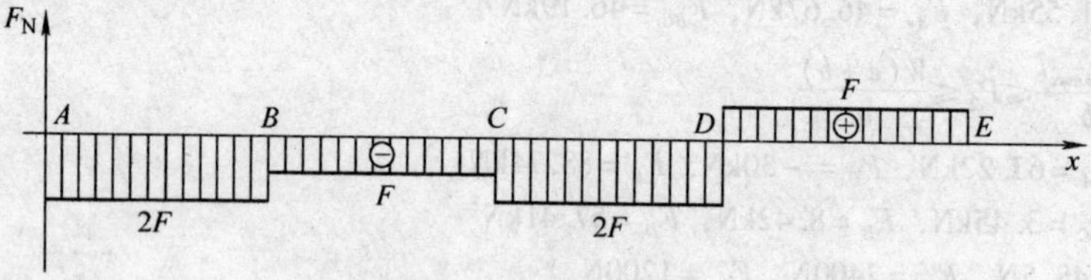

图 D-2 习题 5-2 答案

5-3

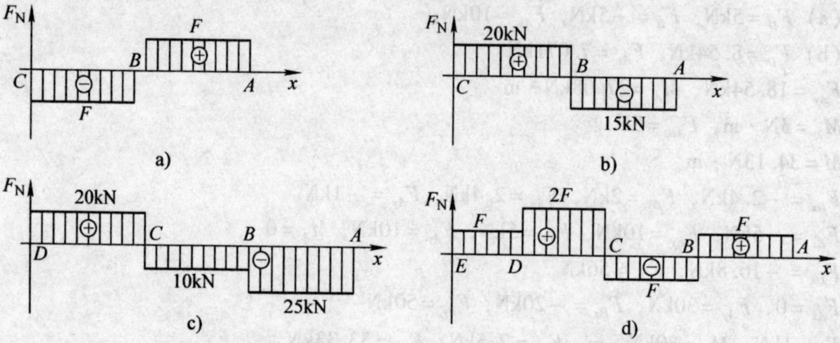

图 D-3 习题 5-3 答案

5-4

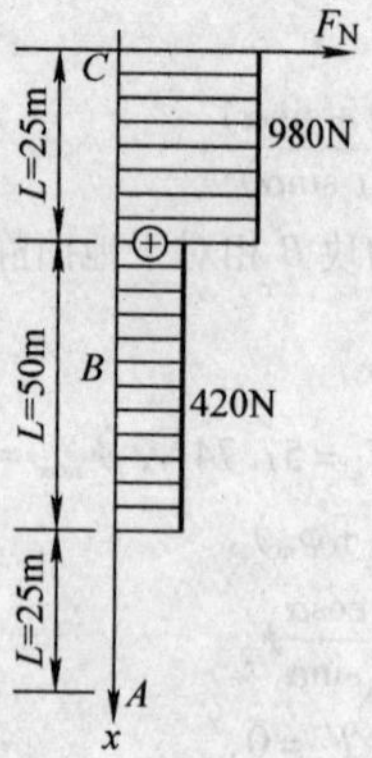

图 D-4 习题 5-4 答案

5-5

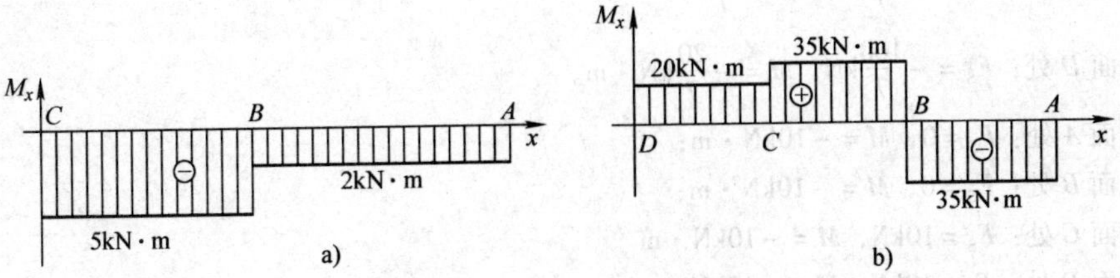

图 D-5　习题 5-5 答案

5-6

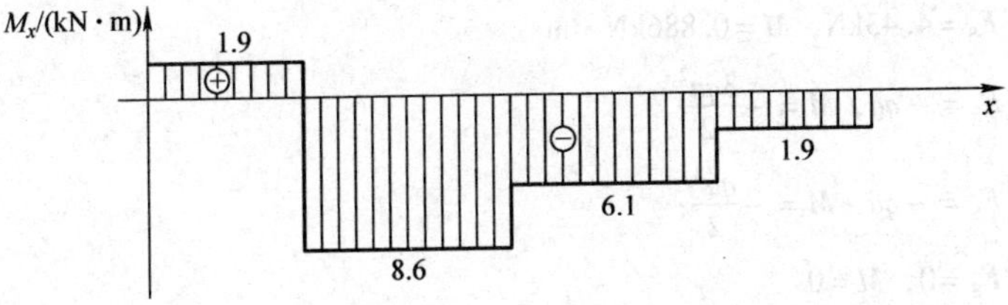

图 D-6　习题 5-6 答案

5-7　(a) 图示位置最合理。

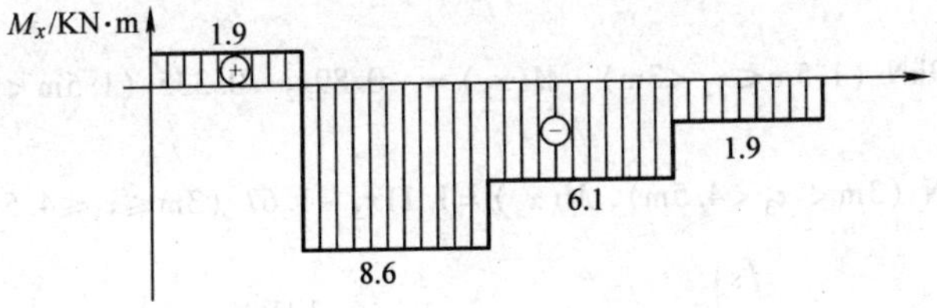

图 D-7　习题 5-7 答案

5-8

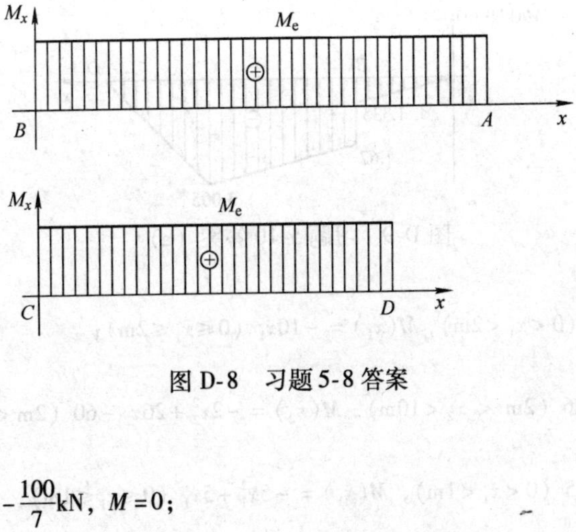

图 D-8　习题 5-8 答案

5-9

(a) 截面 A 处：$F_S = -\frac{100}{7}\text{kN}$，$M=0$；

截面 B 处：$F_S = -\frac{100}{7}\text{kN}$，$M=0$；

截面 C 处：$F_S=-\frac{100}{7}kN$，$M=\frac{50}{7}kN\cdot m$；

截面 D 处：$F_S=-\frac{100}{7}kN$，$M=-\frac{20}{7}kN\cdot m$。

（b）截面 A 处：$F_S=0$，$M=-10kN\cdot m$；

截面 B 处：$F_S=0$，$M=-10kN\cdot m$；

截面 C 处：$F_S=10kN$，$M=-10kN\cdot m$

截面 D 处：$F_S=10kN$，$M=-13kN\cdot m$

（c）截面 A 处：$F_S=-3.07kN$，$M=0$；

截面 B 处：$F_S=4.43kN$，$M=0$；

截面 C 处：$F_S=-0.57kN$，$M=0.886kN\cdot m$

截面 D 处：$F_S=4.43kN$，$M=0.886kN\cdot m$

（d）截面 A 处：$F_S=-qa$，$M=-\frac{3qa^2}{2}$；

截面 B 处：$F_S=-qa$，$M=-\frac{qa^2}{2}$；

截面 C 处：$F_S=0$，$M=0$

5-10

（a）AB 段：

$F_S(x_1)=-0.89kN\ (0<x_1\leqslant 1.5m)$，$M(x_1)=-0.89x_1\ (0\leqslant x_1<1.5m)$；

BC 段：

$F_S(x_2)=-0.89kN\ (1.5m\leqslant x_2<3m)$，$M(x_2)=-0.89x_2-0.335\ (1.5m<x_2\leqslant 3m)$；

CD 段：

$F_S(x_3)=1.11kN\ (3m<x_3<4.5m)$，$M(x_3)=1.11x_3-1.67\ (3m\leqslant x_3\leqslant 4.5m)$。

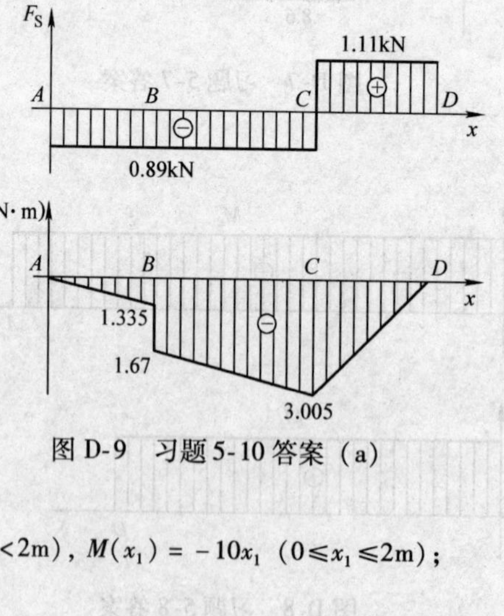

图 D-9 习题 5-10 答案（a）

（b）AB 段：

$F_S(x_1)=-10kN\ (0<x_1<2m)$，$M(x_1)=-10x_1\ (0\leqslant x_1\leqslant 2m)$；

BC 段：

$F_S(x_2)=-4x_2+26\ (2m<x_2<10m)$，$M(x_2)=-2x_2^2+26x_2-60\ (2m<x_2\leqslant 10m)$。

（c）AB 段：

$F_S(x_1)=-10x_1+5\ (0<x_1<1m)$，$M(x_1)=-5x_1^2+5x_1\ (0\leqslant x_1\leqslant 1m)$；

BC 段：

$F_S(x_2)=10x_2-15\ (1m<x_2<2m)$，$M(x_2)=5x_2^2-15x_2+10\ (1m<x_2<2m)$。

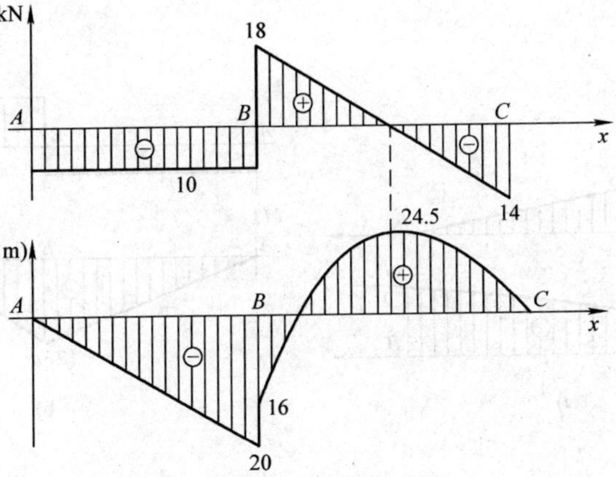

图 D-10　习题 5-10 答案（b）

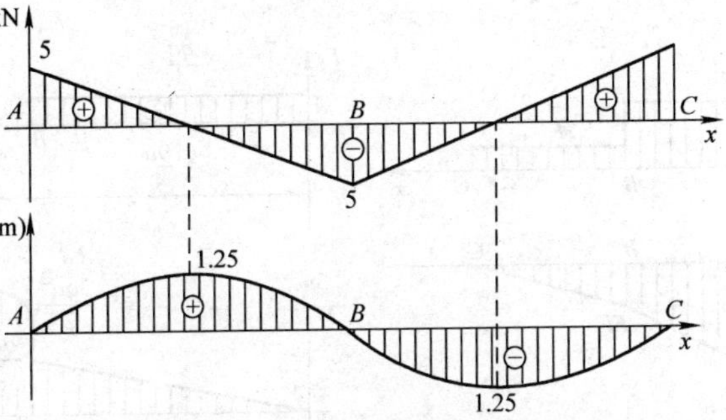

图 D-11　习题 5-10 答案（c）

（d）*AB* 段：

$F_S(x_1) = -x_1 + 12$（$0 < x_1 < 4\text{m}$），$M(x_1) = -\dfrac{1}{2}x_1^2 + 12x_1$（$0 \leqslant x_1 \leqslant 4\text{m}$）；

BC 段：

$F_S(x_2) = -x_2 + 2$（$4\text{m} < x_2 < 8\text{m}$），$M(x_2) = -\dfrac{1}{2}x_2^2 + 2x_2 + 40$（$4\text{m} \leqslant x_2 < 8\text{m}$）；

CD 段：

$F_S(x_3) = -6\text{kN}$（$8\text{m} \leqslant x_3 < 12\text{m}$），$M(x_3) = -6x_3 + 62$（$8\text{m} < x_3 \leqslant 12\text{m}$）；

DE 段：

$F_S(x_4) = 2\text{kN}$（$12\text{m} < x_4 < 17\text{m}$），$M(x_4) = 2x_4 - 34$（$12\text{m} \leqslant x_4 \leqslant 17\text{m}$）

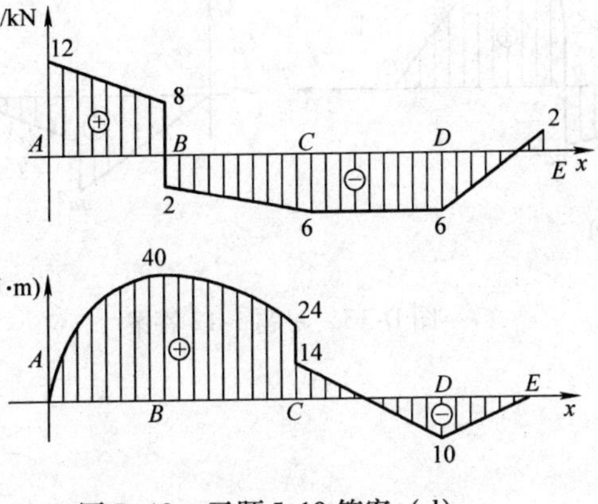

图 D-12　习题 5-10 答案（d）

5-12

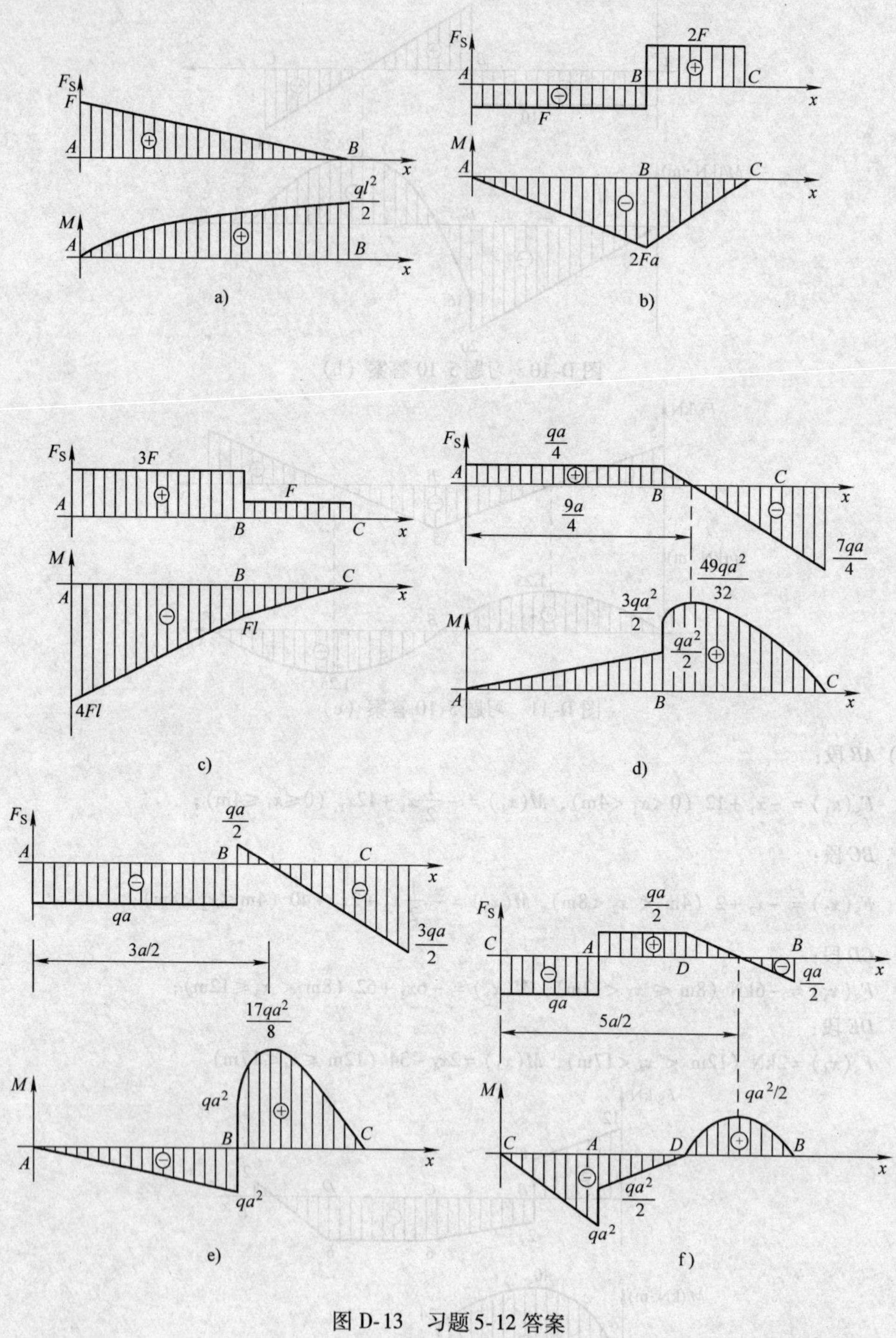

图 D-13　习题 5-12 答案

5-13

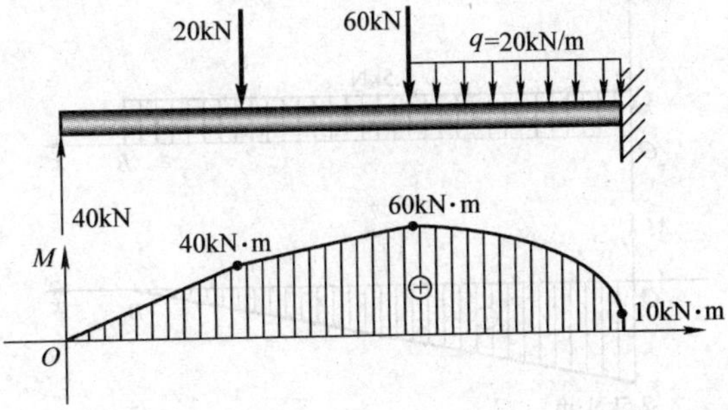

图 D-14 习题 5-13 答案

5-14

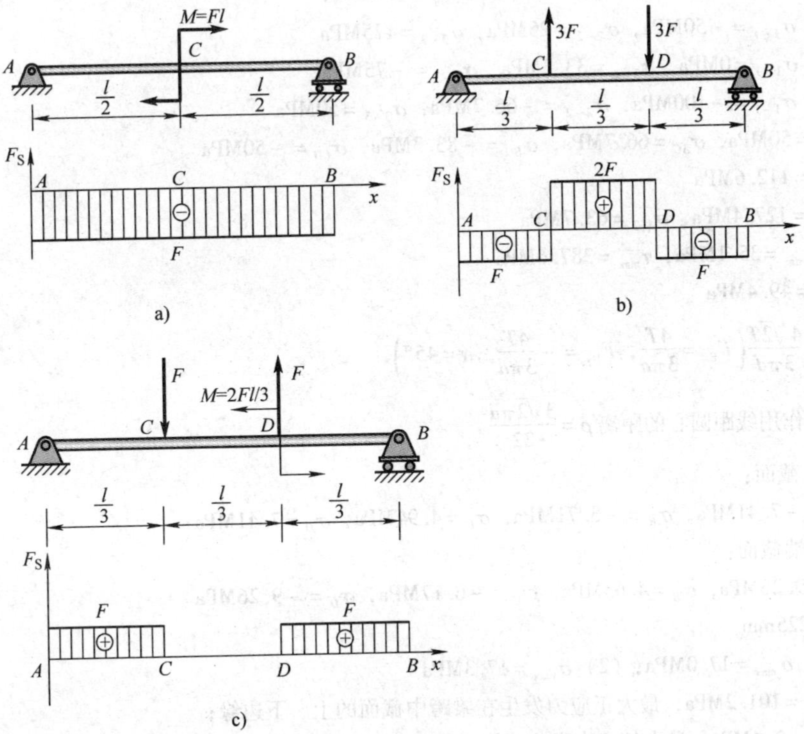

图 D-15 习题 5-14 答案

5-15 当 $x=1-\frac{c}{2l}$时弯矩最大，$M_{\max}=2F\left(1-\frac{1}{l}-\frac{c}{l}-\frac{c^2}{4l^3}+\frac{c}{l^2}+\frac{c^2}{4l^2}\right)$

5-16

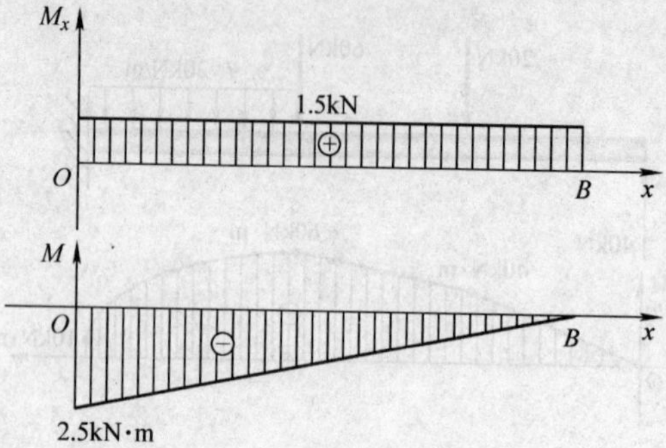

图 D-16 习题 5-16 答案

第 6 章

6-1 (a) $\sigma_{1-1}=-50\text{MPa}$，$\sigma_{2-2}=0\text{MPa}$，$\sigma_{3-3}=150\text{MPa}$；

(b) $\sigma_{1-1}=-50\text{MPa}$，$\sigma_{2-2}=25\text{MPa}$，$\sigma_{3-3}=125\text{MPa}$

6-2 (a) $\sigma_{1-1}=0\text{MPa}$，$\sigma_{2-2}=33.3\text{MPa}$，$\sigma_{3-3}=-75\text{MPa}$；

(b) $\sigma_{1-1}=-100\text{MPa}$，$\sigma_{2-2}=-66.7\text{MPa}$，$\sigma_{3-3}=50\text{MPa}$

6-3 $\sigma_{AB}=50\text{MPa}$，$\sigma_{AC}=66.7\text{MPa}$，$\sigma_{BC}=-83.3\text{MPa}$，$\sigma_{CD}=-50\text{MPa}$

6-4 $\sigma_{CD}=112.6\text{MPa}$

6-5 $\sigma_{杆1}=127.4\text{MPa}$，$\sigma_{杆2}=63.7\text{MPa}$

6-6 $\tau_{\rho=10\text{mm}}=35.1\text{MPa}$，$\tau_{\max}=387.6\text{MPa}$

6-7 $\tau_{\max}=49.4\text{MPa}$

6-8 $F_R=\dfrac{4\sqrt{2}T}{3\pi d}\left(F_{Rx}=\dfrac{4T}{3\pi d},\ F_{Ry}=-\dfrac{4T}{3\pi d},\ \alpha=45°\right)$，

合力作用线距圆心的距离 $\rho=\dfrac{3\sqrt{2}\pi d}{32}$

6-9 1-1 截面：

$\sigma_A=-7.41\text{MPa}$，$\sigma_B=-3.71\text{MPa}$，$\sigma_C=4.94\text{MPa}$，$\sigma_D=7.41\text{MPa}$；

固定端截面：

$\sigma_A=9.26\text{MPa}$，$\sigma_B=4.63\text{MPa}$，$\sigma_C=-6.17\text{MPa}$，$\sigma_D=-9.26\text{MPa}$

6-10 $b=225\text{mm}$

6-11 (1) $\sigma_{\max}=17.0\text{MPa}$；(2) $\sigma_{\max}=17.3\text{MPa}$

6-12 $\sigma_{\max}=101.2\text{MPa}$，最大正应力发生在梁跨中截面的上、下边缘；

$\tau_{\max}=3.4\text{MPa}$，最大切应力发生在梁支座 A、B 内侧的中性轴上

6-13 $\sigma_{\max}=141.6\text{MPa}$，$\tau_{\max}=18.1\text{MPa}$

6-14 $\tau_{胶合面}=7.1\text{MPa}$，$\tau_{\max}=8\text{MPa}$

6-15 $\tau_{\max}=58.98\text{MPa}$；空心轴比实心轴节省约 30% 的材料

6-16 $\dfrac{\sigma_{\max}^{(a)}}{\sigma_{\max}^{(b)}}=2:1$

第 7 章

7-1 略

7-2 （a）$\sigma_1=50\text{MPa}$，$\sigma_2=0\text{MPa}$，$\sigma_3=0\text{MPa}$，单向应力状态；
（b）$\sigma_1=40\text{MPa}$，$\sigma_2=0\text{MPa}$，$\sigma_3=-30\text{MPa}$，二向应力状态；
（c）$\sigma_1=20\text{MPa}$，$\sigma_2=10\text{MPa}$，$\sigma_3=-30\text{MPa}$，三向应力状态

7-3 （a）$\sigma_\alpha=45\text{MPa}$，$\tau_\alpha=-8.66\text{MPa}$；
（b）$\sigma_\alpha=7.32\text{MPa}$，$\tau_\alpha=7.32\text{MPa}$；
（c）$\sigma_\alpha=28.48\text{MPa}$，$\tau_\alpha=-36.65\text{MPa}$

7-4 （a）$\sigma_\alpha=30\text{MPa}$，$\tau_\alpha=30\text{MPa}$，
$\sigma_1=120\text{MPa}$，$\sigma_2=20\text{MPa}$，$\sigma_3=0\text{MPa}$，$\alpha_0=-26.53°$，
$\tau_{max}=50\text{MPa}$。
（b）$\sigma_\alpha=-14.02\text{MPa}$，$\tau_\alpha=-49.6\text{MPa}$，
$\sigma_1=70\text{MPa}$，$\sigma_2=0\text{MPa}$，$\sigma_3=-30\text{MPa}$，$\alpha_0=18.43°$，
$\tau_{max}=50\text{MPa}$。
（c）$\sigma_\alpha=79.64\text{MPa}$，$\tau_\alpha=5.98\text{MPa}$，
$\sigma_1=80\text{MPa}$，$\sigma_2=0\text{MPa}$，$\sigma_3=-20\text{MPa}$，$\alpha_0=26.53°$，
$\tau_{max}=50\text{MPa}$

7-5 （a）$\sigma_\alpha=16.3\text{MPa}$，$\tau_\alpha=3.7\text{MPa}$，
$\sigma_1=44.1\text{MPa}$，$\sigma_2=15.9\text{MPa}$，$\sigma_3=0\text{MPa}$，$\alpha_0-22.5°$，
$\tau_{max}=14.1\text{MPa}$。
（b）$\sigma_\alpha=5\text{MPa}$，$\tau_\alpha=25\text{MPa}$，
$\sigma_1=57\text{MPa}$，$\sigma_2=0\text{MPa}$，$\sigma_3=-7\text{MPa}$，$\alpha_0=70.67°$，
$\tau_{max}=30\text{MPa}$。
（c）$\sigma_\alpha=34.8\text{MPa}$，$\tau_\alpha=11.6\text{MPa}$，
$\sigma_1=37\text{MPa}$，$\sigma_2=0\text{MPa}$，$\sigma_3=-27\text{MPa}$，$\alpha_0=19.33°$，
$\tau_{max}=32\text{MPa}$

7-6 A 点：$\sigma_x=-93.75\text{MPa}$，$\sigma_y=0\text{MPa}$，$\tau_{xy}=0\text{MPa}$；
$\sigma_1=0\text{MPa}$，$\sigma_2=0\text{MPa}$，$\sigma_3=-93.75\text{MPa}$；$\tau_{max}=46.875\text{MPa}$。
B 点：$\sigma_x=-46.875\text{MPa}$，$\sigma_y=0\text{MPa}$，$\tau_{xy}=14.06\text{MPa}$；
$\sigma_1=3.9\text{MPa}$，$\sigma_2=0\text{MPa}$，$\sigma_3=-50.7\text{MPa}$；$\tau_{max}=27.3\text{MPa}$。
C 点：$\sigma_x=0\text{MPa}$，$\sigma_y=0\text{MPa}$，$\tau_{xy}=18.75\text{MPa}$；
$\sigma_1=18.75\text{MPa}$，$\sigma_2=0\text{MPa}$，$\sigma_3=-18.75\text{MPa}$，$\tau_{max}=18.75\text{MPa}$

7-7 （a）$\sigma_1=50\text{MPa}$，$\sigma_2=50\text{MPa}$，$\sigma_3=-50\text{MPa}$，$\tau_{max}=50\text{MPa}$；
（b）$\sigma_1=50\text{MPa}$，$\sigma_2=37\text{MPa}$，$\sigma_3=-27\text{MPa}$，$\tau_{max}=38.5\text{MPa}$；
（c）$\sigma_1=130\text{MPa}$，$\sigma_2=30\text{MPa}$，$\sigma_3=-30\text{MPa}$，$\tau_{max}=80\text{MPa}$

7-8 （a）$\sigma_1=\sigma$，$\sigma_2=0$，$\sigma_3=0$，$\tau_{max}=\dfrac{\sigma}{2}$；
（b）$\sigma_1=\tau$，$\sigma_2=0$，$\sigma_3=-\tau$，$\tau_{max}=\tau$；
（c）$\sigma_1=\dfrac{\sigma}{2}+\dfrac{1}{2}\sqrt{\sigma^2+4\tau^2}$，$\sigma_2=0$，$\sigma_3=\dfrac{\sigma}{2}-\dfrac{1}{2}\sqrt{\sigma^2+4\tau^2}$，
$\tau_{max}=\dfrac{1}{2}\sqrt{\sigma^2+4\tau^2}$

7-9 $\sigma_1=80\text{MPa}$，$\sigma_2=40\text{MPa}$，$\sigma_3=0\text{MPa}$

7-10 $\tau=15\text{MPa}$；$\sigma_1=0\text{MPa}$，$\sigma_2=0\text{MPa}$，$\sigma_3=-30\text{MPa}$

7-11 略

7-12 $\tau_{xy}=0$；$\sigma_1=80\text{MPa}$，$\sigma_2=40\text{MPa}$，$\sigma_3=0\text{MPa}$；$\tau_{\max}=20\text{MPa}$

7-13 圆心坐标 C（120MPa，0），应力圆半径 $R=100\text{MPa}$

7-14 $F=\dfrac{E\pi d^2\ (\varepsilon'+\varepsilon'')}{4\ (1-\nu)}$

7-15 $T=\dfrac{\sqrt{3}E\pi d^3\varepsilon_{-30^\circ}}{24\ (1+\nu)}$

7-16 $\sigma_1=-60\text{MPa}$，$\sigma_2=-19.8\text{MPa}$，$\sigma_3=0\text{MPa}$；

$\Delta l_1=3.76\times10^{-3}\text{mm}$，$\Delta l_2=0\text{mm}$，$\Delta l_3=-7.64\times10^{-3}\text{mm}$

7-17 $T=\dfrac{E\pi D^3\ (1-\alpha^4)\ \varepsilon_{-45^\circ}}{16\ (1+\nu)}$

7-18 $F=48\text{kN}$

7-19 $F=37.2\text{kN}$

7-20 $\Delta l_{AB}=\dfrac{3\sqrt{2}\ (1-\nu)\ Ma^2}{2Ebh^2}$

第 8 章

8-1 儿童的体重应不大于 22.62kg

8-2 杆 AC：$\sigma_{AC}=103\text{MPa}<[\sigma]=160\text{MPa}$；

杆 BC：$\sigma_{BC}=73.23\text{MPa}<[\sigma^+]=100\text{MPa}$，结构校核安全

8-3 设计直径 $d=9\text{mm}$

8-4 结构的许可载荷 $[F]=57.6\text{kN}$

8-5 （1）$P=42.41\text{kW}$；

（2）$d\geqslant39.68\text{mm}$，可取设计直径 $d=40\text{mm}$；

（3）应安装在高速轴上，传递相同的功率，高速轴需要的制动力矩小

8-6 $\tau_{\max}=79.58\text{MPa}<[\tau]=80\text{MPa}$，结构强度满足要求

8-7 $n=\dfrac{\tau_s}{[\tau]}=\dfrac{163}{81.5}=2$

8-8 设计直径 $b=30\text{mm}$，$h=2b=60\text{mm}$

8-9 $\sigma_{\max}=75.45\text{MPa}<[\sigma]=80\text{MPa}$，梁强度满足要求

8-10 $\sigma_A^+=24.09\text{MPa}<[\sigma^+]=25\text{MPa}$，$\sigma_A^-=15.12\text{MPa}<[\sigma^-]=40\text{MPa}$，

$\sigma_B^-=18.07\text{MPa}<[\sigma^-]=40\text{MPa}$，梁强度满足要求

8-11 $[q]=15.68\text{kN/m}$

*8-12 （1）$b\geqslant91.34\text{mm}$，取设计边长 $b=92\text{mm}$；

（2）取 18 工字钢

8-13 $d\geqslant9.21\text{mm}$，取设计直径 $d=10\text{mm}$

8-14 $\tau=22.10\text{MPa}<[\tau]=60\text{MPa}$，剪切强度满足；

$\sigma_{bs}=20.83\text{MPa}<[\sigma_{bs}]=125\text{MPa}$，挤压强度满足

8-15 $l\geqslant88.89\text{mm}$，取设计长度 $l=90\text{mm}$；

$\sigma_{bs}=158\text{MPa}<[\sigma_{bs}]=240\text{MPa}$，挤压强度合格

8-16 $\tau=45.85\text{MPa}<[\tau]=56\text{MPa}$，满足剪切强度要求；

$\sigma_{bs}=91.90\text{MPa}<[\sigma_{bs}]=200\text{MPa}$，满足挤压强度要求

8-17 $\delta=19.1\text{mm}$

8-18 $l\geqslant212.13\text{mm}$，取 $l=213\text{mm}$

8-19

（1）$\sigma_{r1}=\sigma_1=100\text{MPa}$；$\sigma_{r3}=100\text{MPa}$；$\sigma_{r4}=87.18\text{MPa}$；

（2）$\sigma_{r1}=\sigma_1=10\text{MPa}$；$\sigma_{r3}=60\text{MPa}$；$\sigma_{r4}=52.92\text{MPa}$

8-20 $\sigma_{r2}=\sigma_1-\nu\ (\sigma_2+\sigma_3)=34.44\text{MPa}<[\sigma]$，故满足强度要求

8-21 按照第一强度理论，$\sigma_{r1}=\sigma_1=\dfrac{pD}{2\delta}\leqslant[\sigma]$；

按照第三强度理论：$\sigma_{r3}=\sigma_1-\sigma_3=\dfrac{pD}{2\delta}\leqslant[\sigma]$；

按照第四强度理论：

$$\sigma_{r4}=\sqrt{\frac{1}{2}\ [(\sigma_1-\sigma_2)^2+(\sigma_2-\sigma_3)^2+(\sigma_3-\sigma_1)^2]}=\frac{\sqrt{3}pD}{4\delta}\leqslant[\sigma]。$$

单元体应力状态接近于双向拉伸，采用第一强度理论更为合理

8-22 按照第三强度理论：$\sigma_{r3}=\sqrt{\sigma^2+4\tau^2}=\sqrt{80^2+4\times40^2}\text{MPa}=113.13\text{MPa}\leqslant[\sigma]$；

按照第四强度理论：$\sigma_{r4}=\sqrt{\sigma^2+3\tau^2}=\sqrt{80^2+3\times40^2}\text{MPa}=105.83\text{MPa}\leqslant[\sigma]$

8-23 第三强度理论，$\sigma_{r3}=\sqrt{\sigma^2+4\tau^2}=\sqrt{57.74^2+4\times75.61^2}\text{MPa}=161.86\text{MPa}>[\sigma]$，但在5%以内，故可认为其满足强度要求

8-24 $F\leqslant50.27\text{N}$，故许可载荷为 $[F]=50\text{N}$

8-25 $\sigma_A=26.45\text{MPa}<[\sigma^+]=30\text{MPa}$，$|\sigma_B|=32.69\text{MPa}<[\sigma^-]=80\text{MPa}$，综合以上结果，压力机框架强度满足要求

8-26 选择两根18a槽钢，校核强度 $\sigma_{\max}=143\text{MPa}>[\sigma]=140\text{MPa}$，在5%许可范围内，故可认为安全

8-27 $F=12\ 000\text{N}=12\text{kN}$

*8-28 $F\leqslant63.066\text{kN}$，许可载荷取为 $[F]=63\text{kN}$

8-29 $\sigma_{r4}=112.5\text{MPa}<[\sigma]$，曲轴满足强度要求

8-30 最大起吊重量 $W=980\text{N}$

8-31 $d=30\text{mm}$

8-33 $\sigma_{r3}=84.44\text{MPa}<[\sigma]=100\text{MPa}$，强度满足要求

第9章

9-1 5mm

9-2 $F=1931\text{kN}$

9-3 $\Delta_G=0.69\text{mm}$

9-4 2.947mm，5.286mm

9-5 $\dfrac{4}{5}l$

9-6 $\varphi=0.0113\text{rad}$

9-7 $d_1=91\text{mm}$，$d_2=80\text{mm}$，$d=91\text{mm}$

9-8 5.23kN·m，10.5kN·m

9-9 $d=126\text{mm}$

9-10 216GPa，81.72GPa，0.32

9-11 （1）$M_e=2.2\text{kN}\cdot\text{m}$；（2）$\varphi_B=9.17°$

9-12 略

9-13 选18*I*

9-14 $w_A = \frac{F(l+a)\ k}{l}\left(1+\frac{a}{l}\right)+\frac{F}{3EI}\ (a^3+a^2l)$

9-15 (a) $w_A = \frac{Fa\ (2a^2+6ab+3b^2)}{6EI}$ (↓)，$\theta_B = \frac{Fa\ (2b+a)}{2EI}$（逆时针）；

(b) $w_C = \frac{Fl^3}{12EI}$ (↓)，$\theta_B = \frac{9Fl^2}{16EI}$（逆时针）；

(c) $w_A = \frac{ql^4}{16EI}$ (↑)，$\theta_A = \frac{ql^3}{12EI}$（逆时针）；

(d) $w_C = \frac{q\ (b^3a-4a^3b-3a^4)}{24EI}$，$\theta_B = \frac{b^3-4a^2b}{24EI}$（逆时针）

9-16 $w_D = \frac{qa^2}{2EA}+\frac{5q\ (2a)^4}{384EI} = \left(\frac{1}{2A}+\frac{5a^2}{24I}\right)\frac{qa^2}{E}$ (↓)，$\theta_D = \frac{qa}{2EA}$（逆时针）

9-17 $b = 90\text{mm}$，$h = 180\text{mm}$

9-18 22.5mm

9-19 $w_B = \frac{Fl^3}{24EI}+\frac{Fl^3}{16EI} = \frac{5Fl^3}{48EI}$，$\theta_B = \frac{F(l/2)^2}{2EI} = \frac{Fl^2}{8EI}$

9-20 $a/b = 1/2$

9-21 $F = \frac{3}{4}ql$

9-22 $\frac{M_{e1}}{M_{e2}} = \frac{1}{2}$

9-23 左侧梁的最大挠度比右侧梁的要大

9-24 (1) $\frac{q_0l^2}{16}$；(2) $\frac{\sqrt{3}q_0l^2}{27}$；(3) $-\frac{q_0}{l}x$；(4) 略

9-25 (1) $\frac{9q_0l^2}{128}$，$\frac{5}{8}ql$；(2) 略

9-26 (1) $\sigma_{max} = 9.8\text{MPa}$；(2) $w = 6\text{mm}$，$\tan\alpha = \frac{w_z}{w_y} = 0.4615$，$\alpha = 24.8°$

9-27 $M_e = 0.853\text{kN}\cdot\text{m}$，$F = 128\text{kN}$

第10章

10-1 $F_{cr} = 24.2\text{kN}$

10-2 $F_{cr} = 150.6\text{kN}$

10-3 右侧固定压杆的临界载荷较大，$F_{cr1} = 2.6\times10^3\text{kN}$，$F_{cr2} = 3.21\times10^3\text{kN}$

10-4 $\sigma_{cr} = 65.8\text{MPa}$，$F_{cr} = 3.95\text{kN}$

10-5 $F_{cr} = 770.8\text{kN}$

10-6 $n_{st} = 11.5 > [n_{st}] = 10$，该压杆满足稳定性要求

10-7 $d = 24.6\text{mm}$

10-8 $\sigma = 1.59\ \text{MPa} < [\sigma_{cr}]$，满足稳定性要求

10-9 $\frac{l}{D} = 65$，$\sigma_{cr} = 197.4\text{MPa}$

10-10 $l_{min} = 1.83\text{m}$

10-11 压杆稳定

10-12 结构稳定

第11章

11-1 最大轴力 $F_{NAB}=\dfrac{2}{3}F$

11-2 $[F]=742\text{kN}$

11-3 $A=400\text{mm}^2$

11-4 $F_{N1}=3.6\text{kN}$，$F_{N2}=7.2\text{kN}$；$F_{Ax}=0$，$F_{Ay}=-4.8\text{kN}$

11-5 $T_1=\dfrac{G_1I_{p1}M_e}{G_1I_{p1}+G_2I_{p2}}$，$T_2=\dfrac{G_2I_{p2}M_e}{G_1I_{p1}+G_2I_{p2}}$

11-6 $d=58\text{mm}$

11-7

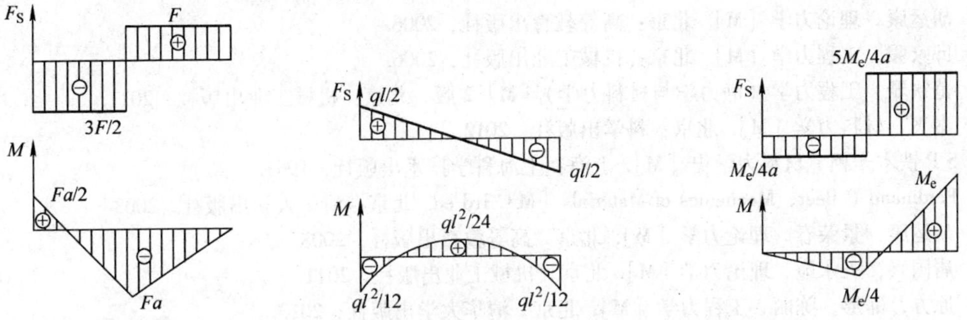

图 D-17 习题 11-7 答案

11-9 $\Delta l_{CB}=\dfrac{F_N l_{CB}}{EA}=\dfrac{29.91\times10^3\times3000}{200\times10^3\times250}=1.7946\text{mm}$

11-10 $F_A=F_B=37110\text{N}$，$\sigma=F_N/A=E\alpha\Delta T=210\times10^3\times12\times10^{-6}\times30\text{MPa}=75.6\text{MPa}$

11-11 两杆的应力分别为 12.15MPa，34.43MPa

*11-12 $\tau_g=\dfrac{M}{2\pi r^2 t}=\dfrac{163.93\times10^3}{2\times\pi\times24^2\times2}\text{MPa}=22.65\text{MPa}$

11-13 $\delta=(w_B)_q+(w_B)_{F_B}=-\dfrac{5ql^4}{24EI}+\dfrac{ql^4}{9EI}=-\dfrac{7ql^4}{72EI}$

参考文献

[1] 孙保苍，丁建波．工程力学基础［M］．北京：国防工业出版社，2013.
[2] 徐烈煊，王斌耀，顾慧琳．工程力学［M］．上海：同济大学出版社，2008
[3] 景荣春．工程力学简明教程［M］．北京：清华大学出版社，2007.
[4] 袁海庆，吴代华．材料力学［M］．武汉：武汉理工大学出版社，2007.
[5] 陈建平，蔡新，范钦珊．工程力学［M］．北京：机械工业出版社，2013.
[6] 石怀荣，陈文平，张玉杰，等．工程力学［M］．北京：清华大学出版社，2007.
[7] 孙训芳，方孝淑，关来泰．材料力学Ⅰ［M］.5 版．北京：高等教育出版社，2009.
[8] 景荣春．材料力学简明教程［M］．北京：清华大学出版社，2006.
[9] 朱炳麒．理论力学［M］．北京：机械工业出版社，2011.
[10] 周建方．材料力学［M］．北京：机械工业出版社，2010.
[11] 邓宗白．材料力学［M］．北京：科学出版社，2013.
[12] 胡运康．理论力学［M］．北京：高等教育出版社，2006.
[13] 邱家骏．工程力学［M］．北京：机械工业出版社，2006.
[14] 范钦珊．工程力学（静力学与材料力学）［M］.2 版．北京：机械工业出版社，2011.
[15] 秦飞．材料力学［M］．北京：科学出版社，2012.
[16] S P 铁木辛柯．材料力学史［M］．上海：上海科学技术出版社，1961.
[17] Ferdinand P Beer，Mechanics of Materials［M］. 3rd ed. 北京：清华大学出版社，2003
[18] 胡运康，景荣春．理论力学［M］．北京．高等教育出版社，2008.
[19] 唐国兴，王永廉．理论力学［M］．北京．机械工业出版社，2011
[20] 原方，邵彤，陈丽．工程力学［M］．北京．清华大学出版社，2013.
[21] 吴永端，邓宗白，周克印．材料力学［M］．北京：高等教育出版社，2011.
[22] 杨梅，张连文，弓满锋．材料力学［M］．武汉：华中科技大学出版社，2013.
[23] 周金枝，姜久红．材料力学［M］．武汉：武汉理工大学出版社，2013.
[24] 周纪卿，等．理论力学重点难点及典型题精解［M］．西安：西安交通大学出版社，2001.
[25] 哈尔滨工业大学理论力学教研室．理论力学Ⅰ［M］.7 版．北京：高等教育出版社，2009.
[26] 王铎，程靳．理论力学解题指导及习题集［M］.3 版．北京：高等教育出版社，2005.
[27] 刘宏才．理论力学理论与解题指南（上册）［M］．北京：机械工业出版社，1988.
[28] 支希哲．理论力学［M］．北京：高等教育出版社，2010.
[29] 刘新建．理论力学：典型题解析与实战模拟［M］．长沙：国防科技大学出版社，2002.
[30] 刘鸿文．材料力学［M］．北京：高等教育出版社，2004.
[31] 范钦珊，施燮琴，孙汝劼．工程力学［M］．北京：高等教育出版社，1989.
[32] 蒋持平．材料力学常见题型解析及模拟题［M］．北京：国防工业出版社，2009.
[33] 王永廉，唐国兴，王晓军．理论力学学习指导与题解［M］．北京：机械工业出版社，2010.
[34] 蒋平．工程力学基础（Ⅰ）［M］．北京：高等教育出版社，2003.
[35] 谢传锋，王琪．理论力学［M］．北京：高等教育出版社，2009.
[36] 杨庆生，崔芸，龙连春．工程力学［M］.2 版．北京：科学出版社，2014.
[37] 张少实．新编材料力学［M］.2 版．北京：机械工业出版社，2009.
[38] 蒋平，王维．工程力学基础（Ⅱ）［M］．北京：高等教育出版社，2009.
[39] 盖尔（James M Gere），古德诺（Barry J Goodno）．材料力学（英文版·原书第7版）［M］．北京：机械工业出版社，2011.
[40] 王永廉．材料力学［M］．北京：机械工业出版社，2011.
[41] 郭应征，周志红．理论力学［M］．北京：清华大学出版社，2005.
[42] 洪嘉振，杨长俊．理论力学［M］．北京：高等教育出版社，2002.